教育部高等学校轻工类专业教学指导委员会“十四五”规划教材

化妆品配方科学与工艺技术

张婉萍 主编
董银卯 主审

化学工业出版社
·北京·

本书以化妆品产品开发为主线，系统介绍了化妆品的配方科学和工艺技术。全书分四篇，第一篇介绍了化妆品的发展史、定义、分类、现状及发展趋势；第二篇系统讲述了与化妆品配方研发相关的基础理论，包括皮肤与毛发科学、表面活性剂基础理论、乳化原理与乳化技术、高分子溶液基础理论、抗氧化理论、化妆品防腐理论；第三篇从化妆品产品的性能特点、配方结构、配方设计原则、理论基础、原料选择依据、配方示例与工艺等方面系统讲述了各类非特殊用途化妆品的配方开发思路，包括护肤液态类化妆品、皮肤清洁类化妆品、乳霜护肤类化妆品、头发洗护类化妆品、彩妆类化妆品、有机溶剂类化妆品、面膜类化妆品等；第四篇从作用机理、原料选择、配方示例与工艺等方面对防晒化妆品、祛斑化妆品、染发化妆品、烫发化妆品等特殊用途化妆品进行了详细的阐述。

本书将理论基础与实际配方开发和工艺设计相结合，可作为大学及专科院校化妆品相关专业教材，也可供化妆品行业配方开发、原料应用、性能评价、市场法规等相关岗位的人员阅读参考。

图书在版编目（CIP）数据

化妆品配方科学与工艺技术/张婉萍主编. —北京：化学工业出版社，2018.3（2025.1 重印）
ISBN 978-7-122-31330-0

Ⅰ.①化…　Ⅱ.①张…　Ⅲ.①化妆品-配方　Ⅳ.①TQ658

中国版本图书馆 CIP 数据核字（2018）第 002419 号

责任编辑：傅聪智　　装帧设计：王晓宇
责任校对：王　静

出版发行：化学工业出版社（北京市东城区青年湖南街 13 号　邮政编码 100011）
印　　刷：北京云浩印刷有限责任公司
装　　订：三河市振勇印装有限公司
710mm×1000mm　1/16　印张 20　字数 412 千字　2025 年 1 月北京第 1 版第 8 次印刷

购书咨询：010-64518888　　售后服务：010-64518899
网　　址：http://www.cip.com.cn
凡购买本书，如有缺损质量问题，本社销售中心负责调换。

定　　价：58.00 元

《化妆品配方科学与工艺技术》

编写人员名单

主　　编：张婉萍（上海应用技术大学）

主　　审：董银卯（北京工商大学）

编写人员（以姓氏笔画排序）：

吕　智（上海相宜本草化妆品股份有限公司）
刘玉亮［伽蓝（集团）股份有限公司］
刘环宇（广东药科大学）
孙培文（上海上美化妆品有限公司）
杨许召（郑州轻工业学院）
张婉萍（上海应用技术大学）
黄劲松（名臣健康用品股份有限公司）
康美芬（行业资深化妆品工程师）
蒋　诚（上海伊匠生物科技有限公司）
蒋丽刚（珀莱雅化妆品股份有限公司）
曹　平（上海家化联合股份有限公司）

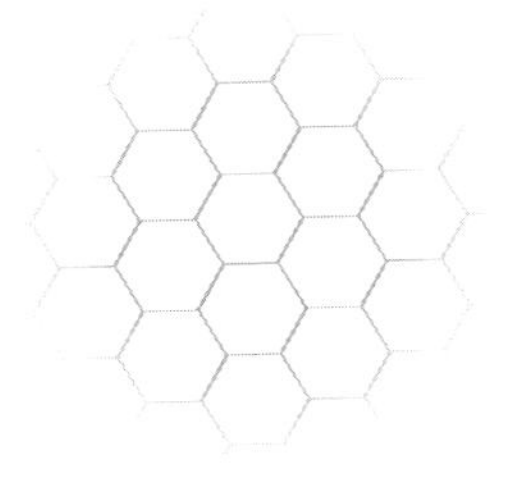
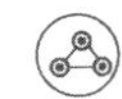

前言 FOREWORD

化妆品工业是一门充满朝气的精细化学品工业。近年来，随着物质文化生活水平的提高，人们对化妆品的需求越来越大，“十二五”期间，我国化妆品行业进一步发展壮大，对社会经济的贡献度不断提高，已成为全球第二大化妆品市场。随着科技的进步与发展，我国化妆品工业在新原料、新技术和新评价等方面都有较大的突破。

化妆品科学是集多学科交叉为一体的新型技术科学，包括了化学、生物学、药学、皮肤与毛发科学、生理学、工程学、香料学、色彩学等。化妆品科学与技术在多学科的相互渗透过程中，得到了飞速发展。随着化妆品行业的快速发展，行业呈现人才缺乏、技术资料严重不足的局面，这在一定程度上制约了化妆品技术的发展和行业的进步。为了更好地满足行业发展的需求，特编写了本书。本书主要介绍了化妆品相关理论知识和实际产品开发，以期对提升行业技术人员的理论和技术水平有一定的帮助。

本书由高校教师与行业技术专家共同编写，集教师与行业专家的理论、实践优势于一体。本书以相关理论为基础、配方开发为核心，从产品的性能、配方结构、配方设计原则、理论基础、原料选择依据、配方示例与工艺等方面系统讲述了各类产品的配方开发思路。

本书将理论基础与实际配方开发和工艺设计相结合，目的是为化妆品科学与工程及相关专业学生提供教学用书，同时为化妆品领域配方开发、生产管理、市场推广、政策法规等相关岗位的人员提供参考。

本书共分为四篇，第一篇为化妆品概述，对化妆品的发展史、定义、分类、现状及发展趋势进行了较详细的介绍。

第二篇较系统地讲解了皮肤与毛发科学、表面活性剂基础理论、乳化原理与乳化技术、高分子溶液基础理论、抗氧化理论和化妆品防腐理论等与化妆品产品开发相关的基础理论，有较高的理论深度和较强的针对性。

第三篇为非特殊用途化妆品的配方科学与工艺技术，全面系统地介绍了各类非特殊用途化妆品的性能特点、配方结构、配方设计原理、理论基础、原料选择和典型配方示例与工艺。书中所列配方主要来自行业专家实际产品开发过程中的典型配方体系，与市场产品接轨，有一定的代表性。但读者在采用这些配方时，应通过实验验证并进一步优化，同时也应注意避免侵犯专利权。

第四篇详细介绍了防晒化妆品、祛斑化妆品、染发化妆品及烫发化妆品等特殊用途化妆品的作用机理、原料选择和配方设计原理。

本书有来自 7 家化妆品企业的技术专家参与编写，针对本书的编写大纲、编写思路进行过多次充分讨论，提出了宝贵的修改意见。

本书编写中具体分工为：刘玉亮编写绪论和皮肤与毛发科学；张婉萍编写表面活性剂基础理论、高分子溶液基础理论、护肤液态类化妆品（第二节）、皮肤清洁类化妆品（第三节）、乳霜护肤类化妆品（第三节）、头发洗护类化妆品；刘环宇参与编写表面活性剂基础理论；孙培文编写乳化原理与乳化技术、彩妆类化妆品（第三节）；杨许召编写抗氧化理论；吕智编写化妆品防腐理论（第一、二、三节）；曹平编写了化妆品防腐理论（第四节）、皮肤清洁类化妆品（第一节）、有机溶剂类化妆品、祛斑化妆品；蒋诚编写护肤液态类化妆品（第一节）、皮肤清洁类化妆品（第二节）、乳霜护肤类化妆品（第一、二节）；蒋丽刚编写彩妆类化妆品（第一、二、四、五节）、防晒化妆品；康美芬编写面膜类化妆品；黄劲松编写染发化妆品、烫发化妆品。全书由张婉萍统编和定稿。

北京工商大学董银卯教授对本书进行了审阅，并提出了许多宝贵的意见和建议，上海百雀羚日用化学有限公司技术总监陈斌在本书编写初期也提出了宝贵的建议，作者表示由衷的感谢。本书的编写还得到了许多化妆品企业、化学工业出版社、上海应用技术大学香料香精技术与工程学院多位老师的支持和帮助，多位在读研究生及已毕业的学生为文献查阅、文字和图表输入做了很多工作，在此一并致谢。

由于编者水平有限，不妥之处在所难免，恳切希望读者批评指正。

编者

2018 年 2 月

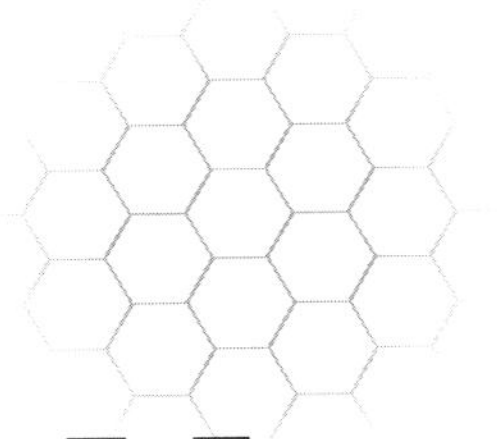

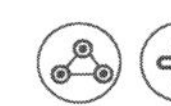

目录 CONTENTS

第一篇

化妆品概述

第一章　绪　论

01 Chapter

第一节　中国化妆品发展史

美容在我国具有悠久的历史，在还没有“化妆”这个术语的时候，我们的祖先就已在身上涂上各种颜色，这就是我国最初的化妆。

商周时期，化妆还局限于宫廷妇女，主要为了供君主欣赏享受的需要而妆扮，直到东周春秋战国之际，化妆才在平民妇女中逐渐流行。殷商时，因配合化妆观看容颜的需要而发明了铜镜，更加促使化妆习俗的盛行。

秦汉时代，随着社会经济的高度发展和审美意识的提高，化妆的习俗得到新的发展，无论是贵族还是平民阶层的妇女都会注重自身的容颜装饰。史籍记载，张骞第一次出使西域是在汉武帝时（大约是公元前 138—前 126 年间），途经陕西一带，该地有焉支山，盛产可作胭脂原料的植物——红蓝草，当时为匈奴属地，匈奴妇女都用此物作红妆。当“焉之”这一词语随“红蓝”东传入汉民族时，实际上含有双重意义：既是山名，又是红蓝这一植物的代称，由于是胡语，后来还形成多种写法，例如：南北朝时写作“燕支”；至隋唐又作“燕脂”；后人逐渐简写成“胭脂”。魏晋南北朝时期，有一种特殊妆式称为“紫妆”。

到了唐朝，由于妇女非常时髦，也相当豪放，中唐以后曾流行在袒露的颈部、胸部也擦白粉，进行美化的妆饰。脸部所擦的粉除了涂白色被称为“白妆”外，甚至还有涂成红褐色被称为“赭面”的。赭面的风俗出自吐蕃贞观以后，伴随唐朝的和蕃政策，两民族之间的文化交流不断扩大，赭面的妆式也传入汉族，并以其奇特引起妇女的仿效，还曾经盛行一时。

两宋时期，中外文化交流增多，当时的很多书籍中记载了不少美容方剂。《太平圣剂方》中包括了“治粉刺诸方”、“治黑痣诸方”、“治疣目诸方”、“治狐臭诸方”、“令面光洁白诸方”、“令生眉毛诸方”、“治须发、秃落诸方”，如此众多的祖国医学美容方剂，说明当时的美容治疗已有一定发展。据史料记载，南宋时，杭州已成为化妆品生产重要基地。“杭粉”已久负脂粉品牌的盛名。

元代许国桢的《御药院方》收集了大量的宋、金、元代的宫廷秘方，其中有180个为美容方，如“御前洗面药”、“皇后洗面药”、“乌云膏”、“玉容膏”等。其中所载“乌鬓借春散”可乌鬓黑发，“朱砂红丸子”除黑去皱、令面洁净白润。另外，“冬瓜洗面药”等至今验之仍具有很好的美容效果。其中还有像今天面膜一样的系列美容，先用“木者实散”洗面再以“桃仁膏”涂敷面部，最后再用“玉屑膏”涂贴护肤，这和今天的去死皮、除皱及护肤的三联程序很相近。

明代李时珍所著“东方医学巨典”《本草纲目》一书收载美容药物270余种，其功效涉及增白驻颜、生须眉、疗脱发、乌发美髯、去面粉刺、灭瘢痕疣目、香衣除口臭体臭、洁齿生牙、治酒鼻、祛老抗皱、润肌肤、悦颜色等各个方面。如“面”一篇中描述了枯蒌实、去手面皱、悦择人面。杏仁、猪胰研涂，令人面白。桃花、梨花、李花、木瓜花、杏花并入面脂，去黑干皱皮，提升肤色。明代外科专著比之前历朝更加丰富多彩，陈实功的《外科正宗》总结了粉刺、雀斑、酒渣鼻、痤疮、狐气、唇风的治疗，对每个皮肤病的病理、药物的组成和制作都做了详细介绍。

清朝美容用品和药剂已有新的发展。《医宗金鉴》中记载了很多皮肤美容的方法及治疗皮肤病的药物，如用水晶膏治黑痣，用颠倒散治痤疮，用时珍正容散治雀斑，等等。由于清代宫廷的重视，从乾隆皇帝到慈禧太后的亲自过问，使得从内服药物到美发护肤验方比比皆是。相传慈禧年七十岁还肌肤白润、双手细腻、皱纹略显、头发油亮，均归功于美容方剂的保养调理。清道光九年（1830年），扬州谢馥春香号，由谢宏业创建，生产的化妆品有香佩、香囊、香板、香珠及宫粉、水粉、胭脂、桂花油等。清同治元年（1862年），由孔传鸿创建的杭州孔凤春香粉号，生产鹅蛋粉、水粉、扑粉、雪花粉等。

1949年以前，中国化妆品工业生产大多为手工作坊，技术落后且品种较少；新中国成立后，确立了化妆品为美化人民生活、保持身心健康、促进精神文明建设的宗旨，但化妆品仍被认为是奢侈品，化妆品工业没有得到多大的发展。我国的化妆品工业在1978年改革开放政策实施后发生了翻天覆地的变化，进入了蓬勃发展的快车道。

第二节 化妆品的定义、特性与分类

一、化妆品的定义

我国《化妆品卫生监督条例》对化妆品的定义为：以涂擦、喷洒或者其他类似方法，施用于人体表面（皮肤、毛发、指甲、口唇等）、牙齿和口腔黏膜，以清洁、保护、美化、修饰以及保持其处于良好状态为目的的产品。

欧盟《化妆品法规1223/2009》对化妆品的定义为：用于接触各种人体外部（表皮、毛发系统、指甲、嘴唇和外部生殖器）或者牙齿和口腔黏膜，专门或者主要清洁、使其具有香气、改变外观、起到保护作用、保持其处于良好状态或者调整身体气味的物质或混合物。

美国食品药品监督管理局（FDA）对化妆品的定义为：用涂擦、撒布、喷雾或其他方法使用于人体的物品，能起到清洁、美化，促使有魅力或改变外观的作用。美国FDA定义的化妆品不包括肥皂，对特种化妆品作了具体要求。

二、化妆品的特性

1. 高度的安全性

化妆品原料分为：允许用原料、限用原料、禁用原料。其中允许用原料原则上是安全的；限用原料在限用量范围内是安全的；而禁用原料不允许添加，对人体是有危害的。前两者的安全性也是因不同人、不同的皮肤特点而异，即使是允许用的原料，也有人的皮肤会过敏，比如羊毛脂，就会引起少数的消费者过敏。化妆品的安全性与人体健康息息相关，轻则会导致皮肤过敏，重则会导致不可挽回的伤害！因此，化妆品的安全性很重要。

2. 相对的稳定性

化妆品的稳定性是指在一定时间（保质期限）内，即在存储、使用的过程中，化妆品能保持原有的性质，其香气、颜色、形态均无变化，即使在气候炎热和寒冷的极端环境中，也要求稳定性良好。化妆品一般货架期是2～3年。

3. 良好的使用性

在使用皮肤护理型化妆品的过程中，感觉如润滑、黏性、弹性、发泡性、铺展性、滋润性等，不同类型的产品所要求的使用性能不同，对使用性能的要求也因年龄、肤质、季节、地域等因素的不同而不同，所开发的产品也需要考虑到上述因素，生产适合于特定消费群体使用性能需求的产品。

4. 一定的功效性

化妆品的功效性是指化妆品的功能和使用效果，一般化妆品除了常规的清洁、护理、美化等使用效果外，消费者还期望产品具备保湿、防晒、祛斑、染发、烫发等显著的作用，这类短时间可以体现的作用常常被称之为“功效性”。有时候功效性与安全性之间需要寻求一个平衡，即：既具有一定的功效性，同时具备良好的安全性。

三、化妆品的分类

1. 按《化妆品卫生监督条例》分类

依据《化妆品卫生监督条例》，化妆品可分为：

（1）按产地　可分为国产、进口。

（2）按管理 可分为：

① 特殊用途化妆品，是指用于育发、染发、烫发、脱毛、美乳、健美、除臭、祛斑、防晒的化妆品。

② 非特殊用途化妆品，是指常规的护理、清洁、美化类化妆品。但如果宣称含α-羟基酸，祛痘、除螨、抗粉刺（抗生素和甲硝唑 ）、祛屑（祛屑剂）等用途的产品，有特殊的检验项目（化妆品行政许可检验规范）。

2. 按《化妆品卫生监督条例实施细则》分类

依据《化妆品卫生监督条例实施细则》，化妆品可分为：

（1）发用类 包括洗发、护发、养发、固发、美发类化妆品；

（2）护肤类 包括膏、霜、乳液、化妆用油类等护肤化妆品；

（3）美容修饰类 包括胭脂，香粉类、唇膏类、洁肤类化妆品，指甲用化妆品，眼部用化妆品；

（4）香水类 包括香水类、化妆水类等液体状化妆品。

3. 按生产工艺和成品状态分类

按生产工艺和成品状态，可划分为一般液态单元、膏霜乳液单元、粉单元、气雾剂及有机溶剂单元、蜡基单元、牙膏单元和其他单元。划分单元和类别如下：

（1）一般液态单元 护发清洁类、护肤水类、染烫发类、啫喱类；

（2）膏霜乳液单元 护肤清洁类、护发类、染烫发类；

（3）粉单元 散粉类、块状粉类、染发类、浴盐类；

（4）气雾剂及有机溶剂单元 气雾剂类、有机溶剂类；

（5）蜡基单元 蜡基类；

（6）牙膏单元 牙膏类；

（7）其他单元。

第三节 中国化妆品行业现状及发展趋势

一、化妆品行业现状

改革开放后，中国化妆品市场进入快速发展期，现已成为全球第二大化妆品市场。中国化妆品行业也从小到大，由弱到强，从简单粗放到科技领先、集团化经营，全行业形成了一支初具规模、极富生机活力的产业大军。行业呈现出以下现状。

1. 企业数量

据不完全统计，中国现有化妆品企业 4000 多家，而美国只有 800 多家。据国家统计局统计数据，2014 年规模以上的化妆品企业数量为 341 家，占比不到 10%。

2. 竞争格局

据权威研究数据显示，2015 年和 2013 年相比，护肤品市场前 10 大品牌中，有 9 个品牌在排名上发生了变化，处于排名前 10 的品牌在不断变化之中。

3. 本土品牌发展状况

权威研究数据显示，2013 年和 2012 年相比，本土护肤品品牌的市场份额上升了 5.5%，彩妆品牌上升了 6.3%。2014 年和 2013 年相比，本土护肤品品牌的市场份额上升了 4.8%，彩妆品牌上升了 3.8%。2015 年和 2014 年相比，本土护肤品品牌的市场份额又上升了 5.5%，彩妆品牌又上升了 2.6%。目前本土品牌自然堂、佰草集、百雀羚、相宜本草、美素、珀莱雅、欧诗漫、丸美等均已成为备受消费者喜爱的品牌，这些品牌占据了本土品牌绝大多数市场份额。

4. 技术发展状况

近年来，随着本土化妆品企业市场份额的逐步扩大，本土化妆品企业加大了科研投入，多个有代表性的本土企业对于研发的投入已经超过了营收的 3%。同时，本土企业也加大了国际人才的引入力度，正在用产品而不是营销来进一步扩大市场份额。已经有不少外资日化巨头（包括宝洁、联合利华、欧莱雅、资生堂、爱茉莉太平洋等）的科研人员受本土企业之邀，加入本土企业。

5. 技术成果状况

通过加大投入和国际先进人才的引进，我国化妆品行业在多个领域取得了卓有成效的突破，如生物技术（包括基因重组、发酵、干细胞提取、组织培养、皮肤模型建立等）、微电子技术（包括皮肤检测、生产程序等）、乳化技术（包括低能乳化、高能乳化、特殊结构乳状液等）、植物萃取技术、包覆载体技术（包括微囊、脂质体等）等。新产品推出数量也有了明显增加。据权威机构统计，中国护肤品市场 2015 年新产品数量为 3142 个，而 2013 年的数量为 2157 个，增加了近 1000 个。

6. 行业吸引力

中国化妆品行业正在成为资本投资的热点，资本争相进入行业。据不完全统计，过去十年，中国化妆品行业获得资本投资的案例数量逐年增加，2007—2010 年为 7 例、2011—2015 年为 42 例。从另一方面看，近年来，我国化妆品企业借力资本市场步伐也有所加快。据不完全统计，2014—2015 年间，已有 8 家公司在新三板上市。2016—2017 年又有拉芳、珀莱雅、名臣健康、御泥坊、丽人丽妆、毛戈平等化妆品企业相继在主板上市成功或递交了 IPO 招股书。资本的争相进入表明中国化妆品行业具有较强的吸引力。

二、化妆品行业发展趋势

根据国家“十三五”发展目标，“十三五”期间我国人均GDP将由中等收入国家发展到接近高收入国家行列，全面建成小康社会。按照世界发达国家的发展历史，中等收入期间对时尚产品尤其是化妆品的需求高于其他产品，化妆品市场会快速增长。因此，我们可以预计“十三五”期间中国化妆品市场仍将保持快速增长，尤其是三、四、五线城市市场的增长将尤为明显。整体市场年均增长率预计可达10%左右，2020年市场规模将接近5000亿元。化妆品行业也将迎来新的发展机遇。

1. 化妆品市场发展趋势

（1）本土品牌市场份额将继续增长　从国外化妆品市场发展状况来看，大部分市场都是其本土品牌市场份额大于外来品牌。由此发展规律可以预见，随着本土品牌在品牌建设、营销能力、研发能力、本土文化应用能力等方面的提升，本土品牌的竞争力必将进一步增强，市场份额也将继续增长。

（2）新型科技将对行业产生重大影响

① 基础研究新技术，如细胞及基因调控技术等，有可能会成为化妆品技术发展趋势。

② 互联网技术、大数据、人工智能将深刻改变消费者的购买习惯，对化妆品销售渠道和品牌营销产生了巨大影响。

③ 数据收集技术、大数据技术、虚拟现实/增强现实（VR/AR）、3D打印、智能设备等即将改变供应链模式。

2. 化妆品技术发展趋势

（1）基础研究技术发展趋势　目前国内化妆品行业在开发产品的同时，也很注重基础研究，主要包括以下几个方面：

① 生物工程技术；

② 纳米载体技术；

③ 天然植物萃取技术；

④ 细胞及基因调控技术；

⑤ 3D皮肤模型评价技术。

（2）化妆品原料技术发展趋势

① 天然　消费者对化妆品的温和性与环境相容性的要求在不断提高，致使越来越多的产品转向采用天然原料来生产。

② 安全　互联网技术加速了信息的透明化，消费者可以通过在线信息快速了解化妆品原料及产品的安全性，对某些有可能给皮肤带来负面影响的原料的关注度正快速增加，如对羟基苯甲酸酯、硫酸盐、有机硅、染料、香料、乙氧基化物、石油衍生物等。

③ 环保　消费者对产品的环保性和伦理性要求正逐步提高，不希望产品通过动

物进行试验，尽量减少温室气体排放，降低水资源消耗，产品外包装对环境影响小等。

④ 功效　功效性原料将受追捧，兼有化妆品和药物疗效的产品受到消费者的欢迎，特别是具有抗皱和皮肤紧致功效的原料，如：蛋白质、维生素、抗氧剂、α-羟基酸和β-羟基酸。此外，具有生物活性的植物提取物抗氧剂将越来越受欢迎。

（3）化妆品配方、工艺技术发展趋势　大多数化妆品均属于乳状液体系，新型乳化技术是化妆品行业新技术发展的主要方向之一。相对于普通乳状液，乳状液乳化粒子具有独特的结构，可以具有促进化妆品有效成分在皮肤上的渗透、提高产品的稳定性、改善化妆品的肤感等优异性能。应用于化妆品体系中的特殊结构乳状液有：液晶结构乳状液、多重结构乳状液、纳米乳液、微乳液、固体颗粒乳化等。

3. 化妆品产品发展趋势

（1）多样化、个性化越来越突出　一方面，经过 30 多年的发展，中国消费者对化妆品的基本需求已得到满足，多样化和个性化需求正在不断涌现；另一方面，随着互联网技术、人工智能、大数据等技术的发展，个体消费者需求的呈现即将成为可能。随之而来，化妆品也将朝多样化和个性化方向发展。

（2）功效性产品将越来越受欢迎　随着化妆品和制药技术的不断革新，以及消费者对化妆品态度的转变，化妆品和药品的界线因为交叉而更加模糊不清，由于这种交叉，化妆品和类似药物功效的新产品类别已经出现。随着消费者对化妆品的需求越来越细分，功效性化妆品也将越来越受欢迎。

（3）化妆品产品将越来越场景化　在科技迅猛发展的大势之下，场景营销也迎来蓬勃发展，而不同的场景又能植入不同的产品，场景与产品已经密不可分。场景已经成为虚实交互融合的核心，产品成为场景的解决方案，简单的单品品类置于不同的场景诉求中，就可以衍生花样繁多的新产品。同理，不同的产品置于同一个场景中，所衍生的品牌内涵以及场景故事更为多样，所带来的效果自然也会不同凡响，将给消费者带来生理和心理上的双重满足。因此，不同生活场景的化妆品产品将越来越受欢迎。

第二篇

化妆品基础理论

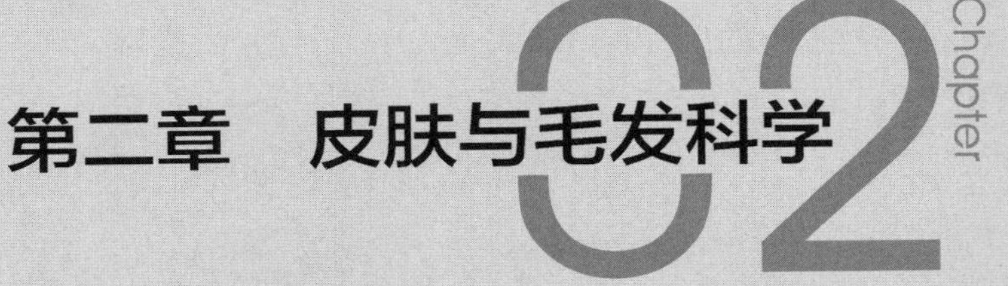

第二章　皮肤与毛发科学

第一节　皮肤基础理论

皮肤覆盖在人体表面，是人体最大的器官。成年人的皮肤表面积达到1.5～2.0m^2，质量大约达到体重的5%。皮肤厚度依年龄、性别、部位的不同而不同，一般来讲，男人皮肤比女人厚，老年人皮肤比年轻人厚，眼睑处皮肤最薄，手掌和足根等部位皮肤最厚。

皮肤是容颜靓丽的主要体现者，更是人体健康的第一道防线。皮肤不仅保护人体内部器官和组织，而且它还担负着调节体温、吸收、分泌和排泄以及感受、代谢、免疫等生理功能。化妆品与皮肤直接接触，保护和修饰皮肤是其最主要的功能，因此，在论述化妆品的内容之前，有必要对皮肤的基本结构及生理功能进行介绍。

一、皮肤的组织结构及特点

皮肤由表皮、真皮和皮下组织三个部分组成：皮肤的最外层叫表皮，中间一层叫真皮，最里面的一层叫皮下组织。皮肤的结构如图2-1所示。

1. 表皮

表皮是皮肤的浅层，由角化的复层扁平上皮构成。表皮由两类细胞组成：一类是角朊细胞，占表皮细胞的绝大多数，它们在分化中合成大量角蛋白，使细胞角化并脱落；另一类细胞为树枝状细胞，数量少，分散存在于角蛋白形成细胞之间，包括黑（色）素细胞、郎格汉斯细胞、未定型细胞和梅克尔细胞，该类细胞与表皮角化无直接关系。

根据角朊细胞的不同分化过程及细胞形态，表皮从基底到表面可分为五层，即基底层、棘层、颗粒层、透明层及角质层。人体各部位的表皮厚薄不等，一般厚度为0.07～0.12mm，手掌和足跖最厚，约为0.8～1.5mm。对于薄的表皮，其与厚表皮的分层略有差别：基底层与厚表皮的相同，棘层的细胞层数少，颗粒层只有 2～3 层细胞，没有透明层，角质层也薄，只有几层细胞。

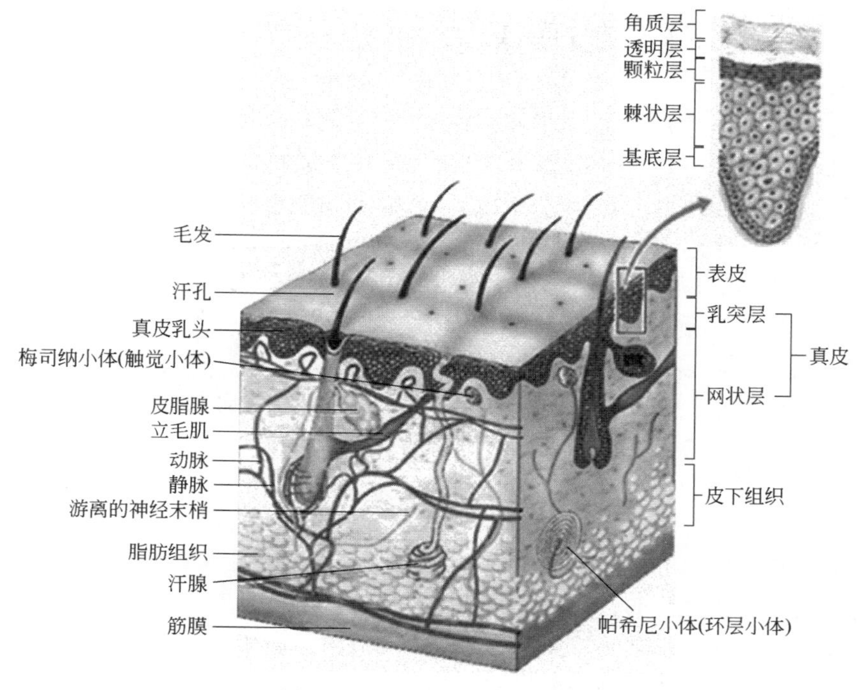

图 2-1 皮肤的基本结构示意

（1）基底层 基底层附着于基膜上，为一层矮柱状或立方形细胞，称基底细胞，它是未分化的幼稚细胞，代谢活跃，不断有丝状分裂，新生的细胞向浅层移动，分化成表皮其余几层的细胞，以更新表皮。基底细胞内尚含有多少不等的黑素细胞，黑素细胞形成黑色素后，通过树枝状突起将黑色素颗粒输送到基底细胞或者毛发，其含量往往会影响到皮肤的颜色。

雀斑是一种常染色体显性遗传性色素沉着斑点，其形成是由于在基底层中，因基因遗传而变异的黑色素细胞比普通黑色素细胞大，黑色素细胞的活跃使树枝状突增多增大。树枝状突中充满了黑色素，在皮肤表面就显露出一个一个的黑点。

（2）棘层 棘层在基底层上方，一般由 4～10 层细胞组成，且细胞较大，呈多边形；细胞向四周伸出许多细短的突起，故名棘细胞。相邻细胞的突起由桥粒相连，胞质丰富，也含许多游离核糖体。胞质内含许多角蛋白丝，常成束分布，并附着到桥粒上。光镜下能见成束的角蛋白丝，称张力原纤维。郎格罕细胞大多位于棘层中上层。

（3）颗粒层 颗粒层由 3～5 层较扁的梭形细胞组成，位于棘层上方。细胞的主要特点是胞质内含有许多透明角质颗粒，形状不规则，大小不等。颗粒的主要成分为富含组氨酸的蛋白质，颗粒层细胞含板层颗粒多，能够将所含的糖脂等物质释放到细胞间隙内，在细胞外面形成多层膜状结构，构成阻止物质透过表皮的主要屏障。其厚度与角质层厚度一般成正比。

（4）透明层　透明层位于颗粒层上方，只在无毛的厚表皮中明显易见。此层由几层更扁的梭形细胞组成，细胞呈透明均质状，细胞界限不清，胞核和细胞器已消失。细胞的超微结构与角质层细胞相似。

（5）角质层　角质层为表皮的表层，由多层扁平、无核的角化细胞组成。这些细胞干硬，已无胞核和细胞器，是已完全角化的死细胞。在电镜下，可见胞质中充满密集平行的角蛋白丝，浸埋在均质状的物质中，其中主要为透明角质颗粒所含富有组氨酸的蛋白质。细胞膜内面附有一层厚约 12nm 的不溶性蛋白质，故细胞膜明显增厚而坚固。在代谢过程中，靠近表面的细胞间的桥粒解体，细胞彼此连接不牢，逐渐脱落，即为日常所称的皮屑。由于角质层由完全角质化无细胞器的角质细胞组成，约 4～8 层细胞排列成“砖墙”，之间充满着由层状颗粒所释放的脂质及蛋白质等物质，犹如“灰浆”，因此形象地称之为“砖墙灰浆”样结构。

角质层对维持皮肤正常的生理功能有极其重要的作用。随着年龄增加，表皮角质层中的自然保湿因子不断减少，皮肤的水合能力不断下降，导致皮肤组织细胞的水分减少，细胞皱缩、老化，导致皮肤出现细小皱纹。适当的角质层含水量有利于延缓皮肤老化、防治某些皮肤病以及充分发挥皮肤的屏障功能。

表皮由基底层到角质层的结构变化，反映了角蛋白形成细胞增殖、分化、移动和脱落的过程，同时也是细胞逐渐生成角蛋白和角化的过程。表皮角蛋白形成细胞不断脱落和更新，使表皮各层得以保持正常的结构和厚度，其更新周期约为 3～4 周。

表皮作为皮肤最重要的保护层，其角质层细胞干硬，胞质内充满角蛋白，细胞膜增厚，因而角质层的保护作用尤其明显；棘层到角质层的细胞间隙内脂类，能构成阻止物质出入的屏障。因此表皮对多种物理和化学性刺激有很强的耐受力，能阻挡异物和病原侵入，并能防止组织液丧失。

2. 真皮

真皮位于表皮下面，由结缔组织组成，结缔组织与表皮牢固相连，深部与皮下组织接连，但两者之间没有清晰的界限。神经、血管、淋巴管、肌肉、毛囊、皮脂腺及大小汗腺均位于真皮结缔组织内。真皮层的主要成分是胶原蛋白，其次有弹性蛋白、蛋白多糖，氨基多糖，这些统称为细胞外基质（ECM）。真皮层的主要细胞为成纤维细胞，合成胶原蛋白、弹性蛋白、酶等物质。

真皮分为乳头层和网状层，近表皮为乳头层，深部为网状层。身体各部位真皮的厚薄不等，一般厚约 1～2mm，是表皮的 15～40 倍。因真皮层影响到皮肤的整体厚度，因此在延缓皮肤衰老方面扮演了重要角色。

真皮与皮肤外表弹性息息相关，在各种因素的作用下真皮内纤维细胞数量减少，真皮乳头层和网状层弹性纤维减少及退化，胶原纤维和弹性纤维的排列紊乱，导致皱纹产生。防抗皮肤老化的关键是保护网状层弹性纤维和胶原纤维的完整性，并提供这类组织所需的生理活性物质。

3. 皮下组织

皮下组织由疏松结缔组织和脂肪组织组成（图 2-1），一般不认为它是皮肤的组成部分，皮下组织将皮肤与深部的组织连接在一起，并使皮肤有一定的可动性。

皮下组织的厚度因个体、年龄、性别和部位而有较大的差别。腹部皮下组织中脂肪组织丰富，厚度可达 3cm 以上。眼睑、阴茎和阴囊等部位皮下组织最薄，不含脂肪组织。在皮肤中分布的血管、淋巴管和神经会延伸到皮下组织中，通常毛囊和汗腺也延伸到此层组织中。

皮下组织为真皮、表皮输送营养成分，促进表皮细胞的新陈代谢。在皮下组织丰富的部位，皮肤不容易产生皱纹，比如腮部，就是因为有充分的营养提供。而皮下组织较薄的部位，极容易产生皱纹，比如眼部。

4. 皮肤附属器（包括皮脂）

皮肤附属器包括毛发、毛囊、皮脂腺、汗腺、指（趾）甲及血管、神经与肌肉等。在这里重点说一下皮脂腺。

皮脂腺大多位于毛囊和立毛肌之间，为泡状腺——由一个或几个囊状的腺泡与一个共同的短导管构成。导管为复层扁平上皮，大多开口于毛囊上段，少数皮脂腺与毛囊无关，直接开口于皮肤或黏膜的表面。腺泡中心的细胞胞质内含脂滴，当腺细胞解体时，连同脂滴一起排出，即为皮脂。皮脂腺的发育及分泌活动主要受雄性激素的影响，因性别、年龄和部位不同而皮脂分泌量也不同：一般男性多于女性；青春期开始分泌旺盛，到老年时开始下降；头部、面部、胸部等部位皮脂分泌较多。如果皮脂分泌过多，阻塞毛囊孔，易发生毛囊炎症，即生成粉刺或痤疮等。皮脂是几种脂类的混合物，其具体组成见表 2-1。皮脂具有柔润皮肤和杀菌作用，脂质成分中最多的是三甘油酯，该成分经过皮脂腺导管向表皮排泄过程中分解为双甘油酯和单甘油酯。在游离脂肪酸中含有 C_{12}～C_{16} 酸者发炎性最强，有 C_{16}～C_{18} 酸者形成粉刺的作用最明显。

表 2-1　皮脂的组成

成　分	质量分数/%	平均质量分数/%	成　分	质量分数/%	平均质量分数/%
游离脂肪酸	2.2～56.0	25.0	游离硬脂酸类	0.7～20.0	1.5
角鲨烯	1.3～17.3	5.0	甘油三酯	5.5～37.5	25.0
其他烃类	0.5～10.0	2.0	单甘油酯和双甘油酯	3.0～13.5	10.5
蜡类（硬脂酸酯以外的）	12.3～25.0	20.0	未确定成分和微量成分	5.0～12.0	8.0
硬脂酸酯	1.5～4.5	3.0			

皮脂膜是由皮脂腺分泌的皮脂和水分乳化形成的薄膜，对皮肤乃至整个机体都有着重要的生理功能，主要表现在以下几个方面。

屏障作用：皮脂膜是皮肤锁水最重要的一层，能有效锁住水分，防止皮肤水分的过度蒸发，并能防止外界水分及某些物质大量透入，其结果是皮肤的含水量保持正常状态。

滋润作用：皮脂膜是由皮脂与水乳化而成，其脂质部分有效滋润皮肤，让皮肤保持润滑和滋养，而使皮肤柔韧、滑润、富有光泽；皮脂膜中的水分可使皮肤保持一定的湿润，防止干裂。

抑菌作用：皮脂膜上生活着成千上万的细菌生物，这些细菌生物形成一层独特的生物屏障，不但能够防止微生物的感染，还可以分解脱落的角质细胞和多余的皮脂，维护正常的角质层厚度和皮脂膜的完整。由于皮脂膜的这一特性，被称为皮肤的第一层免疫层。

二、皮肤的生理功能

（一）屏障保护作用

人体正常皮肤有两方面的屏障作用：一方面可防止体内水分、电解质和其他物质的丢失；另一方面阻止外界环境中机械的、物理的、化学的以及生物的有害或不需要的物质入侵。由此保持机体内环境的恒定，这在生理学上起着重要的保护作用。

1. 对机械性损伤的防护

皮肤内表皮、真皮、皮下组织构成一个完整的屏障结构，它坚韧、柔软，具有一定的张力和弹性，这些物理性质与表皮、真皮、皮下组织等的性质有关。表皮角质层致密而柔软，对外来刺激有保护作用；真皮中胶原纤维、弹力纤维和网状纤维交织成网，具有伸展性和弹性；皮下脂肪具有缓冲作用，能够避免外界的机械撞击直接传递到身体内部，起到缓冲外来压力的作用；故在一定程度内，皮肤对外界的各种机械刺激，如摩擦、牵拉、挤压及冲撞等具有一定的防护能力，并能迅速恢复正常状态。

2. 对低电压、电流损伤的防护

皮肤是电的不良导体，其对电的屏障作用主要位于角质层；角质层含水分少，电阻值较大，对低电压、电流有一定的阻抗能力。电阻值受皮肤部位、汗腺分泌、排泄活动、特别是角质层含水量影响，潮湿的皮肤电阻值下降。

3. 对紫外线损伤的防护作用

正常皮肤对光有防护能力，角质层可将大部分日光反射回去，又可过滤大部分透入表皮的紫外线，以保护机体内的器官和组织免受光的损伤。皮肤防护光的能力与其组织结构有密切关系。如角质层的角化细胞交错排列，可吸收大量的短波紫外线（波长为180～280nm），使透入表皮的紫外线发生散射，减轻直接照射的作用。基底层中的黑素细胞对防止紫外线损伤有重要的作用，黑素细胞产生的黑素颗粒输送到角朊细胞中，黑素能吸收较多的紫外线以及一些可见光和近红外线等，是防止紫外线透入真皮的重要屏障。进入真皮的光线，可被真皮黑素、血红蛋白及胆红素等吸收。因此，皮肤对光线有多种防御机制。故在正常情况下，皮肤能接受一定量的紫外线照射而不致有任何反应，而肤色较深的皮肤比肤色较浅的皮肤对紫外线和日光有较好的耐受性。

4. 对微生物的防疫作用

在人体皮肤上寄生着许多微生物，特别是在潮湿部位，如腋下。但一般不发生感染，说明皮肤有防御微生物侵犯的能力。首先，这与皮肤表面具有的酸性油脂膜有密切关系，其 pH 在 4.5～6.5 左右，干燥皮肤表面和弱酸性的 pH 不利于多数病菌的生存和繁殖。其次，致密的角质层和表皮细胞间借助桥粒等连接结构互相联系对微生物有良好的屏障作用，可以机械地阻挡一些微生物的入侵。此外，表皮脂质膜中的某些游离脂肪酸对某些微生物的生长有抑制作用，能够有效阻止皮肤表面的细菌生长。

5. 防止体液丢失

全身水分主要储存在皮肤中，皮肤储水量占全身的 18%～20%。致密的角质层细胞有抵抗弱酸、弱碱等化学物质的能力，对水分及一些化学物质有屏障作用，因而可以阻止体内液体的外渗和化学物质的内渗作用。皮肤的多层结构、致密的角质层以及由皮脂腺分泌的皮脂，在皮肤表面与汗液及水分形成一层乳化脂类薄膜，可防止皮肤水分过度蒸发和体外水分的渗透，使角质层滋润，避免角质层的干燥，防止皴裂。但由于角质层深部含水分多，浅部含水分少，部分水分因浓度梯度的弥散作用而损失。

（二）分泌和排泄作用

皮肤还具有分泌和排泄功能，汗是皮脂的排泄作用，而皮脂则是皮肤的分泌作用。

1. 汗液的分泌

汗液主要由小汗腺分泌，小汗腺分布于全身，近 200 万个。汗液分泌量会影响汗液成分。小汗腺的汗液中含有 99.0%～99.5%的水，以及 0.5%～1.0%的无机盐及有机物质。无机盐主要为氯化钠，其他还包括氯、钠、钾、钙、磷、镁、铁、碘、铜、锰等元素。汗液中的有机成分包括氮元素，诸如尿素氮、肌酸氮、氨基酸氮、肌酸酐氮等，还有葡萄糖、乳酸和丙酮酸等。

2. 皮脂的分泌

皮脂主要通过皮脂腺体分泌产生，成为覆盖皮肤和头皮的脂质膜。人体皮脂的组成（以质量分数计算）包括：角鲨烯（12%～14%）、胆甾醇（2%）、蜡脂（26%）、甾醇脂（3%）、三甘油酯（50%～60%）等。不同部位的皮肤其皮脂分泌的量略有差异，其中小部分皮脂是表皮细胞角化过程中角质层细胞供给的角质脂肪。分泌的皮脂存积在腺体内，增加了排泄管内的压力，最后使其从皮肤的毛囊口排出。

（三）渗透和吸收作用

皮肤是人体的天然屏障和净化器，一方面，皮肤对机体具有各个方面的保护作用；另一方面，皮肤具有一定的渗透能力和吸收作用。有些物质可以通过表皮渗透入真皮，被真皮吸收，影响全身。

皮肤对外界物质的渗透是皮肤吸收小分子物质的主要渠道，主要是通过三种途径进行：角质层、毛囊皮脂腺以及汗管口。角质层是皮肤吸收最重要的途径，其物理性质相当稳定，在皮肤表面形成一个完整的半通透膜，在一定条件下水分可以自由通过，通过细胞膜进入细胞内。研究表明，还有少数重金属及其化学物质是通过毛囊皮脂腺和汗腺管侧壁渗透到真皮中去的。一般说来，人体皮肤可以接触到的各类物质通常很难直接透过正常表皮被皮肤吸收，物质可能进入皮肤的途径通常有以下几种：软化角质层，经角质层细胞膜渗透进入角质层细胞，继而可能再透过表皮进入真皮层；少量大分子和不易透过的水溶性物质可以通过皮肤毛囊，经皮脂腺和毛囊管壁进入皮肤深层真皮内，再由真皮向四处扩散；某些超细的分子物质经过角质层细胞间隙渗透进入真皮。

由此可见，角质层是影响皮肤渗透吸收最重要的部位，角质层的生物学特征直接关系到皮肤的吸收性能。身体不同部位皮肤角质层的厚度不一样，直接影响皮肤的吸收程度。如掌趾部位角质层较厚，吸收作用弱；婴幼儿和儿童皮肤的角质层较薄，吸收作用比成人强；而黏膜组织无角质层，则吸收作用较强；软化的皮肤可以增加渗透吸收，这是因为角质层可以吸收较多的水分。因此包敷的方法可以增加渗透吸收，减少汗液蒸发，增加皮肤水分，提高皮肤的吸收作用。受损伤或有病变的皮肤吸收较多，如皮肤充血损害处吸收较多，湿疹等皮肤病会增强吸收。不同基质影响皮肤吸收：粉剂、水溶液和悬浮体系的吸收一般较差；软膏可以浸软皮肤，阻止水分挥发，因而能够增大吸收；有机溶剂由于对皮肤渗透性强，也可以促进吸收。

皮肤的渗透和吸收作用是一个非常复杂的生理过程，受很多因素的影响。动物脂肪、酸类化合物、激素等，比较容易被皮肤吸收；植物油较动物油难被吸收；矿物油、水和固体物质不易被吸收；而气体则可以进入皮肤内部；有些物质浓度高时反而吸收减少，如酸类物质浓度大时，会和皮肤蛋白结合形成薄膜，阻止皮肤吸收。

皮肤对有效成分的吸收与物质的分子量、溶解性、极性以及皮肤自身的条件有关。大分子物质不能在死的皮肤细胞（角质层）间的缝隙中顺利滑动，经验法则是，分子量小于 500Da 的物质都可以渗透皮肤，而大于 500Da 的则不能；一般情况下，油溶性成分的渗透性比水溶性成分要好得多，因为皮肤本身的皮脂膜形成了一个防水层；分子的极性或电荷也很重要，例如，糖和盐都是水溶性的，但是一个的极性较强，而另一个则没有很强的极性，所以这两个物质的渗透性并不相同；正如上文中提到的，皮肤的厚薄也会影响渗透，总体来说，薄的皮肤比厚的皮肤更容易渗透。

（四）皮肤的代谢作用

作为人体整个机体的组成部分，皮肤和其他器官一样，基础代谢活动是必不可少的，如糖、脂肪、水、电解质和蛋白质的代谢。同时，调节人体代谢的方式，如神经调节、内分泌调节和酶系统调节等，同样也在调节皮肤的代谢活动中发挥着积极作用。皮肤的主要代谢包括糖、脂肪、水、电解质和蛋白质的代谢等。

三、皮肤的分类及其特点

从前面的叙述可知，角质层的状态是决定皮肤状态的一个重要因素，皮肤皮脂量是另一个重要因素。以往皮肤状态通常只根据角质层含水情况，被分为干性皮肤、中性皮肤和油性皮肤三类。皮肤的湿度和油腻程度是独立存在的，角质层中足够的水分含量是角质层健康和正常角质化的结果，皮肤的油腻程度由分泌的皮脂决定。因而新的分类方法根据皮肤皮脂量、水分含量以及与人的年龄、季节、生活方式相关的皮肤性质的不同，可将其分为中性肌肤、油性肌肤、干性肌肤、混合性肌肤和敏感性肌肤五种类型。

1. 中性肌肤

中性肌肤的皮脂、汗腺的分泌量适中，是水分、油分平衡良好的理想肌肤；肌肤纹路平整，不粗不细，皮质柔滑，不干燥也不油腻，皮肤光滑细嫩而富有弹性；皮脂分泌顺畅，肌肤健康有光泽；皮肤表面瑕疵少，pH 值在 5～5.6 之间，易上妆，不易脱妆；依照季节、环境、食物与体内荷尔蒙分泌的因素，肌肤状态有些变化（冷时肌肤偏干，热时肌肤偏油）；对外界刺激不太敏感。

该类皮肤夏季应注意补水，冬季则注意补充油脂，如保养不当易变成混合性肌肤。

2. 油性肌肤

这种类型皮肤的皮脂腺分泌旺盛，皮脂的分泌量较多，同时含有较高的皮脂和水分，外观油腻光亮，皮肤纹理较粗，毛孔粗大，肤色较深，不易起皱和衰老；但因油脂分泌过多，积于毛囊内不能顺利排出，易吸收空气中的灰尘，使毛孔污染，对细菌抵抗力减弱，生长粉刺或痤疮；皮肤的 pH 值在 5.6～6.6 之间，上妆易脱妆。

皮肤在护理过程中应特别注意皮肤的清洁，可选用去污力较强的清洁用品，并且选用含油脂少的护肤用品，以防止堵塞毛孔、诱发粉刺和毛囊炎症，促进囊皮角化使皮脂的分泌正常。

3. 干性肌肤

干性肌肤的特征是皮脂分泌量少，角质层含水量少，皮肤表面无油腻感，肌肤无光泽，紧绷缺乏弹性，毛孔细小，皮肤白皙、细嫩，眼部和唇四周常干燥起皱；洗脸后肌肤有紧绷感及刺痛，肌肤易受外界环境影响，易生红斑，皮肤毛细血管较明显，易破裂。干性皮肤又根据缺水、缺油程度的不同分为干性缺水皮肤和干性缺油皮肤两种。

这类肌肤容易出现过敏反应，如保护不好容易出现早期衰老。该类肌肤宜选用碱性弱、刺激性小的清洁用品和含油脂高的护肤用品。

4. 混合性肌肤

混合性皮肤的特点是兼有油性皮肤和干性皮肤的特征，不同部位其皮肤类型可能不同。80%女性属此类肌肤，如面颊为中性或干性皮肤，而面部 T 形区（前额、鼻翼、下额）等部位可能是油性皮肤。

混合型肌肤护理起来比较困难，可以进行分区保养，如 T 形区以油性皮肤保养法，V 形区以干性肌肤保养法。也可以采用油性皮肤的护理方法进行护理，护理以水性滋养剂为主。在饮食上注意少吃肥肉及含脂肪多的食品。

5. 敏感性肌肤

敏感性皮肤是一种问题性皮肤，任何肤质中都可能有敏感性肌肤。敏感性皮肤看上去皮肤较薄，容易过敏，脸上的红血丝明显（扩张的毛细血管）；皮肤容易泛红，一般温度变化，过冷或过热，皮肤都容易泛红、发热；容易受环境因素、季节变化及面部保养品刺激。敏感性皮肤通常归咎于遗传因素，但更多的是由于使用了激素类的化妆品导致成为敏感肌肤，并可能伴有全身的皮肤敏感。

对于这类肌肤宜选用天然、不含香料及刺激内分泌的护肤品，不宜使用含药物成分或营养成分的化妆品。

判断皮肤状态对进行正确的皮肤护理是十分重要的。皮肤的类型并不是终生不变的，它随着人的体质因素及自然环境变化而在不断地改变着，但一般的规律是各类皮肤容易向干性肌肤转化，产生皱纹将是老年人的共同特点。

不同类型的皮肤在选择化妆品护理过程中也有很大差异，偏向油性皮肤，要选择保湿性好、比较清爽型的护肤品；偏向干性皮肤，在保湿的同时也要注重赋脂；而敏感性肌肤的人选择化妆品有些复杂，这类人群要很清楚自己的皮肤对哪一类化妆品原料比较敏感，侧重于选择自己不敏感、比较温和的那一类产品。

第二节　毛发基础理论

一、毛发概述

头发是颅脑的最外保护层，可以保护头皮避免冻伤和日晒，对外界的冲击力可以起到一定的缓冲作用。头发也是仪表的重要组成部分，好的发型可以弥补头部和面形的不足，对于衬托人的容貌美起着十分重要的作用，在某种程度上也反映了一个人的文化素养、审美情趣，在历史上甚至也成为身份象征之一。

1. 毛发的颜色

毛发的颜色是发干细胞中色素质粒产生的，质粒主要存在于皮质中，髓质中也有质粒存在。毛发本身的自然颜色因人种和基因不同而有黑、褐、金、红等多种色调。但这些色调主要是由两种色素构成，即真黑色素和类黑色素。真黑色素和类黑色素都是在酪氨酸酶的作用下，经一系列反应由酪氨酸生成的。

真黑色素是黑色或棕色，类黑色素是黄色或红色。这两种或其中一种黑色素的数量和分配方式影响头发最后的颜色。如果类黑色素的数量很集中并靠近表皮层，那么头发的颜色就更趋向红色。发色很深很黑的人甚至可能在表皮层都有黑色素，而发色较浅的人只在皮质中才有黑色素。

在黑色素细胞内产生的色素质粒位于真皮树突尖端部位，然后，由像手指状的树突尖转移到新生成的毛发细胞中。这些质粒本身是黑色素颗粒的最终产物，原来是无色的，随着外移，所含色素会逐渐变深。这些质粒是卵圆形或棒状（长 0.8～1.8μm，宽 0.3～0.4μm）。毛发越黑，质粒越大，所以黑色人种的质粒比白色人种大而少。

现代人通过染发改变头发的颜色。染发剂给头发上色主要是先打开头发最外层的毛鳞片，氧化剂和着色剂通过毛鳞片打开的小孔进入头发内部；氧化剂先将头发内部的色素漂白，之后和同时进入的着色剂发生氧化反应，给头发重新上色；最后再关闭毛鳞片。

2. 毛发的种类

根据毛发结构、有无髓和有无黑色素，毛发可分为毳毛、软毛、硬毛。毳毛无毛髓和黑色素，胎生期末期即脱落；软毛有黑色素但无髓，广泛地分布在皮肤各部；硬毛既含黑色素又有毛髓，只分布在头部、腋窝和阴部。毛发根据外观又可分为三种，即长毛、短毛及毳毛。头发、胡须、阴毛及腋毛属于长毛；眉毛、睫毛、鼻毛、外耳道的毛及长在四肢、躯干的某些汗毛属于短毛；分存于面部、颈部、躯干及四肢的细软短毛称为毳毛。这三种毛发在结构、功能和生长周期方面各不相同。

（1）结构的区别　长毛和短毛的横断面在显微镜下可以看到分为三层。中心为髓质，是部分角化的多角形细胞，并含有色素；其外是几层已经角化了的表皮细胞，胞浆中含有色素颗粒及角质蛋白纤维，使毛发有一定的抗拉力，不然很容易折断；最外一层为毛小皮，是角化了的扁平细胞，无核透明，如鱼鳞状互相重叠排列，游离缘向上。毳毛则没有这么分明的层次结构，主要是由角化的扁平细胞构成的，所以比较纤细，无色素。

（2）功能的区别　长毛和短毛主要发挥对人体的保护作用。因为头皮是人体主要的散热部位之一，所以头发在冬季可以保暖；头发有遮挡和吸收紫外线的功能，在夏季可以减少日光对头皮的照射，避免发生日射病；阴毛和腋毛有减少摩擦的作用，并能吸附汗液，增加和加快汗液的挥发以降低局部温度，防止间擦疹的发生；眉毛、睫毛、鼻毛和外耳道毛分别发挥阻挡灰尘和小虫等异物进入眼、鼻和耳内的功能，是名副其实的“门神”。

（3）生长周期不同　这三种毛发各不相同的生长周期，决定了它们各自的长度，对此后面还要提到。应该顺便说明的是，这三种毛发并不是出生就都有的。胡须、阴毛和腋毛是在青春期时才出现的，因为与第二性征同时表现出来，所以又称它们为“性毛”。头发、短毛和眉毛是出生时就有的，只是都比较纤细，到青春期时生长周期较长，毛发亦较粗、较黑，青年至壮年时达到顶峰，到老年期这些毛发的生长期又较短，只有部分眉毛和外耳道毛反而变长，被称为“寿眉”。

3. 毛发的生长

毛发是由胚胎的外层演变而来的，毛发生长的速度受年龄、性别、季节以及类型等因素影响，头发的生长周期分为生长期、退行期和休止期三个阶段（见图 2-2），不同的生长阶段特点如下。

生长期：也称成长型活动期，生长期可持续 4～6 年，甚至更长。毛发呈活跃增生状态，毛球下部细胞分裂加快，毛球上部细胞分化出皮质、毛小皮；毛乳头增大，细胞分裂加快，数目增多；原不活跃的黑色素细胞长出树枝状突，开始形成黑素。

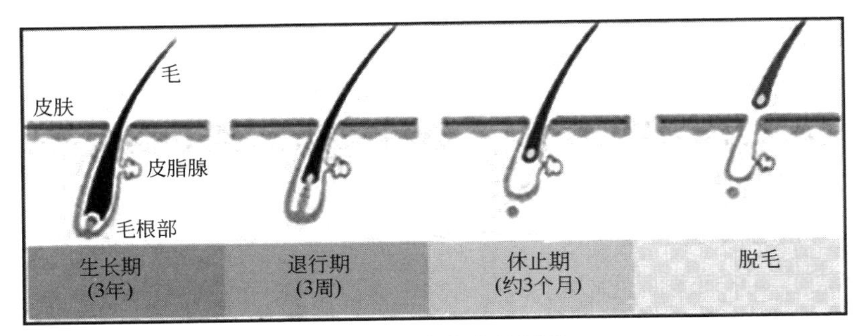

图 2-2　毛发的生长周期

退行期：也称萎缩期或退化期，为期 2～3 周。毛发积极增生停止，形成杵状毛，其下端为嗜酸性均质性物质，周围呈竹木棒状；内毛根鞘消失，外毛根鞘逐渐角化，毛球变平，不成凹陷，毛乳头逐渐缩小，细胞数目减少；黑色素细胞退去树枝状突，又呈圆形，而无活性。

休止期：又称静止期或休息期，为期约 3 个月。在此阶段，毛囊渐渐萎缩，在已经衰老的毛囊附近重新形成 1 个生长期毛球，最后旧发脱落；但同时会有新发长出再进入生长期及重复周期。在头皮部 9%～14%的头发处于休止期，仅 1%处于退行期，而眉毛则 90% 处于休止期。

毛发处于生长周期中各期的比例随部位不同而异。生长速度也与部位有关，头发生长得最快，每天生长 0.27～0.4mm，每月平均 1.9cm，其他部位约每天生长 0.2mm。

毛发的生长期和休止的周期性变化是由内分泌调节的，有人认为与卵巢激素有关。此外，营养成分对头发生长也有影响。

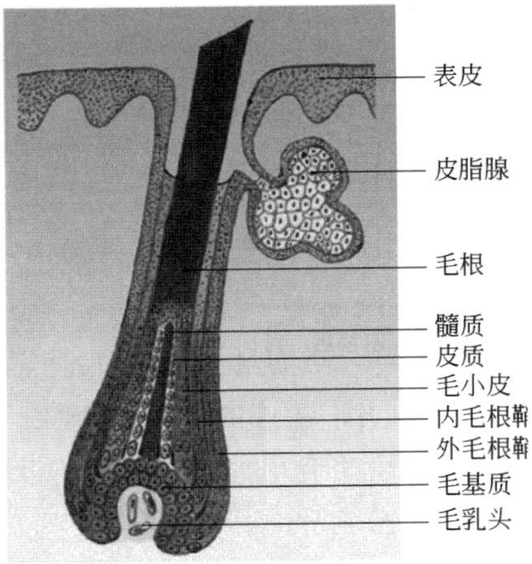

图 2-3　头发及头皮的结构示意

二、毛发的组织结构

毛发由角化的上皮细胞组成，如图 2-3 所示，以头发为例，解读毛发的组织结构。

头发的纵向切面从下向上可分为毛乳头、毛囊、毛根和毛干四个部分。头发露在皮肤外面的部分称为毛杆，埋在皮肤里面的部分称为毛根，毛根下端略微膨大的称为毛囊，毛囊下端内凹入部分称为毛乳头。在毛乳头中有来自真皮组织的神经末梢、血管和结缔组织，为头发的生长提供营养。每个毛囊都与一块立毛肌相连，当精神紧张或受到寒冷刺激时，会引起立毛肌收缩。毛囊由内、外毛根鞘及结缔组织鞘构成，前两者毛根鞘的细胞均起源于表皮而结缔组织鞘则起源于真皮。

头发的生理特征和机能主要取决于头表皮以下的毛乳头、毛囊和皮脂腺等。毛乳头是毛囊的最下端，连有毛细血管和神经末梢。在毛囊底部，表皮细胞不断分裂和分化。这些表皮细胞分化的途径不同，形成毛发不同的组分（如皮质、表皮和髓质等），最外层细胞形成内毛根鞘，在这个阶段中，细胞是软的和未角质化的。

皮脂腺的功能是分泌皮脂，皮脂经皮脂管挤出，当头发通过皮脂管时，带走由皮脂管挤出的皮脂。皮脂为毛发提供天然的保护作用，赋予头发光泽和防水性能。

立毛肌是与表皮相连的很小的肌肉器官，它取决于外界生理学的环境能舒展或收缩。温度下降或肾上腺激素的作用，可把毛囊拉至较高的位置，使毛发竖起。

把发丝切成无数个相连的横截面进行观察(图 2-4)，头发从外到里可分为毛表皮、毛皮质、毛髓质三个部分。

1. 毛表皮

毛表皮是由扁平角质细胞交错重叠而成的鱼鳞片状结构（见图 2-5），从毛根排列到毛梢，包裹着内部的皮质，又称为表皮层或角质层。这一层保护膜虽然很薄，只占整个头发的 10%～15%，但却具有重要的性能，可以保护头发不受外界环境的影响，保护皮脂并抑制水分的蒸发，保持头发乌黑、亮泽和柔韧。毛表皮由硬质角蛋白组成，膨胀力强，可有效地吸收化学成分，并抵抗外界的一些物理、化学作用。

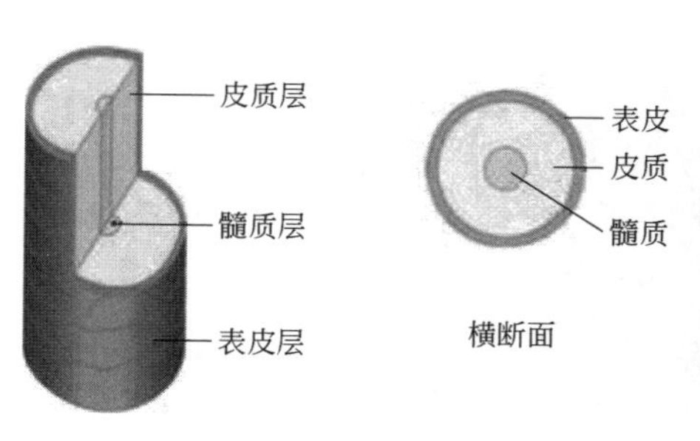

图 2-4　头发的构造示意

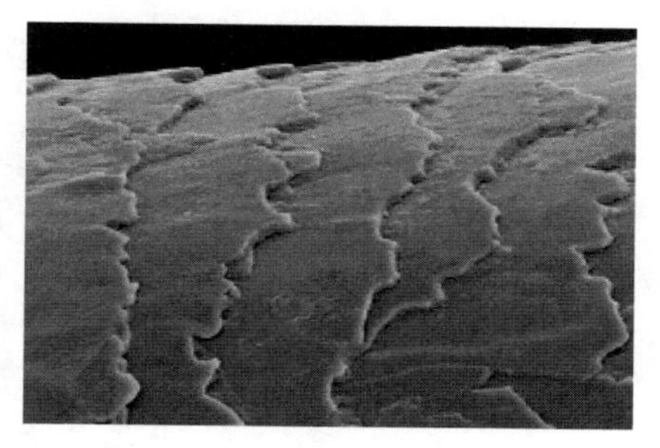

图 2-5　头发毛表皮的放大照片

2. 毛皮质

毛皮质位于毛表皮的内侧，由含有许多麦拉宁黑色素的细小纤维质细胞所组成。纤维质细胞的主要成分是角质蛋白，角质蛋白由氨基酸组成。许多螺旋状的原纤维组成小纤维，再由多根螺旋状的小纤维组成大纤维，然后数根螺旋状的大纤维就组成了外纤维，这也就是毛皮质的主体。毛皮质是头发的主要组成部分，几乎占头发的 85%～90%，是左右着毛发性能的重要组成部分。

毛皮质中的角质蛋白含有许多半胱氨酸残基，半胱氨酸上的硫原子就相互形成二硫键，而这个二硫键结构就是维持头发弹性和形状很重要的一个结构，如果想要改变头发形状，就要改变这个结构。一般烫发会将头发定形，加入还原剂，让头发中的二硫键断裂，这时候头发被赋予了可塑性；然后再加入氧化剂，让二硫键重新建立，这时候，外面缠绕成什么形状，头发就变成什么形状。

3. 毛髓质

毛髓质位于头发的中心，是含有些许麦拉宁黑色素粒子的空洞性细胞集合体，1～2 列并排且呈立方体的蜂窝状排列着。它内部有无数个气孔，这些饱含空气的洞孔具有隔热的作用，而且可以提高头发的强度和刚性，又几乎不增加头发的重量。它担负的任务就是保护头部，防止日光直接照射进来。较硬的头发含有的髓质也多，汗毛和新生儿的头发往往没有髓质。

三、毛发的化学组成

1. 化学组成及结构

毛发的主要成分是角质蛋白，约占总成分的 97%。因角质蛋白是硬蛋白，不溶于水、稀中性盐、稀酸、稀碱和一般有机溶剂，所以毛发具有角质蛋白的特性。角质蛋白由多种氨基酸组成，其中以胱氨酸的含量最高，它们提供头发生长所需的营养与成分。头发中各种氨基酸原纤维通过螺旋式、弹簧式的结构相互缠绕交联，形成角质蛋白的强度和柔韧，从而赋予了头发所独有的刚韧性能。其中 50%的蛋白质呈螺旋状结构，在 α-螺旋结构内，分子中的亲水基团大部分分布在螺旋周围，可以形成氢键、二硫键、盐键等。头发具有氨基酸和角蛋白的双重特性，利用这些化学性质，可达到染发、卷发的目的。

2. 化学键

（1）氢键　由于肽链上具有极性，一个肽链上的羧基中的 $>C{=}O$基团与另一个肽键上的酰胺基的$H{-}N<$之间可能发生作用，形成氢键：

$$>C{=}O + >N{-}H \longrightarrow >C{=}O\cdots H{-}N<$$

在角蛋白分子中，在主链肽键之间，或侧链与主链、侧链与侧链之间都可以形成氢键。

氢键的键能很小，是一种较弱的相互作用，但由于在一条多肽链中可以存在多个氢键，因此，它们也是多肽结构上的一个重要稳定因素。

虽然氢键的键能较小，通常只有 17～25kJ/mol，但氢键的形成对物质的性质有显著影响。在洗发时能感受到头发变软，这就是氢键的作用。当头发遇水后 α-角蛋白中的氢键与水分子中的氢键相互作用，使得 α-角蛋白中一些氢键断裂；又由于氢键本质上是一种静电吸引力，所以溶液温度越高（洗头水的温度越高），断裂的氢键就越多；当角蛋白的氢键打断而插入水分子的氢键时，角蛋白的螺旋结构发生了变化，分子结构变大，宏观上表现出头发在水中膨胀软化，更加弯曲；当头发变干冷却后，角蛋白内氢键重新形成，头发恢复到原来的状态。这种转变的本质是氢键键能强弱不同和氢键具有一定的方向性。

（2）二硫键　二硫键是由两个半胱氨酸氧化成胱氨酸时形成的一种化学键，可以在两个肽链之间，也可以在一条肽链的不同部位之间：

$$\underset{NH_2}{HOOCCH}CH_2SH + HS\cdot CH_2\underset{NH_2}{C}HCOOH \longrightarrow HOOC\underset{NH_2}{C}HCH_2SH - HSCH_2\underset{NH_2}{C}HCOOH$$

二硫键能够使两个肽链之间紧密地靠近，再与这两个多肽链存在的其他键作用，使多肽链在结构上形成大小不等的肽环结构。

在毛发的卷曲过程中，二硫键的还原断裂及其后的氧化复原起着重要的作用。烫发时，先用含有巯基乙酸根离子的溶液把头发中的过硫基还原打断成两个巯基，失去交联作用的头发变得非常柔软；再利用卷发工具把头发卷曲起来，在机械外力作用下，诱发的多肽链与多肽链之间发生了移位；再用具有氧化作用的溶液，如过氧化氢、溴酸钾、过硫酸钾的溶液，使分裂的硫基在新的形状下被固定下来，形成新的双硫键；至此毛发又恢复了原来的刚韧性，并形成持久的卷曲发型。

（3）盐键　盐键也称离子键，是多肽链的侧链间存在着带正电的氨基和带负电的羧基，相互之间的静电吸引作用而形成化学键。

$$>CHCH_2-COOH + H_2N-CH_2-CH< \longrightarrow >CH-CH_2-COO^{-}\ {}^{+}H_3N-CH_2-CH<$$

除上述几种键之外，多肽链间还有非极性基团间的疏水键、范德华力的作用，它们都是分子间作用力。

（4）酰胺键　酰胺键是多肽链的主要成键形式，也称肽键。此外，肽链也可横向连接成酰胺键。

$$\begin{matrix} \diagdown NH \\ CH \\ \diagup CO \end{matrix}-CH_2CH_2COOH + H_2N-\overset{NH}{\overset{\|}{C}}-NH-CH_2CH_2CH_2-\begin{matrix} CO \\ CH \\ NH \end{matrix} \longrightarrow$$

$$\begin{matrix} \diagdown NH \\ CH \\ \diagup CO \end{matrix}-(CH_2)_2\overset{O}{\overset{\|}{C}}-\overset{H}{\overset{|}{N}}-\overset{NH}{\overset{\|}{C}}-\overset{H}{\overset{|}{N}}H-(CH_2)_3\begin{matrix} CO \\ CH \\ NH \end{matrix}$$

3. 毛发的物理性质

毛发的物理性质与其化学组成有关。将毛发浸泡在水中，很快就会膨胀，膨胀后的重量比未浸泡前干重多40%左右。这种遇水膨胀现象说明毛发中几乎纯粹是蛋白质成分，而脂质含量很少。毛发具有强的双向性，这是由于细胞中细丝的排列与毛发长轴平行的缘故。

（1）头发的吸水性　一般正常头发中含水量约10%。将毛发放置在空气中，毛发会吸收或放出水分以达到与水蒸气保持平衡的状态。这种平衡受环境湿度影响很大，相对湿度高时毛发的水分含量也增加。下雨时常常有发型散乱的情况，这是由于头发吸收一定的水分后，头发中的氢键被切断，发型返回原初状态。而且在冬季梳头时，会产生静电而有闪光等头发粘连的情况，这是由干燥引起头发中水分丢失造成的。由此可见毛发对湿度变化特别敏感，水分过量头发会失去支撑力，水分过少会使头发变得散乱。

毛发的长度和直径变化也与相对湿度有关。在相对湿度增大时，毛发长度所增加的幅度小，而直径增加的幅度大些。

（2）头发的弹性与张力　头发的弹性是指头发能拉到最长程度仍然能恢复其原状的能力。一根头发约可拉长 40%～60%，此伸缩率取决于皮质层。构成毛发纤维的角质蛋白多肽主链的空间构型在通常状态下为 α-螺旋结构，在被拉长时变为锯齿状的 β-折叠结构，长度约增长 2 倍。在撤销拉力时又返回原来长度的 α-构型，这种变化仅在拉长时发生。

头发的张力是指头发拉到极限而不致断裂的力量。一根健康的头发大约可支撑 100～150g 的质量。

（3）头发与 pH 值的关系　头发本身是没有酸碱度 pH 值的，常说的 pH 值是指头发周围的分泌物酸碱度。

一般情况下，头发的 pH 值在 4.5～5.5 之间是最佳健康状态。因头发遇碱性表皮层会张开、分裂，头发变粗糙且呈多孔性，不能达到烫整染的效果。遇酸表皮层合拢，头发保持自然的 pH 值，头发质感佳、有光泽，容易达到烫整染的效果。

（4）其他性质　形状：人的头发随人种的不同可分为直发、波浪卷曲发、天然卷曲发三种。直发的横切面是圆形，波浪卷曲发横切面是椭圆形，天然卷曲发横切面是扁形，头发的粗细与头发属于直发或卷发无关。

多孔性：头发的多孔性是相对于头发能吸收水分的多寡而言的，染发、烫发均与头发的多孔性有关。

耐热性：头发的耐热性与头发的性质有密切的关系，一般加热到 100℃，头发开始有极端变化，最后炭化溶解。

4. 头皮屑

（1）头皮屑产生的原因　头皮屑亦称皮脂漏溢或称头部脂漏症，俗名雪皮，由头部皮脂腺分泌和表皮角质层的新陈代谢作用所产生。

头皮屑多以春秋季较为明显。头皮屑的产生有以下几种原因：第一种是头皮上正常衰老死去的皮肤角质小碎片，它和着头皮分泌的皮脂及空气中坠落下来的尘埃一起，形成头皮屑；第二种情况是生理性新陈代谢较快，导致头皮屑产生增多；第三种情况是当因某种原因如食用大量的辛辣刺激性食物或大油多脂性食物等使皮脂的分泌溢出过多时，马拉色菌（malassezia）嗜食皮脂后会大量繁殖，同时又产生分泌物进一步刺激皮脂的分泌，并加快表皮细胞的成熟和更替速度，周而复始的恶性循环使得头皮屑也相应地增加许多；第四种情况是头皮细胞功能失调，尤其患有银屑病或内分泌异常的疾病时，也会使表皮细胞生长速度过快或皮脂病理性分泌增多，此时头皮

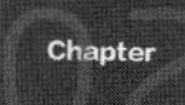

屑也会大量产生。

此外，有时候染发、烫发、营养不均衡（体内缺乏B族维生素）、精神压力过大也可能会引起头皮屑的增多。前段中提及的前两种情况是生理性的，后两种情况是病理性的，常见到的是后两种。

① 马拉色菌的影响　马拉色菌是一种属于酵母菌类的单细胞真菌，以前曾称为糠秕孢子菌。马拉色菌通过消耗皮脂中分解出来的饱和脂肪酸而生存，而剩余的不饱和脂肪酸则渗入头皮，导致人体的炎症反应，从而引发头皮角质细胞的过度增生。

② 头皮细胞功能失调　头皮功能失调有多种原因，由马拉色菌所引起的头皮屑现象也是其中一种；此外还有老年人、营养不良、接受化学治疗或干癣的病人，也会出现头皮的细胞新陈代谢异常。即基底层细胞快速增殖，在还未完全成熟的情况下往外推出，使头皮细胞成熟过程不完全，以大量片状形式剥落。

（2）祛屑作用　目前最有效的祛屑方法是通过使用抗真菌有效成分以抑制马拉色菌。1-羟基-4-甲基-6-（2,4,4-三甲基戊基）-2（1*H*）-吡啶酮-2-氨基乙醇盐（1∶1）（OCT）和吡啶硫酮锌（ZPT）是目前国际上使用最普遍的两种祛屑剂。

洗发水中另一类具有极大潜在应用价值的祛屑剂是天然植物提取物。天然提取物一般富含有多种活性成分，具有抗菌消炎、提供营养、改善毛细血管血液循环等功效，而且作用温和持久，刺激性小，对于祛屑、防脱和改善发质有良好的效果，具有较好的发展前景。这类天然提取物主要有：胡桃油、防风、山茶、木瓜、积雪草、花皂素、甘草、头花千金藤等。

第三章　表面活性剂基础理论

03 Chapter

第一节　表面活性剂定义与结构特点

一、表面活性剂

表面活性剂（surface active agent；surfactant）是一类重要的精细化学品，因其在较低的浓度下就能起到明显的效果，又被应用于各领域，常常被称为“工业味精”。

最先认识表面活性剂可追溯到古埃及时代，当时人们通过把动物油和植物油同碱性的盐混合制得类似肥皂的物质。从 17 世纪到 20 世纪初期，肥皂仍然是唯一的天然洗涤剂，后来逐渐出现了发用、沐浴和洗涤用等各类产品。然而由于天然表面活性剂受原料来源的限制，合成表面活性剂是现代工业加工工艺和配方中的主要成分。表面活性剂早期主要应用于洗涤、纺织等行业，现在其应用范围几乎覆盖了精细化工的所有领域。表面活性剂是这样一类物质，当它在溶液中以很低的浓度溶解分散时，优先吸附在表面或界面上，使表面或界面张力显著降低；当它达到一定浓度时，在溶液中缔合成胶束。

1. 表面张力与表面自由能定义

自然界中的物质通常以气体、液体或固体三种状态存在，它们之间不可避免地会发生相互之间的接触，两相接触便会产生接触面。通常把液体或固体与气体的接触面称为液体或固体的表面，而把液体与液体、固体与固体或液体与固体的接触面称为界面。表面与界面无本质区别，有时统称为界面。

由于两相接触面上的分子与其体相内部的分子所处的状态不同，因此会产生很多特殊的现象。例如，在没有外力的影响或影响不大时，液体总是趋向于成为球状，如水银珠和植物叶子上的露珠。即使施加外力后能将水银球压瘪，一旦外力消失，它便会自动恢复原状。可见液体总是有自动收缩而减少表面积，从而降低表面自由能的趋势。体积一定的各种形状中，球形的表面积最小。因此，在化妆品的乳状液体系，分散相粒子、清洁产品产生的泡沫一般都是球形，其原因就在于液滴表面存在着表面张力。

液体表面最基本的特性是倾向于收缩。这表现在当外力的影响很小时小液滴趋于球形，如常见的水银珠和荷叶上的水珠那样。使液体表面收缩的力是垂直通过液体表面上任一单位长度、与液面相切的收缩表面的力，常简称作表面张力（surface tension），其单位通常为mN/m（毫牛/米）。表面张力是液体的基本物理化学性质之一。

液体表面自动收缩的现象也可以从能量的角度来研究。考虑面积变化过程的能量变化。液体表面自发地缩小，则会减少自由能；如按相反的过程，使液体产生新表面dA，则需要一定的功 dG。从能量的角度而言，γ 为单位液体表面自由能，即恒温恒压下增加单位表面积时体系自由能的增量，称作比表面自由能，简称为表面自由能（surface free energy），单位为J/m^2。此自由能单位也可用力的单位表示，因为J=N×m，所以 J/m^2=N/m。

可见γ从力的角度讲是作用于表面单位长度边缘上的力，叫表面张力；从能量角度讲是单位表面的表面自由能，是增加单位表面积液体时自由能的增值，也就是单位表面上的液体分子比处于液体内部的同量分子的自由能过剩值，是液体本身固有的基本物理性质之一。不难看出，表面自由能与表面张力物理量的量纲相同。实际上，表面张力和表面自由能分别是用力学方法和热力学方法研究液体表面现象时采用的物理量，具有不同的物理意义，却又具有相同的量纲。当采用适宜的单位时二者同值。

一定成分的液体在一定的温度压力下有一定的表面张力，最常见的液体是水，25℃时水的表面张力为72mN/m。在各类有机化合物中，具有极性的碳氢化合物液体的表面张力大于具有相同碳数的非极性碳氢化合物的表面张力；有芳环或共轭双键的化合物比饱和碳氢液体的表面张力高。同系物中，分子量较大者表面张力较高。若碳氧化合物中的氢被氟取代形成碳氟烃，其表面张力将远远低于原来的碳氢液体。液体的表面张力还和温度有关，温度上升表面张力下降。

2. 表面张力与表面自由能的微观解释

液体为什么会有表面张力和表面自由能呢？考虑一种液体与其蒸气平衡的体系。液体分子间的距离虽不固定，但有一定的平均值。维持此平均距离不使液体分子借热运动而飞散，全靠液体分子间的相互吸引作用。这种相互作用是短程的，只存在于有限距离内的分子之间。在液体内部，每个分子所受周围分子的吸引是各向同性的，就同一分子而言，所受合力为零。故处于溶液内部的分子可以自由运动，处于表面的分子则不同。任何分子都会受到来自周围分子的吸引力，图3-1显示了液体内部和表面分子的受力情况。存在于气相与液相的接触面的液体分子不同于液

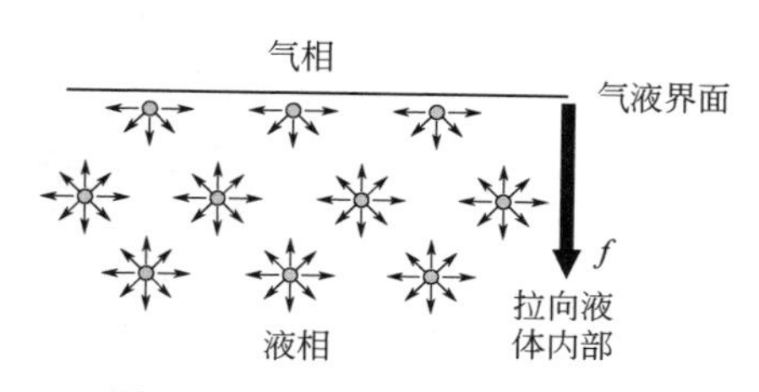

图 3-1　表面自由能的微观解释

体内部的分子。存在于液体内部的分子从各个方向所受的引力相互平衡，合力为零。而存在于液体表面的分子，由于气相中分子浓度低于液相，使得它们从上面受到的引力作用要比从下面所受到的引力作用小，因此它们所受合力不为零，有一个向下的力。可见液体表面的分子总是处在向液体内部拉入的引力作用之下，因此液滴总要自动收缩。即使在液体与它的蒸气平衡的情况下，由于气相密度小得多，使得表面分子受到由气相方面的吸引也小得多，这使得表面分子受到指向内部的合力 f（图 3-1）。当分子从内部移向表面时必须克服此力的作用，故需供给能量。增加液体的表面积就是把一定数量的内部分子变为表面上的具有较高能量的分子。为此，外界必须对体系做功，导致体系能量升高。体系这样获得的能量便是表面过剩自由能。处于液体表面的分子具有较高能量的特点还可以从另一个角度来说明，液体分子与其临近分子间的吸引力使分子势能降低。其降低值与每个分子周围的近邻分子数成正比。由于表面上分子的近邻数比内部分子的少，故势能较高。对液体表面自由能作出贡献的分子间相互作用力随液体的组成和状态而异，可以是范德华力，也可以是氢键、金属键等。由于作用力的性质不同或强度不同，液体的表面自由能不同。分子间相互作用越强的物质，其表面张力便越高。总之，表面上存在过剩能量和表面张力现象是构成界面的两体相性质（组成、密度等）不同和分子间存在相互作用的结果。

表面分子受到内部分子的净吸力，这使得表面上的分子沿表面方向存在侧向引力，即收缩表面的力。

实际体系中气泡、乳化粒子一般情况均为球形，就是由于表面分子会受到内部分子的净吸力，力图使停留在界面的分子个数为最少，也即宏观表现为界面面积为最小的状态。

3. 表面活性剂的定义

纯液体中只含有一种分子，在恒温恒压下，其表面张力是一个恒定值。而溶液中由两种分子组成。由于溶液表面的化学组成不同于溶剂表面的化学组成，形成单位溶液表面时体系所增加的能量便不同。因此，溶液的表面张力受溶质的性质和浓度影响。水溶液的表面张力随溶质浓度之变化可分为三类，如图 3-2 所示。它们的特点如下。

第 1 类（曲线 1）溶液表面张力随溶质浓度增加而缓慢升高，大致成直线关系。多数无机盐，如 NaCl、Na_2SO_4、KNO_3 等的水溶液及蔗糖、甘露醇等多羟基有机物的水溶液属于这一类型。

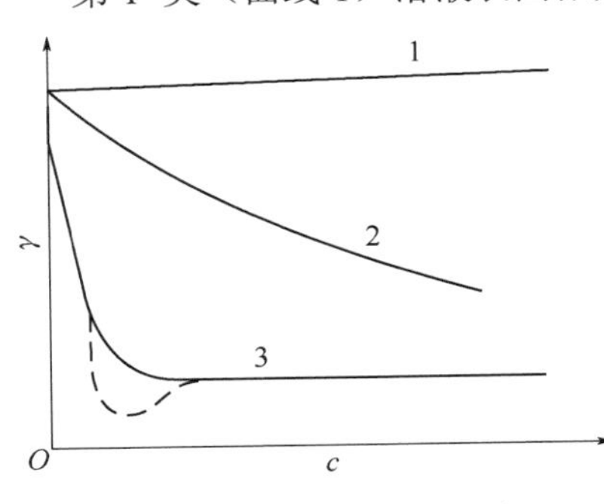

图 3-2　溶液表面张力曲线

第 2 类（曲线 2）溶液表面张力随浓度增加而逐步降低。一般低分子量的极性有机物，如醇、醛、酸、酯、胺及其衍生物属于此类。

第 3 类（曲线 3）溶液表面张力在浓度很低时急剧下降，很快达到最低点，此后溶液表面张力随浓度变化很小。

只有第三类物质才被称为“表面活性剂”，表面活性剂使得水溶液表面张力达到最低点的浓度一般在1%以下，属于这一类的主要是由长度大于8个碳原子的碳链和足够强大的亲水基团构成的极性有机化合物，例如高碳的羧酸盐、硫酸盐、烷基苯磺酸盐、季铵盐等。

二、表面活性剂结构特点

表面活性剂指的是在很低浓度时能够显著降低溶剂（通常是水）的表（界）面张力的物质。表面活性剂分子结构有一个特点，它由两部分组成，一部分是长链的疏水基团（或称亲油基团），另一部分是亲水基团（或称亲水头基），两者中间由化学键连接，故表面活性剂通常又称为两亲物质。典型的表面活性剂两亲结构如图3-3所示。

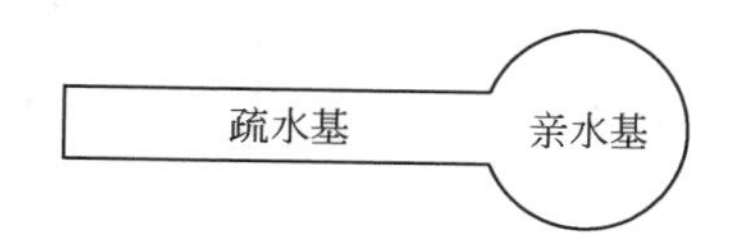

图3-2　表面活性剂分子结构示意

表面活性剂分子的结构特征赋予它两个基本性质：一是可以在溶液表面形成吸附膜（一般为单分子吸附层），二是可以在溶液内部发生分子自聚形成多个分子有序聚集体（称为胶束）。这种性质使表面活性剂具有了许多应用性能，如润湿、乳化、增溶、起泡、抗静电、分散、絮凝、破乳等。

表面活性剂分子具有两亲性，即分子中既有亲油性的疏水基团（hydrophobic group），又有疏油性的亲水基团（hydrophilic group），故这类分子称为两亲分子（amphiphilic molecules，amphiphiles）。表面活性剂在水中或油中的溶解度受这两类基团相对强弱的影响，如长碳链（碳原子数在18个以上）表面活性剂在水中的溶解度小。表面活性剂的亲水基种类很多，常用的有羧基、磺酸基、硫酸酯基、聚氧乙烯基、季铵基、吡啶基、多元醇基等；常用的疏水基有碳氢烷链、碳氟烷链、聚硅氧烷链、聚氧丙烯基、烷基苯基等。表面活性剂的分类方法有很多种，如按分子量大小、实际用途分类等。应用最广泛的分类方法是根据表面活性剂在水中是否电离和电离时形成具有表面活性的离子带电符号分类。

三、表面活性剂的疏水效应

表面活性剂溶液的诸多特性都与其吸附作用和缔合作用有关。那么，表面活性剂为什么有这两种基本的物理化学作用呢？这是源于表面活性剂分子的结构特征。图3-3已经说明表面活性剂的结构特征是具有一头亲水一头疏水的不对称结构。构成亲水部分的极性基可以与水分子发生强烈的电性吸引作用或形成氢键而显示很强的亲和力。故亲水基赋予表面活性剂一定的水溶性，亲水基极性越强则表面活性剂水溶性越佳。构成表面活性剂分子疏水部分的是非极性基团，它们与水分子之间只有范德华引力。这种作用力比水分子之间的相互作用弱得多，因而不能有效地取代与水分子以氢键相互作用的另一水分子的位置而形成疏水基与水分子的结合。这种分子相互作用的特性在宏观上就表现为非极性化合物的水不溶性。相应地，表面活性剂的疏水基赋予表面活性剂分子水不溶性因子。当亲水基和疏水基配置适当时，所成化合物可适度溶解。处于溶解状态的此类溶质分子的疏水基存在于水环境中时，必然隔断了周围水分子原有的氢键结构。氢键破坏导致体系能量上升，在恒压条件下表现为体系焓增加。由于降低体系的能量是自发的过程，疏水基周围水分子可以通过从原来在纯水中的随机取向改为有利于形成氢键的取向，而形成尽可能多的氢键以降低体系的能量。于是在水溶液中的疏水基周围形成氢键网，或称为笼式结构。水溶液中水分子在溶质疏水基周围形成这种结构又称为疏水水化或疏水水合作用。此类水结构与冰的结构有相似之处，常称为冰山结构。此种结构并不是固定不变的，而是活动的。其中氢键的强度并不比纯水中的强，而且由于键长键角的变化往往弱于纯水中的氢键。这种笼式结构形成的结果有时甚至可以不减少体系形成氢键的量。但是，它使水的有序度增加，导致体系熵减少。不论焓增加还是熵减少都使体系自由能上升，其逆过程——疏水基离开水环境——则为焓降低，熵增加过程。在恒温恒压下体系自由焓因此而降低，这使疏水基离开水环境的过程得以自动进行，这就是疏水效应。对于室温下的水溶液，其中熵项的贡献常起主要作用，焓项有时甚至起反作用。因此，常把此类过程叫作熵驱动过程。

在表面活性剂-水体系中，使得疏水基逃离水环境的途径有两种：一是表面活性剂分子从溶液内部移至表面，形成定向吸附层——以疏水基朝向气相，亲水基插入水中，满足疏水基逃离水环境的要求，这就是溶液表面的吸附作用；二是在溶液内部形成缔合体——表面活性剂分子以疏水基结合在一起形成内核，以亲水基形成外层的聚集结构。这就是说，形成胶团等多种类型的两亲分子有序组合体同样可以达到疏水基逃离水环境的要求。

第二节　表面活性剂分类

表面活性剂是一种两亲分子，即分子中的一部分具有亲水性质，另一部分具有亲油性质（疏水性质）。表面活性剂的疏水部分一般由烃基构成，特别是由长链疏水基构成。疏水基一般包括下列各种结构。

① 直链烷基（C_8～C_{20}）：$—C_nH_{2n+1}(n=8～20)$；

② 支链烷基（C_8～C_{20}）：$—C_nH_{2n+1}(n=8～20)$；

③ 烷基苯基（烷基碳原子数为 8～16）：

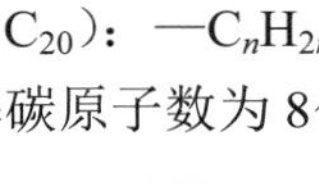

R—C₆H₄—（$R=C_nH_{2n+1}$，$n=8～16$）

④ 烷基萘基（碳原子数在 3 以上的烷基一般有两个，一般 R、R′$=C_nH_{2n+1}$，$n=3～6$）：

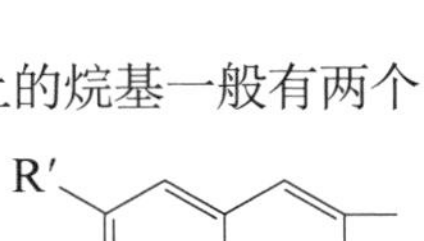

R′, R

⑤ 全氟（或高氟代）烷基（氟全部或部分取代前述①～④类亲油剂烷基上的氢）；

⑥ 聚氧丙烯基$\left(OC_3H_7\right)_n$；
⑦ 全氟聚氧丙烯基；
⑧ 松香酸衍生物；
⑨ 聚硅氧烷基

$$H_3C-\underset{CH_3}{\overset{CH_3}{Si}}-O\left[\underset{CH_3}{\overset{CH_3}{Si}}-O\right]_n\underset{CH_3}{\overset{CH_3}{Si}}-$$

亲水基团结构变化多端，各式各样，但一般可将亲水部分分为两大类：离子性和非离子性，也就是看表面活性剂在水溶液中是否电离。主要的亲水基有以下几种：
① 磺酸盐：$-SO_3^-M^+$；
② 硫酸酯盐：$-OSO_3^-M^+$；
③ 羧酸盐：$-COO^-M^+$；
④ 磷酸酯盐：$-PO_4^-M^+$；
⑤ 铵盐：$\left[-\overset{|}{\underset{|}{N^+}}-\right]X^-$（与N连接的为$R_x$或$H_y$，$x$=1～3，$y$=3～1）；
⑥ 季铵盐：$\left[-\overset{|}{\underset{|}{N^+}}-\right]X^-$（与N连接的为$R^1$、$R^2$、$R^3$、$R^4$）；
⑦ 甜菜碱：$-N^+(CH_3)_2CH_2COO^-$；
⑧ 磺基甜菜碱：$-N^+(CH_3)_2CH_2CH_2SO_3^-$；
⑨ 聚氧乙烯(POE)：$-OCH_2CH_2(OCH_2CH_2)_nOH$；
⑩ 蔗糖：$-OC_6H_7O(OH)_3OC_6H_7(OH)_4$。

根据亲水基的不同，将表面活性剂分为四类，是表面活性剂研究与应用过程中最常用的分类方法。大多数表面活性剂是水溶性的，根据它们在水溶液中的状态和离子类型可以将其分为非离子型表面活性剂和离子型表面活性剂。但还有几种具有特殊化学结构的表面活性剂，被归为“特殊类型表面活性剂”。非离子型表面活性剂在水中不能离解产生任何形式的离子，如脂肪醇聚氧乙烯醚。离子型表面活性剂在水溶液中能够发生电离，并产生带正电或带负电的离子。根据离子的类型，该类表面活性剂又可分为阴离子表面活性剂、阳离子表面活性剂和两性表面活性剂三种。例如十二烷基苯磺酸钠在水中可以电离出磺酸根离子，属于阴离子表面活性剂；苄基三甲基氯化铵电离产生季铵阳离子，属于阳离子表面活性剂；两性表面活性剂分子中同时存在酸性和碱性基团，如十二烷基甜菜碱，这类表面活性剂在水中的离子性质通常与溶液的pH值有关。

一、阴离子表面活性剂

阴离子型表面活性剂按亲水基结构主要可分为：羧酸盐类、磺酸盐类、硫酸酯类、磷酸酯类及氨基酸类等，常用于化妆品中的阴离子型表面活性剂见表3-1。

阴离子型表面活性剂在化妆品中主要作为洁肤、洗发类化妆品的主表面活性剂或辅助表面活性剂，比如脂肪醇聚氧乙烯醚羧酸盐、脂肪酸盐、酰基肌氨酸盐、酰基谷氨酸盐、琥珀酸酯磺酸盐、脂肪醇聚氧乙烯醚硫酸盐、单烷基磷酸酯等；烷基苯磺酸盐是家用洗涤用品的主表面活性剂；脂肪醇硫酸盐常用作牙膏的发泡剂；少数的阴离子表面活性剂用作乳化剂，如二烷基磷酸双酯、硬脂酰谷氨酸钠等。

表 3-1　常用于化妆品中的阴离子型表面活性剂

类型	典型表面活性剂	典型结构	备注
羧酸盐类	脂肪酸盐	$RCOOM$	R：C_8～C_{18} M：Na^+、K^+、NH_4^+；Ca^{2+}、Mg^{2+}；$NH_2CH_2CH_2$、$NH(CH_2CH_2OH)_2$、$N(CH_2CH_2OH)_3$
	脂肪醇聚氧乙烯醚羧酸盐	$R(OCH_2CH_2)_nOCH_2COOM$	
	酰基肌氨酸盐	$RC(=O)N(CH_3)CHCOOM$	
	酰基谷氨酸盐	$RC(=O)NHCH(COOH)CH_2CH_2COOM$	
磺酸盐类	烷基磺酸盐	RSO_3M	R：C_{12}～C_{18}
	酰基甲基牛磺酸盐	$RCON(CH_3)CH_2CH_2SO_3M$	R：C_9～C_{17}
	脂肪酰氧乙基磺酸盐	$RCOOCH_2CH_2SO_3Na$	R：C_9～C_{17}
	琥珀酸酯磺酸盐	$C_{10}H_{19}CONHCH_2CH_2OOCCH_2CH(SO_3Na)COONa$	
硫酸（酯）盐类	脂肪醇硫酸盐	$ROSO_3M$	M：Na^+、K^+、NH_4^+、$NH_2CH_2CH_2OH$
	脂肪醇聚氧乙烯醚硫酸盐	$RO(CH_2CH_2O)_nSO_3M$	
磷酸（酯）盐类	单烷基磷酸酯	$R^1O—P(=O)(OM)_2$	M：Na^+、K^+、NH_4^+、$NH_2CH_2CH_2OH$
	二烷基磷酸双酯	$(R^1O)(R^2O)P(=O)—OM$	
	脂肪醇聚氧乙烯醚磷酸盐	$RO(C_2H_4O)_nPO(OM)_2$	
氨基酸类	*N*-酰基肌氨酸盐	$R—C(=O)—N(CH_3)CH_2COOM$	
	N-酰基谷氨酸盐	$NaOOC—CH_2CH_2—CH(NH—COR)—COONa$	

二、阳离子表面活性剂

阳离子型表面活性剂主要是含氮的有机胺衍生物，有胺盐、季铵盐、杂环类等，常用于化妆品中的阳离子表面活性剂见表3-2。

阳离子型表面活性剂在化妆品中主要用作护发产品的主表面活性剂，起到护理毛发的作用，如烷基三甲基季铵盐，其中十六烷基三甲基氯化铵、十八烷基三甲基氯化铵是最常用的，山嵛基三甲基氯化铵、硬脂酰胺二甲基氯化铵、双十八烷基二甲基氯化铵、三-十六烷基甲基氯化铵等也可以用到洗发水中作调理剂。

表3-2 常用于化妆品中的阳离子表面活性剂

类型	典型表面活性剂	典型结构	备注
季铵盐	烷基三甲基季铵盐	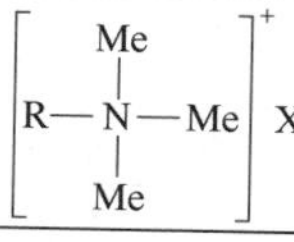 $\left[R-N(Me)_2-Me\right]^+ X^-$	HX：HCl、HBr、CH_3COOH、HCOOH、H_2SO_4、H_3PO_4
	烷基二甲基苄基季铵盐	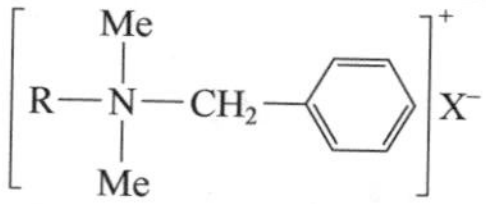 $\left[R-N(Me)_2-CH_2-C_6H_5\right]^+ X^-$	
	二烷基二甲基季铵盐	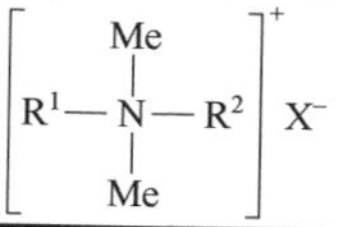 $\left[R^1-N(Me)_2-R^2\right]^+ X^-$	

三、两性表面活性剂

两性表面活性剂是在同一分子中既含有阴离子亲水基又含有阳离子亲水基的表面活性剂，其最大特征在于它既能给出质子又能接受质子。主要有氨基酸类、甜菜碱类、咪唑啉类、磷酸酯类等。常用于化妆品中的两性表面活性剂见表3-3。

表3-3 常用于化妆品中的两性表面活性剂

类型	典型表面活性剂	典型结构	备注
甜菜碱类	羧基甜菜碱	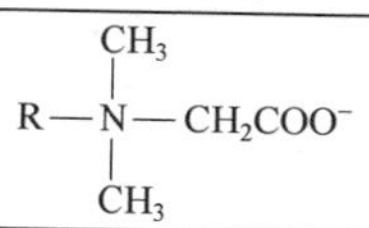 $R-N(CH_3)_2-CH_2COO^-$	R：$C_{12}H_{25}$
	磺基甜菜碱	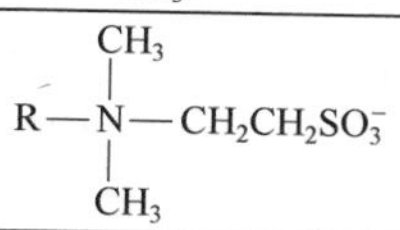 $R-N(CH_3)_2-CH_2CH_2SO_3^-$	
	硫酸酯基甜菜碱	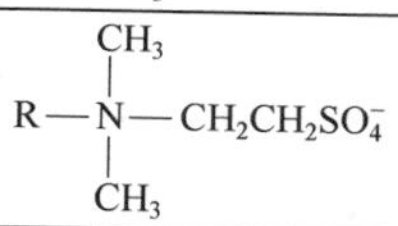 $R-N(CH_3)_2-CH_2CH_2SO_4^-$	
	磷酸酯基甜菜碱	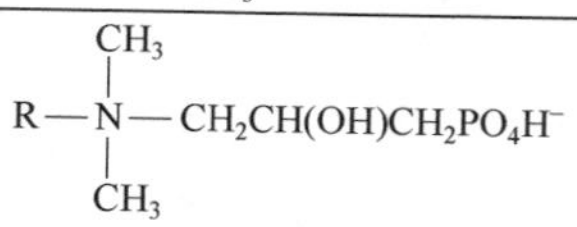 $R-N(CH_3)_2-CH_2CH(OH)CH_2PO_4H^-$	

续表

类型	典型表面活性剂	典型结构	备注
咪唑啉类	乙酸型咪唑啉	咪唑啉环：R—C(=N)—N⁺，N⁺上连 R 和 CH_2COO^-	
	丙酸型咪唑啉	咪唑啉环：R—C(=N)—N，N上连 $CH_2CH_2OCH_2CH_2COOH$	
磷酸酯类	磷脂酰胆碱	CH_2OCOR—$CHOCOR$—CH_2O—P(OH)(=O)—$OCH_2CH_2NH_2$	
氨基酸类	*N*-烷基氨基酸	$RN^+H_2(CH_2)_nCOO^-$	

两性表面活性剂在化妆品中主要用作洁肤、洗发产品中的辅助表面活性剂，两性表面活性剂一般不作主表面活性剂，如椰油酰胺丙基甜菜碱是清洁类化妆品中经常会添加的一个辅助表面活性剂。而磷脂酰胆碱常用作护肤化妆品的乳化剂，也是脂质体的主要原料之一。

四、非离子表面活性剂

非离子表面活性剂有聚氧乙烯型、多元醇型、烷基醇酰胺、氧化胺及嵌段共聚物等。常用于化妆品中的非离子表面活性剂见表 3-4。

表 3-4 常用于化妆品中的非离子表面活性剂

类型	典型表面活性剂	典型结构	备注
聚氧乙烯类	脂肪醇聚氧乙烯醚	$RO(CH_2CH_2O)_nH$	R：C_8～C_{20} *n*：2～100
	脂肪酸聚氧乙烯酯	$RCOO(CH_2CH_2O)_nH$	R：C_{10}～C_{20} *n*：6～20
	聚氧乙烯失水山梨醇脂肪酸酯	失水山梨醇环，取代基：$H_z(OH_2CH_2C)O$—，—CH_2OCR(=O)，$H(OH_2CH_2C)_xO$—，—$O(CH_2CH_2O)_yH$	
多元醇类	甘油单脂肪酸酯	CH_2OCOR—$CHOH$—CH_2OH	
	脂肪酸季戊四醇酯	HOH_2C—C(CH_2OH)(CH_2OH)—CH_2OCOR	

续表

类型	典型表面活性剂	典型结构	备注
多元醇类	失水山梨醇脂肪酸酯	HO O HO HO—$\underset{H}{C}$—CH_2OCOR	
	蔗糖脂肪酸酯	CH_2OH O H OH OH OH —O— CH_2OH OH O CH_2OH OH	
	糖苷类（糖醚）	CH_2OH O OH OH OH OH —O— CH_2OH O OH OR OH	
烷基醇酰胺	椰油二乙醇酰胺	$RCON(CH_2CH_2OH)_2$	R：椰油基
氧化胺	十二烷基氧化胺	$R—N(CH_3)_2→O$	R：$C_{12}H_{25}$
	酰胺基丙基氧化胺	$RCNHCH_2CH_2CH_2—N(CH_3)_2→O$	
嵌段聚合物	正嵌类	$RO(EO)_n(PO)_m$　$RO(PO)_n(EO)_m$	
	杂嵌类	$RO(EO)_a(PO)_b(EO)_c$	

非离子表面活性剂在化妆品中的应用类型是最多的，其中脂肪醇聚氧乙烯醚、聚氧乙烯失水山梨醇脂肪酸酯、甘油单脂肪酸酯、失水山梨醇脂肪酸酯、蔗糖脂肪酸酯、C_{16}～C_{22} 烷基糖苷、聚氧乙烯聚氧丙烯嵌段共聚物等常用作乳化体系的乳化剂；而 C_8～C_{14} 烷基糖苷、氧化胺、烷醇酰胺等常用作清洁用品的辅助表面活性剂。

五、特殊类型表面活性剂

新型表面活性剂显示出十分优异的应用性能，它们的结构与传统表面活性剂不同，这些特殊类型的表面活性剂主要有以下几类。

1. 碳氟表面活性剂

指疏水基碳氢链中的氢原子部分或全部被氟原子取代的表面活性剂。该类化合物表面活性很高，既具有疏水性，又具有疏油性，碳原子数一般不超过 10。如全氟代辛酸钠：

$$CF_3(CF_2)_6COONa$$

2. 含硅表面活性剂

其活性介于碳氟表面活性剂和传统碳氢表面活性剂之间，通常以硅烷基和硅氧烷基为疏水基，例如：

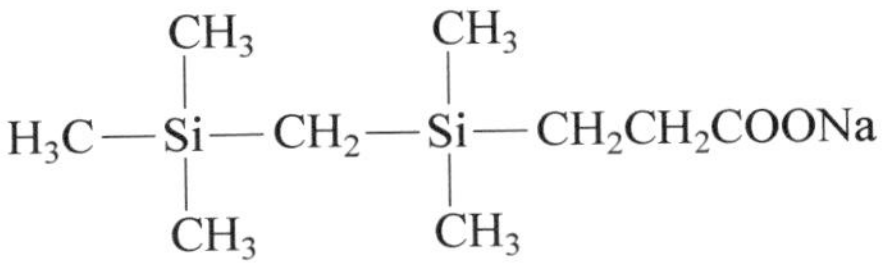

$$H_3C-\underset{CH_3}{\overset{CH_3}{Si}}-CH_2-\underset{CH_3}{\overset{CH_3}{Si}}-CH_2CH_2COONa$$

3. 高分子表面活性剂

分子量高于 1000 的表面活性剂被称为高分子表面活性剂，根据来源可以分为天然、合成和半合成三类，根据离子类型可以分为阴离子、阳离子、两性和非离子型四类。高分子表面活性剂起泡性小，洗涤效果差，但分散性、增溶性、絮凝性好，多用作乳化剂或分散剂等。例如聚乙烯醇、聚丙烯酰胺、聚丙烯酸酯等是其主要品种。

4. 生物表面活性剂

生物表面活性剂是细菌、酵母和真菌等微生物代谢产物过程中产生的具有表面活性的化合物，其疏水基多为烃基，亲水基可以是羧基、磷酸酯基及多羟基等。

5. 冠醚型表面活性剂

冠醚是以氧乙烯基为结构单元构成的大环状化合物，能够与金属离子络合，在某些方面的性质与非离子表面活性剂类似，例如：

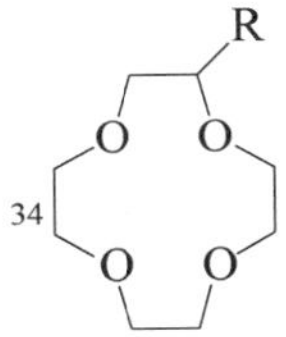

R

O O

34

O O

目前应用于化妆品中的特殊类型表面活性剂主要是含硅表面活性剂、高分子表面活性剂、生物表面活性剂，这类表面活性剂因其不同于一般表面活性剂的化学结构，也具备了特殊的性质，比如聚丙烯酸类高分子表面活性剂在乳化的同时也具有改变体系流变性的作用，而生物表面活性剂则具有更好的安全性。其他研究较多的特殊表面活性剂主要有双子（Gemini）表面活性剂、Bola 型表面活性剂、螯合型表面活性剂，开头型表面活性剂等。

第三节　表面活性剂的溶解特性

一、表面活性剂的溶液特点

两亲性表面活性剂分子的极性基团对水有强烈的亲和能力，有使其溶解于水的本能；而其非极性基团周围的水分子间原有的缔合结构受到破坏，体系的无序性增加、熵增大。但是这些水分子在疏水基周围又形成某种有序结构（“冰山结构”）使体系熵减小。疏水基的存在，对溶剂水的排斥作用使其有逃离水的自发趋势，这种作用称为疏水效应。疏水效应可能有三种结果：

① 表面活性剂浓度超过其溶解度时，以单相析出；

② 在与水接触的各种界面上吸附，形成极性基留在水相，非极性基指向另一相的单层（气液界面）或多层（某些固液界面）吸附；

③ 当浓度达一定值后，在水中形成表面活性剂多个分子(或离子)的有序组合体。

以上这些结果都导致表面活性剂溶液的性质与纯水（或其他纯溶剂）不同，许多性质在一个不大的浓度区间发生明显的变化，如图 3-4 所示，此窄小的浓度范围称为临界胶束浓度（critical micelle concentration，*cmc*）。

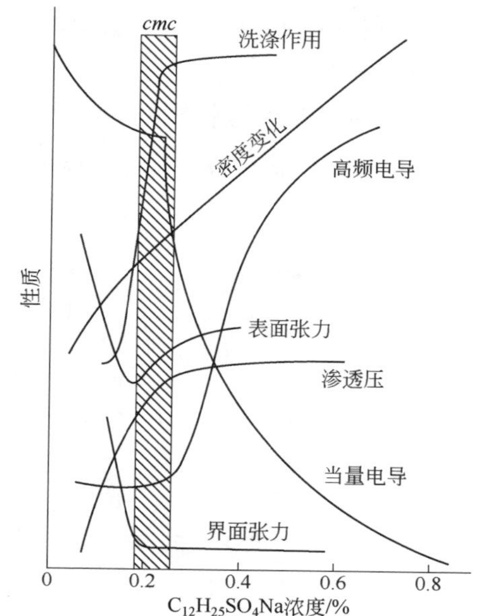

图 3-4　表面活性剂溶液性质与浓度的关系

从图 3-4 表面活性剂溶液性质与浓度的关系可以看出，溶液的密度随表面活性剂浓度的增大而增大，不受临界胶束浓度的影响。而其他性质在临界胶束浓度前后都有一个突变的过程，其中表面张力与界面张力开始随体系中表面活性剂浓度的增大急速下降，在体系中表面活性剂的浓度达到 *cmc* 时，表面张力与界面张力基本保持平衡；溶液的洗涤作用与渗透压正好相反，在 *cmc* 之前，随表面活性剂浓度的增大而增大，之后则趋于平衡；由于图 3-4 所示为十二烷基硫酸钠溶液体系，属于离子型表面活性剂，因此体系的当量电导与高频电导也在 *cmc* 前后有不同的变化趋势，而非离子表面活性剂体系的电导则不随表面活性剂浓度的变化而变化。

在表面活性剂溶液的诸多性质中，表面张力随浓度的变化至关重要。这是因为，一方面表面活性剂使溶剂表面张力降低的能力是其实际应用的重要依据；另一方面表面张力降至最低值（γ_{min}）时的浓度即为该表面活性剂之 *cmc*，*cmc* 越小越有利于实际应用。因此，*cmc* 是表征表面活性剂表面活性大小的最重要参数。

化妆品清洁类产品体系中表面活性剂的浓度都是在 *cmc* 之上的，在使用过程中也是在 *cmc* 之上，但在后期的冲洗过程中就是在 *cmc* 之下，因此，很多产品的性质会借助于这样的浓度变化特点。

二、表面活性剂的溶解性

在实际应用中，表面活性剂亲水性和亲油性的大小是合理选择表面活性剂的一个重要依据。一般来说，表面活性剂亲水性越强，其在水中的溶解度越大；亲油性越强则越易溶于油，因此，表面活性剂的亲水性和亲油性也可以用溶解度或与溶解度有关的性质来衡量。

表面活性剂分子由于其亲水基和亲油基结构不同，它们在水中的溶解度也不一样，临界溶解温度和浊点分别是表征离子型表面活性剂和非离子型表面活性剂溶解性质的特征指标。

1. 离子型表面活性剂的 Krafft 点

离子型表面活性剂在水中的溶解度随着温度的上升而逐渐增加，当达到某一特定温度时，溶解度迅速增大，该温度称为临界溶解温度，即该表面活性剂的克拉夫特点（Krafft point），以 T_K 表示。

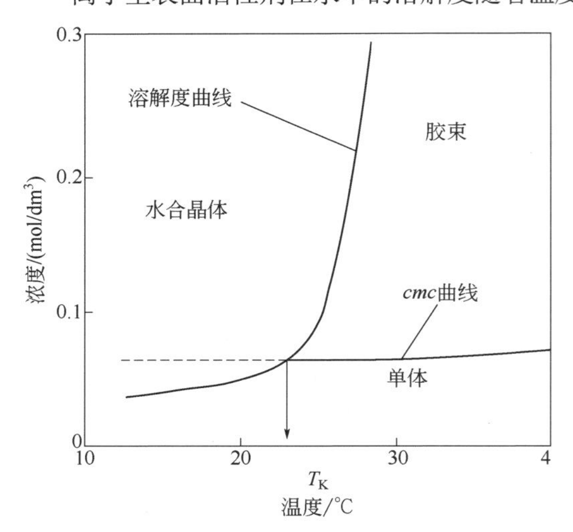

图 3-5　表面活性剂温度与浓度的依赖关系曲线

它被定义为溶解度曲线和临界胶束浓度（*cmc*）曲线的交点，即在此温度下，单体表面活性剂的溶解度与其同温度下的 *cmc* 相等，如图 3-5 所示。低于 T_K 时，表面活性剂单体只以水合晶相平衡存在；而高于 T_K 时会形成胶束，从而大大增加了表面活性剂的溶解度。

在 Krafft 点以下时由于表面活性剂的溶解度很低，主要以水合晶体的形式存在。当体系温度高于 Krafft 点时，表面活性剂的溶解度增大，可以形成胶束。此时溶液中表面活性剂单体浓度一直保持 *cmc* 水平，溶解度随温度升高急剧增加。换言之，Krafft 点温度是离子型表面活性剂形成胶束的下限温度，Krafft 点是离子型表面活性剂在水中溶解度急剧增大时的温度，是离子型表面活性剂的特征。当体系温度低于 Krafft 点且浓度大于溶解度时可以形成表面活性剂的水合固化物。

离子型表面活性剂的 Krafft 点随反离子、烷基链长和链结构的变化而变化。了解 Krafft 温度在许多应用中是极其重要的，这是因为在低于 T_K 时表面活性剂很显然不能有效地发挥作用。具有低 Krafft 点但能够有效降低表面张力的表面活性剂，通常可以通过在烷基链中引入支链、不饱和键或采用较大的亲水基团来得到，这样可以降低分子间倾向于促进结晶的相互作用力。表 3-5 为一些离子型表面活性剂的 Krafft 点，从表 3-5 可知，大部分阴离子表面活性剂的 Krafft 点都在室温以上，也即在室温下，表面活性剂没有很好的溶解性。

表 3-5　一些离子型表面活性剂的 Krafft 点

表面活性剂	Krafft 点/℃	表面活性剂	Krafft 点/℃
$C_{12}H_{25}SO_3^-Na^+$	38	$C_{16}H_{33}OSO_3^-Na^+$	45
$C_{14}H_{29}SO_3^-Na^+$	48	$C_{10}H_{21}CH(CH_3)C_6H_4SO_3^-Na^+$	32
$C_{16}H_{33}SO_3^-Na^+$	57	$C_{12}H_{25}CH(CH_3)C_6H_4SO_3^-Na^+$	46
$C_{12}H_{25}OSO_3^-Na^+$	16	$C_{14}H_{29}CH(CH_3)C_6H_4SO_3^-Na^+$	54
$C_{14}H_{29}OSO_3^-Na^+$	30	$C_{16}H_{33}CH(CH_3)C_6H_4SO_3^-Na^+$	61

续表

表面活性剂	Krafft 点/℃	表面活性剂	Krafft 点/℃
$C_{16}H_{33}OCH_2CH_2OSO_3^-Na^+$	36	$C_{14}H_{29}OOC(CH_2)_2SO_3^-Na^+$	39
$C_{16}H_{33}(OC_2H_4)_2OSO_3^-Na^+$	24	$n\text{-}C_7F_{15}SO_3^-Na^+$	56
$C_{16}H_{33}(OC_2H_4)_3OSO_3^-Na^+$	19	$n\text{-}C_8F_{17}SO_3^-Li^+$	<0
$C_{10}H_{21}COOC(CH_2)_2SO_3^-Na^+$	8	$n\text{-}C_8F_{17}SO_3^-Na^+$	75
$C_{12}H_{25}COOC(CH_2)_2SO_3^-Na^+$	24	$n\text{-}C_8F_{17}SO_3^-K^+$	80
$C_{14}H_{29}COOC(CH_2)_2SO_3^-Na^+$	36	$n\text{-}C_8F_{17}SO_3^-NH_4^+$	41
$C_{10}H_{21}OOC(CH_2)_2SO_3^-Na^+$	12	$n\text{-}C_7F_{15}COO^-Li^+$	<0
$C_{12}H_{25}OOC(CH_2)_2SO_3^-Na^+$	26	$n\text{-}C_7F_{15}COO^-Na^+$	8

Krafft 点与表面活性剂的亲水亲油性有很大的相关性，Krafft 点高，则亲油性好，亲水性差；Krafft 点低，则亲水性好，亲油性差。

影响 Krafft 点的因素：

（1）表面活性剂分子结构的影响

① 同系物离子型表面活性剂，疏水链增长，T_K 升高；甲基、乙基等小支链越靠近长烃链中央其 T_K 越低；

② 疏水链支链化或不饱和化均可降低表面活性剂疏水基的疏水性，T_K 降低；

③ T_K 与反离子种类有关，其钠盐一般高于钾盐，如 $RSO_4Na>RSO_4K$，$RCOONa>RCOOK$；

④ 离子型表面活性剂分子中引入乙氧基可增大表面活性剂的亲水性，T_K 降低。

（2）电解质的影响　体系中加入电解质，T_K 升高；加入醇及甲基乙酰胺时，T_K 降低。

以阴离子为主表面活性剂的透明型产品，在低温下（0℃）常常会表现出浑浊现象，这一现象就是与体系中阴离子表面活性剂的 Krafft 点有关，如果储存温度低于表面活性剂的 Krafft 点，就会大大降低表面活性剂的溶解度，进而有结晶固体析出，就会出现浑浊现象。但是复配的其他表面活性剂如在低温下有很好的溶解性时，可以提升阴离子表面活性剂在低于 Krafft 点时的溶解度。

2. 非离子型表面活性剂的浊点

对于含聚氧乙烯链的非离子型表面活性剂常有同以上现象相反的情况，即温度升高至某一温度，澄清溶液变浑浊，有大的聚集体沉淀物析出，这一温度称为浊点（cloud point，T_p）。缓慢加热非离子表面活性剂的透明水溶液，当表面活性剂开始析出，溶液呈现浑浊时的温度为非离子表面活性剂的“浊点”。

高于浊点时，表面活性剂溶液出现相分离，此时体系中含有一个浓度与该温度下其 *cmc* 相等的几乎没有胶束的稀溶液，和一个富含表面活性剂的胶束相。导致相分离的原因是表面活性剂聚集数的剧增和胶束间相互排斥力的下降，由此可产生富胶束相和贫胶束相，得到密度差。由于形成了许多较大的颗粒，溶液变得明显浑浊，溶液中大的胶束对光产生有效的散射。与 Krafft 温度相似，浊点也取决于化学结构。对聚环氧乙烷（PEO）非离子表面活性剂来说，当给定疏水基团时，浊点随 EO 含量的增大而升高；而当 EO 含量一定时，可以通过减小疏水基团尺寸、增加 EO 链长以及对疏水基团支链化来升高浊点。表 3-6 为一些非离子型表面活性剂的浊点。

表 3-6　一些非离子表面活性剂 1%浓度时的浊点

表面活性剂	浊点/℃	表面活性剂	浊点/℃
$C_{12}H_{25}(OC_2H_4)_3OH$	25	$C_8H_{17}(OC_2H_4)_6OH$	68
$C_{12}H_{25}(OC_2H_4)_6OH$	52	$C_8H_{17}C_6H_4(OC_2H_4)_{10}OH$	75
$C_{10}H_{21}(OC_2H_4)_6OH$	60		

影响浊点的因素：

（1）表面活性剂分子结构的影响

① 对一特定疏水基，EO 数增大，T_p 升高。

② EO 数相同，疏水基中碳原子数增多，T_p 降低。

③ 乙氧基含量固定，减小表面活性剂分子量、增大乙氧基链长的分布、疏水基支链化、乙氧基移向表面活性剂分子链中央、末端羟基被甲氧基取代、亲水基与疏水基间的醚键被酯键取代时，T_p 降低。

④ 同一碳数的疏水基其结构与浊点按如下关系递减　多环＞单链＞单环＞1 支链的单环＞3 支链＞2 支链。

（2）浓度的影响　浊点是体现分子中亲水、疏水比率的一个指标，一般用 1%溶液进行测定，浊点随浓度不同而有差异，大多数表面活性剂的浊点是随浓度的增加而升高，但不尽然。

（3）电解质的影响　一般随电解质的加入，都使得 T_p 降低，并随电解质浓度增加而呈线性下降。氢氧化钠降低的趋势最大，其次是碳酸钠。在各种无机酸中，硫酸使浊点略有下降，盐酸则使浊点上升。盐类的作用使水分子缔合加强，有机相内的水分子减少，也即水分子与醚氧原子结合的氢键脱开。这种脱水机理使表面活性剂聚集数增加，因而降低了浊点。浊点上升则与胶束聚集相的水合作用有关。但也有例外，HCl、高氯酸盐等使 T_p 升高。

（4）有机添加物的影响　加入低分子烃调节分子量可使浊点下降；加入高分子烃，使浊点上升。与此相反，加入高分子醇，浊点下降；而加入低分子醇使浊点上升。水溶助剂如尿素、甲基乙酰胺的加入将显著地提高浊点。

通过加入合适的阴离子表面活性剂，如十二烷基苯磺酸钠使其形成混合胶束，可提高乙氧基化合物的浊点，这在使用上很有帮助。

浊点与除去织物油污的作用密切相关。最佳去污效果必然与表面活性剂的吸附与增溶有关，而以在浊点附近为宜，因为这时非离子表面活性剂的吸附与增溶均处于最佳状态。

非离子表面活性剂在低温下溶解度好的性质，可以用来解决阴离子型表面活性剂在低温下溶解度差的问题，因为一个体系中同时添加阴离子型、非离子型表面活性剂，它们会形成混合胶体，混合胶体体现出来的性质要优于单一表面活性剂的性质。

非离子型表面活性剂在高温下溶解度降低的性质，也直接影响了非离子乳化剂的

HLB 值，是相温度转变法（PIT 转相）乳化的主要原因。

第四节　表面活性剂胶束及临界胶束浓度

一、表面活性剂的胶束

1. 胶束的形成

胶束是由英国胶体化学家 McBain 和他的学生们在研究肥皂、烷基季铵盐、硫酸盐等一类化合物的溶液性质时首先发现的。他们所研究的物质实际上就是离子型表面活性剂。根据这类物质的反常性质，McBain 等提出胶束假说，即此类物质在溶液中当浓度超过一定值时会从单体（分子或离子）自动缔合形成胶体大小的聚集体。由于这种胶体粒子是由溶解了的物质自动缔合形成的，故称为缔合胶体。McBain 给这种聚集体定名为 Micelle，即胶束，带有胶束的液体叫作胶束溶液。溶液性质发生突变时的浓度，称为临界胶束浓度，此过程称为胶束化作用。McBain 等指明胶束化作用具有如下特性：a.是自发过程；b.胶束是由溶质单体聚集而成的聚集体；c.胶束溶液是热力学平衡体系，处于胶束中的溶质与溶液中的单体成平衡，与一般胶体溶液不同，此类体系具有热力学稳定性；d.胶束内核为疏水微区，具有溶解油的能力。

在水溶液中形成的胶束，表面活性剂碳氢链（疏水基）聚集成胶束内核，极性端基朝向水相，构成胶束的外层。典型的胶束约含 30～100 个表面活性剂分子，多种方法测得胶束直径约为 3～6nm，胶束内核为液态烃的性质。每个胶束含有表面活性剂分子的平均数目称为胶束聚集数（micellar aggregation number）。在表面活性剂浓度低于 *cmc* 时，多数表面活性剂以单体或聚集数很小的聚集体（预胶束，premicelle）形式存在。在 *cmc* 时，单体浓度几乎保持恒定，继续增加表面活性剂将形成新的胶束。应当说明，聚集数并非严格的恒定值，而是有明显的分散性，随浓度增大也略有增加。

在非极性有机溶剂（统称为“油”）中，油溶性表面活性剂也可以形成聚集数不大的反胶束（reverse micelle）。反胶束依靠极性基间的氢键或偶极子的相互排斥形成，表面活性剂亲水基结合构成反胶束内核，疏水基构成反胶束外层，一般有大的疏水基和小的亲水基才能形成反胶束。

在水中形成的胶束和在油中形成的反胶束结构如图 3-6 所示。

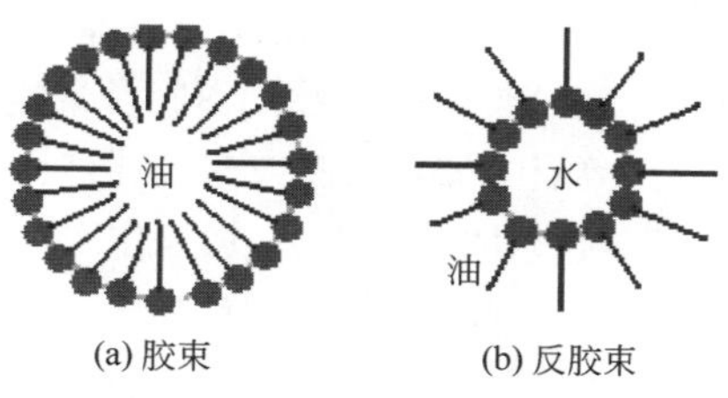

图 3-6　表面活性剂在水中胶束和油中反胶束的结构

2. 胶束的结构与形状

胶束的基本结构分为两大部分：内核和外层，如图 3-7 所示。在水溶液中，胶束的内核由彼此结合的疏水基构成，形成胶束水溶液中非极性微区。胶束内核与溶液之间为由水化的表面活性剂极性基构成的外层。

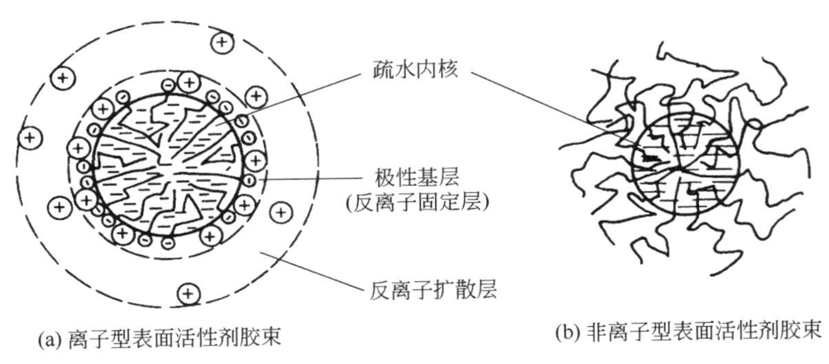

(a) 离子型表面活性剂胶束　　(b) 非离子型表面活性剂胶束

图 3-7　胶束结构

3. 胶束的大小

通常采用胶束聚集数作为胶束大小的量度。所谓胶束聚集数即缔合成一个胶束的表面活性剂分子或离子数目。虽然表面活性剂胶束的形状和大小均会随浓度改变，但一般情况下，在溶液浓度小于 10 倍临界胶束浓度时胶束的大小和形状大致不变。

不同表面活性剂胶束的聚集数可以相差很大，影响表面活性剂胶束大小的因素主要有以下几点：

（1）表面活性剂结构的影响　表面活性剂同系物水溶液中胶束的聚集数随其疏水基碳原子数增加而变大。对于非离子型表面活性剂，这种变化尤为显著。例如，当离子型的烷基硫酸钠的烷基从 8 个碳原子增加到 12 个碳原子时，胶束聚集数从 20 增加到 80；而烷基六聚氧乙烯醚的烷基从 10 个碳原子增加到 14 个碳原子，胶束聚集数则从 260 增加到 7500。这是由于非离子型表面活性剂极性头的亲水性一般比离子型的要弱得多，所以增减一个碳原子所引起的两亲分子亲水性变化就更为显著。对于非离子型表面活性剂，还有一个可变的结构因素——聚氧乙烯链长。在碳氢链长不变的情况下，增加聚氧乙烯链长则胶束聚集数减少。上述情况实际上说明了一个普遍的规律：表面活性剂亲溶剂性（在水中就是亲水性）变弱时胶束聚集数变多，反之则变少。

（2）无机盐的影响　在离子型表面活性剂溶液中加入无机盐时，胶束聚集数往往随盐浓度增加而增加。这是因为，电解质的加入使聚集体的扩散双电层压缩，减少了表面活性剂离子头间的排斥作用，使表面活性剂更容易聚集成较大的胶束。

（3）有机物的影响　若在溶液中加入极性或非极性有机物质，则在表面活性剂溶液浓度大于其临界胶束浓度时会发生加溶作用。加溶作用一般会使胶束胀大，从而增加胶束的聚集数，直至达到加溶极限。例如 $C_{10}H_{21}O(C_2H_4O)_8CH_3$ 的聚集数为 83，当其中混有正癸烷和正癸醇时胶束聚集数变大，并且随有机物加入量的增加而显著变大。不过，此种影响随加溶物的性质不同而有很大差异。通常，非极性加溶物的影响有限，往往抑制胶束的进一步长大；而芳烃则可促使胶束显著长大。例如，溴化十六烷基三甲铵溶液中加溶环己烷时胶束无明显长大，而加溶了苯或辛醇的胶束显著增大。这可能是因为它们在胶束中加溶的位置不同，非极性有机物是加溶在胶束的非极性内核中，而芳烃和醇等极性有机物则加溶在胶束的界面区域。

（4）温度的影响　温度对离子型表面活性剂在水溶液中的聚集数没有太大影响，通常是升高温度使聚集数有所降低。例如，在0.1mol/L NaCl溶液中，十二烷基硫酸钠的胶束聚集数在30℃时是88，升温到69.5℃时变为68。这可归之于温度升高分子运动增强而不利于聚集体形成。与离子型表面活性剂胶束相反，一般情况下温度升高总是使非离子表面活性剂胶束的聚集数显著增加，特别是当温度接近表面活性剂溶液的浊点时变化尤为显著。例如，$C_{12}H_{25}O(C_2H_4O)_8H$ 水溶液中胶束的聚集数在15℃时为140；温度升至45℃时，聚集数高达4000。温度升高对非离子表面活性剂的影响主要是削弱醚氧与水的结合而降低其亲水性。

表面活性剂聚集数的多少会影响到表面活性剂体系的黏度，一般在同样条件下，体系表面活性剂的聚集数越大，黏度越大；有的表面活性剂（如酰胺氨基酸盐类表面活性剂）在产品开发过程中表现出来很难提高体系黏度的问题，就是因为这类表面活性剂只能形成聚集数很少的胶束，而且不易受其他添加剂的影响而增大。

二、临界胶束浓度

在水中当表面活性剂浓度大到一定值后，多个表面活性剂分子的疏水基相互缔合形成胶束（micelle），因胶束的大小约在胶体粒子大小范围内，故表面活性剂形成的有序组合体结构也称为缔合胶体（association colloids）。胶束的大小和形状与表面活性剂浓度有关，开始大量形成胶束的浓度称为临界胶束浓度（*cmc*）。

临界胶束浓度（*cmc*）是表面活性剂的重要特性参数，它可以作为表面活性强弱的一种量度。*cmc* 越小，此种表面活性剂形成胶束所需浓度越低，为改变体系表面（界面）性质，起到润湿、乳化、起泡、加溶等作用所需的浓度也越低。也就是说，临界胶束浓度越低的表面活性剂的应用效率越高。此外，临界胶束浓度还是表面活性剂溶液性质发生显著变化的一个“分水岭”。它的增溶作用、洗涤作用、起泡作用、润湿作用等都只在临界胶束浓度以上才有。所以，临界胶束浓度是表征表面活性剂性质不可缺少的数据。通常将 *cmc* 和临界胶束浓度时溶液的表面张力 γ_{cmc} 作为表征表面活性剂活性的特性参数。

1. 影响临界胶束浓度（*cmc*）的因素

临界胶束浓度（*cmc*）是表面活性剂活性的量度。*cmc* 值低标志着达到表面饱和吸附所需表面活性剂浓度低，从而在较低的浓度下即能起到润湿、乳化、增溶、起泡作用，即表面活性强。影响 *cmc* 或表面活性的因素主要受表面活性剂本身的结构的影响，同时也受到外界因素的影响，如有机、无机添加剂及温度等。

（1）表面活性剂结构的影响　表面活性剂的结构是影响其 *cmc* 的第一因素，一般遵循的规律是：表面活性剂的疏水性越强，其 *cmc* 值越低，表面活性越强；反之，亲水性越强，其 *cmc* 值越高，表面活性越弱。而表面活性剂的结构主要包括以下几方面：①表面活性剂的憎水基长度；②碳氢支链和极性基位置；③亲水基；④反离子。

（2）添加剂的影响　添加剂主要包括了无机添加剂与有机添加剂。

无机添加剂即为无机电解质，无机电解质的加入会使离子型表面活性剂的 *cmc* 降低。这是因为离子型表面活性剂在溶液中电离而带电，带相同电荷的表面活性剂离子因彼此相斥而不利于形成胶束。当加入电解质后，电解质中的异电离子会压缩表面活性剂极性头部的双电层，减小 Zeta 电位（电动势电位），降低其排斥作用，从而有利于胶束的形成。

有机添加剂一般包括长链有机醇、胺和含极性基的有机添加剂，会使 *cmc* 降低，而且随添加剂链长的增加，对 *cmc* 影响加大，对同一添加剂，表面活性剂的链越长，受影响也越大。因为这种有机添加剂也会在表面形成定向吸附，从而占据表面位置，使表面活性剂在较低的浓度下（即较低 *cmc* 时）就达到了表面吸附的饱和。

（3）温度的影响　对于离子型表面活性剂，其 *cmc* 将少受温度的影响，只有当温度高于 T_K 且浓度大于 *cmc* 时才有胶束产生。当温度低于 T_K 时，尽管表面活性剂的用量很大，但溶液中依然不存在胶束，原因是在较低温度时，由于溶解度的限制，多余的表面活性剂只能以未溶解的固体形式存在，没有足够量的表面活性剂溶入溶液，溶液浓度低于 *cmc*。

对于非离子型表面活性剂，*cmc* 随温度的变化较大，温度上升，*cmc* 下降。

2. 表面活性剂降低表面张力的效率与效能

表面活性剂在溶液中使溶剂（一般为水）的表面张力（或油/水界面张力）降低是其表面活性的标志，是表面活性剂的最重要性质之一。溶液表（界）面张力的降低，可作为表面活性剂表面活性大小的度量。

根据大量实验结果的分析、归纳，表面张力降低的量度可分为两种：一是降低溶剂表面张力至一定数值时所需表面活性剂的浓度，这一浓度为表面活性剂表（界）面张力降低的效率；二是表面张力降低所能达到的最大程度（即溶液表面张力达到的最低值，而不论表面活性剂的浓度），这一最低的表面张力值为表面活性剂表（界）面张力降低的效能。表面活性剂降低表面张力的效率与效能不一定平行。

表面活性剂降低表面张力的效率在实际应用过程中很重要，因为表面活性剂降低表面张力的效率是指表面活性剂吸附于新界面上的速度。在乳化、泡沫产生过程中，体系中瞬间产生大量的界面，这时新产生界面需要表面活性剂能快速吸附到界面上，以满足降低新产生界面的界面能的需要，这样才能保证体系新界面稳定地产生。如果表面活性剂降低表面张力的效能很强，但效率很低，在体系中瞬间产生大量界面时，还是无法稳定新产生的界面。

第四章　乳化原理与乳化技术

04 Chapter

第一节　乳化原理

一、乳状液概述

皮肤干燥是由于缺水造成的，因此为皮肤补充水分和营养是化妆品的主要作用。若将水直接涂于皮肤表面，很难被皮肤吸收，而且很快就会蒸发掉，无法为皮肤提供足够的水分，也不能保持皮肤的柔润和健康；同时，许多营养性成分是油溶性的，只有将其溶于油中，才能被皮肤吸收利用。如果在皮肤上直接涂上油膜，虽能抑制水的蒸发，但显得过分油腻，且过多的油会阻碍皮肤的呼吸和正常的代谢，不利于皮肤的健康。

可见，单独在皮肤上直接使用水分或油分都不利于皮肤的保湿和正常生理功能的进行，且油脂对皮肤的赋脂及封闭作用，对皮肤护理有非常重要的意义。若在表面活性剂的辅助下，将油分和水分有效地混合制成乳状液，则既可以给皮肤补充水分，又可以在皮肤表面形成油膜，防止水分的过快蒸发，也不致过分油腻，且配制乳化体时添加有表面活性剂，易于冲洗。大部分化妆品是油和水的乳化体，如各种护肤乳霜、护发素、BB 霜、防晒霜等。因此乳化作用在化妆品的技术研究中占有相当重要的地位。

乳状液（emulsion）是由两种互不相溶的液相组成的分散体系，其中一相以极小的液滴形式分散在另一相中，分散相粒子直径一般在 0.1～10μm 之间，有的属于粗分散体系，甚至用肉眼即可观察到其中的分散相粒子。它们是热力学不稳定的多相分散体系，有一定的动力稳定性，在界面电性质和聚结不稳定性等方面与胶体分散体系极为相似，故将它纳入胶体与界面化学研究领域。乳状液因存在巨大的相界面，界面性质对乳状液的形成及应用起着重要的作用。

通常乳状液的一相是水，另一相是极性小的有机液体，习惯上统称为“油”。根据内相与外相的性质，乳状液主要有两种类型，一类是油分散在水中，如牛奶、护肤

乳霜等，简称为水包油型乳状液，用 O/W 表示；另一类是水分散在油中，如原油、香脂等，简称为油包水型乳状液，用 W/O 表示。需要指出，上面讲到的油、水两相不一定是单一的组分，经常每一相都可包含有多种组分。

乳化体的外观和分散相的粒子大小有关，分散相粒径小于 100nm 则会形成微乳状液或纳米乳液，乳化体呈透明或半透明；分散相粒径大于 1000nm 则乳化体呈现乳白色，属于普通乳状液。

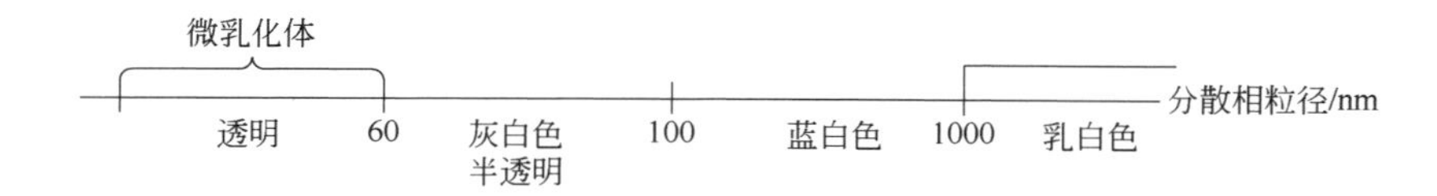

二、乳状液的物理性质

乳状液的某些物理性质是判别乳状液类型、测定液滴大小、研究其稳定性的重要依据。

1. 液滴的大小和外观

不同体系乳状液中分散相液滴的大小差异性很大。不同大小的液滴对于入射光的吸收、散射也不同，从而表现出不同的外观，见表 4-1。

表 4-1　乳状液液滴的大小和外观

液滴大小/μm	外观	液滴大小/μm	外观
≥1	可以分辨出两相	0.05～1	灰色半透明
>1	乳白色	<0.05	透明
0.1～1	蓝白色		

2. 光学性质

一般来说，乳状液中分散相和分散介质的折射率是不同的，当光线照射到液滴上时，有可能发生反射、折射或散射等现象，也可能有光的吸收，这取决于分散相液滴的大小。当液滴直径远大于入射光波长时，发生光的反射，乳状液呈乳白色；若液滴透明，可能发生折射；当液滴直径远小于入射光波长时，光线完全通过，此时乳状液外观是透明的；若液滴直径略小于入射光波长（即与波长是同一数量级），发生光的散射，外观会泛蓝色，而面对入射光的方向观察时呈淡红色。可见光波长在 0.4～0.8μm，而一般乳状液液滴直径在 0.1～10μm，故光的反射现象比较显著。

3. 黏度

从乳状液的组成可知，外相黏度、内相黏度、内相的体积浓度、乳化剂的性质、液滴的大小等都能影响乳状液的黏度。在这些因素中，外相的黏度起主导作用，特别是当内相浓度不很大时。

4. 电导

乳状液的导电性能取决于外相，故 O/W 型乳状液的电导率远大于 W/O 型乳状液的，这可以作为鉴别乳状液类型及型变的依据。

三、乳状液类型的鉴别

O/W 与 W/O 两种类型乳状液化妆品，在其使用的感觉和效果上均有较大的差别。目前市场上大部分护肤品是 O/W 型的，这类化妆品水为外相，易在皮肤上涂敷，无油腻感，少黏性；而 W/O 型乳状液的化妆品，如香脂、按摩油等多含重油成分，赋脂性较好，但较油腻。

在制备乳状液时，需区分和判断乳状液的类型，常用的方法如下。

1. 稀释法

此法是依据乳状液是否可被水性或油性溶剂稀释，从而来判断乳状液的类型，因为乳状液只能被与其外相同一类型的溶剂稀释，即 O/W 型乳状液易于被水稀释，而 W/O 型乳状液易于被油稀释。其具体方法是：取两滴乳状液分别涂于玻片上两处，然后再在这两液滴处分别滴入水和油，若液滴在水中呈均匀扩散，而在油中不起变化，则该乳状液为 O/W 型乳状液；反之，若在油中渐渐溶解，而在水中不起变化，则为 W/O 型乳状液。

一种类似但更容易观察的方法是：用事先浸了 20%氯化钴溶液并烤干的滤纸，W/O 型乳状液的液滴在滤纸上迅速展开并呈红色，而 O/W 型乳状液不展开，滤纸保持蓝色。

2. 染色法

选择一种只溶于油相而不溶于水相的染料，如 SudanIII（苏丹III、红色），取其少量加入乳状液中，并摇荡。若整个乳状液皆被染色，则油相是外相，乳状液就为 W/O 型。若只有液珠呈现染料的颜色，则油相是内相，这时乳状液为 O/W 型。反之，选择水溶性（不溶于油）的染料，直接染于乳状液，若乳状液呈有色，则为 O/W 型的，若不呈色，则为 W/O 型的。上述染色试验通过显微镜观察，效果更为明显且易于判断。

3. 电导法

多数油相是不良导体，而水相是良导体。故对 O/W 型乳状液，其外相（水相）电导高，电阻较低；相反，对 W/O 型则其电阻高。电导法虽极简便，但对于有些体系却须注意，若一 O/W 乳状液的乳化剂是离子型的，水相的电导当然很高，但是乳化剂若是非离子型的，就不如此。另外，W/O 型乳状液中若分散相的相体积较高（如 60%），则其电导可能并不太小。

四、乳化剂的类型

乳化剂是乳状液赖以稳定的关键，乳化剂的品种繁多。按乳化剂乳化机理的不同可分为以下三类。

1. 合成表面活性剂

合成表面活性剂是目前应用于化妆品乳化体系中最主要的一大类乳化剂，它又可分成阴离子型、阳离子型和非离子型三大类。其中以非离子型表面活性剂为主，包括脂肪醇聚氧乙烯醚系列、失水山梨醇酯类、聚甘油酯类、烷基糖苷类等；阴离子型表面活性剂有烷基磷酸酯类等。

合成表面活性剂由于疏水基的疏水性、亲水基的亲水性吸附于油/水界面上，起到降低界面张力，形成具有一定强度的界面膜，阻止液滴聚结的作用，进而起到乳化作用。

表面活性剂在乳化过程中，受其亲水亲油平衡值（HLB）、临界堆积参数（CPP）等因素的影响，倾向于形成O/W、W/O型乳状液，如图4-1所示。

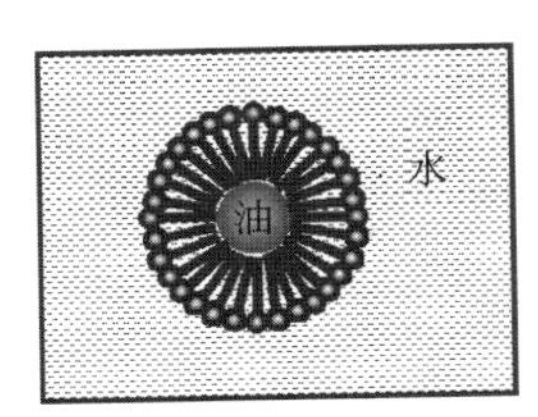

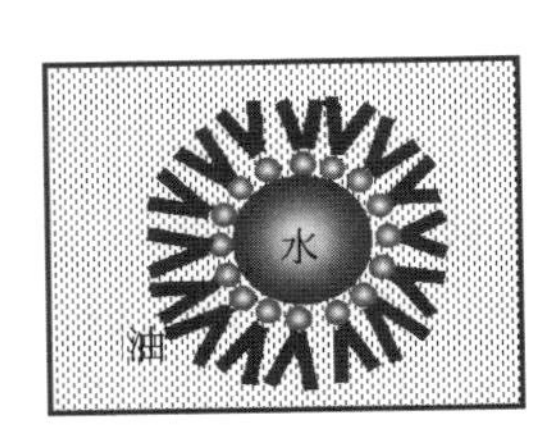

图4-1　不同类型表面活性剂乳化形成O/W、W/O型乳状液示意

2. 高分子聚合物乳化剂

高分子聚合物乳化剂的乳化机理与表面活性剂有类似之处。高分子化合物的分子量大，但在分子结构上依然有疏水基与亲水基，高分子受到疏水性与亲水性的驱使，吸附于油水界面上，改善了界面膜的机械性质，又能增加分散相和分散介质的亲和力，因而提高了乳状液的稳定性。高分子聚合物乳化形成乳状液示意图如图4-2所示。

常用的高分子聚合物乳化剂有聚乙烯醇、聚氧乙烯-聚氧丙烯嵌段共聚物及具有乳化作用的卡波树脂类。其中有些分子量很大，能提高O/W型乳状液水相的黏度，增加乳状液的稳定性。

3. 固体颗粒乳化剂

20世纪初，Ramsden发现胶体尺寸的固体颗粒也可以稳定乳液。之后，Pickering对这种乳液体系展开了系统的研究工作，因而此类乳液又被称为Pickering乳状液。

用来稳定乳液的颗粒就叫作Pickering乳化剂，其优势在于在较低乳化剂用量下即可形成稳定的乳液，而且固体颗粒在油/水界面上的吸附几乎是不可逆的，可以形成稳定性很强的乳液体系。目前研究表明其可能的乳化机理是：机械阻隔机理，即固体颗粒在乳液液滴表面紧密排布，相当于在油/水界面间形成一层致密的膜，空间上阻断了乳液液滴之间的碰撞聚结，同时固体颗粒吸附在界面膜，增加了乳液液滴之间的排斥力，两者共同作用，提高了乳液的稳定性，这是目前最为人们认可的Pickering乳液稳定机理，见图4-3。

Schulman通过测定矿物粒子、水和烃之间的接触角θ，证明当接触角接近90°时，所得乳状液最稳定，而形成稳定乳状液的类型则取决于其接触角大于还是小于90°。当θ略大于90°时，利于形成W/O型乳状液；相反，当θ略小于90°时，则有利于形成O/W型乳状液，见图4-4。

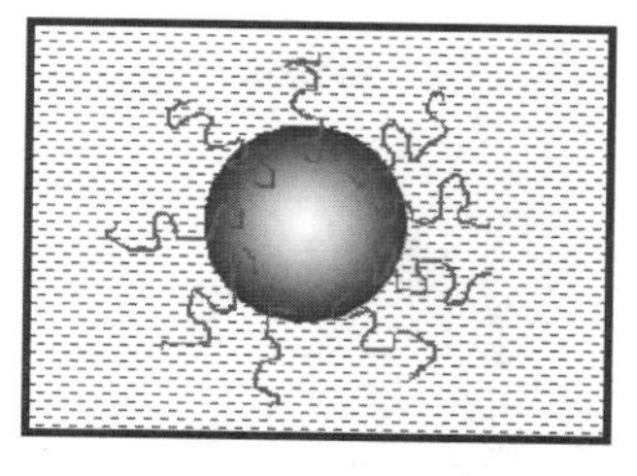

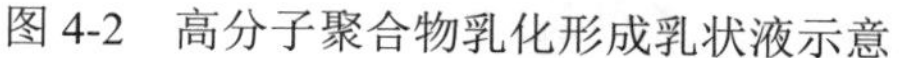

图 4-2 高分子聚合物乳化形成乳状液示意

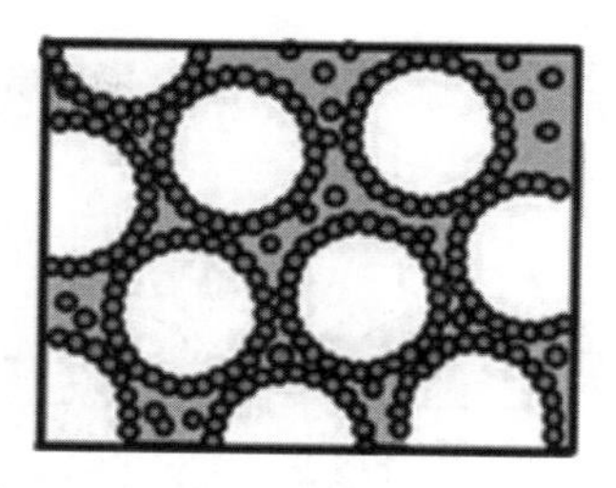

图 4-3 固体颗粒乳化形成乳状液示意

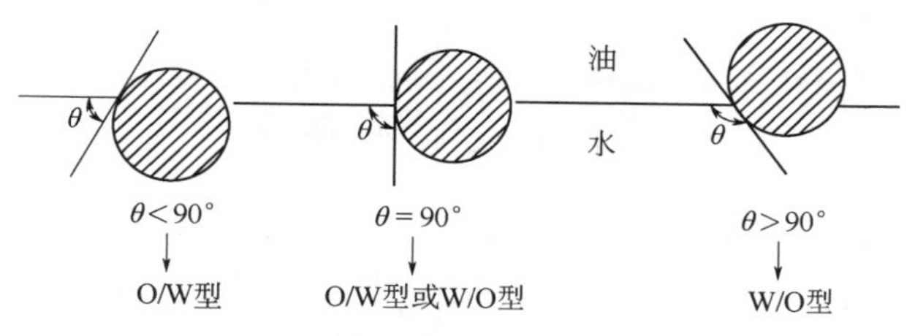

图 4-4 固体粉末的润湿性与乳状液类型

五、影响乳状液类型的因素

影响乳状液类型的理论大多是定性的或半定量的看法，主要的影响因素包括以下几个方面。

1. 定向楔形理论

这是 1929 年哈金斯（W. D. Harkins）早期提出来的乳状液稳定理论。他认为在界面上乳化剂的浓度最大，且乳化剂分子横截面较大的一端定向地指向分散介质。这完全是从几何学的概念出发的，因为大截面的部分在小液滴的外面，从几何空间结构而言更易形成曲率半径较小的液滴，以此可解释乳化剂为一价金属皂液及二价金属皂液时形成稳定乳状液的机理。乳化剂为一价金属皂在油-水界面上作定向排列时，具有较大极性的基团伸向水相，非极性的碳氢键伸入油相，这时不仅降低了界面张力，而且也形成了一层保护膜。由于一价金属皂极性部分的横截面比非极性碳氢链的横截面大，于是横截面大的一端排在外圈，这样外相水就把内相油完全包围起来，形成稳定的 O/W 型乳状液［图 4-5（a)］。而乳化剂为二价金属皂液时，由于非极性碳氢键的横截面比极性基团的横截面大，于是极性基团（亲水的）伸向内相，所以内相是水，而非极性碳氢键（大头）伸向外相，外相是油相，这样就形成了稳定的 W/O 型乳状液［图 4-5（b)］。

2. 相体积比

一般乳状液分散相为大小比较均匀的圆球，可以计算出均匀圆球最密堆积时，分散相的体积占乳状液总体的 74.02%，其余 25.98%应为分散介质。若分散相体积大于 74.02%，乳状液就可能破坏或变型。因此，若水相体积>74%总体体积时，有利于形成 O/W 型乳状液；若<26%，则有利于形成 W/O 型；若水相体积为 26%～74%时，则

O/W 和 W/O 型乳状液均可形成。

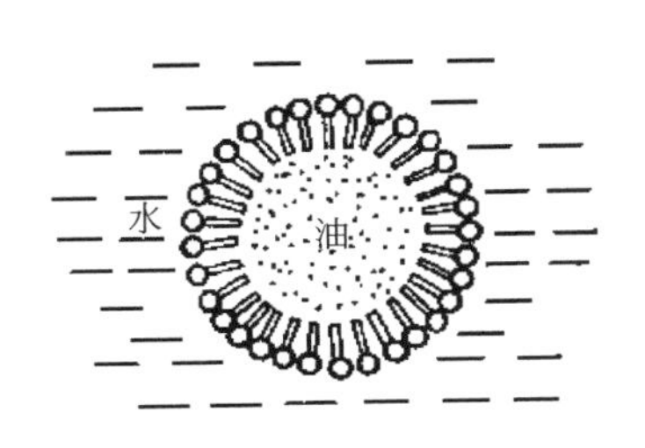

(a) 单价金属离子皂液乳化剂形成O/W乳状液

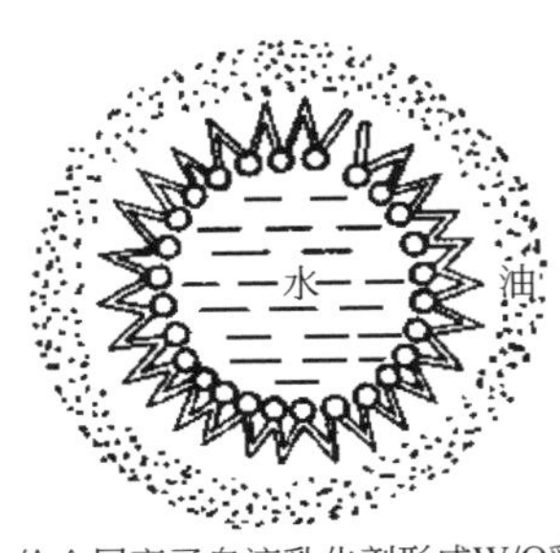

(b) 二价金属离子皂液乳化剂形成W/O乳状液

图 4-5　定向楔形理论

当分散相液珠不均匀分布或者呈多面体的情形时，乳状液内相体积可以大大超过74%，化妆品中的出水霜就属于这一情况，也即 W/O 型的出水霜其外相的油不一定大于 26%，所以这一体系是不稳定体系，在涂抹剪切过程中会破乳，释放出内水相，因此得名“出水霜”。

3. 乳化剂的溶解度

在形成乳状液的油和水两相中，乳化剂溶解度大的一相构成乳状液的外相，形成相应类型的乳状液，此经验规则称为 Bancroft 规则。对此规则可做如下解释：在油-水界面定向吸附的乳化剂，疏水基与油相和亲水基与水相可看作各形成一界面，界面张力大的一侧力图减小界面面积，收缩成乳状液内相液体，另一相则为外相。很多实验事实皆表明，易溶于水的乳化剂易形成 O/W 乳状液，易溶于油者则易形成 W/O 乳状液。

从动力学观点考虑，可以认为：在油-水界面膜中，乳化剂的亲水基是油滴聚结的障碍，而亲油基则为水滴聚结的障碍。因此，若吸附于界面膜上乳化剂的亲水性强，即在水中的溶解度佳，则形成 O/W 乳状液；疏水性强，即在油中的溶解度佳，则形成 W/O 乳状液。

4. 分散相的聚结速度

将油、水、乳化剂共存的体系进行搅拌时，乳化剂吸附于油-水界面，形成的油滴、水滴都有自发聚结减小表面能的趋势。在界面吸附层中的乳化剂，其亲水基有抑制油滴聚结的作用，其亲油基则阻碍水滴聚结。因此，与乳化剂亲水基或亲油基占优势一侧亲和的液相将构成乳状液的外相，若乳化剂亲油性占优势则形成 W/O 型乳状液。

六、影响乳状液稳定性的因素

1. 界面膜的性质

由于表面活性剂在起到乳化作用的过程中，吸附于油/水界面上，降低油/水之间的界面张力，因此，常常认为凡能降低界面张力的添加物都有利于乳状液的形成及稳定，即降低界面张力是乳状液稳定的最关键因素。然而经大量研究表明，降低界面张力只是乳状液稳定的必要条件，而不是最关键的因素。比如在制备 O/W 型乳状液时，常常用脂肪醇聚氧乙烯醚乳化剂对（即 S2、S21），脂肪醇聚氧乙烯醚-2（S2）可以很好地降低油/水界面的界面张力，但其加入量超过脂肪醇聚氧乙烯醚-21（S21）一定量后，并不利于 O/W 型乳状液的稳定。

事实上，影响乳状液稳定性最关键的因素是界面膜的强度。界面膜的稳定与界面膜强度有关，乳化剂加入后，在界面处形成一层吸附膜。吸附膜的性质，特别是其机械强度对乳状液的稳定性起着很大作用，因为它阻碍两个液滴碰撞而变大——粗化。膜的强度与乳化剂分子的吸附能力有密切关系。因为乳状液破坏过程必然首先粗化，即液滴变大，比表面积减少，其结果必然将已被界面吸附的部分乳化剂脱附出来。如果乳化剂在界面上吸附能力很强，则它的逆过程——脱附必然困难。所以形成的吸附膜越牢固，乳状液也越稳定。

如果使用适当的混合乳化剂，有可能形成更致密的吸附膜，甚至形成带电膜。常常在乳状液配方设计过程中，选择高 HLB 值、低 HLB 值复配形成的乳化剂对，乳化剂对受亲水亲油性的驱使，在油水界面错位吸附，有利于形成更致密的吸附膜。

另外，界面膜的稳定与界面电荷有关，大部分稳定的乳状液液滴都带有电荷，这些电荷是由于电离、吸附或液滴与介质间摩擦而产生的。当乳化剂为非表面活性物质时，电效应往往起到重要作用，特别是 O/W 型乳状液。由于离解、吸附或者液滴与分散介质间的接触摩擦都有可能导致液滴带电。带电的液滴靠近时产生排斥力，导致它难以聚结，因而也就提高了它的稳定性。

乳状液的电稳定作用也可以用 DLVO 理论来解释。不管是 O/W 型或 W/O 型乳状液，都可以把它们相应看作溶胶，用 DLVO 理论的斥力位能及引力位能公式来确定乳状液的位能曲线。体系的总位能决定了胶体的稳定性。当粒子间斥力位能大于引力位能，并且足以阻止粒子由于布朗运动碰撞而聚结时，则胶体处于相对的稳定状态；相反，若引力位能大于斥力位能，则粒子相互靠拢而发生聚结。由于斥力势能及引力势能与距离的关系并不相同，因此必然出现在一定距离范围内引力位能占优势，而在另一范围内斥力位能占优势的现象。调整斥力位能与引力位能的相对大小，即改变了胶体的稳定性。

O/W 型乳状液与溶胶极为相似，因为分散介质都是高介电常数的水。表面电势 ψ_0 越大，其位垒也越大，乳状液越稳定。W/O 型的乳状液，因为其分散介质是介电常数很低的油相，由于电解质在油中溶解度很低，所以扩散双电层的厚度较厚，故斥力位能随距离极缓慢地减少，因而使总位能曲线也较平缓，而在较大的距离范围内都保持着斥力位能的优势。

界面膜的稳定作用还与高分子物质有关，许多高分子物质如黄原胶、阿拉伯胶、卡波姆能溶于连续相，不仅起着增稠的作用，往往有利于形成比较坚固的界面膜，大大地提高了乳状液的稳定性。

2. 电子势垒与空间势垒

大部分稳定的乳状液液滴都带有电荷，这些电荷是由于电离、吸附或液滴与介质间的摩擦而产生的。对 O/W 型乳状液来说，电离与吸附带电同时发生。例如阴离子表面活性剂在界面上吸附时，极性基团因电离而使液滴带负电，而阳离子表面活性剂使液滴带正电荷。W/O 型乳状液或由非离子型乳化剂所稳定的乳状液，其电荷主要是由于吸附极性物质和带电离子产生的，也可能是两相接触摩擦产生的。按经验，介电常数较高的物质带正电，而水的介电常数通常均高于“油”，因此 O/W 型乳状液中油滴常带负电；反之，在 W/O 型乳状液中水滴带正电。

因乳状液中液滴带电，故液滴接近时能相互排斥，从而防止它们合并，提高了乳状液的稳定性。关于乳状液的带电性质，亦可用扩散双电层理论解释。

3. 分散相黏度

乳状液分散介质的黏度对乳状液稳定性有很大影响，分散介质黏度越大，则分散相液珠运动速度越慢，有利于乳状液的稳定。增大乳状液的外相黏度，可减小液滴的扩散系数，并导致碰撞频率与聚结速率降低，从而使乳状液更稳定。因此，许多能溶于分散介质中的高分子物质常用作增稠剂，以提高乳状液的稳定性。工业上，为提高乳状液的黏度，常加入某些特殊成分，如天然的增稠剂或合成的增稠剂。实际上高分子物质的作用并不限于此，它往往还有利于形成比较坚固的油/水界面膜（例如蛋白质即有此种作用），增加乳状液的稳定性。另外，当分散相的粒子数增加时，外相黏度亦增大，因而浓乳状液比稀乳状液更易稳定。

4. 相体积比

相体积比即分散相体积与乳剂总体积的比率。分散相体积增大，界面膜面积会随之扩大，造成体系的稳定性降低。当分散相体积增大到一定程度时，乳化剂可以形成两种类型的乳状液，可能发生变型。

5. 液滴大小及其分布

乳状液液滴大小及其分布对乳状液的稳定性有很大的影响，液滴尺寸范围越窄越稳定。当平均粒子直径相同时，单分散的乳状液比多分散的乳状液稳定。

6. 温度

有些乳状液在温度变化时会变型。例如，当相当多的脂肪酸和脂肪酸钠的混合膜所稳定的 W/O 型乳状液升温后，会加速脂肪酸向油相中扩散，使界面膜中脂肪酸减少，因而易变成由钠皂稳定的 O/W 型乳状液。用皂作乳化剂的油/水乳状液，在较高温度下是 O/W 型乳状液，降低温度可得 W/O 型乳状液。发生变型的温度与乳化剂浓度有关：浓度低时，变型温度随浓度增大变化很大，当浓度达到一定值后，变型温度就不再改变。这种现象实质上涉及了乳化剂分子的水化程度。

温度通过影响乳化剂的亲水亲油性也会引起乳状液类型的变化，如脂肪醇聚氧乙烯醚型的乳化剂会有 PIT 转相点。

七、乳状液的微观结构

按照分散相粒子的微观结构，可以将乳状液分为普通结构乳状液与特殊结构乳状液。普通结构乳状液包括水包油型（O/W）与油包水型（W/O）；而特殊结构乳状液包括了纳米乳液、微乳状液、多重结构乳状液、液晶结构乳状液等。

1. 普通乳状液

普通乳状液被分为水包油型（O/W）与油包水型（W/O）。O/W 型乳液是将油分散到水中的体系；W/O 型乳液是将水分散到油中的体系。普通结构乳状液属于热力学不稳定、动力学具有一定稳定性的体系，大部分乳状液体系的分散相粒子在几微米以上，或几十微米。

化妆品中常见的乳霜体系大多数属于普通乳状液，即简单的 O/W 或 W/O 体系，这类型体系在稳定性及肤感上都有一定的局限性。

2. 纳米乳液

纳米乳液是一类液相以液滴形式分散于第二相的胶体分散体系，呈透明或半透明状，粒度尺寸在 50～400nm 之间，也被称为细乳液、超细乳液、不稳定的微乳液和亚微米乳液等。纳米乳液分散相粒子的大小是界定乳状液是否属于纳米乳液的关键指标，但这一指标在实际研究过程中是模糊的，有的定义为 50～100nm，也有的定义为 50～500nm，研究过程中几百纳米的乳状液体系也会称为纳米乳液。

纳米乳液由于其分散相粒子的粒径小于普通乳状液，是动力学稳定体系，其性质和稳定性主要依赖于配方组成、制备方法、原料的加入顺序和乳化过程中产生的相态变化。纳米乳液的优点是粒径小，通过布朗运动可克服重力作用，因此在储存过程中不容易出现分层，同时也阻止了絮凝状物质的产生，使体系达到均一。但是，纳米乳液在热力学上是不稳定的，且液滴粒径越小，所具有的界面能越高，越有利于奥氏熟化的发生，小液滴中的流体越容易转移到大液滴中，最终导致乳液的粗化，因而稳定性问题是限制纳米乳液广泛应用的最重要因素之一。

纳米乳液应用于化妆品中，主要有两个方面：一是纳米乳液体系直接作为护理类化妆品的终产品，也即将乳状液中的乳化粒子控制在 50～400nm 之间，这类乳化体系如果是 O/W 型乳状液，其肤感更清爽，由于内相粒子较小，减少了内相肤感的体现；二是作为活性成分的一种载体，也即将油溶性或油水不溶性的活性成分事先做成纳米乳液，可以很好地分散于水体系中。纳米乳液在化妆品应用的优势主要体现在两个方面：①增强活性成分的渗透；②提升乳液产品的稳定性。

3. 微乳状液

微乳状液是由水、油、表面活性剂和助表面活性剂等四个组分以适当的比例自发形成的透明或半透明的稳定体系，简称微乳液或微乳。经大量研究发现，微乳状液的分散相颗粒很小，常在 10～100nm 之间。

实际上，微乳状液在化妆品中的应用并不是很多，主要原因是：微乳状液在形成过程中，要求的乳/油比（即乳化剂/油相）很高，由于乳化剂在乳状液中主要是起乳化作用，将油（或水）稳定地分散到与之不相混溶的水（或油）中。而大多数乳化剂本身对于皮肤或毛发并没有任何护理作用，所以在保证了乳状液稳定的前提下，乳化剂的加入量越少越好。而微乳状液中大量的表面活性剂乳化剂，并不利于皮肤或毛发的护理，甚至大量表面活性剂的存在有可能带来一定的刺激性。

曾有人研究了双连续相微乳可以作为清洁产品，由于双连续相微乳中油相、水相都处于连续状态，因此，可以同时借用脂溶性、水溶性进行去污，但目前尚未有成熟技术应用于市场产品中。

4. 多重结构乳状液

多重结构乳状液是指一种水包油型和油包水型乳状液共存的复合体系，目前研究较多的是双重结构乳状液，即 W/O/W 型或 O/W/O 型乳状液。W/O 型乳状液被分散于另一连续的水相中所形成的体系，称为 W/O/W 型乳状液。O/W 型乳状液被分散于另一连续的油相中所形成的体系，称为 O/W/O 型乳状液。

根据多重结构乳状液分散相内部微液滴的大小和数量，多重结构乳状液可分为 3 种类型，如图 4-6 所示（以 W/O/W 型乳状液为例）：Ⅰ型和Ⅱ型多重乳状液都称为多分散的液滴，是比较理想的多重结构，但多重结构相对不稳定；Ⅲ型多重乳状液称为单分散的液滴，多重结构相对较稳定。

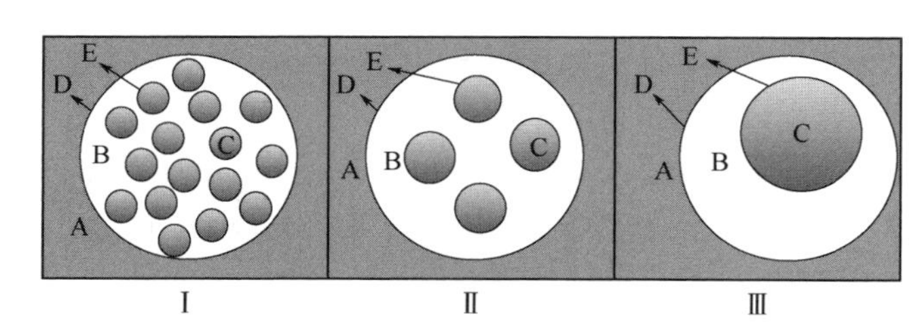

图 4-6　多重结构乳状液类型

A—外水相；B—油相；C—内水相；D—O/W 界面膜；E—W/O 界面膜

多重结构乳状液按其制备方法一般分为：一步乳化法和两步乳化法。多重结构乳状液在形成与稳定性方面都有一定的技术难点，由图 4-6 可知，在多重结构乳状液中同时存在 O/W 与 W/O 的界面，而之前在影响乳状液类型的因素中已经介绍，有利于稳定 O/W 与 W/O 界面的乳化剂一般不是同一种乳化剂，从 HLB、几何结构、溶解度等方面都会有差异性，而乳化剂吸附于油/水界面上是一种动态平衡，也即很容易转移到另一个界面上，影响到该界面的稳定，进而影响到多重结构乳状液的稳定。

多重结构乳状液应用于化妆品中主要的优势在于：①添加在内相的活性成分要通过两相界面才能释放出来，达到控制释放的作用；②W/O/W 型（O/W/O 型）乳状液可以将水相（油相）分为内水相（油相）与外水相（油相），可将亲水性（亲油性）

活性成分分别置于内水相（油相）与外水相（油相），以提升活性成分的稳定性；③ W/O/W 型乳状液集 W/O 型与 O/W 型乳状液的良好肤感为一体，既具有 W/O 型的滋润性，也具备了 O/W 型的清爽性。

5. 液晶结构乳状液

液晶结构乳状液是近几年来备受化妆品领域关注的乳化体系，是通过选择适合的乳化剂形成具有液晶结构的乳状液用于化妆品。含有液晶结构的乳状液的优异性能体现在：具有很好的稳定性；同时它可以延长水合作用和闭合作用，具有优异的保湿性能；这种液晶结构可以使添加于分散相的活性成分更为缓慢地释放并促进渗透；当其应用于防晒体系中时，可与化学防晒剂起到协同增效的作用；肤感清爽。因此，这种特殊结构能有助于功效性产品和药妆护肤品发挥其更大的护理美肤作用。

第二节 乳化技术

乳状液的制备技术因在油相、水相混合过程中的加入顺序、温度变化以及其他添加剂的加入等因素，有多种制备技术，分别是：自然乳化法、转相乳化法、D 相乳化法、液晶乳化法等。

一、自然乳化法

自然乳化法就是指在乳状液制备过程中，在搅拌外相的过程中，将内相加入外相中，通过搅拌、均质等剪切形成分散相，从而形成乳状液的方法。

二、转相乳化法

转相乳化法包括：相转变温度（PIT）法、相转变浓度（PIC）法、乳剂转换点（EIP）法。

1. PIT 法

HLB 值没有考虑温度对乳化剂亲水性的影响，而温度对非离子乳化剂的影响却更为显著。温度升高时亲水基与水分子之间的氢键减少，也即乳化剂与水分子之间的亲合性减弱，其 HLB 值降低。因此，在低温时这类乳化剂有利于形成 O/W 型乳状液，而在高温时可能转变为 W/O 型乳状液。反之亦然。所以，在特定的体系下，此转变温度就是该体系中乳化剂的亲水和亲油性质达到适当平衡时的温度，称为相转变温度（PIT）。

用 3%～5%的非离子乳化剂来乳化等体积的油和水，加热到不同的温度并搅拌，通过测定乳状液电导率来确定乳状液由 W/O 转变成 O/W 时的温度，即为转相温度。对于 O/W 型乳状液，一种合适的乳化剂其 PIT 应比乳状液的保存温度高 20～60℃；对于 W/O 型乳状液，其合适的乳化剂的 PIT 应比保存温度低 10～40℃。

对于聚氧乙烯非离子表面活性剂，PIT 和 HLB 值、浓度有关，也与油相的极性、两相体积比、添加剂及乳化剂聚氧乙烯链长分布有关。

（1）PIT 与 HLB 值有近似直线关系　PIT 随体系乳化剂相应的 HLB 值的增大而升高。图 4-7 为脂肪醇聚氧乙烯醚-21 与脂肪醇聚氧乙烯醚-2 按不同比例复配的相应的 PIT 转相温度。由图可知，随乳化剂体系中脂肪醇聚氧乙烯醚-21 含量的增大，对应复配乳化剂体系的 HLB 值增大，其对应的 PIT 温度相应升高；反之，随体系中脂肪醇聚氧乙烯醚-2 含量的升高，相应 PIT 随之降低。

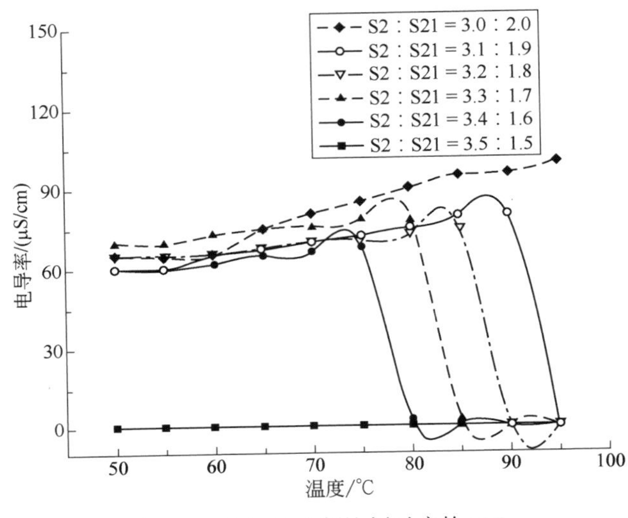

图 4-7　不同乳化剂比例对应的 PIT

（2）PIT 与油水两相的比例有关　若固定乳化剂的浓度，增大乳液中水/油相的比例时，PIT 也随之升高，即体系中水相比例越高，PIT 相应越高，而当水相比例高于一定值，即在高温下直接形成 O/W 型乳状液，不再进行转相；反之，当油相比例高于一定值，体系直接形成 W/O 体系，即使体系温度降低，也无法完成转相。而不同类型的油脂，在同样的水/油相的比例时，其转相温度也不同。图 4-8 为体系中不同油相含量时对应的转相温度，实验所用油脂为硅油。

（3）PIT 与聚氧乙烯链长分布有关　聚氧乙烯链分布窄的 PIT 较低，乳液稳定性差；聚氧乙烯链分布越宽，PIT 越高，乳液的稳定性也越好。乳化剂的浓度对 PIT 的影响与聚氧乙烯链的长度有关。对于亲水基为单聚氧乙烯的非离子乳化剂，其浓度为 3%～5%时，PIT 为定值。若聚氧乙烯链较短时，PIT 随乳化剂浓度的增大而急剧降低；当链较长时，PIT 随乳化剂浓度增大而降低较少。

（4）PIT 与添加剂有关　在油相中加入添加剂时，PIT 随油相极性变化而变化。在油相中加入非极性石蜡，则 PIT 较高；而加入油酸或月桂醇等极性物时，油相极性增大，PIT 则降低。如果水相中加入无机盐，PIT 一般降低，图 4-9 为加入不同浓度 NaCl 时相应的 PIT；加入脂肪烃时，PIT 则升高，易形成稳定的 O/W 型乳状液；如果水相中加入了极性的有机物或短链芳烃，则 PIT 降低，易形成稳定的 W/O 型乳状液。油相极性变化引起 PIT 变化的原因是聚氧乙烯水化程度发生变化。直链脂肪烃溶于胶束中使其体积和表面积增大，增加了聚氧乙烯水化程度，使 PIT 升高；溶液中加入的短链芳烃或极性有机物，加溶于胶束表面，降低了聚氧乙烯水化程度，使 PIT 下降。

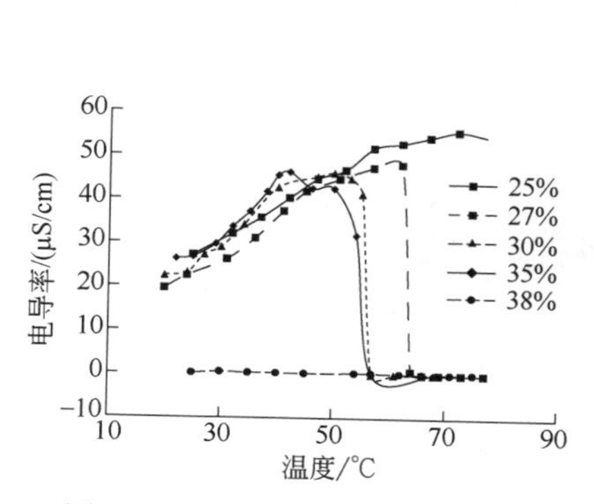

图 4-8　不同油相比例对应的 PIT

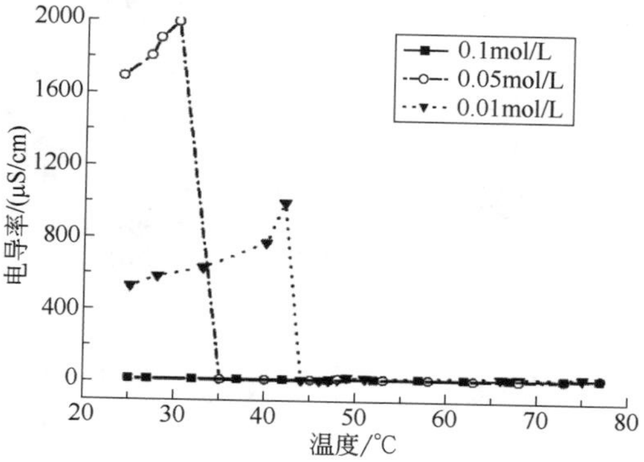

图 4-9　添加不同浓度 NaCl 对应的 PIT

2. PIC 法

PIC 法是指在乳状液制备过程中，W/O 型乳状液与 O/W 型乳状液随体系中相体积的变化而变化。如制备 O/W 型乳状液时，自然乳化法是搅拌水相的同时，将油相成分加入；而 PIC 法则是在搅拌油相的过程中，将水相加入。也即：通过 PIC 法，体系刚开始由于油相的相对含量比较高，形成 W/O 型乳状液；而随着水相的逐渐加入，体系中水相的比例在增加，在适合的条件下，体系将转相为 O/W 型乳状液。在 PIC 法制备 O/W 型乳状液的转相过程中，从 W/O 型乳状液会经历双连续相，然后再转相为 O/W 型乳状液。

3. EIP 法

EIP 法也是一种乳状液的类型随体系中相体积的变化而变化的转相乳化法。与 PIC 法不同的是：在转相过程中，如果从 W/O 型乳状液经历双连续相，然后会经历 W/O/W 多重结构乳状液，然后再转相为 O/W 型乳状液；或直接转为 W/O/W 多重结构乳状液，而不再转相为 O/W 型乳状液。

三、D 相乳化法

所谓 D 相乳化法就是表面活性剂（D）相乳化法，该法是将油分散于含水和多元醇的表面活性剂中，制得 O-D（油在表面活性剂）乳状液。O-D 乳状液是透明的，是因为分散介质和分散相的折射率相近，内相比例大，连续相呈薄膜状的缘故。D 相乳化法的特征是：不必选择表面活性剂；无须调整 HLB；表面活性剂用量少，也可制得微乳状液；只需调整表面活性剂和多元醇水溶液之比。

四、液晶乳化法

液晶乳化法首先是将所选的表面活性剂与少量水混合加热搅拌至溶解，先形成表面活性剂的液晶相，也就是溶致液晶相。随后将油相加入到表面活性剂液晶相中，使得油与表面活性剂形成油/层状液晶胶状乳液。此时的胶状乳液中，表面活性剂在油相分子介质中形成定向排列结构，因此在向此胶状乳液中加水时，随着油水比例的变化，会形成具有液晶的水包油型稳定乳状液。图 4-10 为液晶乳化法的示意图。

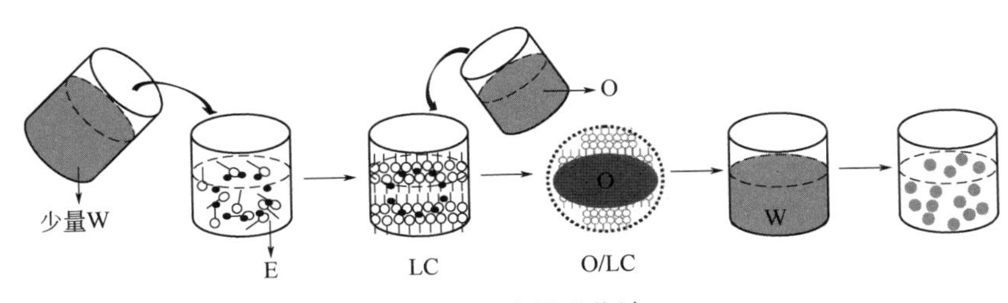

图 4-10　液晶乳化法

W—水；E—乳化剂；O—油；LC—液晶

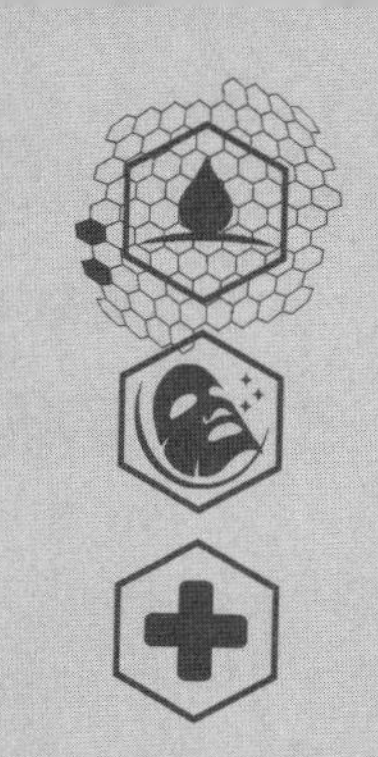

第五章 高分子溶液基础理论

05 Chapter

第一节 水溶性高分子化合物的结构和分类

一、水溶性高分子化合物的结构特点

水溶性聚合物又称水溶性高分子或水溶性树脂，它们是一类亲水性的高分子材料，在水中能溶解或溶胀而成溶液或凝胶状的分散液，这类溶液或分散液一般是黏性液体，统称黏液质（mucilage）。水溶性聚合物的亲水性来自其结构中的羧基、羟基、酰胺基、氨基、醚基等亲水性基团。这些基团不仅使高分子具有亲水性，而且使它们具有许多其他重要的特性和功能，如增稠、增溶、分散、减阻、缔合和絮凝等。水溶性聚合物的聚合度可以控制，相对分子质量由几百至几万；其所含的亲水基团等活性基团的强弱和数量可以按要求加以控制和调节。通过接支、共聚合等方法调节还可生成具有特定功能的化合物，这使得水溶性聚合物具有多种多样的品种和各种特定的性能。水溶性聚合物已成为化妆品工业中的一类重要原料。

二、水溶性高分子化合物的分类

化妆品中常用的水溶性高分子主要分为四大类：有机天然水溶性聚合物、有机半合成水溶性聚合物、有机合成水溶性聚合物和无机水溶性聚合物。

1. 有机天然水溶性聚合物

有机天然聚合物以植物或动物为原料，通过物理过程或物理化学方法提取而得，这类产品常见的有胶原（蛋白）类和聚多糖类聚合物。胶原（蛋白）类包括明胶、水解胶原、角蛋白、弹性蛋白、植物蛋白、网状硬蛋白和季铵化蛋白等，是由哺乳动物的皮制得的胶原和植物蛋白经过水解、分离纯化制成的。聚多糖类聚合物包括阿拉伯胶、琼脂、角叉菜胶、果胶、瓜尔胶、汉生胶和海藻酸盐等，是由树木和壳渗出液、种子、海藻和树木提取物经精制提炼而得的。

2. 有机半合成水溶性聚合物

有机半合成水溶性聚合物由天然物质经化学改性制得。主要有两大类：改性纤维素和改性淀粉。常见的品种有羧甲基纤维素钠（CMC）、乙基纤维素（EC）、羟乙基纤维素（HEC）、羟丙基纤维素（HPC）、甲基羟乙基纤维素（MHEC）和甲基羟丙基纤维素（MHPC）等改性纤维素；辛基淀粉琥珀酸铝等改性淀粉。用于个人护理用品中增黏的主要是纤维素类聚合物，如羧甲基纤维素钠与羟乙基纤维素，CMC 的醚化基团是氯乙酸钠，HEC 的醚化基团是环氧乙烷。

纤维素是世界上最丰富的有机化合物，它占植物界碳含量的 50%以上。最纯的纤维素来源是棉花，它至少含 90%的纤维素。自然界纤维素主要来源是棉花、麻、树木、野生植物等，此外，还有很大部分来自农作物的秆茎，如麦秆、稻草、高粱秆、甘蔗渣等，它们都是可以再生利用的原料。纤维素是由许多 β-D-葡萄糖分子以 1,4-苷键连接而成的直链聚合物。为了使纤维素具有水溶性和某些其他特性，需对纤维素进行化学改性。纤维素醚是由纤维素链上葡萄糖单元的羟基与醚化基团反应而成的，在每个 β-D-葡萄糖环中，有三个羟基可进行亲核取代反应，可以一对一地进行取代反应，或形成支链。在取代反应中，用取代度（degree of substitution，DS）来表示每个环中发生反应的羟基的平均数，每个环中有三个羟基，DS 的最大值为 3。当有可能形成支链时，利用摩尔取代度（molar substitution，MS）表示，MS 可大于 3。纤维素的取代基一般为甲基、乙基、羧甲基、羟烷基等，生成纤维素醚及其衍生物。

3. 有机合成水溶性聚合物

有机合成水溶性聚合物发展只有几十年的历史，但其品种和数量远远超过有机天然水溶性聚合物和有机半合成水溶性聚合物，这类聚合物发展较快的原因是多方面的：首先，这类聚合物具有高效增稠及多功能的特性，较小剂量即可以起到相同剂量的天然化合物所起不到的作用，同时可具备其他的功能，如乳化、调节流变性等；其次，合成聚合物所用的单体原料的组分生产较规范，产品质量较易控制。常用的有机合成水溶性聚合物有：聚乙烯醇及其衍生物、聚乙二醇、聚（甲基乙烯基醚/顺式丁烯二酸）单烷基酯类水溶性聚合物、聚乙烯吡咯烷酮及其衍生物、聚丙烯酸（包含聚甲基丙烯酸和聚丙烯酰胺类）的衍生物等六大类。

4. 无机水溶性聚合物

无机水溶性聚合物主要包括一些在水或水-油体系中可分散形成胶体或凝胶的天然或合成的复合硅酸盐（最常见的有硅酸铝镁、水辉石和合成水辉石、膨润土）和非水相流变调节剂（如季铵化膨润土、季铵化水辉石）。它们有很大的比表面积，应用于化妆品体系中有悬浮、改善流变性、提升稳定性的作用。

第二节　高分子化合物溶液的特性

低分子物质溶于溶剂后，溶质的原子或者分子在溶剂中扩散，形成均匀的溶液。而溶质为高分子时，溶质分子比溶剂分子更大，所以扩散的速度很慢。因此，将高分子物质放入溶剂中，首先溶剂分子在高分子中发生扩散使高分子发生溶胀，随后溶胀的高分子链在溶剂中扩散，形成均匀的溶液，溶液中的高分子是线团状的。当高分子溶液浓度非常低的时候，作为溶质的高分子链在溶剂中是孤立而相互分离的，随着浓度增加，高分子链开始发生交叠，溶液便不再是稀溶液了。基于高分子化合物特殊的分子结构，其溶液也具有不同的特性。

一、溶解性

一种原来不溶于水的高分子化合物，可以通过在大分子上引入极性基团而变为水溶性高分子。引入亲水基团的数量和极性与亲水基团的极性、高分子化合物的分子本性和分子量有关。

氢键的存在也可以对水溶性有很大的提升。许多高分子化合物都通过氢键作用，与水分子发生缔合而获得水溶性，温度升高时有些高分子化合物因热运动降低了和水分子的缔合度，因而溶解度下降，形成凝胶。

藻蛋白酸钠的溶解，被认为是钠离子作用力的结果。当藻蛋白酸钠水溶液无限稀释时由于大分子中阴离子羧基—COO^-的相互排斥，分子呈刚性链线形构型。此时，如果在溶液中加入 NaCl 之类的强电解质，由于 Na^+浓度的提高，抑制了—COO^-基之间的相互排斥作用。因此，藻蛋白酸钠比藻蛋白酸的溶解度大为提高。

聚合物在水中的溶解度还因聚合物结构、分子量的不同而不同。线型聚合物能完全地生成氢键，使水分子很快进入全部聚合物结构之中；非线型聚合物只有部分区域能生成氢键，水分子只能渗入部分聚合物结构区域。这样，线型聚合物比相同类的支链聚合物的水溶性要好，聚合物分子量增大，溶解速度也将降低。这一方面是由于分子量的增大，使分子在水中的扩散速度减慢；同时也由于分子量大的溶液黏度大，更增加了分子运动的阻力。

温度是影响聚合物溶解的重要外部因素，大多数聚合物的溶解度随着温度的升高而增大。

二、流变学特性

流体的流变学特性各不相同，主要可以分为两大类。一类为牛顿流体，这种流体的黏度与流动状态无关。另一类为非牛顿流体，流体的黏度随流动状态的变化而变化。

聚合物水溶液在极低和极高的剪切速率下，流体性能接近牛顿流体，即剪切应力和剪切速率之间呈线性关系。在一般中等剪切速率下，多数聚合物溶液的黏度随着剪切速率的增加而降低，即剪切应力和剪切速率不再呈直线关系，这种非牛顿流体称为塑性流体。流变曲线过原点即无屈服值的非牛顿流体称为假塑性流体。与假塑性流体相反，像淀粉这种水溶性化合物的表观黏度随着剪切速率增大而变大的流体称为胀流体。

流变类型属于塑性流体的体系大多有一个特点，即所谓的触变性。摇动剪切变成流体，静置后又可变成半固体。如泥浆、油漆等都具有触变性，利用泥浆的触变性可将岩屑自井中运到井外，油漆因有触变性才不致使新刷的油漆立即从器壁上流下来。

三、电化学性质

水溶性聚合物的电化学性质有三种类型。在水溶液中不电离的聚合物称为非离子型聚合物，如聚乙二醇、聚氧乙烯、羟乙基纤维素、氧化淀粉等。在水溶液中电离为阴离子的聚合物称为阴离子型聚合物，如羧甲基纤维素、聚丙烯酸钠、藻蛋白酸钠等。在水中电离为阳离子的聚合物称为阳离子聚合物，如季铵聚合物、阳离子淀粉等。

许多水溶性聚合物原本并不溶于水或仅部分溶于水，只有添加一种酸或碱，才因电离作用而溶于水。聚丙烯酸和聚胺分别是阴离子和阳离子聚电解质的典型例子，它们的一些重要性质直接与它们的电离程度相关。因此，这些物质水溶液的pH值与它的黏度、絮凝效果、稳定性、分散性等都有密切的关系。聚电解质对外来离子的存在很敏感。

四、分散作用

水溶性聚合物的分子中都含有亲水和疏水基团，因此有很多水溶性聚合物具有表面活性，可以降低表面张力，有助于水对固体的润湿。这对于颜料、填料、黏土之类的物质在水中的分散特别有利。此外，有许多水溶性聚合物虽然不能显著降低水的表面张力，但可以起到保护胶体的作用。通过它的亲水性，使水-胶体复合体吸附在颗粒上而形成外壳，使颗粒屏蔽起来免受电解质所引起的絮凝作用，提高分散体系的稳定性。这种聚合物如果和表面活性剂联合使用，则效果更为明显。常见有利于提升胶体稳定性的聚合物有：阿拉伯胶、黄原胶、明胶、干酪素、聚丙烯酸、羧甲基纤维素等。

五、絮凝作用

凡具有吸附架桥或者表面吸附而导致凝聚的过程，叫作絮凝作用。其相应的凝聚剂通称为絮凝剂。高分子絮凝剂是水溶性的线型大分子化合物，长链分子中含有很多具有吸附或反应性的极性基团。聚合物絮凝作用有化学因素和物理因素，化学因素使悬浮粒子的电荷丧失，成为不稳定粒子，然后不稳定的粒子聚集。而物理因素则通过架桥、吸附，使小粒子聚集体变为絮团。

六、增稠作用

所谓增稠性能，就是指水溶性聚合物有使水溶液或水分散体的黏度增大的作用。作为增稠剂使用，是水溶性聚合物的一大用途。

增稠作用包括了两方面的内容：一方面是水溶性聚合物通过与水分子之间的键合作用，将自由水变成了结合水或半结合水，降低了水分子的热运动，提升了水溶液的黏度，这是理想状态的增稠。水相的黏度和聚合物的浓度有一定的函数关系，如食品中简单的增稠。另一方面，是水溶性高分子化合物和水中的分散相、水中的其他高分子化合物发生作用，这种作用使增稠效果大大高于聚合物自身黏度所导致的增稠效果，相互间会有协同增效作用。例如，在乳液增稠过程中，水溶性聚合物分子吸附在乳液粒子上，一个分子可以同时吸附两个以上的乳液粒子，全部形成三元网状的结构（即凝胶结构），从而大大提高了乳液的稠度。此外，乳液中的乳化剂和增稠剂之间也有一定的作用，同一种水溶性聚合物增稠的效果会随着乳化剂的不同而不同。乳化剂对水溶性聚合物增稠性能的影响较为复杂，和乳化剂种类以及用量有很大的关系。

第三节　高分子化合物在化妆品中的作用及应用

高分子化合物应用于化妆品中，主要用作流变调节剂、乳化剂、调理剂，还有少量高分子用作保湿剂。

一、化妆品中的流变调节剂

化妆品中的流变调节剂种类繁多，主要有：有机天然水溶性聚合物，如汉生胶、瓜尔胶等；有机半合成水溶性聚合物，如羟乙基纤维素、羧甲基纤维素等；有机合成水溶性聚合物，如聚丙烯酸类增稠剂，俗称卡波。

卡波系列的增稠机理如下：

（1）中和增稠　通常将卡波中和成盐，使卷曲的分子因电斥力张开而增稠，氢氧化钠和三乙醇胺是常用的中和剂，这也是卡波对离子敏感的原因所在。

（2）氢键增稠　卡波分子作为羧基给予体能与一个或两个以上羟基结合形成氢键而增稠，此方法需要时间，常用的羟基给予体为非离子型表面活性剂、多元醇等。

根据其分子聚合底物、聚合度和支链化程度的不同，其流变性、黏弹性、透明度、耐离子性及耐剪切性等性能也会不同，因而适用于不同的化妆品体系。

二、化妆品中的高分子乳化剂

化妆品中常用的高分子乳化剂有聚丙烯酸类。当卡波分子结构为线型时主要起到增稠作用，当卡波的分子为立体结构时则可在具有低表面活性的乳液中作为乳化剂。如常用的高分子量交联的聚丙烯酸共聚物。传统的化妆品乳液使用相当多量的表面活性剂制备，这些表面活性剂可能有刺激作用，特别是对敏感皮肤或者儿童皮肤。使用聚丙烯酸共聚物作乳化剂时，浓度十分低（0.2%～0.4%），这样使用低含量乳化剂制备的乳液更适用于敏感皮肤。

三、化妆品中的调理剂

阳离子聚合物是一类普遍使用的有效调理剂。阳离子聚合物是由季铵化的脂肪烷基接枝在改性天然聚合物或合成聚合物上制成的。其部分结构与季铵盐相似，每个分子中有很多阳离子位置，具有较高的分子量，通过库仑吸引力牢固地吸附在带负电荷的表面。

阳离子聚合物沉积在头发的表面，使头发润滑，易于梳理，增加头发体感，分散性好，使开叉头发有所改善。阳离子聚合物因有较高的活性，用量较少，在配方中与阴离子表面活性剂配伍，是一种较理想的调理剂，特别适用于二合一香波。

阳离子聚合物主要包括季铵化羟乙基纤维素、季铵化羟丙基瓜尔胶、丙烯酸/二甲基二丙烯基氯化铵共聚物、乙烯吡咯烷酮/二甲基乙基氨基丙烯酸-硫酸二乙酯季铵盐共聚物、丙烯酰胺/*N*,*N*-二甲基-2-丙烯基-1 氯化铵共聚物、季铵化二甲基硅氧烷、季铵化水解胶原、季铵化水解角蛋白、季铵化水解豆蛋白、季铵化丝氨酸等。

四、化妆品中的高分子保湿剂

化妆品中的高分子保湿剂主要包括透明质酸钠与葡聚糖。

1. 透明质酸钠

透明质酸（hyaluronic acid）是由（1→3）-2-乙酰氨基-2-脱氧-*β*-D-葡萄糖醛酸的双糖重复单位所组成的一种聚合物，简称为 HA。应用于化妆品中作为保湿剂的一般为透明质酸钠。透明质酸钠渗透入皮肤中，则会被电离，形成透明质酸根离子。

天然透明质酸广泛存在于动物脏器和组织中，如人胎盘脐带、公鸡冠、牛眼和皮组织中。而存在于动物体内的透明质酸往往以部分电离的形式存在，与体液中的阳离子形成透明质酸盐。目前市售应用于化妆品中的透明质酸钠主要是以鸡冠为原料，经生化技术提取制得。其分子量为 20 万～100 万，是一种酸性黏多糖物质，为絮状白色或本色无定形粉末，也有淡黄色透明液体，无臭，无味，它易溶于水，不溶于有机溶剂，其水溶液的比旋光度为–800～–700，具有高黏度。

透明质酸是细胞间基质中存在的重要成分，其长的线型多糖链是无支链的，表现出很大的劲度，具有大的水合容量。透明质酸分子最重要的生物学功能是在细胞间基质中保持水分的能力，比其他任何天然和合成聚合物强。如质量分数为 2%的透明质酸水溶液能保持质量分数为 98%的水分。这是因透明质酸分子的多糖键有相当的坚牢度，在水溶液中能形成黏弹性网络组织，其疏松的、膨胀的分子形状占据较大的空间，结合较大量的水，即使在低浓度下还可具有高黏度、高黏弹性和渗透压，从而使它有很强的保水和润滑作用，是一种性能极佳的保湿剂。

2. 葡聚糖

葡聚糖是指以葡萄糖为单糖组成的同型多糖，葡萄糖单元之间以糖苷键连接。其中根据糖苷键的类型又可分为 *α*-葡聚糖和 *β*-葡聚糖。*α*-葡聚糖中研究及使用较多的为右旋糖酐。右旋糖酐存在于某些微生物在生长过程中分泌的黏液中。葡聚糖具有较高的分子量，主要由 D-葡萄吡喃糖以 *α*,1→6 键连接，支链点有 1→2、1→3、1→4 连接的。随着微生物种类和生长条件的不同，其结构也有差别。

第六章　抗氧化理论

Chapter 06

抗氧化剂（antioxidants）是指能够清除氧自由基，抑制或清除以及减缓氧化反应的一类物质。抗氧化剂在个人护理行业应用基于如下目的：预防酸败、防晒和预防皮肤老化。一旦化妆品开封后，氧化过程可能会导致产品质量的恶化，微生物可能进入化妆品中。氧化作用可能导致碳-碳键裂解，产生挥发性短链的醛和酮，酸败的化妆品涂抹在皮肤上，会产生刺激，引起皮肤炎症。

抗氧化剂已经成为化妆品配方中不可或缺的添加剂，不仅可有效地延缓产品的氧化，而且可以增强消费者的天然抗氧化防御系统。大多数抗氧化剂是酚类化合物，其具有容易供给氢自由基的能力。天然和合成的抗氧化剂都已被用于化妆品中以改善其保质期。许多目前使用的合成抗氧化剂由于其安全性而受到广泛的审查。除了对安全的关注外，消费者也越来越意识到其个人护理产品中使用的成分来源，并要求从自然、可持续和安全的来源获得。植物可产生各种复杂的酚类化合物，以保护其内部“机制”免受氧化。这些基于植物的分子中的一些显示出与合成化合物相当的抗氧化能力。选择合适的抗氧化剂需要考虑几个关键因素，最主要的包括系统中油的组分、油的极性或非极性、可能的杂质（如金属离子）、配方的物理状态（如凝胶、油、乳液等）、期望产品的保质期和制造过程、加热或冷加工。

第一节　氧化理论

一、脂质氧化理论

脂质氧化的基本机理，即不饱和脂质的氧化主要是自由基链反应，包括链的引发、链的传递（增长）、链的分支和链的终止四个过程，从而导致自由基浓度的增加。

1. 链的引发

$$RH \longrightarrow R\cdot + H\cdot$$

在这个过程中，α-碳原子的双键失去氢自由基，形成脂质自由基；也可以通过向不饱和脂质的双键加入自由基来产生脂质基团，如图 6-1 所示。

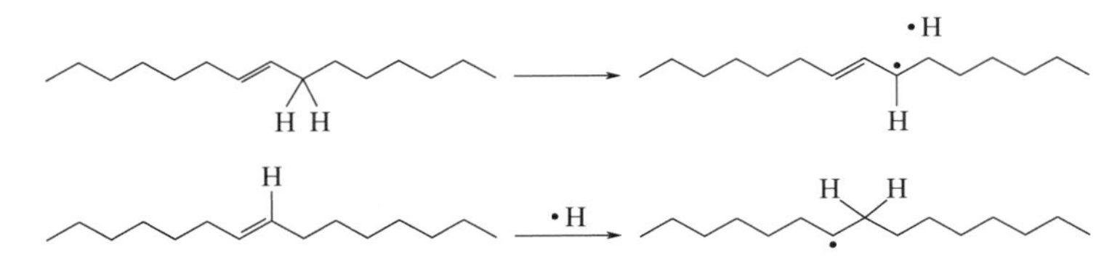

图 6-1　不饱和脂质自由基氧化过程

在氧和光敏剂分子如叶绿素或其他电磁辐射吸收物质的存在下发生光诱导引发的起始或光氧化。在光氧化中，光激发敏化剂分子至其三重态（$^3Sen\cdot$）。这种激发的分子通过Ⅰ型或Ⅱ型的两种机制中的一种诱导氧化，如图 6-2 所示。ν

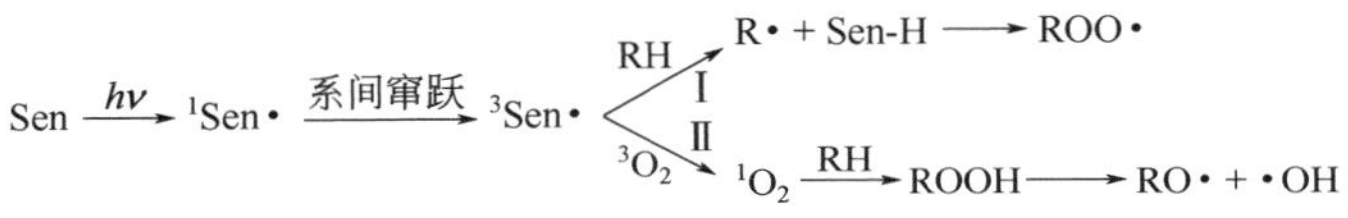

$$Sen \xrightarrow{h\nu} {}^1Sen\cdot \xrightarrow{\text{系间窜跃}} {}^3Sen\cdot \begin{cases} \xrightarrow[\text{Ⅰ}]{RH} R\cdot + Sen\text{-}H \longrightarrow ROO\cdot \\ \xrightarrow[\text{Ⅱ}]{^3O_2} {}^1O_2 \xrightarrow{RH} ROOH \longrightarrow RO\cdot + \cdot OH \end{cases}$$

图 6-2　脂质分子光诱导引发反应机理

金属离子，如 Fe^{2+}、Cu^{2+}和 Co^{2+}，也可以引发与脂质形成自由基，产生的自由基也可以引发连锁反应：

$$RH + M^{2+} \longrightarrow R\cdot + H^+ + M^+$$

用于产生自由基的活化能也可以通过加热或酶的存在来提供。油脂加工过程中的高温可引发自由基链反应，并可导致油的氧化降解。

2. 链的传递

脂质自由基可以与氧反应形成脂质过氧基（ROO·），这又可以与其他脂质分子（R^1H）反应形成脂质氢过氧化物（ROOH）和脂质自由基（$R^1\cdot$）。

$$R\cdot + O_2 \longrightarrow ROO\cdot$$

$$ROO\cdot + R^1H \longrightarrow ROOH + R^1\cdot$$

3. 链的分支

链增长过程中，生成的氢过氧化物会进一步分解而产生新的自由基，发生分支反应，生成不同的氧化产物：

$$ROOH \longrightarrow RO\cdot + HO\cdot \qquad \text{单分子}$$

$$2ROOH \longrightarrow ROO\cdot + RO\cdot + H_2O \qquad \text{双分子}$$

4. 链的终止

由于自由基具有不成对电子，在链的传递阶段，不饱和脂质的数量在逐步减少，因为它们被自由基消耗以形成新的自由基。这导致自由基彼此键合以形成不稳定的非自由基物质，使传递过程终止。

$$ROO\cdot + ROO\cdot \longrightarrow ROOR + O_2$$

$$R\cdot + RO\cdot \longrightarrow ROR$$

$$RO\cdot + H\cdot \longrightarrow ROH$$

$$R\cdot + HO\cdot \longrightarrow ROH$$

$$R\cdot + ROO\cdot \longrightarrow ROOR$$

$$R\cdot + H\cdot \longrightarrow RH$$

$$ROO\cdot + H\cdot \longrightarrow ROOH$$

由上述可知，影响氧化的因素有两个方面：①外部因素，如氧的浓度、温度、光、水分、有机物和微生物等。温度和氧之间有很强的相互作用，氧的溶解度随着温度的升高而降低。光可作为引发步骤中夺氢反应的催化剂，水分存在可促进油脂的水解；某些有机化合物会促进油脂蛋白酶分解蛋白质；微生物可产生某些酶，如脂肪酶分解油脂，蛋白酶分解蛋白质。②内在因素，包括油脂和油类组成、助氧化剂。不饱和度是脂质氧化的决定性因素，双键的位置、几何构型和链长也影响其氧化的敏感性。最有效的助氧化剂是过渡金属，如铜和铁，仅作为痕量杂质存在；其氧化作用的机理是可催化氢过氧化物的分解，并与未氧化的底物直接反应生成烷基自由基。

二、皮肤氧化理论

抗氧化剂是对抗衰老的重要组成部分。没有抗氧化剂，像阳光、污染这些因素就会使皮肤释放自由基（还有其他因素）破坏胶原蛋白，胶原蛋白可以使皮肤饱满、紧致不起皱纹。人体可以自然生产抗氧化物，或者从饮食和保健品中获得，也可以通过在皮肤外涂抹抗氧化剂提高抗氧化水平。作为最外层器官，皮肤形成了对进入我们身体外源物的有效屏障，并保护身体免受环境的伤害，包含暴露于太阳下的紫外线照射（UVR）和空气污染。曝晒可生成活性氧（ROS）和其他自由基包括活性氮（RNS），可与几种皮肤生物分子反应。为了抵消 ROS 和 RNS 诱导的氧化应激，皮肤本身具有多种抗氧化剂。然而，皮肤组织的抗氧化防御不能承受长期暴露于外源性的氧化应激源，从而导致皮肤损伤，如红斑、水肿、剥离，皮肤晒成褐色和表皮增厚。过早皮肤老化（光老化）和光致癌是慢性紫外线辐射的后果。皮肤氧化应激机制见图 6-3。

除紫外线照射和空气污染物（如对流层臭氧）外，皮肤中的活性氧和某些外源性光敏物质也可能是皮肤氧化应激源。

1. 活性氧

活性氧（ROS）可以分为两类：氧分子有一个未成对电子与氧分子在激发态。前者包括超氧阴离子自由基（$\cdot O_2^-$）、羟自由基（$\cdot OH$）、脂质过氧化物（$LOO\cdot$）和一氧化氮自由基（$NO\cdot$）。后者则是活性单线态氧 $^1O_2$。活性氧形成过程是串联过程，由存在于皮肤的内源或外源发色团的紫外线辐射吸收引发，主要在 UVA 区域（320～420nm）。

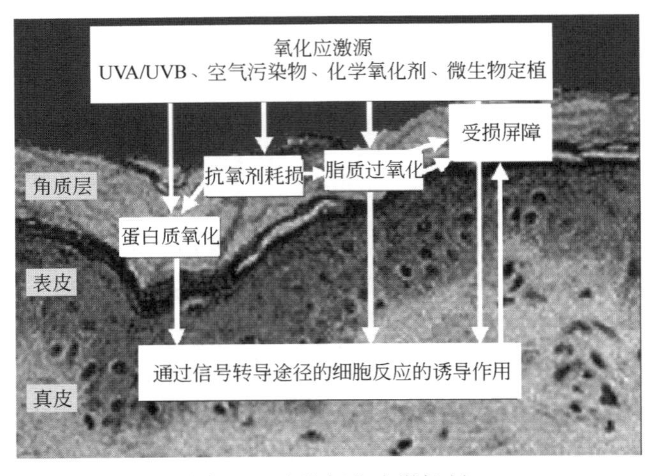

图 6-3　皮肤氧化应激机制

在众多能够吸收紫外线的皮肤成分中，反式尿刊酸、黑色素、黄素、卟啉类、醌类、蛋白质结合的色氨酸或晚期糖基化终末产物被认为是相关的光敏剂，可引发 ROS 的形成。紫外线辐射吸收后，激活的发色团可以通过两种方式进行反应。在 I 型光化学反应中，激活的生色团直接与通过电子或氢原子转移底物分子发生反应，引起自由基的形成。在分子氧（次要的 II 型反应）的存在下，该反应可导致超氧阴离子自由基$\cdot O_2^-$的形成。接着，$\cdot O_2^-$通过歧化反应自发地或通过皮肤超氧化物歧化酶（SOD）的催化作用生成过氧化氢（H_2O_2）。此外，在金属离子如 Fe（II）或 Cu（II）存在下，过氧化氢可转化成高反应性的羟基自由基$\cdot OH$。电子激发和活性单线态氧 $^1O_2$ 在三线态氧 $^3O_2$（在其基态分子氧）存在下，通过从紫外线辐射激发的发色团的光能传递而形成。伴随着它们的形成，活性氧物中，包括 $^1O_2$、$\cdot O_2^-$、$\cdot OH$ 和 H_2O_2 与一系列的皮肤生物分子发生反应，包括脂质、蛋白质、碳水化合物和脱氧核糖核酸（DNA）。另外，活性氧可引起蛋白质的氨基酸修饰，从而导致结构或酶蛋白的功能变化。除了介导活性氧引起 DNA 氧化损伤，单线态氧与 DNA 反应生成 8-羟基脱氧鸟苷。因为 DNA 在 UVB 区域（290～320nm）强烈吸收，并且在 UVA 区域（320～420nm）仅为弱的发色团，UVB 很大程度上被视为 DNA 损伤直接的、与 ROS 无关的诱导剂。DNA 的 UVB 吸收会导致主要的碱基修饰，如生成嘧啶二聚体。

2. 组成性皮肤抗氧化网络

为了防止氧化应激，皮肤自身具有由酶和非酶抗氧化剂组成的复杂的抗氧化网络，如图 6-4 所示。

随着年龄的增加和皮肤的老化，这些抗氧化剂在皮肤中不断减少。因此，及时给皮肤适当补充抗氧物质是非常必要的。功能性化妆品已被证实能有效抗氧化、增强细胞新陈代谢、保湿、嫩化皮肤、祛斑、防晒等，而且极其安全、无副作用。皮肤在衰老过程中不断地产生着自由基，如果能及时清除这些自由基或抑制这些自由基的产生，那么就能减缓皮肤的衰老，保持皮肤的光泽。在化妆品中，适量地添加抗氧化剂，如 SOD、过氧化氢酶、谷胱甘肽过氧化酶、维生素 E 和维生素 C 等，可以补充皮肤内这些物质的不足，使皮肤永葆青春的光泽，抵抗衰老。

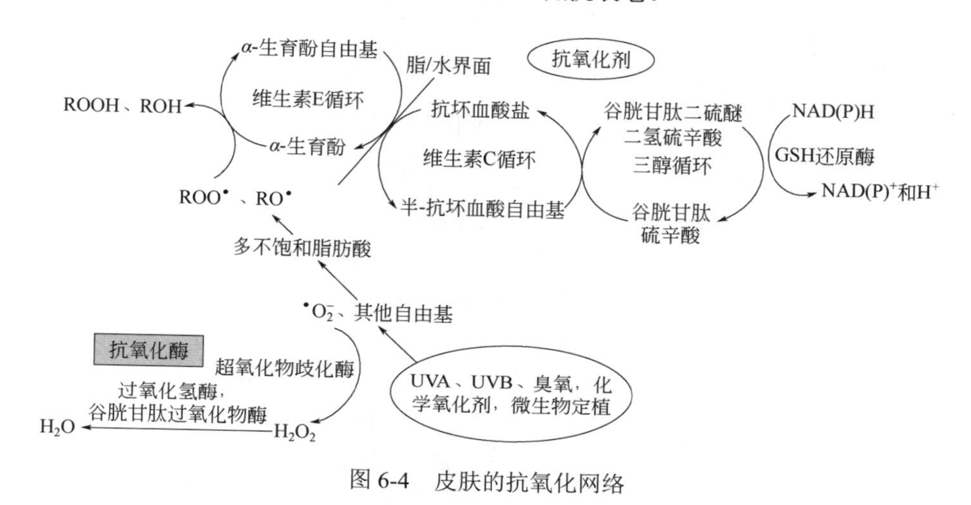

图 6-4　皮肤的抗氧化网络

第二节　抗氧化剂及其分类

抗氧化剂是牺牲分子，其经历被氧化并减缓对其他分子的氧化损伤，倾向于抑制或延缓氧化过程的各个步骤中的任何一个或全部。化妆品的氧化反应主要是自由基反应、与过氧化物的氧化反应。抗氧剂一般通过三种途径来抗氧化：一是阻止自由基产生；二是在化妆品原料发生氧化反应前先捕获自由基将其分解成非自由基；三是与过氧化物结合成稳定的化合物，从而达到防止油脂的氧化酸败。抗氧化剂可有效地防止皮肤老化，在添加到化妆品过程中，应考虑如下两个方面：①产品的稳定。这是至关重要的，因为抗氧化剂是非常不稳定的，它们极易被氧化和失活。②它们必须被皮肤有效吸收，且到达其靶组织中依然保持活性状态，并能保持足够长的时间，以发挥预期的效果。

在生物体中各类抗氧化剂主要由以下作用机制单个或联合发生作用而起到抗氧化效果：①减小氧化底物中的局部氧浓度；②消除启动脂质过氧化的引发剂；③结合金属离子，使其不能启动脂质过氧化的羟基自由基或使其不能分解脂质过氧化产生的脂过氧化氢；④将脂质过氧化物分解为非自由基产物；⑤阻断脂质过氧化的反应链，即脂质过氧化的中间自由基，如脂自由基、脂氧自由基和脂过氧自由基。此属性通常用来提高化妆品稳定性，也可用于皮肤减缓由于各种氧化作用而引起的老化。

根据作用机理的不同，抗氧化剂主要可分为两类：①初始型抗氧化剂，也称作链断裂型抗氧化剂；②次级型抗氧化剂，也称作阻止型抗氧化剂。

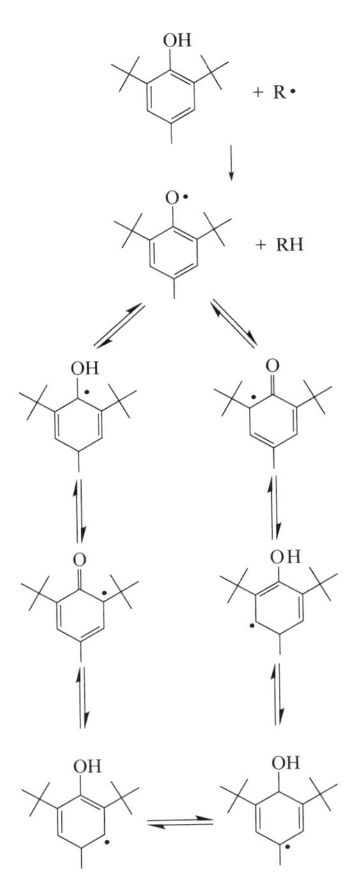

图 6-5　BHT 的共轭结构

一、初始型抗氧化剂

根据来源不同，可分为合成抗氧化剂、天然抗氧化剂和内源性抗氧化剂三类。

1. 合成抗氧化剂

此类抗氧化剂可以防止氧在光、热或金属离子的存在下引发不希望的化学变化，例如分解、酸败、颜色的变化和气味的形成。这些成分在多数化妆品中使用，特别是在含有油、脂肪、黄油和蜡的化妆品中。此类抗氧化剂种类众多，化妆品配方中最常用的合成抗氧化剂之一是二丁基羟基甲苯（BHT）。其稳定性取决于其结构和可形成稳定自由基的共振自由基结构的数量。BHT 的共轭结构见图 6-5。

除了 BHT 之外，还有丁基羟基茴香醚（BHA）、叔丁基对苯二酚（TBHQ），也被用于个人护理配方中以防止酸败。BHA 是在其合成过程中所产生两种异构体的混合物。TBHQ 在食品特别是油脂中使用较多，其优点在于在铁离子存在下也不变色，可用于香皂类产品。BHT、TBHQ 在许多国家的婴儿食品中禁用，据说对儿童发育不利。常见合成抗氧化剂的物化性能见表 6-1。

表 6-1　常见合成抗氧化剂的物化性能

项目	抗氧化剂		
	BHT	BHA	TBHQ
INCI 名称	butylated hydroxytoluene	butylated hydroxyanisole	*tert*-butylated hydroquinone
结构式			
分子量	220	180.25	166.22
CAS	128-37-0	25013-16-5	1948-33-0
外观	白色粒状晶体	白色或微黄色蜡状物	白色或微红褐色结晶粉末
熔程/℃	69.7	48～63	126.5～128.5
气味	非常轻微	轻微	非常轻微

续表

项目	抗氧化剂		
	BHT	BHA	TBHQ
在溶剂中的溶解度/%			
水（25℃）	不溶	<0.1	<1
甘油（25℃）	不溶	1	23
乙醇（25℃）	25	>50	60
乙酸乙酯（25℃）	—	—	60
丙二醇（25℃）	2	>50	30
棉油（25℃）	30	40	6
玉米油（25℃）	27	32	6
芥花油（25℃）	26	30	6
葵花油（25℃）	32	30	6
红花油（25℃）	34	30	5
豆油（25℃）	26	30	6
矿物油（25℃）	5	<1	0.2
棕榈油（50℃）	55	65	10
猪油（50℃）	40	50	5
单甘酯（50℃）	45	75	22
石蜡（60℃）	>60	>60	—

除上述抗氧化剂之外，没食子酸丙酯（propyl gallate，PG）不仅低毒，使用安全性高，而且抗氧化性优于 BHT 及 BHA。作为植物油脂的抗氧剂，可单独使用，也可与柠檬酸、酒石酸、抗坏血酸等合并使用，效果好而无毒性。

2. 天然抗氧化剂

主要是指生物体内合成的具有抗氧化作用或诱导抗氧化剂产生的一类物质。皮肤中存在天然的抗氧化剂，其防御机制可中和自由基。应用抗氧化剂有助于抑制活性分子和防止因日光照射引起的皮肤老化症状。包括维生素［如维生素 A、维生素 C 和维生素 E（生育酚）］以及天然提取物（如迷迭香、异黄酮和多酚）。

大自然被认为是高效的“化学家”，植物是其反应容器，产生高度复杂的分子，以至于这些分子永远无法在这些植物之外被有效地合成出来。含有出色抗氧化剂的植物包括：浆果、石榴、生姜、葡萄、橙子、李子、菠萝、柠檬、椰枣、奇异果和蛇果；豆类如蚕豆、花豆和大豆；坚果、种子和干果，如胡桃、向日葵籽、杏、梅干；蔬菜，如羽衣甘蓝、红辣椒、紫甘蓝、胡椒、欧芹、朝鲜蓟、抱子甘蓝和菠菜；谷物，如大麦、小米和燕麦；还有根茎类，如生姜和红甜菜。葡萄籽提取物、碧萝芷和绿茶提取物都含有多酚，不但是强大的抗氧化剂，而且还有促进其他抗氧化剂的辅助效果。已经有几种植物制品用于防止脂质氧化的化妆品制剂中，其中最常见的两种是从植物油及其衍生物获得的迷迭香和维生素 E 的非极性提取物。

（1）生育酚　生育酚以四种不同的形式存在，活性主要归因于 α-生育酚，如图 6-6 所示。

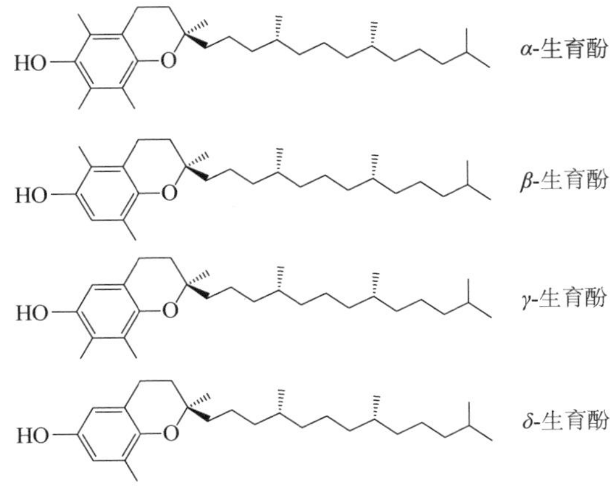

α-生育酚

β-生育酚

γ-生育酚

δ-生育酚

图 6-6 生育酚的结构

在生育酚的同系物中，抗氧化活性顺序为：δ-生育酚>γ-生育酚>β-生育酚≈α-生育酚。在低浓度下 α-生育酚可有效防止脂质氧化；在较高浓度下，其为中性或促氧化剂。α-生育酚的这种二元行为可归因于其在分子本身变成自由基供体之前无法稳定自由基足够长的时间，α-生育酚的促氧化机理如图 6-7 所示。

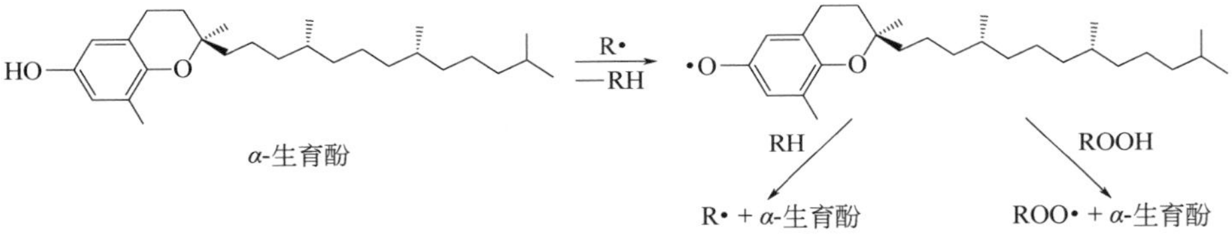

α-生育酚 —(R•, —RH)→ •O-生育酚自由基

RH → R• + α-生育酚

ROOH → ROO• + α-生育酚

图 6-7 α-生育酚的促氧化机理

尽管生育酚可用于配方中，但如果以不适当的浓度使用，则可以通过促进脂质氧化来缩短产品的保质期。生育酚在高浓度下的促氧化作用可以通过在系统中使用共同抗氧化剂来消除。生育酚的衍生物也用于化妆品配方中，最常见的衍生物是生育酚乙酸酯和生育酚棕榈酸酯，其中苯并二氢吡喃环上的羟基被脂肪酸酯化。羟基的酯化使制剂中的生育酚稳定，但也剥夺了分子的抗氧化活性。一旦酯被皮肤吸收就会水解并释放生育酚。已经报道，生育酚可灭活致病自由基和控制氧酶活性。生育酚和一般的抗氧化剂可在细胞水平上减少过氧化反应，从而有助于防止过早衰老的细胞和组织变性。

（2）迷迭香提取物　迷迭香提取物已被广泛用于各种食品中防止脂质氧化。近年来，其在化妆品配方中的应用逐年增加。提取物是从迷迭香（*Rosmarinus officinalis*）的叶子获取。迷迭香叶的非极性提取物含有一类称为二萜酚类物质。迷迭香提取物的抗氧化活性主要归因于两种最突出的二萜酚类化合物：鼠尾草酸和鼠尾草酚（结构见图 6-8）。通过蒸馏法提取

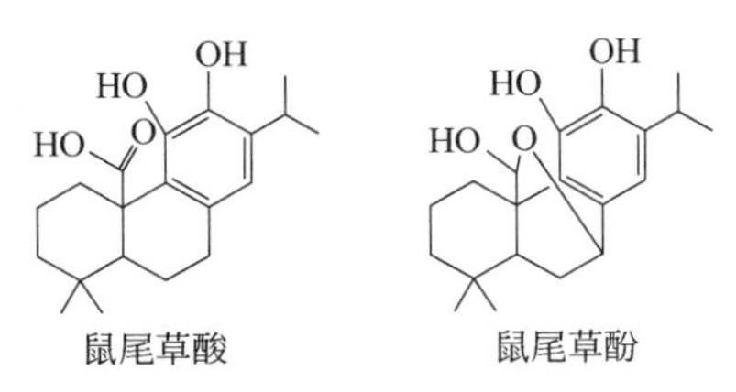

图 6-8 鼠尾草酸和鼠尾草酚的化学结构

迷迭香可得到迷迭香精油，其主要成分为萜烯（如樟脑、1,8-桉树脑和马鞭草酮）。萜烯是挥发性化合物，可用于芳香和芳香疗法。二萜酚类可以有效地清除自由基，但鼠尾草酸和鼠尾草酚都不稳定，易发生降解，鼠尾草酸首先转化为鼠尾草酚，然后鼠尾草酚会进一步降解，形成迷迭香酚、表迷迭香酚等，造成抗氧化性降低。

（3）黄酮类物质　作为植物来源的有机化合物家族中的成员，多酚类黄酮代表一些最常见和主要的天然存在的抗氧化剂。它们是水溶性的且以亲水苷元的（glycones）形式存在，通常是葡糖苷或芸香苷。与大多数前述的酚类抗氧化剂相比，黄酮类在水性体系中起作用。在现代化妆品中，其很少以纯物质使用，而是用其植物提取混合物。黄酮类化合物有多种物质结构，且都具有酚取代的 1,2-苯并吡喃骨架结构，如图 6-9 所示，其中 A 环和 B 环带有一个或多个—OH。许多类黄酮化合物的杂环（C 环）可以在 4-位上进行酮取代；所谓的 B 环位于 2-或 3-位。—OH 取代数可以高达 8。

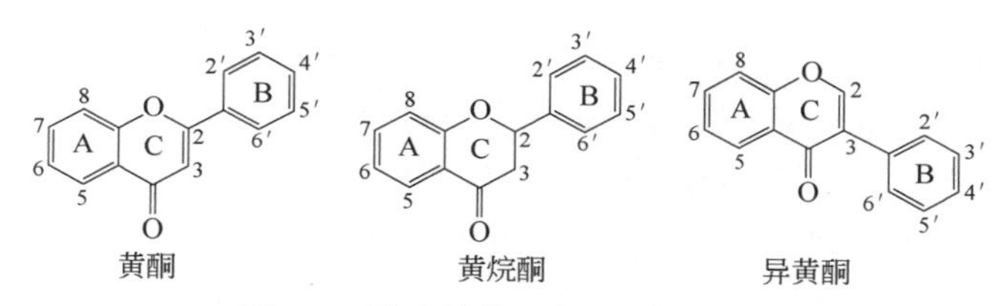

图 6-9　常见的黄酮类化合物的结构

一部分黄酮可以螯合重金属（铁），从而降低其促氧化作用。尽管类黄酮物质的天然来源使得其对所有类型的护肤品都具有很大的吸引力，但使用类黄酮物质作为抗氧化剂的成本相对较高，故此类抗氧化剂被选择性地用于保护化妆品。

（4）姜黄素（3）　姜黄素（3）的分子结构如图 6-10 所示。由于姜黄素分子中含有多个双键、酚羟基、羰基等，因此化学反应性较强。姜黄素稳定性易受光照、温度、酸度、金属离子等多种因素的影响。光和热可促使其氧化分解，失去显色能力。日光直接照射 5h，姜黄素的损失率在 33%左右。在酸性或中性条件下，姜黄素溶解度较低，容易产生沉淀。在 pH 值为 7 时姜黄素是黄色的，pH 值在 7.5 以上颜色转变为橙色/红色。为达到最佳的稳定性，pH 值应保持在 7 以下，因为姜黄素在 pH 值为 7～10 时高度不稳定。

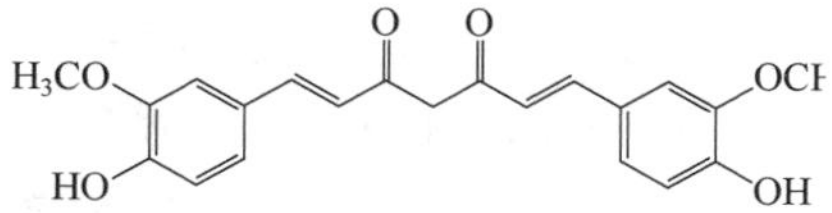

图 6-10　姜黄素（3）的化学结构

（5）小果咖啡与咖啡豆提取物　咖啡豆提取物含有非常高浓度的多酚，尤其是绿原酸，是一种强效抗氧化剂。使用咖啡豆提取物处理肤质和色调，可以改善 46%的细纹和皱纹，皮肤的整体光滑度提高 64%，皮肤水合能力提升 79%。咖啡豆如此有效的部分原因：咖啡豆对抗自由基遍及整个皮肤细胞，而其他的抗氧化剂仅限于特定区域的细胞。此外，咖啡豆含有能去除角质的羟基酸（polyhydroxy acids），这种成分对干性皮肤和改善肤色来说是安全有效的。

（6）白藜芦醇　白藜芦醇（反式-3,5,4’-三羟基芪）是一种多酚类植物抗生素化合

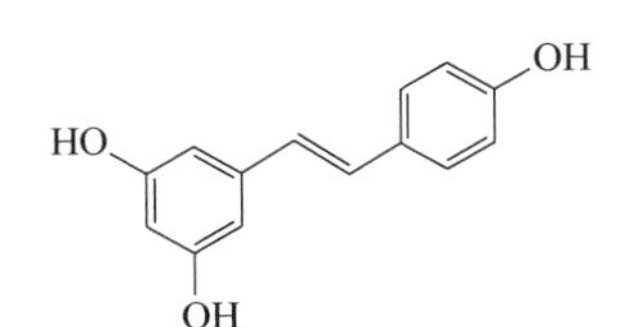

图 6-11 白藜芦醇的结构

物，存在两种异构体：反式白藜芦醇和顺式白藜芦醇，其中反式异构体是更稳定的形式（图 6-11）。白藜芦醇是具有抗增殖和抗炎性质的高效抗氧化剂。体外和体内研究已经证明白藜芦醇对各种癌症（包括皮肤癌）表现出化学预防和抗增殖活性，可促进正常细胞的健康发育和加速不健康细胞的死亡。白藜芦醇具有捕获自由基、抗氧化、吸收紫外线的特性，在化妆品方面表现出卓越的功效，能够有效地促进血管扩张，具有抗炎、杀菌和保湿作用，适合祛除皮肤粉刺、疱疹、皱纹等，可用于保湿、晚霜、润肤类化妆品。

3. 内源性抗氧化剂

抗氧化保护酶类系统通过协助细胞产生抗氧化酶类来帮助人体自身制造天然抗氧化剂，被称为内源性抗氧化剂。此类抗氧化剂主要激活Ⅱ相酶（解毒酶类）的活性，重复利用清除自由基抗氧化剂，并且提供人体自身细胞抗氧化酶所需要的化学反应物。表皮直接接触外界环境，直接受到紫外线的辐射，所处的环境远比真皮恶劣，所以表皮内的抗氧化剂浓度远高于真皮内的浓度。这些抗氧化剂在人体皮肤内，组成多功能的、协调一致又各负其责的抗氧化游离基体系，担负着防止皮肤类脂的过氧化作用，抵御紫外线对人体皮肤的损伤，维持皮肤正常的新陈代谢，防止皮肤过早老化。

天然酶类抗氧剂中，用于化妆品中的有过氧化物歧化酶（SOD）和谷胱甘肽过氧化酶。SOD 已普遍用于化妆品中，通过捕获超氧自由基来发挥功效。通常的 SOD 在化妆品中极不稳定，必须对其进行修饰，提高其稳定性，如铜锌 SOD 及用磷酸衍生物作金属螯合剂时，SOD 相对较稳定。在人体内以两种基本的形式存在：铜/锌超氧化物歧化酶存在于细胞的细胞质中，而锰超氧化物歧化酶在线粒体中存在。

谷胱甘肽过氧化酶通过让脂质过氧化酶和过氧化氢酶失活来发挥功效。用于化妆品中时不够稳定，加入铜、硒化合物，能增加其稳定性。这种酶的作用是将生成的类脂过氧化物分解成类脂和水，将过氧化氢分解成水。而维生素 E 的作用是防止过氧化物类脂的生成。因此，两者合用，发挥协同效应是很有效的。

二、次级型抗氧化剂

金属离子螯合剂，如乙二胺四乙酸（EDTA）或柠檬酸，在保存具有高水分活性的体系如 O/W 乳液、肥皂和洗发水中非常重要。在这样的体系中，在极性相中易溶的金属离子可以扩散到水/油界面并引发脂质的自动氧化。金属离子的螯合导致其电荷的中和，随即引发脂质的自氧化。因为由于对植物性天然成分需求的上升，人们正在寻求 EDTA 的替代品，如柠檬酸。

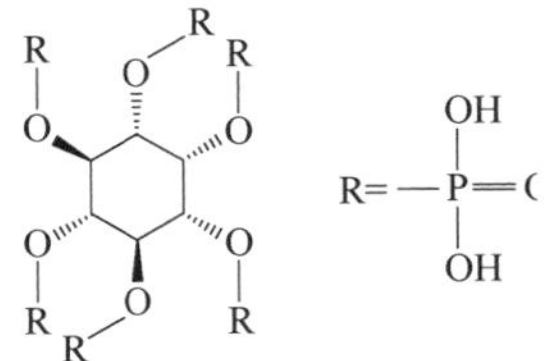

图 6-12 植酸的结构式

植酸或其盐（如植酸钠）是从水稻、小麦或玉米的麸皮获得的强螯合剂，是一种肌醇六磷酸酯，由六个磷酸酯

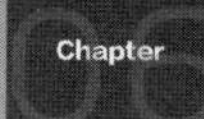

单元与肌醇环结合而成。植酸的结构式见图 6-12。

在化妆品配方中广泛使用的另一种天然螯合剂是葡萄糖酸及其衍生物，这些分子可螯合二价和三价金属离子，如图 6-13 所示。

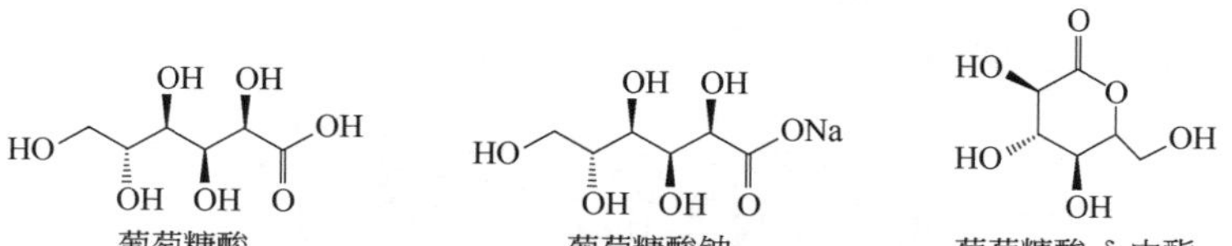

葡萄糖酸　葡萄糖酸钠　葡萄糖酸-δ-内酯

图 6-13　葡萄糖酸及其衍生物结构式

在化妆品配方中最常用的除氧剂或还原剂是维生素 C，即抗坏血酸。抗坏血酸可与氧反应形成脱氢抗坏血酸和过氧化氢（图 6-14）。过氧化氢的形成可进一步加剧系统的氧化应激。 脱氢抗坏血酸上的三个羰基单元使其具有高反应性并且可以参与美拉德反应并赋予产品棕色。为了避免抗坏血酸的完全氧化，其经常与初始型抗氧化剂一起使用，这种抗氧化剂可以从氧化产物中再生抗坏血酸。

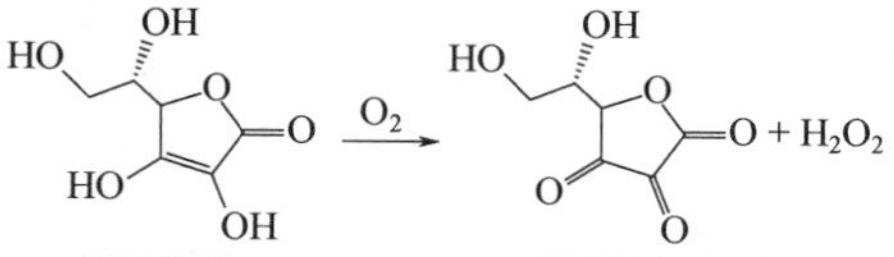

抗坏血酸 $\xrightarrow{O_2}$ 脱氢抗坏血酸 + H_2O_2

图 6-14　抗坏血酸氧化反应

另一类被用作次级抗氧化剂的化合物是类胡萝卜素，能猝灭高能量单线态氧。 在类胡萝卜素存在下，单线态氧将优先将其过量的能量转移到系统中存在的类胡萝卜素，以产生三重激发态类胡萝卜素。然后，三重激发态类胡萝卜素返回基态时，其过剩能量以热量的形式释放出来（图 6-15）。

$$^1O_2 + \text{类胡罗卜素} \longrightarrow {}^3\text{类胡罗卜素} \cdot + {}^3O_2 \longrightarrow \text{类胡罗卜素} + \text{热量}$$

图 6-15　类胡萝卜素猝灭单线态氧机理

类胡萝卜素是单线态氧的有效猝灭剂，常见类胡萝卜素是 β-胡萝卜素、叶黄素、番茄红素。由于所有这些分子都具有共轭双键，所以能赋予最终配方强烈的橙色至红色。这种着色能力限制了其使用范围。除了单线态氧猝灭之外，这些化合物对皮肤有益处，如叶黄素可以改善皮肤的保湿性和弹性，并且还提供光保护。光氧化反应比自氧化反应快得多，经典的断链抗氧化剂不能防止自氧化反应，但其存在可能会抑制光氧化过程开始后自由基的传递。在化妆品中使用任何不饱和或多元不饱和物质之前，配制者应始终确定使用不饱和成分是有必要的，配方中也应尝试添加能消除皮肤表面上可能引起单线态氧形成的物质。为了安全起见，明智的做法是不要将漂白成分引入到产品中，除非已知其不含氧化物质。原料应储存在黑暗、阴凉的环境中，尽可能少地暴露于氧气和光线；不允许有过渡金属存在，尽管螯合剂有时会有一些帮助。

第七章　化妆品防腐理论

07 Chapter

第一节　微生物对化妆品的影响

化妆品中富含各种有效成分，这些有效成分可以为微生物的生长提供一个优良的环境，在化妆品生产和使用过程中难免会有微生物的侵入，这样化妆品中不加入有抑菌作用的物质时，极易腐败变质，破坏产品的感官品质，对使用者的健康构成威胁。防腐剂是指用于抑制或防止微生物在含水产品中生长，并以此防止该产品腐败的一种抑制微生物繁殖的化合物或复合成分。由于造成化妆品腐败变质的微生物种类繁多，而单一防腐剂的抑菌范围以及应用环境都有一定的限制，因而建立一个良好的防腐体系，对于化妆品产品来说是必不可少的。化妆品的防腐体系要求具有广谱的抗菌性，一般的防腐体系由若干种防腐剂（和助剂）按一定比例构建而成，其抑菌效能大小又与防腐剂种类和用量、化妆品的剂型（液态、粉状、乳状、膏霜状等）、组成（是否含碳水化合物、蛋白质、动植物提取物等）和 pH 值等密切相关。

一、污染化妆品的主要微生物

引起化妆品质量问题的微生物主要是致病菌，其中又以病原细菌、螺旋体和致病真菌为主。

1. 病原细菌

容易使化妆品霉变的病原细菌主要包括：革兰氏阳性菌与革兰氏阴性菌。革兰氏阳性菌包括：葡萄球菌、链球菌、双球菌、芽孢杆菌、梭状芽孢杆菌、棒状杆菌。革兰氏阴性菌包括：奈瑟氏菌、假单胞菌、弧菌、嗜血杆菌、埃希氏杆菌、老贺氏杆菌、分枝杆菌。

2. 螺旋体

螺旋体和螺菌不同，它是介于细菌与原生动物（原虫）之间的单细胞原核生物，它具有特殊的形状、结构和运动方式，用普通染色方法不易着色，用显微镜可以看见。螺旋体包括：疏螺旋体属、钩端螺旋体属、密螺旋体属。

3. 致病真菌

在化妆品中能引起致病的真菌微生物包括霉菌与酵母菌。真菌也可以引起过敏性反应，其作用与灰尘和花粉所引起的过敏反应相似。另外化妆品会受到霉菌的污染，常见的霉菌为青霉、曲霉、根霉、毛霉等。

二、微生物对化妆品污染的途径

微生物对化妆品的污染一般是通过下列几个途径而发生的。

1. 化妆品的原料

化妆品的许多原料（包括水）是微生物生长繁殖所需要的营养物质，受微生物污染的原料直接影响到化妆品的卫生状况。

2. 化妆品的生产设备

化妆品的生产设备如搅拌机、灌装机等设备的角落、接头处，极易隐藏微生物，使化妆品受到污染。

3. 化妆品的生产过程

若在生产过程中，工艺要求的消毒温度和时间不够，未能将微生物全部灭除，另外上岗操作工人卫生状况不良等都可使化妆品产品被微生物污染。

4. 化妆品的包装容器和环境

化妆品的包装物（如瓶、盖等）若清洗、消毒不彻底，很易藏有微生物；生产、包装场所不符合卫生净化空气要求，都会使微生物污染化妆品。

微生物对化妆品在制备过程中的上述种种污染称为化妆品的微生物一次污染；而在化妆品使用过程中，由于使用不当等造成的微生物污染称为化妆品的微生物二次污染。

三、微生物对化妆品污染的表现

化妆品中的原料、添加剂中含有大量的营养物质和水分，这其中含有微生物生长、繁殖所必需的碳源、氮源和水，在适宜的温度、湿度等条件下，微生物将会在化妆品中大量生长繁殖，吸收、分解和破坏化妆品中的有效成分。受到微生物作用的化妆品就会发生变质、发霉和腐败。化妆品的变质很容易从其色泽、气味与组织的显著变化觉察出来。

1. 色泽的变化

由于有色和无色的微生物生长，将其代谢产物中的色素分泌在化妆品中，如最常见的由于霉菌的作用，使得化妆品产生黄色、黑色或白色的霉斑以至发霉。

2. 气味的变化

由于微生物作用产生的挥发物质，如胺、硫化物所挥发的臭气，及由于微生物可使化妆品中的有机酸分解产生酸气，这些使得经微生物污染的化妆品散发着一股酸臭味。

3. 组织的变化

由于微生物的酶（如脱羧酶）的作用，使化妆品中的脂类、蛋白质等水解，使乳状液破乳，出现分层、变稀、渗水等现象，液状化妆品则出现混浊等多种结构性的变化。

化妆品的变质不仅会导致色、香发生变化，引起质量下降，而且变质时分解的组织会对皮肤产生刺激作用，繁殖的病原菌还会引起人体疾病。

四、针对化妆品中微生物的控制

微生物对化妆品的污染，不仅影响产品本身的质量，而更严重的是它危及消费者的健康和安全。因此世界各国极为重视，都制定了化妆品中微生物的卫生标准，将化妆品中微生物污染的状况作为产品的一个质量指标，以防止和控制微生物对化妆品的污染，这对提高化妆品的质量和保证化妆品的安全具有重要的意义。

关于化妆品中微生物的控制指标，世界上并无统一标准，各国都是依据本国的情况自己制定，表 7-1 列举了一些国家（包括欧盟）的化妆品的微生物指标。

表 7-1　一些国家化妆品的微生物指标

化妆品	美国（CTFA）	英国（TPE）	欧盟（EEC）	日本	中国
儿童用化妆品	活菌数不超过 500cfu/g（mL），不得含有致病菌	100cfu/g（mL）	100cfu/g（mL）	100cfu/g（mL）	500cfu/g（mL）
眼部化妆品	活菌数不超过 500cfu/g（mL），不得含有致病菌	100cfu/g（mL）	100cfu/g（mL）	100cfu/g（mL）	500cfu/g（mL）
其他化妆品	活菌数不超过 500cfu/g（mL），不得含有致病菌	1000cfu/g（mL）	1000cfu/g（mL）	1000cfu/g（mL）	1000cfu/g（mL）

需要说明的两点：

① 各国关于化妆品中微生物控制指标的第一项是细菌总数指标，如我国规定眼部、口唇、口腔黏膜用化妆品以及婴儿和儿童用化妆品细菌总数不得大于 500 个/mL 或 500 个/g，其他化妆品细菌总数不得大于 1000 个/mL 或 1000 个/g。它是指单位容积（mL）[或单位质量（g）] 中的细菌个数，这里讲的细菌计数单位是个。而在实际检测化妆品的细菌总数时，活的细菌总数是通过对检测试样处理后，在一定条件下培养生长出来的细菌菌落形式单位（colony forming units，以 cfu 表示）的个数，如表 7-1 中以 cfu 等表示。

② 各国关于化妆品中微生物的第二项指标是化妆品中不得含有致病菌。关于致病菌的定义在微生物学中应是很清楚的，但其内涵所包括的细菌是很广的。而在化妆

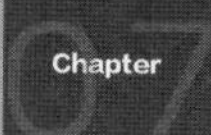

品中的微生物这项指标中，所指的致病菌应是特定和确定的细菌。特定菌（special microorganism）是化妆品中不得检出的特定微生物，包括致病菌和条件致病菌。有关特定菌的确定，目前世界尚无统一规定，各国有所不同。如美国规定的特定菌就有10种：大肠杆菌、克雷伯氏菌、沙门氏菌、变形杆菌、绿脓杆菌、金黄色葡萄球菌、嗜麦芽假单胞菌、多嗜假单胞菌、无硝不动杆菌、黏质沙雷氏菌。欧洲一些国家和日本规定的特定菌为3种：绿脓杆菌、金黄色葡萄球菌、大肠杆菌（日本为大肠菌群）。世界卫生组织WHO规定的特定菌为2种：绿脓杆菌和金黄色葡萄球菌。我国规定的特定菌是3种：绿脓杆菌、金黄色葡萄球菌和耐热大肠菌群。我国与日本规定的特定菌相同。

第二节　化妆品防腐剂概述

为了消除化妆品的微生物二次污染，主要手段是在化妆品中加入防腐剂（抑菌剂），以杀死和抑制微生物的生长和繁殖，起着防止化妆品腐败变质的作用。

一、化妆品常用防腐剂的种类与特性

许多化学物质具有抗菌效果，但用于化妆品的并不多，根据美国食品药品监督局（Food&Drug Administration，FDA）和化妆品、洗漱用品与香料香精协会（Cosmetic，Toiletry and Fragrance Association，CTFA）提供的数据，可用作化妆品防腐剂的物质种类约有110～120种，其中化合物40多种，衍生物20多种，复合防腐剂约50种，国内用的大概是60多种，而各地使用最多的防腐剂是对羟基苯甲酸酯类。通常防腐剂使用的浓度越高，效果越好。防腐剂用量高时可以直接杀死微生物，用量适当则可抑制微生物的生长，但防腐剂用量过高会导致人体产生过敏反应。防腐剂加入产品时还应考虑它是否在新体系中有良好的稳定性和长效性，因此，在化妆品配方中，要考虑化妆品中影响防腐剂效能的诸多因素。

针对不同的化妆品，所使用的防腐剂也是不同的。随着生产技术的不断改进和提高，防腐剂的种类也越来越多。

早期使用的防腐剂主要有：尼泊金酯类、苯甲醇、烷基二甲基苄基铵氯化物、对氯间二甲酚、苯氧乙醇、布罗波尔（Bronopol，2-溴-2-硝基丙烷-1,3-丙二醇）、季铵-15（Dowicil-200，六亚甲基四胺衍生物）、杰马-115（Germall-115，咪唑烷基脲）、脱氢醋酸、山梨酸、卡松等。这些防腐剂至今很多仍在使用。另外现在使用的还有甘油单月桂酸、双咪唑烷基脲（Germall Ⅱ）、羟甲基海因、季铵-15等，其中，尼泊金酯类、咪唑烷基脲、脱氢醋酸、山梨酸、甘油单月桂酸酯、布罗波尔、双咪唑烷基脲（Germall Ⅱ）、二羟甲基二甲基海因、季铵-15等都是化妆品高效抗菌防腐剂。目前最常用的防腐剂是对羟基苯甲酸酯类、咪唑烷基脲、苯氧基乙醇和卡松。我国2015版的《化妆品安全技术规范》中对51种防腐剂在化妆品中的使用含量和适用种类及条件进行了规定。

二、防腐剂作用的一般机理

防腐剂对微生物的作用在于它能选择性地作用于微生物新陈代谢的某个环节，使其生长受到抑制或致死，而对人体细胞无害。

1. 抑制微生物细胞壁的形成

防腐剂抑制微生物细胞壁的形成通过阻碍形成细胞壁物质的合成来实现，如有的防腐剂可抑制构成细胞壁的重要组分肽聚糖的合成，有的可阻碍细胞壁中凡丁质的合成，有的则破坏细胞壁的结构，使细胞破裂或失去其保护作用，从而抑制微生物生长以至死亡。

2. 影响细胞膜的功能

防腐剂破坏细胞膜，可使细胞呼吸窒息和新陈代谢紊乱，损伤的细胞膜导致细胞物质的泄漏而使微生物致死。如苯甲醇、苯甲酸、水杨酸等物质，通过损害正常细胞的蛋白质结构而使细菌死亡。

3. 抑制蛋白质合成和致使蛋白质改性

防腐剂在透过细胞膜后与细胞内的酶或蛋白质发生作用，通过干扰蛋白质的合成或使之变性，致使细菌死亡。如链霉素、庆大霉素等具有干扰细菌蛋白质合成的作用，成为一种优良的抗生素。硼酸、苯甲酸、山梨酸等可使细胞内蛋白质变性，醇类、醛类易使蛋白质凝固沉淀，而具有抗菌作用。

三、防腐体系的建立

1. 防腐剂的选择原则

虽然防腐剂在化妆品中的用量很少，但它却起着重要的作用。因此在确定使用哪种防腐剂时，必须考虑到化妆品组成原料的物理、化学性质，考虑到微生物因素及其他多种因素。化妆品的理想防腐剂，其性能应具有：

（1）广谱的抗菌活性　防腐剂的抗菌效率一般以最低抑菌浓度（minimal inhibition concentration）来衡量，简称 MIC，MIC 越小，抗菌活性越大。防腐剂的 MIC 是由实验方法求得的，具体操作为：将防腐剂加入液体培养基中，用等系列稀释法稀释防腐剂成不同浓度的液体，注入管中，然后接种微生物并进行培养，观察微生物生长情况，选择微生物未生长的各管中含防腐剂最低的管浓度，即为最低抑菌浓度。最低抑菌浓度较小的防腐剂具有较强的抑菌效能。同一防腐剂对不同菌种有不同的 MIC。

（2）良好的配伍性　在化妆品中防腐剂与各种类型的表面活性剂和其他组分配伍时，应有良好的互溶性，并保持其活性，不会由于防腐剂的添加引起乳状液黏稠度改变，或不会分离出水相而有利于微生物生长。例如：一些早期的防腐剂，如酚类衍生物和季铵化合物等与非离子表面活性剂配用时，就会失去活性，而起不到防腐效果。

（3）良好的安全性 防腐剂应是无毒性、无过敏性和对皮肤无刺激性的，即防腐剂在使用浓度下对消费者保证安全。

（4）良好的水溶性 因为微生物是在水相中生长繁殖，故防腐剂只有在水相中溶解的部分，才可以起到抗菌作用，所以防腐剂应是水溶性的，即在有效浓度下防腐剂应易溶于水。

（5）稳定性 防腐剂对温度、酸和碱应是稳定的。

（6）性状 防腐剂在使用浓度下，应是无色、无臭和无味的。

（7）成本低 防腐剂应较容易制得且价格低廉。

2. 影响化妆品防腐剂活性的因素

（1）浓度 防腐剂浓度越高，活性越强。各种防腐剂均有不同的有效浓度，一般要求产品中防腐剂的浓度略高于其在水中的溶解度。

（2）溶解度 防腐剂在水中的溶解度越低，其活性越强，因为微生物表面的亲水性一般低于溶剂系统，这样有利于微生物表面防腐剂浓度的增加。

（3）pH 值 通常认为防腐剂的作用是在分子状态而不是在离子状态。pH 值低时防腐剂处于分子状态，所以活性就强，如苯甲酸，只有在 pH 值低于 4 时才保持酸的状态，其有效 pH 值在 4 以下；酚类化合物的酸性较弱，所以能适用于较广的 pH 值范围。

（4）种类和数量 微生物种类越多，数量越大，需要防腐剂浓度也越高。

（5）拮抗作用

化学作用：即防腐剂与配方中某一成分发生化学反应而降低以至消失其活性，如氨对甲醛，硫醇对汞化物，金属盐对硫化合物，磷脂、蛋白质、镁、钙、铁盐等对季铵化合物。

物理作用：即配方中某一成分影响了防腐剂在水中的溶解性，从而削弱其作用。例如，少量的表面活性剂可增加防腐剂透过细胞膜的能力，有增效作用，但表面活性剂量大而形成胶束时，可对防腐剂增溶，降低了防腐效能。另外表面活性剂可与防腐剂形成氢键等结构，也会改变防腐剂溶解性能。

生理作用：即配方中某一成分所起作用恰好与防腐剂的作用相反。

四、化妆品防腐剂的复配

由于造成化妆品腐败的微生物种类繁多，化妆品的抑菌效能大小又与防腐剂种类和用量，化妆品的剂型、组成、pH 值等密切相关，而单一防腐剂的适宜 pH 值、最小抑制浓度、抑菌范围都有一定的限制，因此，单一防腐剂不可能达到万能的效果。为提高防腐剂的功效，一般几种防腐剂配合使用，这样在扩大防腐剂抗菌广谱性的同时，可以减小使用浓度。

防腐剂复合使用时，需考虑的首要因素是 pH 值，因为 pH 值的改变影响有机酸防腐剂的离解从而影响防腐剂的活性。例如，季铵化合物只在 pH>7 时有效；2-溴-2-

硝基-1,3-丙二醇，在 pH=4 时十分稳定，pH=6 时其活性可保持一年，pH=7 时活性只有几个月。除了 pH 值影响外，复合型防腐剂还受化妆品的种类、用途、组分等产品特点影响，这些将在下面讨论。

防腐剂复合使用的目的主要有两方面：

① 相同抑菌谱的防腐剂，复合使用能减少每种防腐剂的用量。如 Bronopol 和对羟基苯甲酸酯配合使用，对羟基苯甲酸酯即使是在 0.01%浓度也能达到很好的抑菌效果，同时扩大了抗菌谱。

② 不同抑菌谱的防腐剂，复合使用能扩大抑菌谱范围。如对羟基苯甲酸酯对革兰氏阴性菌和假单胞菌属无效，而加入二唑烷基脲或者其他化合物，则可以弥补这个缺点。

一般来说，复配防腐剂具有以下优点：扩大抗菌谱，增强有效抑菌能力；增效作用，两种杀菌作用机制不同的防腐剂共用，其效果往往不是简单的叠加作用，而是相乘作用，这种所谓增效作用常在降低使用量的情况下，仍能保持足够的防腐效果；抗二次污染，有些防腐剂对霉腐微生物抑菌较好。

五、化妆品防腐剂的安全性评价

配方中防腐剂原料仅仅符合国家法规规定已远远不够。为了达到在有效抑制微生物生长的情况下对人体皮肤造成的安全隐患降到最低的目的，通常对于启用的原料单个组分进行毒理风险性评估、终产品中防腐剂部分进行毒理风险性评估及终产品进行人体安全性评价。

1. 防腐剂单个组分的毒理风险评估

防腐剂单个组分的使用应遵守从合规到安全的准则。各个国家是否允许作为化妆品原料，是否有限制条件或者浓度均有详细的规定。原料的合规性以当地国家所颁布的法律法规为准则，如：我国在 2015 年版《化妆品安全技术规范》表 4 中化妆品准用防腐剂共 51 项，详细限制了含量和使用生产化妆品的种类及条件。

防腐剂单个组分的毒理学数据可从供应商提供的 MSDS 中获取或者通过毒理动物或者细胞层面的试验获得，另外可以通过官方或者半官方提供的评估报告进行衡量。

常规毒理试验测试如下：急性经口和急性经皮毒性测试、皮肤和急性眼刺激性/腐蚀性试验、累积毒性试验、致突变试验、致畸试验、亚慢性经口和经皮毒性试验、皮肤光毒性和光敏感试验、慢性毒性/致癌性结合试验等 12 个评价方向。

2. 防腐剂在配方中的毒理风险性评估

通过长期系统毒理并计算出相应的安全边际系数（MOS）可以衡量和判断该防腐剂在终产品中是否对人体健康造成潜在威胁。安全边际系数（MOS）可以根据以下四方面数据计算而得：①累积毒性试验数据获得防腐剂单个组分的最低安全剂量组浓度（NOAEL）；②在终产品配方中的浓度；③结合产品的每日暴露值；④经皮吸收率获得的暴露边际值（SED）。

3. 防腐剂在配方中的人体安全性评价

最终产品都是用于人体的，经过系列的毒理风险性评估之后会将终产品的评估作用于人体上。直接、客观、科学的观察不同防腐剂体系对于人体皮肤的急性刺激性、累积刺激性或者致敏性。对于应用到眼部周围的产品防腐剂要评价引起眼周刺激情况，尤其是甲醛释放体系类防腐剂体系。

常用的人体安全性测试方法有：24h 封闭性斑贴测试、开放型斑贴测试、脸部刺痛测试、人体试用测试等。

第三节 化妆品防腐体系设计步骤

一、根据产品配方特性选择防腐剂

防腐体系的设计首先要根据产品的配方特性和包装来判断产品的微生物风险进而选择合适的防腐体系。不同产品的配方特性不同，微生物风险也不相同，在构建防腐体系时，防腐剂的有效性、刺激性和产品的稳定性均是需要考虑的因素，因此要先根据产品性状、产品原料的微生物风险、产品 pH 值、中和防腐剂的乳化剂及降低防腐剂活性成分的加入量、产品水活度、产品中抗菌成分的含量、产品生产环境、产品的包装形式、包装大小及储存方式等因素判断产品的微生物风险。

1. 配方水活度（a_w）

水是重要的影响微生物生长代谢的因素，水活度不是简单指配方中水分含量，而是指物质中水分含量的活性部分或者说自由水，当产品的水活度下降时，产品中的微生物就会面临维持细胞膨胀状态的困难，这意味着细胞生长缓慢及最终的凋亡。

2. pH 值

极端的 pH 值会使配方创造一个不利于微生物生长的环境，在产品中，极端 pH 值可用作防腐系统设计的一部分，这是因为不管是酸性还是碱性的极端 pH 值，都会导致微生物消耗能量以维持细胞间的 pH 值而不是生长。一般来说，在某些产品类型中，pH 值大于 10 或者小于 3 被认为不需要微生物的测试，无论是防腐挑战测试还是终产品微生物检测。

3. 醇含量

水溶性配方体系中的乙醇浓度（体积比）如超过 20%，配方就不支持微生物的生长，一般来说，含有醇浓度（体积比）超过 20%的产品被认为不需要微生物的测试，无论是防腐挑战测试还是终产品微生物检测，同时，低醇浓度（5%～10%）与其他理化因子合并使用时，对微生物的抑制可能有增加或协调作用。乙醇、正丙醇和异丙醇等是化妆品配方最频繁使用的多元醇，它们的抗菌作用随着分子量和碳链的增强而增强，有文献表明配方中 10%～20%的醇含量对微生物的抑菌效应很强，可适当降低防腐剂的用量。

4. 有抑菌作用的原材料

配方中含有抑菌作用的原料也会降低配方的微生物风险，根据文献资料、实验数据和产品历史，已被证明有抑菌作用的原料包括强氧化剂（如过氧化氢）或强还原剂（如硫醇类化合物）、极性有机溶液（如乙酸乙酯）、氧化染料、氯化羟铝及相关盐、气体推进剂或其他复合物。

5. 产品生产条件

无菌的生产和灌装过程（如高温）可降低产品的微生物风险，超过 65℃的温度会导致产品中微生物负荷的热钝化，65℃以上持续 10min，大部分有生长力的细菌细胞会由于细胞蛋白的退化而死亡，因此灌装温度在 65℃以上的配方产品被认为低微生物风险。

6. 包装

产品的包装形式对产品在使用过程的微生物风险有直接影响，一般来说，可以避免消费者使用过程中污染的包装可以降低产品的微生物风险，提高产品的防腐性能，这些包装形式包括真空泵头设计、单次使用量包装、小剂量包装等。

7. 低微生物风险产品

根据 ISO 29621：2011（E），符合其描述的特征的产品无须添加防腐剂。表 7-2 是一些低微生物风险的产品举例：

表 7-2　低微生物风险产品举例

理化因素	限度	举例	理化因素	限度	举例
pH	≤3.0	脱皮产品（果酸）	水活度（a_w）	≤0.75	润唇膏、口红、霜状腮红
pH	≥10.0	头发蓬松剂	溶剂型产品		指甲油
乙醇或其他醇	≥20%	喷发定型剂、奎宁水、香水	氧化型产品		染发剂
灌装温度	≥65.0℃	润唇膏、口红、霜状腮红	氯化羟铝	≥25%	防汗剂

二、选择合适的防腐剂搭配

选择合适的防腐剂搭配加入配方，需要充分熟悉防腐剂和产品微生物风险，另外防腐剂供应商的技术资料分享、配方的产品历史数据回顾等都是这个步骤重要的参考因素。

1. 了解防腐剂的使用特性和抗菌谱

选择防腐剂首先要了解防腐剂的使用特性与抗菌谱，它是防腐体系设计的基础；其次防腐剂的法规、使用趋势、安全性等也是需要了解的内容。目前市场上也会有具有抗菌作用的物质代替防腐剂使用，这类物质（如多元醇、对羟基苯乙酮等）并不在法规规定的防腐剂目录清单中，对其抗菌谱、使用特性及使用历史，也需要了解。

2. 参考供应商或实验室数据、回顾产品历史数据

选择防腐剂及复配时可回顾配方或相似配方的产品历史数据，包括开发过程中的防腐挑战历史数据、安全性历史数据、成品微生物检测历史数据及客诉中的微生物污染投诉等，回顾历史数据会为选择防腐剂及复配提供参考及数据支持。

如选用新的防腐剂复配，无产品历史数据可参考，供应商关于此防腐剂的技术资料、实验数据、使用历史、安全性资料，或者是实验室内部的一些前期数据（MIC 值、抑菌圈测定等）是重要的参考。

三、实验测试

当防腐剂选择好加入配方之后，需进行一系列的测试以判断防腐剂的种类和使用量是否合适，主要的实验有防腐挑战测试、防腐剂安全性测试、防腐剂稳定性测试。

1. 防腐挑战测试

配方防腐挑战测试以不同测试时间点的测试结果满足相关标准的要求为成功，中国药典、美国药典及 CTFA 标准中存活菌数测定时间点及评价标准见表 7-3。

表 7-3 中国药典、美国药典及 CTFA 防腐挑战测试标准

菌种类别	法规要求	测试时间点			
		2d	7d	14d	28d
细菌	CP-局部给药制剂	2	3	—	NR
		—	—	3	NI
	USP-Category 2 Products	—	—	2	NI
	CTFA	—	3	NI	NI
真菌	CP-局部给药制剂	—	—	2	NI
		—	—	1	NI
	USP – Category 2 Products	—	—	NI	NI
	CTFA	—	1	NI	NI

注：1. USP 中评价标准 Category 2 Products 是指局部用水性制剂、非无菌鼻科用药品、非无菌乳剂类产品、黏膜用药品等。

2. NI—no increase；NR—no recovery。

2. 防腐剂安全性测试

因防腐剂是导致皮肤过敏的一个重要因素，因此，防腐剂安全性测试及有关安全性的报道需被关注。防腐剂安全性测试包括：防腐剂本身的安全性及防腐剂使用于不同配方中的安全性。对一个具体的配方来讲，添加预设的样品应按照相关的标准（斑贴实验等）进行安全测试，以评价终产品的安全性符合要求。

3. 防腐剂稳定性测试

防腐剂的稳定性包括防腐剂添加后本身在配方中的稳定性，也包括防腐剂添加后与配方其他组分的相容性。对于前者来说，可以通过测试防腐剂含量来判断，一般是将产品进行老化实验或者测试经过稳定性观察的样品中防腐剂含量，与添加量及添加

后的初始测定值进行对比，来判断防腐剂是否稳定；后者是通过进行配方的稳定性测试进行观察，确定配方中的防腐剂没有沉淀或者析出。

对于放大工艺的试生产来说，防腐剂在配方中分布的均匀性也是防腐剂稳定性的一部分，通过对不同部位料体的防腐剂含量进行测试来判断。

综上所述，配方防腐剂设计的实验结果判断以防腐挑战测试、安全性测试、稳定性测试全部通过为合格的依据，配方过度防腐也是不必要的，可以在实验时设计防腐剂的不同添加梯度，在稳定性测试合格的情况下，以最低的通过挑战测试的防腐剂添加浓度、最高的通过安全性测试的防腐剂添加浓度为依据，结合产品的微生物风险，综合选择合适的防腐剂浓度。

第四节　化妆品生产过程中的微生物质量控制

一个有效的控制产品不被环境中微生物污染的系统包括：原材料的微生物检测、包装材料的选择和控制、完整的生产过程记录、防腐剂系统的选择和测试、一个完整的成品发放和缓留程序以及完善的产品分销记录系统。本节重点讨论的是在化妆品生产过程中通过质量管理来控制微生物进入产品中的风险，将其控制在一个对产品、对消费者安全的水平。这个环节需要注意控制的是化妆品生产用原材料、化妆品生产过程中的微生物风险，以有效的手段来保证产品不造成污染。

一、化妆品原料中的微生物风险评估

化妆品配方师需要从数以千计的各类原料中进行选择，其中有固体原料、液体原料，有含水原料、不含水原料，有酸性、碱性、中性原料，原料的质量很大程度上决定了成品的质量，因此必须严格控制原料的微生物含量。而不同的原料其被微生物污染的风险各有不同，其微生物控制方式也有所不同。

根据各类化妆品原料含水量、酸碱性及其微生物生长的可能性，可以对原料进行风险分级，具体见表 7-4。

表 7-4　各类原料的风险分级

级别	风险程度	取样和检测频率	原料代表
0	无风险	无须检测	酸、碱、醇等
1	轻微风险	只需检测一次	无水脂类，如矿物油、硬脂酸等
2	低风险	每年检测一次	甘油、山梨醇等
3	中风险	每批检测一次	表面活性剂、增泡剂、淀粉、黄原胶等
4	高风险	每天使用前检测一次	水溶液，如植物提取物、去离子水等

在对原料进行微生物限度检测时，需注意原料特点和其引入的可能风险。例如对于黄原胶、透明质酸钠类原料，由于其遇水溶胀的特点，检测时需注意稀释到合适稀释度，方可作为待检样液进行平板培养。再如高岭土、竹炭粉等粉类原料均取自自然界，

会带有细菌孢子，而孢子在后续适宜的条件下可能会萌发，检测中也需要特别注意。

从收到原料开始，到原料的存放、抽检和取用等各环节，也需要注意防止微生物的引入，具体包括以下方面：

① 每次取用前应检查外包装是否完好；

② 开包前应清洗外包装容器；

③ 一次未用完的原料应正确封存，防止污染；

④ 对微生物敏感的高风险原料应隔离存放取用；

⑤ 应采用无菌方法对进厂原料进行抽样，避免此环节带入微生物的潜在可能性。

生产用去离子水是化妆品生产中最大量的一类原料，也是最主要的微生物污染源，一般自来水会通过蒸馏、过滤、反渗透和消毒等数道工序，但若过程没有得到很好的控制，微生物仍有机可乘。因此，对于去离子水需要特别注意其杀菌消毒的方式和效果，化妆品生产企业通常可以通过臭氧、紫外线、加热和加适量含氯杀菌剂等方式杀菌消毒，并通过每天使用前对各个出水点采用滤膜过滤富集法进行监测，方能全面控制去离子水的微生物质量。

二、化妆品生产过程中的微生物控制

由于化妆品并不采用无菌的原料，也没有无菌的生产和包装过程，亦不会在最终对终产品进行杀菌以达到产品无菌的要求，故化妆品的生产一般采用的是化妆品良好操作规范（cGMP）作为指导方针，来控制微生物的污染。这些方针要点涵盖了化妆品生产的全过程，主要控制点可以概括为：建筑物、设备、清洗消毒及生产人员的管理四个方面。

1. 化妆品生产厂房建筑

从设计之初就应将厂房建筑视为生产出高质量产品的重要保证，同时应考虑到便于清洗和消毒从而确保产品卫生生产，建筑的设计应尽量考虑到避免交叉污染和周围环境造成的污染。建筑的平面布局设计应使物/人流向合理，便于清洁，能满足运作的要求。同时需要有分开的区域作为物料接受、储存、称量、混合、灌装、包装等以防止交叉污染。关键的是所有的表面能够清洁和消毒，这些表面包括设备、墙壁、储物柜、管道、楼梯下面等。下面是一些设计时应该注意的事项：

① 建筑物开口处的设计应该考虑预防潜在的污染风险，应考虑自动门、通风口的纱窗、装卸货物平台等的设计尽量减少环境的污染，并保持良好的状态；

② 外墙和入口道路应能防止虫、鼠、鸟进入建筑物内部；

③ 建筑物内的公用系统包括热源、空调、压缩空气应有监控，以确保不会成为污染源。应制定预防性维护时间表，例如过滤器的更换；

④ 有足够的废水排放系统，能有效将废水排尽，因为积水和静置的水会长微生物；

⑤ 在一些产品（半成品）直接暴露在环境空间的地方应该使用正压空气以减低产品受污染的风险，如配制区域和灌装区域；

⑥ 设备不要直接贴地安装或贴地建造，使得地面能保持清洁；

⑦ 为避免外来物料污染产品，在灌装线上面不应安装管道、电线、传送带和其他潜在可能的污染源（辅助设施）；

⑧ 地面、墙壁和天花板不应有开裂、裂缝和开放性连接；

⑨ 表面涂层应平整无孔，并允许清洁和消毒，应除掉剥离的涂层；

⑩ 应留有足够的空间以便于清洁所有的墙面并能除掉积存的污垢；

⑪ 应留有空间以储存不常用的物品，消除混乱状态；

⑫ 清洁设备的场所应做到卫生设计，并进行良好的维护；

⑬ 有足够的卫生间并带有洗手设施；

⑭ 更衣室和食堂应与生产场所分开。

整个生产区域内的空气系统也应有针对性的不同设计。它应考虑那个区域进行操作所需要的空气质量，设计不同的空气处理系统，包括进入空气的质量、温湿度、交换速度、空气的净化程度、进/出风口的位置以及控制气流模式的管道布置等。

一般来说，原材料区的空气质量相对于生产和灌装区要求略低。大多数需要保证高效过滤系统的连续过滤，并做到定期对空气质量的监控，以指导滤网的定期维护和更换。

2. 化妆品的生产设备

生产设备也需要在设计时把可能有助于微生物生长的条件降到最低，同时也应注意其在清洗和消毒过程中退化的潜在风险。具体体现在：

① 造成料体和/或清洗水积存的因素应降到最低，残存的水会稀释产品和/或消毒剂，并且还能导致微生物生长和创造微生物适应的生长条件；

② 尽可能降低凝结水珠；

③ 设备内、外表面均能触及到并易于清洗，所有表面没有能使产品或微生物驻留的裂缝；

④ 设备表面应光洁易于清洁、耐用，316 或 316L 的材质光洁度达到 140#或以上，2B 或等同于 2B 类抛光，建议用这样的设备生产敏感产品；

⑤ 所采用的材质应不降解、不腐蚀，不与产品或消毒剂起反应；

⑥ 密封圈容易污染，应进行日常的检查，必要时更换；

⑦ 应采用卫生级的焊接方式，避免产生裂缝或粗糙的表面而不易清洁。

对于直接接触产品料体的如储罐、管道等应注意尽量减少尖角和长度，不存积水。管道应避免 T 形管道，没有死管，避免螺纹管道接触料体。所有阀门、泵、密封圈都易清洗、易拆卸，能够与料体、清洗剂和消毒剂良好配伍。

3. 化妆品生产车间的清洗和消毒

对于生产区域清洁卫生，则应使用合适的清洗剂和消毒剂，并有一系列相应的清洁消毒程序和效果验证程序。

（1）清洗　化妆品生产工业上常用的是水性清洁剂，其在清洗时使污垢溶于液体的连续相中以达到清洁的目的。

在具体选择清洁剂时，应考虑到需清洗物质的类型和需除掉的污垢类型。除此之外，还有一些因素对清洗效果也有明显的影响，包括清洁剂浓度、搅拌、温度、清洁/接触时间、淋洗方法和干燥方法等。应考虑到上述的这些变量，做好详细说明并使其受控，确保制定出持续可靠的最优化的清洁程序。一般来说，清洁剂的使用浓度可以通过向生产厂家咨询然后再进行使用验证，并根据温度、时间或搅拌等一些因素进行优化，通过手工擦拭、浸泡、喷射等具体方式实施。而清洗过程中温度越高，清洗时间越长，清洁效果越好，提高搅拌和冲洗的冲击力也可以增加清洗效果。每次清洁过程的验证应采用优化的条件（清洁剂浓度、时间、温度、搅拌等）。

清洗剂清洗后一般推荐至少是清洁剂溶液 3 倍的淋洗水用量，确保没有清洗剂的残留，并在淋洗后通过蒸发、通风等使设备中的液体排放干净并干燥。在清洗全部完成后，对设备进行目视评价和定量分析来衡量清洗效果就足够了。

（2）消毒　消毒剂可以是化学的或物理的试剂，用来有效降低与产品接触表面的微生物污染。有效的消毒剂应该使致病菌、人体皮肤不可接受的微生物和生物含量降低到最低的可接受的水平，其消毒率达到 99.9%。

常用的有效化学消毒剂是氯、碘伏、季铵盐类化合物、乙醇、苯酚类化合物、福尔马林、磷酸、双氧水、过氧乙酸和臭氧。在化妆品生产企业中还应注意与所生产的产品要求相符，尽量避免使用产品中引起舆论风险的物质。除此之外，物理消毒也是常用的消毒方法，最常用的物理消毒剂是热能，是一种对广泛微生物适用的灭菌方法，其形式可以是蒸汽或热水（82℃）。

清洁必须先于消毒，消毒程序的验证不应该在清洗后马上进行，应该在设备静止放置一定时间后，使用前进行检测。通过手工擦拭、浸泡、喷射、密闭熏蒸等具体方式实施。对每件设备需要在实际使用中，选择适宜的方法进行验证，有圆弧状或不规则部分的可以用棉签擦拭法，平整表面可以用平板直接接触法。验证的频率可以根据生产产品微生物质量的历史、设备受微生物污染的风险程度等或相关专家的判断决定，可以在每次设备消毒后或间隔一段时间进行。如果用化学消毒法，可能需要分析所用化学消毒剂的残留。

清洗/消毒过的设备在再使用前要妥善保管，避免再次污染。一般来说，设备沥干干燥后，把开口处封上可以防止再次污染。

CIP（在位清洗）是一种独立的半自动或全自动用于设备进行清洗和消毒的系统。清洁和消毒溶液在设定时间和一定的温度下进行循环，也是生产企业环境清洗消毒中可用的系统。

对每件设备进行清洗和消毒验证前，应建立合格标准，内容应包括：微生物数量或者产品的可接受限度、没有积水、产品残留限度、无致病菌，并根据实际微生物的情况建立警告和采取行动的方案。

4. 生产人员

在生产区域工作的人员必须经过 cGMP 培训，并能够严格按照 cGMP 要求执行。

工作服应清洁，佩戴相应的发罩、手套、鞋套和口罩等。同时应有相应的监管检查措施，以经常检查工作人员是否遵守相关操作标准，以及是否遵守了 cGMP 规范和要求。

综上所述，保持工厂的卫生是防止产品污染的关键预防措施。为确保化妆品生产过程中的成品微生物质量，需要对其中各个环节进行有效的设计和管理，这些环节可以总结为：人—机—料—法—环。实际上，在一个卫生控制良好的工厂，所有原料都应仔细控制，设备保持工业无菌，环境保持清洁，操作人员的个人卫生和良好培训等都为我们生产出合格的、高品质的产品创造了条件。

第三篇

化妆品配方科学与工艺技术

第八章　护肤液态类化妆品

08 Chapter

第一节　护肤水剂产品

一、产品性能结构特点和分类

化妆水一般为透明或半透明状液体，通常是在用洁面产品等洗净黏附于皮肤上的污垢后，为给皮肤的角质层补充水分，使皮肤柔软，调整皮肤生理作用而使用的化妆品。化妆水和乳液相比，油分少，有清爽的使用感。化妆水最基本的性能是保湿，但保湿的同时需要有良好的肤感，包括一定的滋润性、易铺展性等。

消费者对于化妆水的性能还希望有：润肤、营养、延缓衰老、收敛、防晒、防止皮肤长粉刺等多种功能，但由于水剂体系，很多油溶性的成分很难充分加到体系中，在这些附加性能的实现上会有一定的局限性。因此，对于化妆水在保证充分的保湿性能的同时，具备良好的肤感是产品最基本且重要的性能。

市场上的化妆水按其使用目的和功能可分为如下几类：

① 柔软性化妆水——以保持皮肤柔软、润湿为目的；

② 收敛性化妆水——抑制皮肤分泌过多油分，收敛而调整皮肤；

③ 须后水——抑制剃须后所造成的刺激，使脸部产生舒适感；

④ 痱子水——去除痱子，并赋予清凉舒适的感觉。

二、产品配方结构

化妆水的基本功能是保湿，因此其最基本的原料是水、保湿剂；但为了赋予产品良好的性能及合格的产品体系，其成分还包括润肤剂、增溶剂、防腐剂、香精和水。化妆水的主要配方组成见表 8-1。

表 8-1 化妆水的主要配方组成

成分	主要功能	代表性原料
水	补充角质层的水分、基质	去离子水
保湿剂	角质层的保湿	甘油、丙二醇、1,3-丁二醇、甘油聚醚-26、透明质酸钠等
润肤剂（柔软剂）	滋润皮肤、保湿软化皮肤、改善使用感	水溶性植物油脂、水溶性硅油
流变调节剂	改变流变性、改善肤感	各种水溶性聚合物，如汉生胶、羟乙基纤维素、羟丙基纤维素、聚丙烯酸系聚合物
增溶剂	增溶香精	短碳链醇或非离子表面活性剂
香精	赋香	
防腐剂	抑制微生物的繁殖	尽可能选择水溶性的防腐剂
其他活性组分	紧缩皮肤、皮肤营养	如收敛剂、营养剂

三、设计原理

化妆水属于透明、半透明的水剂体系，在设计化妆水的配方过程中，关键点在于通过原料的复配来调节肤感，同时保证产品适合的透明度和黏度。

（1）保湿性　化妆水中主要的成分是保湿剂，通过多种类型保湿剂的复配，形成良好的保湿性能与肤感。多元醇类保湿剂是锁水性能最佳的化合物，其他高分子聚合物类、氨基酸类保湿剂也具有一定的保湿性能，但不能替代多元醇类保湿剂。由于单一的多元醇类保湿剂缺乏丰富的保湿肤感，因此在设计配方过程中，一般选择多种保湿剂进行复配。

（2）透明性　大部分化妆水属于完全透明的体系，然而完全透明体系在储存过程中透明度的保持是化妆水的技术难点。在开发化妆水配方过程中，主要从以下三个方面考虑对体系透明度的影响：

① 油溶性成分　在化妆水中的油溶性成分（如香精）是借助于增溶剂的增溶作用，增强油溶性成分在水介质中的分散，形成具有一定透明度的外观。如果选用的增溶剂是表面活性剂类型的增溶剂，在储存过程中，增溶作用会受到温度变化的影响。一般情况，表面活性剂在较高的温度下具有较好的增溶作用，而随温度的降低，其增溶作用降低，导致了体系的透明度下降。

② 水溶性聚合物　在化妆水产品体系中，需要借助于流变调节剂调节体系的流变性，使得产品在使用过程中具有适合的黏度。而聚合物在长期存放过程中，可能会出现聚合物之间、聚合物与其他化合物之间的聚结、絮凝，形成一些影响透明度的絮状物。

水溶性聚合物在胶体体系中既可以起到稳定的作用，又可以起到絮凝的作用。当向胶体体系中加入低于能使其稳定所需的聚合物数量时，聚合物会将胶体体系的分散物质絮凝在聚合物分子上，形成较大的絮凝体，从而使透明体系中出现浑浊或少量的絮状物。而应用于化妆水体系的水溶性聚合物仅仅适当改善流变特性，其浓度都很低，很容易在储存过程中起到絮凝的作用。

③ 水溶性油脂 为了丰富化妆水的肤感，使其具有一定的滋润性，常常加入一些水溶性油脂。水溶性油脂是通过在原油脂的化学结构上连接上一定数量的聚氧乙烯链，水溶性油脂在水中的溶解性完全依赖于聚氧乙烯重复单元的数量。而由于原油脂的疏水作用，水溶性油脂不会完全溶解于水介质中形成透明溶液，在一定加入量下会形成一种半透明的体系，有的会泛蓝光，这主要是由于水溶性油脂会在水介质中聚结成类似胶束的结构，而这一微观结构的粒径大小同样受到温度变化的影响，即会在不同的储存条件下表现不同的透明状态。

四、相关理论

1. 增溶理论

表面活性剂在水溶液中形成胶束后，能使不溶或微溶于水的有机物的溶解度显著增加，形成热力学稳定的、各向同性的均匀溶液，这种作用称为增溶作用。具有较显著增溶作用的表面活性剂称为增溶剂或加溶剂（solubilizer），被增溶的有机物称为（被）增溶物（solubilizate）。

利用表面活性剂的增溶作用增加一些不溶或难溶于水的有机物在水中的溶解度已广泛应用于各个工业领域中。在化妆水产品体系中，是以水及水溶性的成分为主，但也有一些水不溶的成分，比如香精、防腐剂。这些原料应用于水剂产品体系中，就需要借助于增溶。

增溶作用是与胶束形成有直接关系的，因此，弄清楚增溶物在胶束中的位置和状态，是揭示增溶作用机理的关键所在。大量有关增溶作用的 X 射线衍射、紫外光谱及核磁共振谱的研究结果表明，由于增溶物的分子结构和胶束类型不同，增溶物在胶束中的状态和位置也不同，但对某一体系是基本上不变的。增溶方式通常有如下四种方式：①非极性分子在胶束内的增溶作用；②“栅栏”插入式增溶作用；③胶束表面吸附增溶作用；④在分子链间的增溶作用。

对于疏水基有相同链长的各类表面活性剂，增溶物为烃类或增溶于胶束内的极性化合物时，各类表面活性剂的增溶作用有如下的顺序：非离子表面活性剂>阳离子表面活性剂>阴离子表面活性剂。可能的原因是：非离子表面活性剂的临界胶束浓度比离子型低，而阳离子表面活性剂胶束则可能比阴离子表面活性剂在结构上更为疏松。表面活性剂分子在胶束中排列的紧密程度不同，因而在不破坏原有结构的条件下能容纳外加分子的量不同。

在增溶过程中，主要关注香精的增溶，而未针对于防腐剂进行增溶，主要的原因可能有两个方面：①防腐剂通过增溶增强了防腐剂在水剂介质中的溶解性，但防腐剂被增溶于胶束内部，会降低防腐剂针对于水剂体系的防腐效能；②大多数防腐剂是油溶性的，或者水溶性较差。目前有一些防腐剂溶解在丙二醇中，由于丙二醇与水之间的相溶性，会让配方师误认为防腐剂是水溶性的。但事实上，当加入到水剂体系中时，由于介质由纯丙二醇体系更换为以水为主的溶剂体系，防腐剂的溶解度因此大大降低，会有析出的可能。

2. 化妆水的铺展性

化妆水在使用过程中，由于水本身的界面张力很大，在涂抹过程中不容易增大其界面，而表现出来不易铺展的现象。

液体在固体界面上可以铺展的现象是用铺展系数 S 来衡量的，铺展系数的表达式是：

$$S=\gamma_{sg}-\gamma_{sl}-\gamma_{lg}$$

应用于化妆水中：γ_{sg} 是皮肤的界面张力；γ_{sl} 是皮肤与化妆水间的界面张力；γ_{lg} 是化妆水的界面张力。为了使化妆水在皮肤上良好地铺展，可以降低 γ_{lg}，使得 $S>0$，则化妆水易于铺展。

在化妆水产品体系中并没有专门加入降低界面张力的原料，而产品体系中的增溶剂（非离子表面活性剂）、水溶性油脂具有降低水界面张力的性能，在增溶、赋脂的同时，提升了产品的铺展性。因此，如果体系中没有加水溶性油脂、非离子表面活性剂增溶剂时，产品在涂抹过程中会有不易铺展的现象。

五、原料选择

化妆水的基本功能是保湿，同时希望有润肤、营养、延缓衰老、收敛、防晒、防止皮肤长粉刺等多种功能，因此，其原料的选择主要有以下几个方面。

1. 水

水是化妆水的主要原料，在为皮肤补充水分、柔化角质层的同时，也溶解、分散其他原料的基质。化妆品产品对水质要求较高，一般采用蒸馏水或去离子水。

2. 保湿剂

保湿剂的主要作用是保持皮肤角质层适宜的水分含量，降低制品的冻点，同时也是因为改善了水介质的特性，而改善了其他原料在水中的溶解性。常用的保湿剂有：

① 多元醇类保湿剂；

② 高分子类保湿剂；

③ 氨基酸类保湿剂；

④ 乳酸和乳酸钠；

⑤ 吡咯烷酮羧酸钠；

⑥ 神经酰胺类保湿剂；

⑦ 胶原（蛋白）类保湿剂；

⑧ 甲壳质衍生物和脱乙酰壳多糖。

在化妆水的保湿过程中，主要是依赖于保湿剂分子结构上的羟基与水分子之间形成氢键，进而起到锁水的作用。因此，上述保湿剂中，多元醇类保湿剂因其分子结构上的—OH 数量最多，是不可替代的主要保湿原料；其次是高分子类保湿剂，常用类型有透明质酸钠与葡聚糖，透明质酸钠的保湿不完全依赖于分子结构上的—OH，更重要的是：透明质酸钠在低相对湿度（33%）下的吸湿量最高，而在高相对湿度（75%）下的吸湿量最低，这种独特的性质正适应皮肤在不同季节、不同环境湿度下所需产品的保湿作用。而且透明质酸钠渗透于皮肤真皮层等组织，分布在细胞间质中，对细胞器官本身起润滑与滋养作用，同时提供细胞代谢的微环境。目前被大家关注较多的保湿剂还有神经酰胺类，可应用于化妆品中的神经酰胺有 9 大类，目前常用的是神经酰胺（Ⅱ）、神经酰胺（Ⅲ）。

其他类型的保湿剂有一定的保湿作用，虽然在锁水性能上与多元醇比较有很大差距，但常常会通过复配，保湿剂之间协同增效，提升产品的保湿性能，同时也丰富化妆水的肤感。弱酸类保湿剂有乳酸钠、吡咯烷酮羧酸钠等，由于其弱酸性，可以使得体系 pH 降低；同时也是由于其弱酸性，与卡波类水溶性聚合物不能配伍，也一定程度上局限了其使用。

3. 润肤剂和柔软剂

水溶性植物油应用于化妆水中，为产品带来一定的润肤作用，以及比较丰富的肤感。常用于化妆水中的水溶性油脂包括水溶性硅油类、水溶性霍霍巴油类及其他。具体的化合物包括：双-PEG-18 甲基醚二甲基硅烷、双-PEG-15 甲基醚聚二甲基硅氧烷、PEG-7 甘油椰油酸酯、PEG-75 羊毛脂、琥珀酸二乙氧基乙酯、巴巴苏籽油甘油聚醚-8 酯类、霍霍巴蜡 PEG-80 酯类、霍霍巴蜡 PEG-120 酯类、PEG-10 向日葵油甘油酯类、霍霍巴油 PEG-150 酯类、PEG-16 澳洲坚果甘油酯类、PEG-50 牛油树脂、聚甘油-10 二十碳二酸酯/十四碳二酸酯、双-二乙氧基二甘醇环己烷-1,4-二羧酸酯。

水溶性油脂应用于水剂透明体系中，其乙氧基（PEG）数决定了其水溶性，PEG 数越大，水溶性越强，可以形成完全透明的产品；而 PEG 数较小时，可能会形成半透明的、泛蓝光的体系。

4. 流变调节剂

用于化妆水体系的流变调节剂主要有以下三种：

（1）有机天然水溶性聚合物　有机天然聚合物以植物或动物为原料，通过物理过程或物理化学方法提取而得，这类产品常见的有胶原（蛋白）类和聚多糖类聚合物。应用于化妆水中常用的有汉生胶、瓜尔胶。汉生胶通过改性分为透明型与不透明型，如果制备透明型化妆水，要注意汉生胶的选择类型。这类聚合物加入量大时，会为体系带来使人不愉快的黏感。

（2）有机半合成水溶性聚合物　有机半合成水溶性聚合物是由天然物质经化学改性而制得的，主要有两大类：改性纤维素和改性淀粉。由于这类聚合物水溶性较差，很容易影响透明度，在化妆水中的使用频率较低。

（3）有机合成水溶性聚合物　有机合成类水溶性聚合物又称水溶性高分子或水溶性树脂，它们是一类亲水性的高分子材料。常用于化妆水中的这类水溶性聚合物主要是聚丙烯酸、聚甲基丙烯酸和聚丙烯酰胺的衍生物。这类聚合物主要包括了以下几种：

① 聚丙烯酸类聚合物；
② 丙烯酸/丙烯酸钠聚合物；
③ 丙烯酸二元共聚物；
④ 丙烯酸酯的三元共聚物；
⑤ 丙烯酰胺二元共聚物。

这类水溶性聚合物因加入很少的量就可以达到要求的性能，而且可以形成透明度很高的体系，因此，在化妆水中的使用频率很高。

5. 增溶剂

化妆水中的增溶剂主要是增溶香精等油溶性成分。之前会用乙醇溶解，但由于部分过敏性皮肤的人不适合用乙醇，现在很少用了。目前主要用亲水性强的非离子表面活性剂用作增溶剂，常用的增溶剂有聚氧乙烯（40）氢化蓖麻油、聚氧乙烯（20）油醇醚等。增溶剂在增溶油溶性成分的同时，也改善了化妆水在皮肤上的铺展性。

6. 防腐剂

水剂体系中防腐剂的选择很重要，由于化妆品用防腐剂大部分是油溶性的，在水剂体系中溶解性不好，会大大影响防腐剂的防腐效能。目前用到化妆水中的防腐剂尽可能选用一些水溶性比较好的防腐剂，或者防腐剂/丙二醇体系，能很方便地加入到水剂体系中。但是防腐剂/丙二醇体系加入到水剂体系中后，会由于介质由原来的丙二醇转换为水，防腐剂在介质中的溶解性大大降低，有可能会有防腐剂析出的现象，导致防腐剂在体系中分布不均一，影响防腐性能。如果借用表面活性剂来增溶，防腐剂被增溶到胶束里面，对水介质的防腐效能同样降低。因此，化妆水体系中的防腐剂一般选择水溶性、醇溶性的防腐剂，然后再借助于醇类化合物来增溶，醇类化合物能改变水介质的性质，进而提升防腐剂的溶解性。

常用于水剂体系的起防腐作用的成分主要包括：1,2-己二醇、1,2-戊二醇、辛甘醇、苯氧乙醇、乙基己基甘油、氯苯甘醚、尼泊金甲酯等。它们具有一定的水溶性，可复配形成防腐体系。

7. 活性成分

应用于化妆水的活性成分主要是一些水溶性的成分，目前按照原料来源主要有：天然植物提取物、海洋生物提取物、动物提取物、发酵产物等。从理论上讲，这些原料多数有营养、保湿、祛斑等功效性，但目前由于技术的局限，其有效成分含量尚不能达到功效所需的浓度。有时也会添加一些抗过敏成分，如马齿苋提取物、甘草酸二钾等。

8. 其他

化妆水中除上述原料外，为赋予制品令人愉快舒适的香气而加有香精；为赋予制品用后清凉的感觉而加入薄荷脑等；为防止金属离子的催化氧化作用而加入金属离子螯合剂，如 EDTA 二钠等；为赋予制品艳丽的外观而加入色素；为防止制品褪色或赋予制品防晒功能可加入水溶性紫外线吸收剂等。

六、配方示例与工艺

化妆水在配方设计过程中，会根据市场定位，产品的配方组成会各有侧重，相应的配方示例见表 8-2(1)～表 8-2(8)。由于选择的大多都是水溶性比较好的原料，化妆水制备时可直接冷配，不需要加热。但是考虑到水可能把微生物带到体系中，可以把水加热到 90℃，保温 20min，冷却再用。有时候也为了加快高分子保湿剂、流变调节剂的分散溶解而加热。

表 8-2(1) 柔软性化妆水

<table>
<tr><th>组相</th><th>原料名称</th><th>质量分数/%</th><th>组相</th><th>原料名称</th><th>质量分数/%</th></tr>
<tr><td rowspan="6">A 相</td><td>水</td><td>加至 100</td><td rowspan="4">B 相</td><td>吡咯烷酮羧酸钠</td><td>0.1</td></tr>
<tr><td>EDTA-2Na</td><td>0.05</td><td>芦荟提取物</td><td>1.0</td></tr>
<tr><td>尿囊素</td><td>0.2</td><td>防腐剂</td><td>适量</td></tr>
<tr><td>透明质酸（钠）</td><td>0.1</td><td>柠檬酸</td><td>适量</td></tr>
<tr><td>甘油</td><td>5.0</td><td rowspan="2">C 相</td><td>香精</td><td>适量</td></tr>
<tr><td>丁二醇</td><td>5.0</td><td>PEG-40 氢化蓖麻油</td><td>0.5</td></tr>
</table>

制备工艺：

① 将 A 相各原料依次加入主容器，升温至 80～85℃；

② 搅拌至均匀无不溶物，保温 20min，开始降温；

③ 降温至 45℃以下，加入 B 相各原料，搅拌至均匀无不溶物；

④ 预混合 C 相原料，搅拌至均匀透明，缓慢加入主容器，搅拌至均匀；

⑤ 降温至常温，使用 400 目以上滤布，过滤即可。

表 8-2(2) 收敛性化妆水

<table>
<tr><th>组相</th><th>原料名称</th><th>质量分数/%</th><th>组相</th><th>原料名称</th><th>质量分数/%</th></tr>
<tr><td rowspan="6">A 相</td><td>水</td><td>加至 100</td><td rowspan="3">B 相</td><td>金缕梅提取物</td><td>1.00</td></tr>
<tr><td>甘油</td><td>5.00</td><td>防腐剂</td><td>适量</td></tr>
<tr><td>山梨醇</td><td>5.00</td><td>柠檬酸</td><td>适量</td></tr>
<tr><td>生物糖胶-1</td><td>0.50</td><td rowspan="3">C 相</td><td>香精</td><td>适量</td></tr>
<tr><td>氯化羟铝</td><td>0.10</td><td>聚氧乙烯（20）油醇醚</td><td>0.50</td></tr>
<tr><td>EDTA-2Na</td><td>0.05</td><td></td><td></td></tr>
</table>

制备工艺：

① 将 A 相各原料依次加入主容器，升温至 80～85℃；

② 搅拌至均匀无不溶物，保温 20min，开始降温；

③ 降温至 45℃以下，加入 B 相，搅拌至均匀无不溶物；

④ 预混合C相原料，搅拌至均匀透明，缓慢加入主容器，搅拌至均匀；
⑤ 降温至常温，使用400目以上滤布，过滤即可。

表 8-2（3） 保湿性化妆水

组相	原料名称	质量分数/%	组相	原料名称	质量分数/%
A相	水	加至100	B相	D-泛醇	1.00
	甘油	5.00		柠檬酸	适量
	吡咯烷酮羧酸钠	0.50		防腐剂	适量
	透明质酸（钠）	0.10	C相	聚甘油-10月桂酸酯	0.50
	EDTA-2Na	0.05		香精	适量
B相	银耳提取物	0.50			

制备工艺：
① 将A相各原料依次加入主容器，升温至80～85℃；
② 搅拌至均匀无不溶物，保温20min，开始降温；
③ 降温至45℃以下，加入B相，搅拌至均匀无不溶物；
④ 预混合C相原料，搅拌至均匀透明，缓慢加入主容器，搅拌至均匀；
⑤ 降温至常温，使用400目以上滤布，过滤即可。

表 8-2（4） 玫瑰化妆水

组相	原料名称	质量分数/%	组相	原料名称	质量分数/%
A相	水	加至 100	B相	玫瑰花水	30
	甘油	5		马齿苋提取物	2
B相	乙醇	1		防腐剂	适量

制备工艺：
① 将A相各原料依次加入主容器，升温至80～85℃；
② 搅拌至均匀无不溶物，保温20min，开始降温；
③ 降温至45℃以下，依次加入B相各原料，搅拌至均匀；
④ 降温至常温，过滤即可。

表 8-2（5） 洁肤化妆水

组相	原料名称	质量分数/%	组相	原料名称	质量分数/%
A相	水	加至 100	A相	EDTA-2Na	0.05
	甘油	0.50	B相	乙醇	20.00
	聚乙二醇-32	2.00		香精	适量
	PEG-7辛酸/癸酸甘油酯	5.00		防腐剂	适量

制备工艺：
① 将A相各原料依次加入主容器，升温至80～85℃；
② 搅拌至均匀无不溶物，保温20min，开始降温；
③ 降温至45℃以下，加入B相各原料，搅拌至均匀无不溶物；

④ 降温至常温，过滤即可。

表 8-2（6） 液/液双层化妆水

组相	原料名称	质量分数/%	组相	原料名称	质量分数/%
A 相	环五聚二甲基硅氧烷	20.00	B 相	氯化钠	0.50
	异十六烷	10.00		香精	适量
	角鲨烷	10.00		防腐剂	适量
B 相	甘油	5.00		水	加至 100
	EDTA-2Na	0.05			

制备工艺：

① 将 A 相各原料依次加入备用容器，搅拌均匀，待用；

② 将 B 相各原料加入主容器，搅拌至均一无不溶物；

③ 将 A 相原料加入主容器，搅拌均匀即可。

表 8-2（7） 液/固双层化妆水

组相	原料名称	质量分数/%	组相	原料名称	质量分数/%
A 相	水	加至 100	A 相	防腐剂	适量
	乙醇	5.00	B 相	香精	适量
	丁二醇	4.00		PEG-40 氢化蓖麻油	适量
	甘油	3.00	C 相	二氧化硅	8.00
	EDTA-2Na	0.05			

制备工艺：

① 将 A 相各原料依次加入主容器，搅拌至均匀无不溶物；

② 预混合 B 相各原料，缓慢加入主容器，搅拌至均一无不溶物；

③ 将 C 相原料加入主容器，搅拌均匀即可。

表 8-2（8） 保湿水

组相	原料名称	质量分数/%	组相	原料名称	质量分数/%
A 相	水	加至 100	A 相	EDTA-2Na	0.05
	汉生胶	0.02		芦荟提取物	1.00
	尿囊素	0.10		洋甘菊提取液	0.50
	甜菜碱	1.00		防腐剂	适量
	透明质酸	0.10	B 相	PEG-40 氢化蓖麻油	适量
	甘油	3.00		香精	适量
	丁二醇	3.00			

制备工艺：

① 将 A 相中各组分依次加入水中，充分搅拌分散均匀；

② B 相中原料预混均匀，加入 A 相中搅拌分散至体系均一。

第二节　护肤油类产品

一、产品性能结构特点和分类

护肤油是一种纯油基体系，在皮肤护理过程中起到补充油脂的作用。按其组成可以分为Ⅰ型、Ⅱ型。其中Ⅰ型以矿物油为主；而Ⅱ型以合成油脂或某些天然油脂为基质，复配一定量的其他天然植物油脂、精油，除了具有一定的补充油脂作用，还增添了舒缓、助睡眠、祛痘等功效。

二、产品配方结构

护肤油的基本功能是补充油脂，由纯油性原料混合而成，配方结构比较简单，护肤油的主要配方组成见表8-3。

表8-3　护肤油的主要配方组成

成分	主要功能	代表性原料
基础油	作为精油的基质原料，辅助赋脂作用	辛酸/癸酸三甘油酯
植物油脂	补充油脂、延缓衰老	甜杏仁油、小麦胚芽油、
天然精油	舒缓、助睡眠、祛痘	薰衣草精油、茶树油
抗氧化剂	避免油脂氧化变质	维生素E醋酸酯、2,6-二叔丁基-4-甲基苯酚（BHT）

三、设计原理

护肤油配方在开发过程中，主要遵循以下原则：

（1）无香精　不代表无香味，只使用天然香精油或天然植物萃取精华的原味，代替人工合成香精。

（2）不含化学色素　并不表示无颜色，只是以天然植物或生化萃取之原色代替。

（3）不含抗氧化剂　以天然的维生素A（如果是维生素A醇可以，维生素A酸禁用）、维生素E、小麦胚芽油、红萝卜油为抗氧化剂，防止产品腐坏。

（4）不含矿物油脂　使用植物性透气脂或不油腻的透气性脂，代替过度油腻的矿物油、羊毛油，使用后滋润，吸收很快。

（5）无引起过敏的化学成分　完全不含人工香精、羊毛脂、酒精、化学性防晒剂、色素等会引起过敏的成分，而对每一次添加使用的原料，皆经过实验证明，对人体不会产生过敏。

四、相关理论

在护理型化妆品中，很多时候关注皮肤的保湿，但很少关注皮肤的赋脂，事实上油脂对皮肤的护理有着不可忽略的贡献。简单地说，护肤是通过赋脂与保湿共同作用实现的。

油脂是各类化妆品的重要成分，化妆品用油脂以天然植物性油脂、合成酯、羊毛脂类化合物、长链脂肪醇类、石油蜡与微晶蜡等采用最多。一般认为，油脂在化妆品配方中可以起到以下作用：

① 油脂成分可在皮肤表面形成疏水性薄膜，赋予皮肤柔软、润滑和光泽性，同时防止外部有害物质的侵入和防御来自自然界因素的侵蚀；

② 寒冷时，抑制皮肤表面水分的蒸发，防止皮肤干裂；

③ 作为特殊成分的溶剂，促进皮肤吸收药物或有效活性成分；

④ 作为富脂剂补充皮肤必要的脂质，起到护理皮肤的作用；

⑤ 按摩皮肤时起润滑作用，减少摩擦作用；

⑥ 通过其油溶性溶剂作用而使皮肤表面清洁。

天然油脂尤其是植物油脂中含有许多人体必需的脂肪酸，且大部分都可作为化妆品的天然原料加以应用。例如，共轭亚油酸具有清除自由基的特性，能延缓皮肤衰老；可提高胶原蛋白含量，修复损伤性皮肤；抑制酪氨酸酶活性，美白保湿肌肤，还有抗炎、防晒和祛屑护发等作用。

综上所述，油脂在化妆品中是用途广泛、作用显著的一类基础必需成分，其作用包括润肤润发、保湿抗皱、滋润修护、营养护理、防晒护肤等。几乎所有化妆品均使用不同类型的油脂，以期达到产品所需要的性能和要求。润肤剂的润滑性和铺展性见表 8-4。

表 8-4 润肤剂的润滑性（L）和铺展性（S）值

油脂名称	L	S	油脂名称	L	S
异硬脂酸	100.0	36.9	棕榈酸异丙酯	65.6	49.2
二亚油酸二异硬脂酯	100.0	1.0	棕榈酸辛酯	59.8	20.8
甘油单异硬脂酸酯	90.8	13.5	甘油三己酸酯/三辛酸酯	58.8	60.0
甘油三蓖麻酸酯	88.6	11.5	甘油三辛酸酯/三癸酸酯	56.1	26.9
甘油三异硬脂酸酯	81.6	4.2	甘油三辛酸酯	51.6	40.0
甘油三（十一酸）酯	81.1	27.7	异硬脂酸异丙酯	51.0	48.5
硬脂酸辛酯	80.3	18.1	甘油三己酸酯	42.6	37.7
霍霍巴油	77.5	10.4	甘油三异十一酸酯	42.4	31.2
异硬脂酸异硬脂酯	73.5	6.9	鲸蜡	40.0	8.1
甘油三己酸酯/三癸酸酯	70.9	27.3	二甲基硅氧烷（350mm^2/s）	30.1	96.1
甘油三辛酸酯	70.4	25.8	油酸癸酯	26.8	25.4
乙二醇单异硬脂酸酯	70.4	16.9	异硬脂酸辛酯	25.6	17.7
甘油三异壬酸酯	70.3	51.2	合成鲸蜡（聚异丁烯）	24.9	26.9
乙二醇二异硬脂酸酯	69.3	13.5	异硬脂醇	23.6	20.4
二异丙醇二亚油酸酯	69.0	72.3	白矿油（130mm^2/s）	10.8	9.6
甘油三辛酸酯/三癸酸酯	69.0	34.6	肉豆蔻酸异丙酯	1.0	91.5

五、原料选择

在制备护肤油的过程中，油脂的选择侧重于碳链低的、易被皮肤吸收的、与皮肤结构相类似的（如霍霍巴油等）、油脂与油脂相容性要好的。

1. 基础油

基础油主要是作为产品的基质，一般为矿物油脂或合成油脂，常用到的基础油主要包括了棕榈酸乙基己酯、辛酸/癸酸甘油三酯、甘油三（乙基己酸）酯等或某一种天然植物油脂（如霍霍巴籽油等）

2. 天然油脂

常用于护肤油中的天然油脂主要包括：

（1）橄榄油　很早以来，地中海沿岸各国如法国、意大利、西班牙等国就已将橄榄油作为食用或化妆品用油了。橄榄油的甘油酯中，不饱和脂肪酸成分类似人乳，其中多键的亚油酸和亚麻酸含量几乎与人乳相同，因而易被皮肤吸收。橄榄油中还富含维生素 A、D、B、E 和 K，故有促进皮肤细胞及毛囊新陈代谢的作用。

橄榄油用于化妆品中，具有优良的润肤养肤作用，此外，橄榄油还有一定的防晒作用。橄榄油对皮肤的渗透能力较羊毛脂、油醇差，但比矿物油佳。

（2）杏仁油　杏仁油是从甜杏仁中提取的，具有特殊的芳香气味，为无色或淡黄色透明油状液体，不溶于水，微溶于乙醇，能溶于乙醚、氯仿。

杏仁油性能与橄榄油极其相似，但饱和度稍高，凝固点稍低，常作为橄榄油代用品，在化妆品中是按摩油、发油、膏霜中的油性成分，欧美国家常用在乳液制品中。

（3）霍霍巴油　霍霍巴油是将霍霍巴种子压榨后，再用有机溶剂萃取的方法精制而得的，它为无色、无味、透明的油状液体。起初霍霍巴是生长在美国西南和墨西哥西北一带干旱沙漠地区的一种野生植物，人称世界油料之王。20 世纪 70 年代中期开始人工种植，80 年代初，国际市场上就开始出售霍霍巴油，并应用于化妆品中，以取代鲸蜡油等；80 年代后期，我国四川和云南一些地方也引种了霍霍巴，可以提供化妆品用霍霍巴油。

（4）茶籽油　茶籽油是用浸出法从油茶的种子中得到的无色或淡黄色液体，味微苦，不溶于水，可溶于乙醇、氯仿，不会氧化变质，热稳定性好。

茶籽油的性能优于白油，因其含有一定的氨基酸、维生素和杀菌（解毒）成分，利于皮肤吸收，可用在化妆品中作香脂、中性膏霜、乳液等的油基原料，具有滋润、护发功能，还具有营养、杀菌、止痒的作用。

（5）椰子油　椰子油是从椰子的果肉制得的，具有椰子的特殊芬芳，为白色或淡色猪脂状半固体，不溶于水，可溶于乙醚、苯、二硫化碳，在空气中极易被氧化。

（6）鳄梨油　鳄梨油是从一种叫鳄梨树（主要产地是以色列、南美、美国、英国等）的鳄梨果肉脱水后用压榨法或溶剂萃取法而制得的，其外观有荧光，光反射呈深红色，光透射呈深绿色，有轻微的榛子味，不易酸败。

鳄梨油因颜色深，最初不将其直接用于化妆品，需要脱色。由于鳄梨油对皮肤无毒、无刺激，对眼睛也无害，最早是在美国应用，以后其他国家广泛将它应用于化妆品中。鳄梨油含有各种维生素、甾醇、卵磷脂等有效成分，具有较好的润滑性、温和性、乳化性，稳定性也好，对皮肤的渗透力要比羊毛脂强，故它可作为乳液、膏霜、香波及香皂等的原料，对炎症、粉刺有一定的疗效。

（7）米糠油　米糠油是由米糠中精制提炼而得到的一种淡黄色油状液体。米糠中含有维生素 E、矿物质和蛋白酶，它可营养皮肤，使肌体柔软有弹性，可以防止皱纹过早出现。米糠油对日光照射具有稳定性，而且实验证明具有防晒作用。米糠油可与其他油脂及普通溶剂相混合，在化妆品中应用到膏霜、乳液及防晒化妆品中。

（8）杏核油　杏核油亦称桃仁油，取自杏树的干果仁，为淡黄色油状液体，不溶于水。脂肪酸组成：油酸 60%～79%，亚油酸 18%～32%，饱和脂肪酸 2%～7%，亚麻酸和其他高不饱和脂肪酸约 3.5%。

杏核油被广泛应用于护肤制品，有助于赋予皮肤弹性和柔度。它的熔点低，寒冷气候下稳定性好，制品能保持透明。它是优质润肤剂，相对较干，没有油腻感，很润滑，有润湿作用，可以阻止水分通过表皮过分损失。它的维生素 E 含量较高，可保护细胞膜，有延长循环系统中血液红细胞生存的功能，有助于人体充分利用维生素 A，这对保持皮肤洁净、健康和抵抗疾病传染起到重要的作用。

（9）山茶油　山茶油是由山茶的种子经压榨制备的脂肪油。脂肪酸构成中以油酸为最多（82%～88%），其他为棕榈酸等饱和酸（8%～10%）、亚油酸（1%～4%）。山茶油的性状和橄榄油相似，在膏霜和乳液制品中使用。自古就将山茶油作为发油使用。

（10）小麦胚芽油　小麦胚芽油属亚油酸油种，由天然植物油经提纯精制而成，为微黄色透明油状液体，富含维生素 E（生育酚），是含 β-生育酚的唯一油种，生育酚的总含量达 0.40%～0.45%。还含有另一种抗氧化物质——二羟-γ-阿魏酸古甾醇酯，是理想的抗氧化剂。

因含有多种氨基酸及多种不饱和脂肪酸、维生素 E 等多种营养成分，故可用作皮肤及发用化妆品的油性原料，能护肤并防止皮肤、头发衰老，还可作为天然抗氧化剂。

（11）月见草油　月见草油为天然植物油经过提纯精制而成，属亚麻油种，为淡黄色无味透明油状液体。月见草油富含 γ-亚麻酸，对人体有重要的生理活性。在人体内可转化为前列腺素 E，能抑制血小板的聚集和血栓素 A_2 的形成，有明显的抗血栓及抗动脉粥样斑块形成的作用，能有效降低低密度脂蛋白，达到明显的减肥效果。可作为减肥膏添加剂，还可作高级化妆品原料。

（12）玉米胚芽油　玉米胚芽油属亚油酸油种，室温下为黄色透明油状液体，无味。内含丰富的天然维生素 E 和二羟-β-阿魏酸谷甾醇酯，是优良的天然抗氧化剂。含有人体必需的天然脂肪酸及维生素 E 等天然抗衰剂。可作为化妆品的油性原料用于护肤及护发等多种化妆品中，使头发、皮肤润泽，防止衰老。

（13）澳洲坚果油　澳洲坚果油取自澳洲坚果核，主产于夏威夷和澳大利亚东部。淡黄色油状液体，略有油脂芬芳气味。澳洲坚果油是唯一含有大量棕榈油酸的天然植物油，其脂肪酸与人体皮肤皮脂相似，可用作皮肤棕榈油酸的来源，使老化的皮肤复原。由于澳洲坚果油含有棕榈油酸，在化妆品中可起着保护细胞膜的作用，从而延缓脂质的过氧化作用，特别是受紫外线伤害的皮肤更为重要。它容易乳化，溶于大多数化妆品用的油类，具有高的分散系数，对皮肤的渗透性好。它无毒安全，已开始应用于面部护肤、唇膏和婴儿制品以及防晒制品中。

（14）其他植物油

① 葡萄核油　油质清晰细致，润而不腻，无味无臭，渗透力强，有防敏感、杀菌功能，特别适合细嫩皮肤和敏感皮肤，可作面部按摩及适宜治疗时用。

② 蔷薇果油　适合细纹、疮疤和灼伤皮肤。

③ 金盏花油　一种原产于埃及，提炼自金盏花瓣（calendula）的油。金盏花瓣含有胡萝卜素，恢复身体组织机能的效果极佳。对一些皮肤痛楚如手脚生冻疮、风湿关节炎、静脉曲张等都有特别疗效。油质稳定，不易变坏。

④ 芦荟油　含有丰富的维生素，能滋润及保护皮肤，是最佳的面部护理油。

3. 天然精油

精油由萜烯类、醛类、酯类、醇类等化学分子组成。因为高流动性，所以称为“油”，但是和日常所说的植物油有本质的差别。植物油的主要成分是三酸甘油酯和脂肪酸。

精油里包含很多不同的成分，有的精油，例如玫瑰精油，可由250种以上不同的分子结合而成。 精油具有亲脂性，很容易溶在油脂中，因为精油的分子链通常比较短，这使得它们极易渗透于皮肤，且借着皮下脂肪下丰富的毛细血管而进入体内。精油由一些很小的分子所组成，这些高挥发物质可由鼻腔黏膜组织吸收进入身体，将信息直接送到脑部，通过大脑的边缘系统，调节情绪和身体的生理功能。所以在芳香疗法中，精油可强化生理和心理的机能。每一种植物精油都有一个化学结构来决定它的香味、色彩、流动性和它与系统运作的方式，也使得每一种植物精油各有一套特殊的功能特质。

天然精油的种类很多，按照提取部分可以分为花香类、叶片类、根类、青草类、木质类、树脂类、树皮类、种子类，见表8-5。

表8-5　天然精油的分类

类别	种　类
花香类	玫瑰精油、龙脑精油、茉莉精油、薰衣草精油、桂花精油、牡丹精油、洋甘菊精油、依兰精油、天竺葵精油、橙花精油、快乐鼠尾草精油、西洋蓍草精油、万寿菊精油、月桂精油、金银花精油、紫罗兰精油
叶片类	茶树精油、尤加利精油、薄荷精油、广藿香精油、杜松精油、丝柏精油、松针精油、留兰香精油、罗勒精油
根类	人参精油、姜精油、欧白芷精油、大蒜精油、香根精油、当归精油、蕲艾精油
青草类	迷迭香精油、马鞭草精油、香茅精油、香蜂草精油、甘松精油、茅草精油、龙蒿精油、藏茴香精油、香根草精油、芥菜精油、莳萝精油、缬草精油、鱼腥草精油、小鹿蹄草精油、岩兰草精油、龙艾精油、月见草精油

续表

类别	种类
木质类	檀香精油、香柏木精油、花梨木精油、沉香精油、桦木精油、冬青精油、樟脑精油、白千层精油、雪松精油、檫木精油
树脂类	乳香精油、没药精油、安息香精油、枞树精油、阿米香树精油、榄香脂精油
树皮类	肉桂精油、柑橘类、佛手柑精油、葡萄柚精油、柠檬精油、甜橙精油、莱姆精油、酸橙精油、红柑精油
种子类	丁香精油、杏仁精油、豆蔻精油、胡萝卜籽精油、石榴精油、花椒精油、辣椒精油、茴香精油

六、配方示例与工艺

护肤油在配方设计过程中，会根据市场定位，产品的配方设计会各有侧重，相应的配方示例见表 8-6（1）、表 8-6（2）、表 8-6（3）。护肤油的制备主要是把油性原料进行混合，一般不涉及固态原料时，不需要加热。

表 8-6（1） 保湿精华油

原料名称	质量分数/%	原料名称	质量分数/%
辛酸/癸酸甘油三酯	加至 100	橄榄油	2.00
BHT	0.05	角鲨烷	2.00
鳄梨油	3.00	玫瑰精油	0.30

表 8-6（2） 舒缓紧致精粹油

原料名称	质量分数/%	原料名称	质量分数/%
霍霍巴籽油	加至 100	橄榄油	2.5
肉豆蔻酸异丙酯	5.0	鳄梨油	1.5
甘油三（乙基己酸）酯	3.0	澳洲坚果油	2.0
角鲨烷	2.0	生育酚（维生素 E）	0.5
白池花籽油	1.0	薰衣草油	0.1

表 8-6（3） 身体按摩油

原料名称	质量分数/%	原料名称	质量分数/%
鲸蜡硬脂醇乙基己酸酯	加至 100	向日葵籽油	0.5
辛酸/癸酸甘油三酯	10.0	薰衣草油	0.1
橄榄油	20.0	生育酚乙酸酯	0.5

护肤油的制备工艺比较简单，上述配方的工艺如下：

① 将所需设备消毒、干燥、待用；

② 将各原料依次加入主锅，搅拌至均匀透明无不溶物；

③ 最后过滤即可。

第九章　皮肤清洁类化妆品

Chapter 09

经济的发展、技术的创新、环境的要求和人口的增长都促进了洗涤类化妆品的发展，这些集中表现为一个巨大的驱动力——消费者的需求升级。化妆品中清洁类产品在表面活性剂快速发展的前提下，利用配方技术，可开发出适合于不同部位、不同主表面活性剂体系的产品来繁荣市场，满足不同消费者的需要。因此，配方技术是一个不断发展并十分活跃的研究和技术开发领域。

按照皮肤清洁产品的物理性质、化学组成及去污作用机理，大体可分为三种类型：①以皂基或其他表面活性剂为主体的泡沫型；②以乳化体系为主，复配少量的清洁型表面活性剂，形成的乳化型清洁产品；③以油性成分为主，添加保湿剂、酒精或其他溶剂等清洁作用产品。

本章内容将主要围绕第一种以表面活性剂为主的泡沫型产品展开。泡沫型洁面产品的基本要求是必须具有一定的去污能力和起泡能力，并具有良好的洗后肤感。对清洁作用过程的概括如下：①去污作用，首先表面活性剂与污垢接触，吸附于污垢表面，表面活性剂改变污垢表面的亲水性，使污垢脱离载体可以分散到溶液中，表面活性剂对进入溶液的污垢进行乳化增溶，稳定分散于溶液中，经清水反复漂洗而达到洗涤效果。去污力比较强的表面活性剂是阴离子表面活性剂和非离子表面活性剂，两性表面活性剂具有中等强度的去污力。②起泡作用，虽然泡沫丰富与否与去污能力并没有直接的联系，但消费者已将泡沫型洁面产品与泡沫紧密地联系在一起，在化妆品广告中经常出现一些形容泡沫的词语，如“丰富细腻的泡沫”“奶油状的泡沫”等。当然，泡沫也具有一定的携带污垢作用和润滑作用，选择发泡性好的表面活性剂对于改善洁面类产品的洗涤效果是有一定帮助的。③洗后肤感，越来越多的洁面类产品配方设计考虑到皮肤表面的平衡和健康，更加温和、复配增效等表面活性剂组分运用的同时，添加一定量的油分以降低产品对肌肤的刺激，并提升护肤效果、滋润度等，从而改善洁肤产品的洗后肤感。添加一定的保湿成分改善使用后的紧绷，提高舒适度，这也是配方中不可缺少的部分。

液态表面活性剂型洁肤产品常见的主要有以下几种：

（1）皂基型　是通过脂肪酸和碱经过皂化反应后得到脂肪酸皂，具有容易增稠、泡沫丰富细腻、去污力好、易冲洗、用后干爽等特点。当然，皂基体系 pH 值一般较高，脱脂力比较大，洗后有紧绷感。

（2）其他表面活性剂体系　以脂肪醇聚氧乙烯醚硫酸钠（AES）、烷基磷酸酯及其盐类（MAP）、烷基聚氧乙烯醚磷酸单酯（MAPL）及其钾盐（MAPK）等表面活性剂为主的洁肤产品，具有适度的去污洗涤性和较丰富的奶状泡沫，性能稳定。使用后皮肤不紧绷，但其中 AES 体系不易冲洗干净。

（3）含氨基酸表面活性剂的洁面类产品　氨基酸类表面活性剂是性能非常温和的表面活性剂，具有良好洗涤力和发泡、稳泡力，对皮肤和毛发有很好的亲和作用及修复、保护作用，性能稳定，常用于洁面、洗发产品中。常用的有椰油酰基谷氨酸盐和月桂酰基肌氨酸盐等。

随着原料技术的发展，椰油基羟乙基磺酸盐（CI）、烷基糖苷（APG）、醇醚磺基琥珀酸酯二钠盐（MES）和烷基磺基琥珀酸酯二钠盐（LT-50）等不断地被应用到高端洁面产品或者婴幼儿产品中，它们是性能非常温和的阴离子表面活性剂，对眼睛和皮肤刺激小，具有良好洗涤性能和发泡能力，在硬水中也可得到丰富、细腻和稳定的泡沫，洗后皮肤具有柔软、光滑、湿润的感觉，能保持皮肤水分。

第一节　皂基洁肤产品

19 世纪以前的皂类产品主要为生活用皂，1900 年 Divine 提出了制备皂类产品的方法，Hillyer 在 1903 年研究了皂类产品的溶解性能，之后开始出现美容用皂和洗衣皂。20 世纪 40 年代，随着科学技术的发展和消费需求的进一步提高，固体皂的研究也发生了改变，出现了具有护肤功能的香皂，到 80 年代时，还出现了具有杀菌、保湿和护肤等多种功能的香皂。肥皂经历了生活用皂、洗衣皂、普通香皂、功能皂和液体皂等发展阶段。

液体皂的最初研究出现在 20 世纪初，由棕榈油和橄榄油制备的“Palmolive”品牌液体皂出现并且开始流行。液体皂与表面活性剂进行复配形成的体系不仅具有清洁能力，还具有泡沫性佳、刺激性低、使用便捷等特性，使液体皂基体系更加广泛地应用于个人和家庭护理产品领域。

一、产品性能结构特点和分类

皂基洁肤产品的特点是具有丰富的泡沫，优良的洗涤力，在配方中加入适量软化剂和保湿剂后，使用起来没有肥皂的“绷紧感”，而具有良好的润湿感。皂基型产品按照清洁部位可以分为洁面乳、沐浴露及洗手液；按照流动性可分为液与膏。

二、产品配方结构

皂基类清洁产品是脂肪酸与碱皂化之后形成的阴离子表面活性剂作为主表面活

性剂，再复配辅助表面活性剂及其他成分形成的配方体系。皂基类洁肤产品的主要配方组成见表 9-1。

表 9-1　皂基类洁肤产品的主要配方组成

组　分	功　能	代表性的原料
高级脂肪酸	用碱皂化后为主表面活性剂	C_{12}～C_{18}酸，包括月桂酸、肉豆蔻酸、棕榈酸、硬脂酸
碱剂	中和、皂化	氢氧化钠、氢氧化钾和有机碱
辅助表面活性剂	稳泡、降低刺激性、改善黏度	月桂基硫酸钠、氨基酸系列表面活性剂、聚氧乙烯醚烷醚磷酸盐、甘油脂肪酸酯、聚氧乙烯醚甘油脂肪酸酯、聚氧乙烯醚烷基醚等
油脂	使皮肤感觉光滑、滋润	脂肪醇、蜂蜡、霍霍巴油、羊毛脂及其衍生物、橄榄油、椰子油等
保湿剂	保持水分	甘油、山梨糖醇、聚乙二醇（200/300/600/1500 等）或聚丙醇、聚氧乙烯醚葡萄糖衍生物等
香精	赋香	
防腐剂	防止微生物生长	1,3-二羟甲基-5,5-二甲基海因（DMDMH）、凯松（KATHON CG）、尼泊金酯类
螯合剂	螯合 Ca^{2+}、Mg^{2+}及重金属离子	乙二胺四乙酸二钠（EDTA-2Na）、乙二胺四乙酸四钠（EDTA-4Na）
抗氧剂	防止氧化	2,6-二叔丁基-4-甲基苯酚（BHT）、维生素 E
特殊添加剂	杀菌、营养	芦荟、植物蛋白

三、设计原理

1. 皂化度的确定

对于皂基类清洁产品，脂肪酸的皂化度是一个非常关键的技术指标。由于脂肪酸盐属于强碱弱酸盐，皂化后体系呈一定的弱碱性，皂化度越高，其碱性越强。而皮肤属于弱酸性，使用碱性的清洁产品，会有因脱脂力强而导致干燥的现象。

目前市面上的皂基产品的皂化度一般在 80%以上，残留的脂肪酸作为护肤油脂，起到一定的润肤作用，缓解脂肪酸盐清洁之后产生的干燥感。

随着市场产品的细分化，也有少量的完全皂化产品，完全皂化产品有较高的 pH 值。这类体系通过复配其他类型的表面活性剂，以降低其脱脂力、刺激性。

2. 皂基体系的稳定性

皂基体系的稳定性一直是这类产品的技术难点。主要原因有以下几个方面：

① 一个复杂的表面活性剂体系，会形成一个较为复杂的相结构。而微观相结构的形成有的体系需要很长的平衡时间，很可能在制备过程中并没有达到最终的相平衡。产品制备的过程，只是一个简单的混匀，表观上形成一个均一的产品体系，而微观结构在储存过程中会逐渐形成对应稳定的相结构。

② 完全皂化的产品体系多数用来制备透明型产品，但脂肪酸盐的 Krafft 点比较高，随脂肪碳链的增长，Krafft 点更高，即在室温条件下，脂肪酸盐是低于其 Krafft

点的状态，在水中的溶解性很差。因此，这类体系即使完全皂化，在室温条件下也很可能出现晶体析出，而形成不透明的产品体系。

③ 未完全皂化产品是一个不透明的产品体系，残留的脂肪酸不溶于水，需要通过脂肪酸盐的增溶或乳化作用，分散在水介质中。这样的体系与水分子之间很难有很好的亲和性，同时由于脂肪酸盐的 Krafft 点高于储存温度，其自身溶解性很差。因此，皂基体系很容易在储存过程中有出水现象。

3. 皂化过程中的结团现象

由于脂肪酸盐在水介质中的溶解性很差，且 Krafft 点较高，会导致在皂化过程中形成的脂肪酸盐不能很好地分散溶解，而出现结团现象，这类结团现象在大生产过程中直接影响了体系的均一及后期的稳定。

目前避免这类结团现象的主要方式有以下两种：

① 皂化是在油相脂肪酸与包含碱的水相混合过程中发生的，由于脂肪酸盐在油中的溶解性优于在水中的溶解性，因此，将水相加入到油相中，使得皂化形成的脂肪酸盐存在于油相环境中，有较好的溶解分散性，不易于结团。

② 结团现象是由于脂肪酸盐在介质中的溶解性较差，比如水。而溶剂的加入可以改变水的性质，改善脂肪酸盐在体系中的溶解性，而缓解结团现象。在皂基体系中常用来改善脂肪酸盐结团现象的有机溶剂为多元醇类化合物。由于多元醇类化合物常用作化妆品的保湿剂，在护理类化妆品中有良好的保湿性，而清洁类化妆品属于洗去型产品，虽然没有良好的保湿作用，但可以改善清洁后的肤感，减少清洁后的干燥、紧绷感。因此，多元醇类（比如甘油、1,3-丁二醇、丙二醇等）常常应用于皂基类清洁产品中。

四、相关理论

1. 皂化反应

1823 年被法国科学家 Eugène Chevreul 发现的皂化反应，是指油脂与氢氧化钠或氢氧化钾混合，得到高级脂肪酸的钠/钾盐和甘油的反应。这个反应是制造肥皂流程中的一步，因此而得名。

油脂的皂化反应方程见式（9-1）：

$$\begin{array}{l} RCOOCH_2 \\ \quad\;\; | \\ RCOOCH \\ \quad\;\; | \\ RCOOCH_2 \end{array} + 3NaOH \longrightarrow 3RCOONa + \begin{array}{l} CH_2OH \\ \;\; | \\ CHOH \\ \;\; | \\ CH_2OH \end{array} \qquad (9\text{-}1)$$

皂化反应是一个放热反应，同时也是一个较慢的化学反应，为了加快反应速度，可以在化学反应的过程中保持系统的较高温度，以物理方式不断搅拌溶液以增加分子碰撞的数量。

应用于洁肤产品制备过程中的皂化反应见式（9-2）：

$$RCOOH + NaOH \longrightarrow RCOONa + H_2O \tag{9-2}$$

在洁肤产品中，一个体系通常使用混合脂肪酸进行皂化，在混合脂肪酸体系的皂化过程中，需要考虑脂肪酸的酸碱平衡值，在皂化中按照酸碱平衡值大的先皂化的原则进行皂化。因此，当体系中有不同碳链的脂肪酸时，会以短碳链脂肪酸先皂化，而后逐步开始长碳链脂肪酸的皂化；但并不是在短碳链完全皂化之后，才开始长碳链脂肪酸的皂化，这一过程是按照每一种脂肪酸与脂肪酸盐之间的酸碱平衡常数 p*K* 的相对大小来进行皂化，p*K* 大的脂肪酸先皂化。

2. 离子型表面活性剂的 Krafft 点

离子型表面活性剂在水中的溶解度随着温度的上升而逐渐增加，当达到某一特定温度时，溶解度迅速增大，该温度称为临界溶解温度，即该表面活性剂的克拉夫特点（Krafft point），以 T_K 表示。

对大多数在水中的离子型表面活性剂来说，升高温度能增大其溶解度。Krafft 点被定义为溶解度曲线和临界胶束浓度（*cmc*）曲线的交点，即在此温度下，单体表面活性剂的溶解度与其同温度下的 *cmc* 相等，如图 9-1 所示，低于 T_K 时，表面活性剂单体只与水合固体物平衡存在；而高于 T_K 时会形成胶束，从而大大增加了表面活性剂的溶解度。

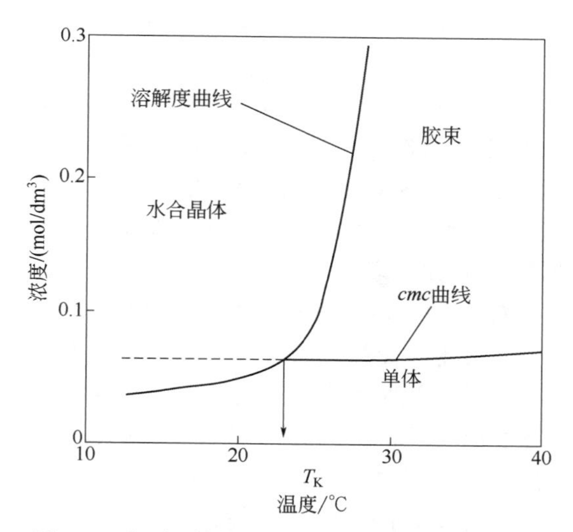

图 9-1　表面活性剂温度与浓度的依赖关系曲线

脂肪酸盐是皂基体系的主要成分，不同脂肪酸形成的脂肪酸盐在皂基体系中表现的性能也不相同。脂肪酸盐应用到皂基体系中首要的性能是其在水中的溶解性能，脂肪酸盐的溶解性能一般由其在水中的临界溶解温度（Krafft 点）来表征。皂基表面活性剂的 Krafft 点是决定脂肪酸在完全皂化后体系是否透明很关键的一个物化参数。对于 Krafft 点测试，既可以通过升温观察溶解度突增的温度范围，也可以通过对表面活性剂溶液降温观察溶解度骤降的温度范围，通过计算平均值而得。对脂肪酸盐来说，在 Krafft 点时，脂肪酸盐在水中的溶解浓度刚好达到其临界胶束浓度，表面活性剂分子聚集形成一定数量的胶束，形成的胶束另一方面对部分脂肪酸盐起到增溶作用，增加了脂肪酸盐的溶解度；低于脂肪酸盐的 Krafft 点时，脂肪酸盐在水中溶解的浓度低于临界胶束浓度，此时溶液中溶解的脂肪酸盐分子单体较少，无法形成胶束。因此，脂肪酸盐的溶解度较低。对不同碳链长度的脂肪酸盐，脂肪酸的碳链越长，脂肪酸盐在水中的溶解度越小，降温时更容易从溶液中结晶出来。常用脂肪酸盐的溶解度顺序如下：月桂酸盐＞肉豆蔻酸盐＞棕榈酸盐＞硬脂酸盐。长碳链的硬脂酸盐的 Krafft 点较高，只在温度较高时形成透明的胶束溶液。

不同碳链的脂肪酸皂的 Krafft 点不同，月桂酸钠、肉豆蔻酸钠、棕榈酸钠及硬脂酸钠相应的 Krafft 点大概在 35℃、45℃、60℃、70℃左右，因测试条件及脂肪酸盐的浓度不同会有波动，但至少说明了脂肪酸盐的 Krafft 点均高于室温，也即：产品的储存温度一般在 Krafft 点之下，脂肪酸盐极易以水合固体物析出，这也是皂基体系容易出水的原因。在配方开发过程中，可以通过添加其他成分，提升脂肪酸盐水合固体物的溶解性。

3. 皂基体系的胶束性质

皂基体系中脂肪酸盐类表面活性剂属于阴离子表面活性剂，含有亲水基团和疏水基团的两亲分子结构，这些脂肪酸盐表面活性剂在水溶液中能够进行分子自组装，形成各种各样的自组装结构。这些自组装结构因分子数目和排列方式不同而形态各异，每种自组装都具有独特的性质和功能，且都具有一个共同点，在水溶液中都是由脂肪酸盐类表面活性剂分子或离子极性基团朝向水，非极性基团背离水而形成的。

脂肪酸盐表面活性剂在水溶液中形成的有序聚集体的种类与其在水溶液中的溶解浓度有关。当脂肪酸盐在水溶液中的浓度较低时，脂肪酸盐以离子单体形式存在于溶液中；当脂肪酸盐在水中的溶解浓度达到其临界胶束浓度时，脂肪酸盐以离子聚集形成的胶束形式存在，而且根据胶束单分子层的弯曲程度，可以形成球形胶束、棒状胶束和线形胶束等；当脂肪酸盐在水中溶解的浓度进一步增加时，溶液中的脂肪酸盐离子数目增多，胶束单分子层弯曲程度减小以可以容纳更多的离子单体，当弯曲程度变为零时，胶束单分子层形成平板单层，两个或几个平板单层面对面或背对背结合起来就形成了层状胶束或形成层状液晶；当脂肪酸盐在水中的溶解浓度达到一定范围时，形成的胶束单分子层或多分子层弯曲到完全封闭结合而形成囊泡的结构；随着水溶液中溶解的脂肪酸盐浓度的增加，棒状胶束自行地平行排列可以形成六方液晶，球形胶束自行地进行堆积可以形成立方液晶。层状液晶、六角液晶和立方液晶都属于溶致液晶。图 9-2 表示了随着一般表面活性剂溶液浓度的增加，自发形成的有序聚集体结构的变化。表面活性剂自发进行聚集形成有序聚集体的结构不仅与浓度有关，还与表面活性剂的种类和温度有关。在皂基体系，适合的脂肪酸碳链、适合的配比下，会形成层状液晶结构。

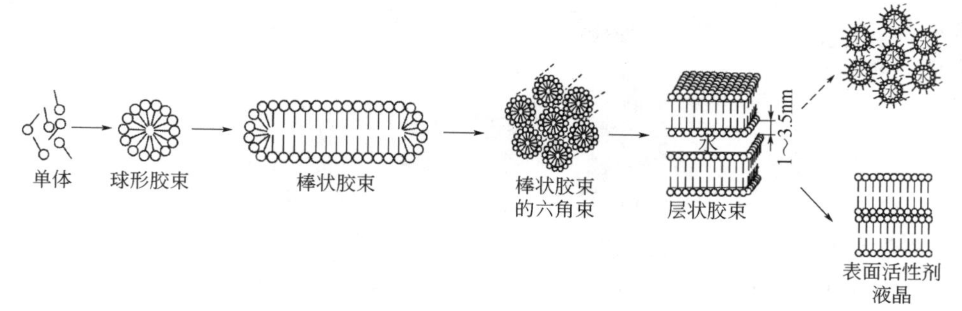

图 9-2　表面活性剂在溶剂中随浓度增加的有序聚集体类型

五、原料选择

皂基体系的主要成分为脂肪酸盐类表面活性剂，其主要通过天然脂肪酸与碱发生中和或皂化反应制备而成，随着科学技术的发展和消费者对产品的功能需要增加，多元醇、表面活性剂、油脂、乳化剂等其他添加物已能达到所需功能。

1. 脂肪酸盐

高级脂肪酸的钠盐、钾盐、铵盐、有机胺盐、锌盐、钙盐和铝盐等统称为高级脂肪酸盐，也称为皂，化学通式为RCOOM，其中R为C_7～C_{19}的烷基，M为Na^+、K^+、NH^+、$(CH_2CH_2OH)_3$、NH_4^+、Ca^{2+}等，是皂基型洁面产品的主要组分。这类高级脂肪酸盐，从广义上讲是指油脂、蜡、松香或脂肪酸、脂肪酸甲酯与碱（有机碱或无机碱）进行皂化或中和制得的产物。一般来说，高级脂肪酸盐所产生的泡沫随着分子量的增大而越来越细小，同时泡沫也越来越稳定，但是泡沫生成的难度也越来越大，其中月桂酸盐所产生的泡沫最大，也最容易消失，硬脂酸盐产生的泡沫细小而持久。因此，在配方中选用不同碳链长度的脂肪酸进行搭配皂化形成盐，可以赋予产品不同的泡沫效果和使用感受。基础饱和脂肪酸的物理性质见表 9-2。

表 9-2　基础饱和脂肪酸的物理性质

名称	结构式	酸值/(mgKOH/g)	熔点/℃
月桂酸（以十二酸为主）	$CH_3(CH_2)_{10}COOH$	278～282	43.8
肉豆蔻酸（以十四酸为主）	$CH_3(CH_2)_{12}COOH$	244～248	54.4
棕榈酸（以十六酸为主）	$CH_3(CH_2)_{14}COOH$	218～220	62.9
硬脂酸（以十八酸为主）	$CH_3(CH_2)_{16}COOH$	193～199	69.3

不同脂肪酸盐的清洁功效也不同。随着碳链数目的增加，脂肪酸盐的脱脂力和清洁力会减弱，干涩和紧绷的肤感也减弱；随着脂肪酸盐中碳链数目的增加，脂肪酸盐在使用过程中产生的泡沫会更丰富、细腻和稳定，但更难以形成。常用的月桂酸盐、肉豆蔻酸盐、棕榈酸盐和硬脂酸盐四种脂肪酸盐中，肉豆蔻酸盐和硬脂酸盐对体系的珠光效果影响较大，肉豆蔻酸盐能在结晶的过程中形成一种比较细腻的、略微透

明的乳白色珠光，硬脂酸盐在温度降低结晶的过程中形成的是一种白色的、比较闪亮的珠光。

2. 碱

碱是形成皂基体系脂肪酸盐的另一个主要原料，可以用于清洁用品的碱种类比较少，一般有氢氧化钠（NaOH）、氢氧化钾（KOH）、三乙醇胺（$C_6H_{15}O_3N$）、碳酸钠（Na_2CO_3）和碳酸钾（K_2CO_3）。据研究可知，不同的碱形成的皂基体系的性能也不同，氢氧化钠中和脂肪酸形成的皂比较硬，一般用于固体皂的制备；三乙醇胺中和脂肪酸形成的皂软，但皂基在存储过程中容易变色，影响了产品的美观，而且在大量生产的时候难以控制；用氢氧化钾中和脂肪酸形成的皂基比较软，多用于化妆品中，特别适用于液体皂中。

皂化反应或中和反应的完全程度（皂化度）决定了制备皂时碱的用量，皂基产品的皂化度一般为70%～100%，皂化脂肪酸所需要的碱的用量可以用下式计算：

$$x = \frac{A \times B\%}{M_1} \times M_2 \tag{9-3}$$

式中，x 为碱在配方中的质量分数，%；A 为脂肪酸在配方中的质量分数，%；$B\%$为皂化度；M_1 为脂肪酸的分子量；M_2 为碱的分子量。

3. 辅助表面活性剂

辅助表面活性剂加入到皂基体系中具有多方面的作用，可用于皂基体系的辅助表面活性剂主要有三种：阴离子表面活性剂、两性离子表面活性剂和非离子表面活性剂。表面活性剂加入到皂基体系中主要起到以下作用：

第一，能够对水溶液中的脂肪酸盐起到部分增溶作用；

第二，能够缓冲降低皂基体系产品较高的 pH 值，相对降低皂基体系的刺激性；

第三，可以改善皂基体系的泡沫性质；

第四，可以降低皂基产品带来的干涩肤感，使皮肤不紧绷。

阴离子表面活性剂主要有：十二烷基硫酸铵、脂肪醇硫酸钠、脂肪醇硫酸钾、脂肪醇硫酸铵、脂肪醇聚氧乙烯醚硫酸钠、脂肪醇聚氧乙烯醚硫酸钾、脂肪醇聚氧乙烯醚硫酸铵、甲基月桂酰基苯磺酸钠、十二烷基苯磺酸钠、月桂基两性乙酸钠。与皂基体系复配常用的两性离子表面活性剂主要有：椰油二甲基羧甲基甜菜碱、椰油酰胺丙基甜菜碱、椰油基甜菜碱、油烯基甜菜碱、鲸蜡基二甲基羧甲基甜菜碱、月桂基双-(2-羟乙基)羧甲基甜菜碱、硬脂基双-(2-羟乙基)羧甲基甜菜碱、月桂基双-(2-羟丙基)-羧乙基甜菜碱、硬脂基二甲基羟丙基甜菜碱、月桂基二甲基羟乙基甜菜碱、月桂基双-(2-羟乙基)磺丙基甜菜碱。与皂基体系复配常用的非离子表面活性剂主要有：C_{16}～C_{22} 烷基酚-环氧乙烷缩合物、C_8～C_{18} 脂族伯或仲直链或支化醇与环氧乙烷的缩合产物、通过环氧丙烷和乙二胺的反应产物与环氧乙烷缩合制成的产物、烷基糖苷等。

4. 乳化剂

皂基体系产品会出现出水、高温分层以及高温恢复室温后料体泛粗等不稳定问题。加入乳化剂可起到辅助稳定的作用，适量的乳化剂能够改善皂基产品的高温稳定性。然而，乳化剂在能够达到辅助稳定效果的同时，也会对皂基产品的珠光效果产生影响，在乳化剂含量稍高时会使体系的珠光沉淀析出较少甚至无析出。因此，选择乳化剂时，要综合考虑乳化剂的种类和用量，在体系达到稳定效果的前提下使用最低用量。

皂基体系中常用的乳化剂有单硬脂酸甘油酯、脂肪醇聚氧乙烯醚、蔗糖脂肪酸酯（甲基糖苷倍半硬脂酸酯/甲基糖苷 PEG-20 倍半硬脂酸酯）、硬脂酸甘油酯/PEG-100硬脂酸酯。

5. 润肤剂

润肤剂加入到皂基体系中一方面可以减少皮肤清洁之后的紧绷感，使皮肤滋润，产生润肤的效果；另一方面也可以降低皂基产品对皮肤的刺激性。

皂基体系中常用的润肤剂有：固体油脂十六十八醇（鲸蜡硬脂醇）、十八醇（硬脂醇）、十六醇（鲸蜡醇）、十八酸（硬脂酸）等；液体油脂肉豆蔻酸异丙酯、白油等；水溶性油脂聚乙二醇-7-椰油酸甘油酯等。

6. 多元醇添加剂

皂基体系中常用的多元醇有甘油、双甘油、1,2-丙二醇、1,3-丁二醇等，这些多元醇因含有多个羟基而具有保湿性能，可以减少皂基体系清洁皮肤时带来的干涩感。中和或皂化反应形成的脂肪酸盐在水中的溶解度较小，在生产过程中局部发生的中和或皂化反应可将未反应的脂肪酸包裹在脂肪酸盐内部，致使脂肪酸无法与碱接触，进而形成无法分散的皂团，使皂化或中和反应无法完全进行，生产也无法继续进行。适量多元醇加入到体系中有助于在皂化或中和反应中及时分散形成的脂肪酸盐，使皂块难以形成，皂化或中和反应顺利进行。对于含有珠光的皂基产品，多元醇的加入会影响体系的珠光效果。1,2-丙二醇和 1,3-丁二醇能够使皂化或中和反应变得较容易，却严重影响体系珠光沉淀的形成，使体系珠光效果变差甚至没有珠光。

六、配方示例与工艺

1. 洁面膏

皂基体系按照产品的流动性，选择 C_{12}、C_{14}、C_{16}、C_{18} 脂肪酸的相对配比，洁面产品按流动性的不同可以分为洁面膏与洁面乳。洁面膏一般用倒置软管包装，因此其黏度较高，在配方设计过程中，需要借用较高浓度的 C_{18} 酸提升体系的稠度，总脂肪酸含量在 30%左右，皂化度为 75%～85%。但这类体系相对而言，脱脂力比较强，需要复配其他的表面活性剂来提升其温和性。以 C_{14} 酸为主的洁面乳，总脂肪酸含量在 30%左右，中和度在 75%～85%，皂化温度一般为 80～90℃，两相温度尽量保持一致。

洁面膏和洁面乳配方见表 9-3（1）～表 9-3（3）。

表 9-3（1） 洁面膏（1）

组相	原料名称	质量分数/%
A 相	硬脂酸	18.0
	肉豆蔻酸	8.0
	月桂酸	6.0
	鲸蜡硬脂醇聚醚-10	2.0
	牛油果树果酯	0.5
B 相	水	加至 100
	氢氧化钾	6.7
	丁二醇	6.0
	甘油	8.0
C 相	癸基葡糖苷	3.0
D 相	异硬脂酰乳酰乳酸钠	0.5
	香精	适量
	防腐剂	适量

制备工艺：

① 将 A 相和 B 相各原料混合均匀，分别加热至 80℃左右；

② 均质 A 相，然后缓慢加入 B 相，加完后均质 5min，保温搅拌 30min，然后开始冷却；

③ 搅拌冷却至 60℃，缓慢加入 C 相中各组分，降低搅拌速度至完全混合均匀；

④ 搅拌冷却至 45℃，加入 D 相中各组分，搅拌均匀，继续搅拌冷却至室温结束。

表 9-3（2） 洁面膏（2）

组相	原料名称	质量分数/%
A 相	月桂酸	3.00
	肉豆蔻酸	18.00
	硬脂酸	6.00
	甘油硬脂酸酯、PEG-100 硬脂酸酯	1.50
	月桂酰胺 DEA	0.50
	乙二醇二硬脂酸酯	1.50
	蜂蜡	0.50
B 相	水	加至 100
	甘油	10.00
	丁二醇	3.00
	聚乙二醇-33	5.00
	双丙甘醇	5.00
	氢氧化钾	5.70
C 相	椰油酰胺丙基甜菜碱	1.75
	聚季铵盐-7	0.10
D 相	聚乙二醇-90M	0.03
	丁二醇	1.00
E 相	香精	适量
	防腐剂	适量
	色素	适量

制备工艺：

① 将 A 相和 B 相各原料混合均匀，混合均匀后分别加热至 80℃左右；

② 均质 A 相，然后缓慢加入 B 相，加完后均质 5min，保温搅拌 30min，然后开始冷却；

③ 同时预混 D 相；

④ 搅拌冷却至 60℃，缓慢加入 C 相和 D 相中各组分，降低搅拌速度至完全混合均匀；

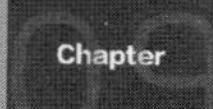

⑤ 搅拌冷却至45℃，加入E相中各组分，搅拌均匀，继续搅拌冷却至室温即可。

表9-3（3） 洁面乳

组相	原料名称	质量分数/%	组相	原料名称	质量分数/%
A相	硬脂酸	5	B相	氢氧化钾	7
	肉豆蔻酸	20		甘油	25
	月桂酸	5	C相	癸基葡糖苷	3
	鲸蜡硬脂醇聚醚-10	2		椰油酰甘氨酸钾（30%）	5
	甘油硬脂酸酯	1	D相	香精	适量
B相	水	加至100		防腐剂	适量

操作工艺：

① 将A相和B相各原料混合均匀，混合均匀后分别加热至80℃左右；

② 均质A相，然后缓慢加入B相，加完后均质5min，保温搅拌30min，然后开始冷却；

③ 搅拌冷却至60℃，缓慢加入C相中各组分，降低搅拌速度至完全混合均匀；

④ 搅拌冷却至45℃，加入D相中各组分，搅拌均匀，继续搅拌冷却至室温结束。

2. 沐浴露

沐浴露一般用泵头的瓶装，其黏度不宜太高。因此，在配方设计过程中，以C_{12}、C_{14}酸为主，这类体系相对而言，比较温和。低黏度皂基体系的产品其稳定性比较难控制，一般其皂化度为90%～100%，大部分产品属于不完全皂化体系。沐浴露的配方见表9-4（1）和表9-4（2）。

表9-4（1） 沐浴露（1）

组相	原料名称	质量分数/%	组相	原料名称	质量分数/%
A相	棕榈酸	1.0	B相	羟丙基甲基纤维素	0.2
	肉豆蔻酸	10.0		甘油	2.0
	月桂酸	9.0	C相	月桂基聚醚硫酸酯钠（70%）	7.5
	乙二醇二硬脂酸酯	2.0		椰油酰胺丙基甜菜碱	2.5
B相	水	加至100	D相	氯化钾	2.5
	氢氧化钾	6.0		香精	适量
	丙二醇	2.0		防腐剂	适量

制备工艺：

① 将A相和B相各原料混合均匀，羟丙基甲基纤维素先在丙二醇中预先分散均匀，再与B相其他组分混合。混合均匀后分别加热至80℃左右；

② 均质A相，然后缓慢加入B相，加完后均质5min，保温搅拌30min，然后开始冷却；

③ 搅拌冷却至60℃，缓慢加入C相中各组分，降低搅拌速度至完全混合均匀；

④ 搅拌冷却至45℃，加入D相中各组分，搅拌均匀，继续搅拌冷却至室温即可。

表 9-4（2） 沐浴露（2）

组相	原料名称	质量分数/%	组相	原料名称	质量分数/%
A相	棕榈酸	1	B相	甘油	6
	肉豆蔻酸	5	C相	椰油酰甘氨酸钾	5
	月桂酸	12		椰油酰两性基二乙酸二钠	5
	乙二醇二硬脂酸酯	2	D相	丙烯酸（酯）类共聚物	2
B相	水	加至100		水	2
	氢氧化钾	4.6	E相	香精	适量
	丙二醇	3		防腐剂	适量
	羟丙基甲基纤维素	0.6			

制备工艺：

① 将A相和B相各原料混合均匀，混合均匀后分别加热至80℃左右；

② 均质A相，然后缓慢加入B相，加完后均质5min，保温搅拌30min，然后开始冷却；

③ 同时预混D相；

④ 搅拌冷却至60℃，缓慢加入C相和D相中各组分，降低搅拌速度至完全混合均匀；

⑤ 搅拌冷却至45℃，加入E相中各组分，搅拌均匀，继续搅拌冷却至室温即可。

3. 洗手液

洗手液一般用泵头的瓶装，其黏度不宜太高。而洗手液相对于沐浴露需要考虑成本的控制，对肤感的要求没有沐浴露高，同时对泡沫性的要求也不是很高，因此，同样以C_{12}、C_{14}酸为主，总脂肪酸含量在15%以下，皂化度在90%～100%。洗手液配方见表9-5。

表 9-5 洗手液

组相	原料名称	质量分数/%	组相	原料名称	质量分数/%
A相	棕榈酸	0.5	C相	水	10
	肉豆蔻酸	2.5	D相	月桂基聚醚硫酸酯钠（27%）	15
	月桂酸	12		椰油酰胺丙基甜菜碱（30%）	9
B相	水	加至100	E相	氯化钠	2.5
	氢氧化钾（85%）	4.65		香精	适量
C相	丙烯酸酯/山嵛醇-25甲基丙烯酸酯共聚物	10		防腐剂	适量

制备工艺：

① 将A相和B相各原料混合均匀，混合均匀后分别加热至80℃左右；

② 均质A相，然后缓慢加入B相，加完后均质5min，保温搅拌30min，然后开始冷却；

③ 同时室温下预混 C 相组分；

④ 搅拌冷却至 60℃，缓慢加入 C 相和 D 相中各组分，降低搅拌速度至完全混合均匀；

⑤ 搅拌冷却至 45℃，加入 E 相中各组分，搅拌均匀，继续搅拌冷却至室温即可。

4. 洁面泡沫

洁面泡沫是通过泵头直接产生泡沫的产品，要求体系的流动性要很好。因此，配方以 C_{12} 酸为主，总脂肪酸含量在 10%以下，皂化度为 90%～100%。洁面泡沫配方见表 9-6。

表 9-6　洁面泡沫

组相	原料名称	质量分数/%	组相	原料名称	质量分数/%
A 相	硬脂酸	1.0	C 相	癸基葡糖苷	5.0
	肉豆蔻酸	2.0		椰油酰甘氨酸钾（30%）	10.0
	月桂酸	5.0		椰油酰胺丙基甜菜碱（30%）	15.0
B 相	水	加至 100	D 相	香精	适量
	氢氧化钾（85%）	2.2		防腐剂	适量

制备工艺：

① 将 A 相和 B 相各原料混合均匀，混合均匀后分别加热至 80℃左右；

② 搅拌 A 相，然后缓慢加入 B 相，保温搅拌 30min，然后开始冷却；

③ 搅拌冷却至 60℃，缓慢加入 C 相中各组分，降低搅拌速度至完全混合均匀；

④ 搅拌冷却至 45℃，加入 D 相中各组分，搅拌均匀，继续搅拌冷却至室温即可。

第二节　其他表面活性剂洁肤产品

在洁肤类化妆品中，市场上的产品体系大致分两类：一类是由皂基与表面活性剂复配形成的体系，另一类是由非皂基类表面活性剂复配而成的体系。由于中国消费者比较喜欢易冲洗的清洁产品，因此，皂基体系占据了大部分的洁肤产品市场。但随着市场发展的细分化，洁肤产品体系也随之增加。而且国外的洁肤产品体系大部分是由非皂基类表面活性剂配制而成。由非皂基类表面活性剂配制的体系工艺比较简单，稳定性比较好，因此这类产品也占据了一定的市场份额。

由非皂基类表面活性剂配制的体系不足之处在于使用的感觉上不太符合中国消费者长期使用肥皂体系的感觉，用后冲洗时有点滑腻，似乎有冲洗不干净的感觉；皂基型沐浴产品很好地解决了冲洗的感觉问题，尤其是油性皮肤的消费者以及暑天容易出汗的人在使用后感觉更加明显。表 9-7 给出了两种类型沐浴产品的性能比较。

若选择非皂基类表面活性剂和脂肪酸盐组合，并且选择合理，配制的浴液可以具备全优的性能：浴时感觉滑爽、微酸性、与皮肤适宜、易冲洗干净、浴后皮肤没有紧绷感。

表 9-7　Ⅰ型和Ⅱ型沐浴产品主要性能比较

浴液类型	主要原料	浴时感觉	酸碱性，皮肤感觉	冲洗时感觉	浴后感觉
Ⅰ型	非皂基类表面活性剂	滑腻	微酸，与皮肤适宜	不易冲洗	皮肤不紧绷
Ⅱ型	脂肪酸盐类	滑爽	偏碱，刺激皮肤	易冲洗	皮肤紧绷

一、产品性能结构特点和分类

非皂基体系的产品 pH 值一般在 7 以下，相比较皂基体系比较温和，脱脂力弱、刺激性低，但如果以 AES 为主的体系，复配表面活性剂不适合的话，可能会引起不易冲洗的问题。

非皂基洁肤产品因主表面活性剂的不同、使用部位的不同，分为不同的产品体系。按使用部位可以分为：面部、手部及体用。按主表面活性剂的不同可以分为：脂肪醇聚氧乙烯醚硫酸盐型、烷基磷酸酯盐型、烷基糖苷型、氨基酸型等体系。

二、产品配方结构

大多数非皂基类表面活性剂洁肤产品是液态类或膏状类，制取一般较困难，同时还要保持这类产品的稳定性、安全性、洗涤力等。从配方设计的角度考虑，理想的洁肤产品应具备以下特性：

① 具有丰富的泡沫和适度的清洁效力。

② 作用温和，对皮肤刺激性低。

③ 具有合适的黏度，沐浴产品应是流动的液体。

④ 易于清洗，不会在皮肤上留下黏性残留物、干膜或硬水引起的沉淀物。

⑤ 使用时肤感润滑，不会感到发黏和油腻；使用后，应感到润湿和柔软，不会感到干燥和收紧。

⑥ 香气较浓郁、清新。

⑦ 产品质量稳定，结构细腻，色泽鲜美。

常见非皂基类表面活性剂洁肤产品的配方结构见表 9-8，其中氨基酸类表面活性剂洁肤产品的配方结构见表 9-9。

表 9-8　非皂基类表面活性剂洁肤产品的主要配方组成

组　分	功　能	代表性的原料
主表面活性剂	起泡、清洁	脂肪醇硫酸盐、脂肪醇聚氧乙烯醚硫酸盐、酰基磺酸钠、烷基磷酸酯类、烷基聚葡糖苷、氨基酸类表面活性剂等
辅助表面活性剂	增泡、稳泡、降低刺激性	十二烷基甜菜碱、椰油酰胺丙基甜菜碱、异硬脂酸酯乳酸钠、甲基椰油酰基牛磺酸钠等
流变调节剂	调节黏度	无机盐、羟乙基纤维素、卡波树脂类等
调理剂	使皮肤感觉光滑、滋润	乳化硅油、阳离子瓜尔胶、阳离子纤维素、霍霍巴油、羊毛脂及其衍生物
酸度调节剂	调节 pH 值	柠檬酸（钠）

续表

组 分	功 能	代表性的原料
着色剂	赋予颜色	化妆品允许使用的色素
珠光剂或遮光剂	产生珠光或乳白外观	聚乙二醇脂肪酸酯、高级脂肪酸、聚苯乙烯/丙烯酸树脂
保湿剂	保持水分	甘油、丙二醇
香精	赋香	
防腐剂	防止微生物生长	DMDMH、凯松（KATHON CG）、尼泊金酯类
螯合剂	螯合 Ca^{2+}、Mg^{2+}及重金属离子	EDTA-2Na、EDTA-4Na
抗氧剂	防止氧化	BHT、维生素 E
特殊添加剂	杀菌、消炎、营养	Oletron、TCC、芦荟、植物蛋白

表 9-9 氨基酸洁肤产品的配方结构

组 分	功 能	代表性的原料
主表面活性剂	起泡、清洁	椰油基羟乙基磺酸酯钠、肉豆蔻酰谷氨酸钠、椰油酰甘氨酸钠、月桂酰谷氨酸钠等
辅助表面活性剂	增泡、稳泡、降低刺激性	椰油酰胺丙基甜菜碱、异硬脂酸酯乳酸钠、肉豆蔻酸钾等
流变调节剂	调整结构	脂肪酸类等
调理剂	肤感改善	乙二醇双硬脂酸酯等
保湿剂	保湿，润肤	甘油、丁二醇等
香精	赋香	香精
防腐剂	防腐	苯氧乙醇等
螯合剂	螯合 Ca^{2+}、Mg^{2+}及重金属离子	EDTA-2Na、EDTA-4Na

三、设计原理

1. 主表面活性剂选择依据

应用于洁肤产品的主表面活性剂，除了皂基表面活性剂之外，还有：脂肪醇聚氧乙烯醚硫酸钠（AES）、C_8～C_{14} 烷基糖苷（APG）、脂肪酰氨基酸盐、椰油酰羟乙基磺酸酯钠、烷基磷酸酯盐等。这些主表面活性剂的选择基本确定了体系的性质，主要包括：①清洁性；②温和性；③体系的增稠方式；④产品性价比等。因此，在开发洁肤产品的过程中，首先需要根据产品的市场定位，确定主表面活性剂。

2. 辅助表面活性剂的作用

辅助表面活性剂在清洁产品中主要起到稳泡、降低刺激性、提升黏度等作用。辅助表面活性剂主要是阴离子、非离子及两性表面活性剂，辅助表面活性剂通过与主表面活性剂形成混合胶束，改变了主表面活性剂单一胶束的性质，进而改变了主表面活性剂的脱脂性及刺激性。辅助表面活性剂在与主表面活性剂形成混合胶束的过程中，改变了胶束聚集数的大小，因而会影响到体系的黏度。同时，所形成的混合胶束增强了表面活性剂在水中的溶解性，减少了在冲洗过程中残留吸附在皮肤上的表面活性剂单体，因此也降低了主表面活性剂的刺激性。

3. 表面活性剂体系影响黏度的因素

（1）主表面活性剂的类型加入量　主表面活性剂的类型及加入量直接影响到体系的黏度。比如针对AES体系，无机盐通过压缩双电层，降低阴离子表面活性剂之间的静电斥力，有利于形成聚集数较大的胶束，可以起到很好的增稠作用。而烷基磷酸酯盐体系及氨基酸体系则很难增稠，可能是因为其化学结构（临界堆积参数比较小）不利于形成聚集数很大的胶束，只能以较小的胶束存在，则很难提升体系的黏度。

同样，主表面活性剂的加入量也直接影响了体系的黏度，如AES体系通过无机盐增稠的时候，为达到同样的黏度值，AES的加入量越大，所需无机盐的量就越少；反之则需要加大无机盐的加入量。

（2）辅助表面活性剂　辅助表面活性剂对表面活性剂体系形成胶束的聚集数及类型影响很大，进而会影响体系的黏度。一般情况下，非离子表面活性剂（如烷基糖苷、氧化胺、椰油酸单乙醇酰胺等）都有明显提升体系黏度的作用。因为非离子型表面活性剂与离子型表面活性剂形成混合胶束的过程中，降低了离子型表面活性剂分子间的静电斥力，增大了聚集数，提升了体系的黏度。

而有的离子型表面活性剂（如氨基酸类表面活性剂）作为辅助表面活性剂时，会降低体系的黏度，这一点与氨基酸类表面活性剂作为主表面活性剂的体系很难增稠是一致的。

（3）流变调节剂　化妆品产品体系运用流变调节剂改善体系的流变性是很常见的。但根据不同流变调节剂的作用机理，其适合应用的体系不同。常用的流变调节剂包括：天然水溶性聚合物、半合成水溶性聚合物、合成水溶性聚合物、无机水溶性聚合物，针对表面活性剂体系还有无机盐。

洁肤产品体系一般是以阴离子表面活性剂为主的体系，如果是AES这一类表面活性剂，无机盐增稠作用还是很明显的；由于阴离子表面活性剂属于强电解质体系，而合成水溶性聚合物多数都不耐电解质，因此在这一类体系中卡波类水溶性聚合物的增稠作用就不明显。虽然说有少数的合成水溶性聚合物（聚丙烯酸类）经改性可以应用于阴离子表面活性剂体系中，主要起到悬浮作用，其增稠作用也不明显。而天然水溶性聚合物、半合成水溶性聚合物的作用机理主要是通过与水分子之间的水合作用，不会受离子强度的影响，可以应用于表面活性剂体系中，但其对黏度的提升依然不明显。

（4）pH的影响　pH对非皂基表面活性剂体系黏度的影响主要体现在两个方面：一方面是当体系中加入需中和使用的聚丙烯酸类水溶性聚合物时，pH会影响聚合物分子在体系中的伸展状态，从而影响体系的黏度。另一方面是pH会影响配方中辅助表面活性剂的亲水亲油性，使其亲油亲水性能发生变化，往亲油方向变了会增稠，往亲水方向变了会降黏。以上两种是有规律可循的。针对于非皂基表面活性剂体系而言，产品没有具体的pH限制，至于pH要为多少视产品功能及外观需求而定。举个简单的例子：如甘氨酸类的表面活性剂体系，要做结膏的调到 pH=6～6.5，要做流动性、自增稠的调到 pH=8 左右。体系是同一个体系，pH 可根据需求做调整。

四、相关理论

1. 混合胶束的形成

表面活性剂的表面活性以及其他性能主要取决于其分子结构特点，即疏水基及亲水基的化学结构，同时又与其所处的物理化学环境有密切关系。实践中发现，在一种表面活性剂中加入另一种表面活性剂（或物质）时，其溶液的物理化学性质有明显的变化，而此种性质是原组分所不具有的。绝大多数情况下，复配的表面活性剂比单一表面活性剂有更为良好的应用效果。因此，表面活性剂混合体系的研究在理论及实践上均有重要的意义。自理论而言，是表面活性剂混合体系各组分之间分子相互作用的基本物理化学问题。自实践而论，则是从表面活性剂复配的基本规律，寻求适合于各种实际用途的高效配方问题，而不一定仅在结构复杂的新型表面活性剂合成方面孜孜以求。表面活性剂混合溶液性质——混合胶束的形成和混合表面活性剂的协同效应主要有以下特性：

（1）混合胶束的形成　多种表面活性剂混合形成的胶束属混合胶束，这种混合胶束有来自同类或同系物的表面活性剂分子，这类大都是理想溶液的混合胶束。来自不同类型表面活性剂如阴离子-非离子、阴离子-阳离子等，很多属于非理想溶液的混合胶束。二元混合表面活性剂体系胶束形成时的浓度计算已可处理，多元混合表面活性剂体系由于活度系数求取不易，就难以计算，但均可从实验中获得其表面现象的变化。

（2）混合表面活性剂的协同效应　两种或两种以上非同系物表面活性剂相互混合时，其溶液的性质有别于单独表面活性剂，它们之间因分子相互作用或络合，或静电吸引或排斥，或其他物理的或化学的作用，因而产生增效作用或对抗作用。通常表面活性剂的相互作用指分子间的键结合，其溶液性质优势介于两者之间，有时比两者中任一个单独存在时都高或低，有时还会出现两个 *cmc*。如果产生的效果比单独组分时好，称为具有协同效应；如果相反，则称为具有对抗作用。混合表面活性剂的研究是多功能表面活性剂混合物应用的基础。

2. 表面活性剂的相行为

向一种表面活性剂中连续加入溶剂（水），体系可能发生一系列相变，出现多种相态，包括水合固体、液晶、胶团溶液，最后变为表面活性剂单体稀溶液。有的体系可以形成囊泡分散液和囊泡聚集结构。不仅如此，当体系的温度改变和加入第三种物质以后，两亲分子水体系的性质也会发生明显的相变现象。

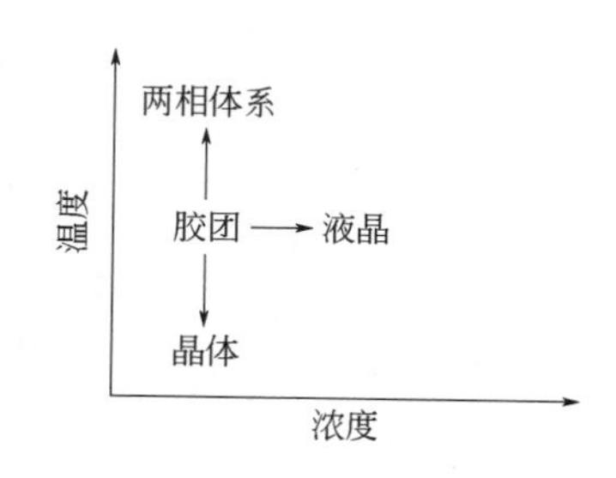

图 9-3　胶团溶液的相行为

温度和浓度改变时表面活性剂水体系的相行为可以用图 9-3 示意。温度升高到一定程度，非离子表面活性剂胶团溶液会发生相分离形成两个液相，表现为溶液变浑浊，也就是出现了浊点现象。温度降低到一定程度，离子型表面活性剂胶束解体，同时生成新相——表面活性剂水合固体。这个温度就是离子型表面活性剂的 Krafft 点。随着体系中表面活性剂浓度上升，体系的宏观性质和相态也会发生一系列在其他类型体系中不易见到的变化，如溶液变稠、出现弹性、触变性、反触变性、光学各向异性、流动双折射，以及形成双连续相、凝胶相等。

在表面活性剂体系中随温度和组成的变化可能出现分子溶液、胶束溶液、层状液晶相、正和反的六方液晶相、立方液晶相、囊泡聚集相以及由它们分别形成的两相区。为了研究体系相行为，可通过制作相图来实现。做法是首先配制一系列浓度的溶液，检测体系的物理化学性质，如偏光性、流动性。通过电子显微镜观测、X 射线衍射等，确定各个样品的相性质，再在相图上标明各种相形成的浓度区域。对于区别不同的相结构，核磁共振技术非常有用。特别是氘核磁共振的四级裂分谱，对于不同的相有不同的图形，可以直接做鉴定。

表面活性剂水体系的相行为随体系而异。单一表面活性剂体系的相行为比较简单，而混合表面活性剂体系则往往显示出丰富多彩的特性。图 9-4 为十二烷基六聚氧乙烯醚（$C_{12}EO_6$）-水体系二元相图，其中符号的意义是：H_1 六角相，C 立方相，L_a 层状相，L_1 胶团溶液，L_2 各相同性的表面活性剂溶液相，W 单体水溶液，S 水合固体。这就是最简单的体系。使用中遇到的体系往往复杂得多。当体系中存在添加剂时，则需要用三元相图或立体相图来描述其相组成特性。图 9-5 为双十二烷基二甲基溴化铵（DDAB）-环己烷-水体系三元相图。

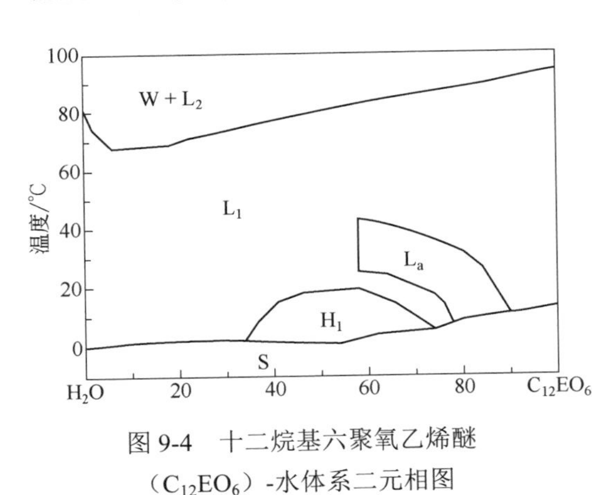

图 9-4　十二烷基六聚氧乙烯醚（$C_{12}EO_6$）-水体系二元相图

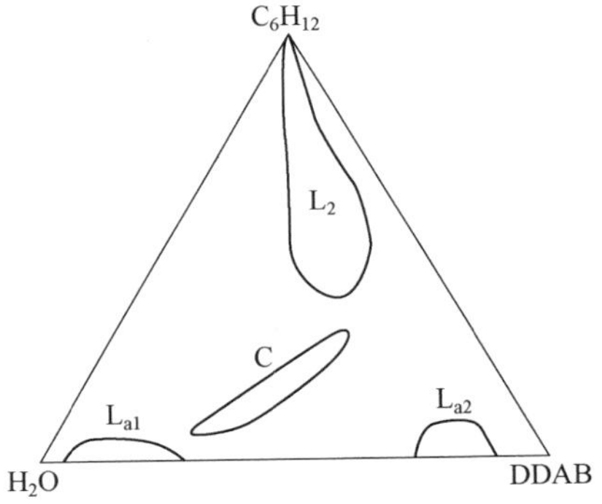

图 9-5　双十二烷基二甲基溴化铵（DDAB）-环己烷-水体系三元相图

3. 无机盐的增稠机理

常用的无机盐黏度调节剂的种类：氯化钠、氯化铵、单乙醇胺氯化物、二乙醇胺氯化物、硫酸钠、磷酸铵、磷酸二钠和三磷酸五钠等。无机盐对脂肪醇聚氧乙烯醚硫酸盐类表面活性剂体系黏度的影响见图 9-6。

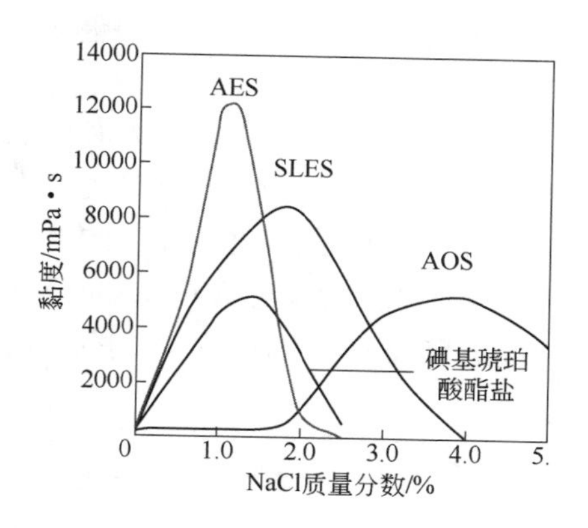

图 9-6　不同无机盐浓度下硫酸盐类表面活性剂体系的黏度

无机盐的增稠机理是：阴离子表面活性剂在产品体系中首先是电离，亲水基带负电，带负电荷的表面活性剂分子聚集形成胶束；反离子以紧密层、扩散层分布在胶束的周围。当体系中加入无机盐时，体系中电解质的浓度增加，增加的阳离子（Na^+、K^+、NH_4^+等）会进入到胶束反离子的紧密层，降低了亲水基的电荷密度，降低了带阴离子特性表面活性剂分子之间的静电斥力，使得形成胶束的阴离子表面活性剂排列得更紧密，形成聚集数更大的胶束，胶束的增大提高了表面活性剂体系的黏度。简单地说，无机盐电解质是通过压缩双电层，降低阴离子表面活性剂形成胶束的ζ电势，有利于体系形成更大的胶束，进而提高了体系的黏度。

五、原料选择

配方设计的关键步骤在于原料的选择，需要符合 2015 年版《化妆品安全技术规范》要求和《已使用化妆品原料名称目录》，并且最终配方产品需要符合我国洗面奶、洗面膏国家标准 GB/T 29680—2013 要求。制备出针对不同人群需要的产品并没有一个统一的标准，而是从产品的性能特点方面考察产品的酸碱性、泡沫丰富程度、洗净力、去油去脂效果、用后滑爽性、舒适性等方面的属性。

1. 主表面活性剂

脂肪醇聚氧乙烯醚硫酸酯盐作为洁肤产品的主表面活性剂，其最大的缺点是不易冲洗性。脂肪醇磷酸酯及其盐类、脂肪醇聚醚羧酸盐以及一些氨基酸类的表面活性剂体系是目前常用的低刺激型阴离子表面活性剂配方体系，性能非常温和，具有适度的去污洗涤性和坚实、丰富和细腻的奶状泡沫，性能稳定。在清洁肌肤时能赋予肌肤柔软、润滑而清爽的感觉，使用后皮肤不紧绷。

（1）脂肪醇聚氧乙烯醚硫酸酯盐　在脂肪醇硫酸酯的分子中再引入聚氧乙烯醚结构或酯结构，则可获得性能更优良的表面活性剂。脂肪醇聚氧乙烯醚硫酸酯盐的生物降解性好，其溶解度、去污力、起泡性等物理性能随脂肪醇碳链长度的不同而有差异，在水中的溶解度随烷基链中碳原子数的增加而降低。其溶解度还与成盐的阳离子有关，相应的顺序为：三乙醇胺盐＞铵盐＞钠盐＞钾盐。

脂肪醇聚氧乙烯醚硫酸酯盐简称醇醚硫酸盐，其分子式为：$R—O(CH_2CH_2O)_n—OSO_3M$。

式中，R 为 C_{12}～C_{16} 烷基；n 一般为 2～3；M 为 Na^+、NH_4^+、$[NH(C_2H_5OH)_3]^+$。

脂肪醇聚氧乙烯醚硫酸钠简称为 AES。由于 AES 中加成了 EO，增加了其亲水基，使其性能比 AS 优越，它还具有非离子表面活性剂性质，在硬水中仍有较好的去污力，且受水的硬度影响小。月桂醇醚硫酸盐是目前最流行的主表面活性剂，一般含有2～3mol 的环氧乙烷。月桂醇醚硫酸盐具有良好的清洁和起泡性能，水溶性好，刺激性低于月桂醇硫酸盐，与其他表面活性剂和添加剂具有良好的配伍性。可单独或与月桂醇硫酸盐复配作为香波的主表面活性剂。

（2）磷酸酯盐　单烷基磷酸盐（MAP）属于阴离子型表面活性剂，这类表面活性剂一般为脂肪醇磷酸单酯和双酯及其盐类。根据不同的磷酸化条件，可制得单酯、双酯、三酯及未反应物含量不同的制品。其结构如下：

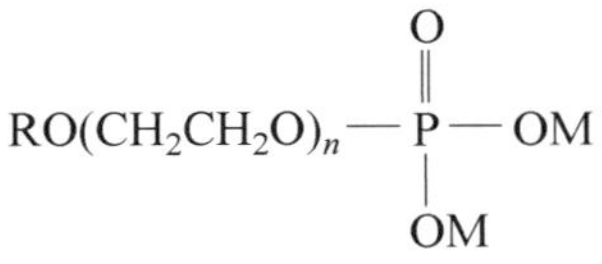

$$RO(CH_2CH_2O)_n—\overset{\overset{\displaystyle O}{\|}}{\underset{\underset{\displaystyle OM}{|}}{P}}—OM$$

单酯

$$RO(CH_2CH_2O)_n—\overset{\overset{\displaystyle O}{\|}}{\underset{\underset{\displaystyle OM}{|}}{P}}—(CH_2CH_2O)_nOR$$

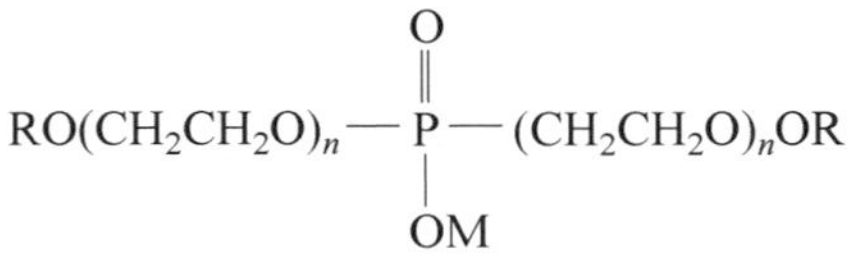

双酯

式中，R 为 C_{16}～C_{18} 醇基、油醇基等；M 为 K、Na、乙醇胺；n=0 为磷酸酯盐，n 为 1～10 时为脂肪醇聚氧乙烯醚磷酸酯。

它的性质随着 R 和 M 的不同以及 EO 数目的改变而改变。游离的酯类可以是固体或黏稠的液体，而它们的钠盐为固体。双酯的亲油性比单酯强，它们的亲油性取决于醇基的性质和 EO 的数目。它们的盐类可溶于水，在有机溶剂中也有一定的溶解性。游离酯类在水中可分散、可溶于有机溶剂。市售商品多数是单酯和双酯的混合物，具有良好的乳化、润湿、抗静电、洗涤和缓蚀的作用。磷酸酯的溶解度与分子中憎水基的性质、烷基链的长短、支链结构和位置以及中和剂均有密切关系，未中和的酸性酯溶解度很低，中和后溶解度明显提高；随憎水基链长的增加溶解度下降，单酯的溶解度大于双酯；单酯二钠盐的溶解度与相同碳链的脂肪醇硫酸盐相似。磷酸单酯的表面张力比双酯高，并随烷基碳链的增长其表面张力下降；双酯的去污力大于单酯，C_{10} 的双酯去污力最好，在碳数相同的情况下，带支链的去污力较正构为好；抗静电作用则以短链者为好，单烷基磷酸酯优于双酯。

皮肤清洁产品常用单十二烷基磷酸酯二钾盐作为表面活性剂，它较其他盐类有着更好的发泡性、更弱的脱脂力、更高的溶解度和在皮肤上更少的残留。其性能温和，对眼睛和皮肤的刺激性极低；具有良好的乳化、抗静电、润湿、去污和缓蚀作用；单酯的水溶性好于双酯，市售商品均为单酯和双酯的混合物。以单烷基磷酸酯盐为主表面活性剂的洁肤产品是一个相对难以增稠的体系，一方面黏度较低时体系容易分层，另一方面存放于软管中的洁肤产品，不易控制使用量。但当把体系黏度增大时，很容易形成一种剪切变稠的体系，在使用过程中很难分散。

（3）*N*-酰肌氨酸盐　*N*-酰肌氨酸盐由肌氨酸酰化后制得，结构式为：

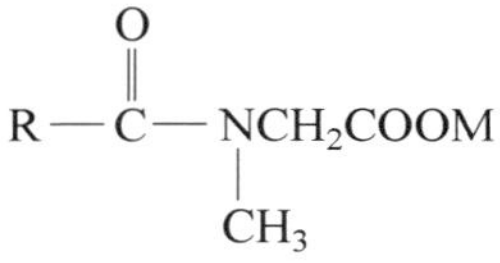

$$R—\overset{\overset{\displaystyle O}{\|}}{C}—\underset{\underset{\displaystyle CH_3}{|}}{N}CH_2COOM$$

式中，R 为月桂基、椰油基、硬脂基等；M 多为 Na、K。

N-酰肌氨酸钠为乳白色或淡黄色粉末，具有良好的洗涤去污力，对硬水和电解质容忍度高；对毛发有亲和性，作用温和，对皮肤的刺激性小；毒性低，能与各种阴离子、非离子和两性表面活性剂配伍；具有很好的缓释作用，还具有一定的杀菌力；在高固体含量的配方中可降低体系的黏度。其产品的活性物含量一般为 30%～40%，pH 值为 6～8。在化妆品中广泛应用于洗发香波、婴幼儿香波、浴液、洗面奶、剃须膏等，极温和、无刺激，有温和的杀菌和抑菌性能，使用后皮肤有柔软感。

N-酰肌氨酸盐是一种多功能的表面活性剂，易溶于水，在高浓度的盐和碱中也不会盐析。在中性至弱酸性范围内具有润湿作用，发泡和稳泡作用强。对硬水和电解质容忍度高。它可与其他阴离子表面活性剂配伍，增强其各种功能。黏度随 pH 值变化改变很大，一般在 pH＜6 时黏度迅速增大，在高固体含量的配方中，可以用 *N*-酰肌氨酸盐来降低黏度。*N*-酰肌氨酸盐是类蛋白的物质，很容易吸附在头发、皮肤上。在 pH＝5.2 时，亲和力最强，在受损的头发上的吸附程度比一般头发大。还能减少皮肤对水分的渗透，使皮肤保持润湿，降低其他制剂对皮肤的刺激作用。

N-酰肌氨酸钠可用于低刺激香波，有增泡和稳泡作用，对头发亲和性强；也可用于调理香波，改善头发梳理性，减少静电。用于皮肤清洁剂，可治疗面部粉刺，它也可与水杨酸和过氧化苯甲酰等匹配，不影响其活性，对易过敏皮肤也可反复使用，刺激性极低，故可用于含药化妆品，如去头屑香波、治疗粉刺膏霜等。在口腔卫生制品中应用很广，如口腔清洁剂和牙膏等。它可吸附在齿斑上，抑制己糖激酶的生长，防止牙齿腐烂。此外，它还可用作香皂和浴皂添加剂。

（4）烷基糖苷　烷基糖苷（简称 APG）是 20 世纪 90 年代以来国际上致力开发的一种绿色、温和、无毒的新型非离子表面活性剂，主要由亲水基和疏水基组成。亲水基由一个或多个糖苷分子组成，疏水基为直链或支链的烷烃，两部分由糖苷作连接基。糖苷具有两种不同的连接构型 α（淀粉糖苷键）和 β（纤维素糖苷键），所以 APG 有两种不同的构型，即 α-APG 和 β-APG，其结构式如图 9-7 所示。式中，R 为 C_8～C_{22} 的烷基；n 为平均聚合度。当 R＜C_8 时，烷基糖苷的性能较差，而 R 为 C_8～C_{16} 时，其性能优良。

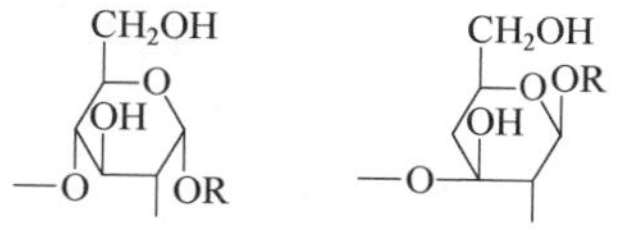

α-APG　　β-APG

图 9-7　烷基糖苷结构式

烷基糖苷以天然脂肪醇、葡萄糖或淀粉为基本原料，通过催化反应，脱水缩合而成。APG 性能优异，表面张力低，去污力强，泡沫丰富、细腻且稳定，对人体皮肤无刺激，能完全生物降解，生产过程亦对环境无污染，兼有非离子与阴离子表面活性剂的许多特性。它与大多数的表面活性剂复配，可增强其他表面活性剂的效能，特别是在生态安全方面有其他活性剂没有的优点，故称之为“绿色表面活性剂”。

APG 具有良好的溶解性、温和性、起泡力，与皮肤相容性较好，用来配制香波和洗浴液起泡力强，泡沫细腻，对皮肤及深层孔隙的清洁效果优于其他表面活性剂，对皮肤有柔软作用，对眼睛无刺激，对受损毛发有良好的调理养护作用。

（5）醇醚磺基琥珀酸单酯二钠（铵）盐　磺基琥珀酸酯盐是一类重要的阴离子表面活性剂，它包括单酯型和双酯型，结构式：

$$RO—(C_2H_4O)_n—\underset{\underset{SO_3M}{|}}{\overset{\overset{O}{\|}}{C}}—CH_2CH_2COOM$$

式中，M 为 Na、NH_4；R 为 C_8～C_{12} 脂肪基、壬基芳基；n 一般为 1～12。

磺基琥珀酸单酯盐具有良好的洗涤和发泡性能，易冲洗，洗后头发柔软易于梳理；刺激性极低，和其他表面活性剂复配可降低后者的刺激性；配伍性好，可与阳离子表面活性剂复配；无毒、生物降解性好，安全性高；其最突出的特点是对人体刺激性极低，是目前常用表面活性剂中刺激性最低的产品之一，其皮肤刺激性仅相当于 AES 的 1/3，甚至比某些温和的两性表面活性剂还低，而价格却远较两性表面活性剂低。

醇醚磺基琥珀酸单酯盐（MS）可作为一种新型发泡剂用于香波、浴液及牙膏中。由于 MS 脱脂力和渗透力较弱、去污力差，故在涉及去污作用的场合应与烷基聚氧乙烯醚硫酸钠（AES）等复配使用。

2. 辅助表面活性剂

辅助表面活性剂主要是两性或非离子表面活性剂，用于增泡，改善使用感。常用两性表面活性剂有：甜菜碱、椰油两性丙酸钠等，可降低阴离子表面活性剂对眼睛和皮肤的刺激作用。非离子表面活性剂近年来常用的有烷基葡萄糖苷衍生物，如甲基聚葡糖苷、癸基聚葡糖苷，它们有良好的发泡性、性质温和、刺激性低（比甜菜碱、咪唑啉的刺激性还低）、良好的保湿性能、极好的配伍性和溶解性（完全溶解于水）。

（1）烷基醇酰胺　烷基醇酰胺类表面活性剂主要有烷基单乙醇酰胺和烷基二乙醇酰胺：

烷基单乙醇酰胺　　$RCONHCH_2CH_2OH$

烷基二乙醇酰胺　　$RCON(CH_2CH_2OH)_2$

烷基单乙醇酰胺是由单乙醇胺与脂肪酸缩合而成的，具有优异的稳泡和增稠性能，故又称“超级烷醇酰胺”；烷基二乙醇酰胺由二乙醇胺与脂肪酸缩合而成，根据二乙醇胺与脂肪酸的比例不同分为不同类型，常用的类型是脂肪酸与二乙醇胺的比例为 1∶2 和 1∶1.5。脂肪酸相同的情况下，二乙醇胺的比例越高，产品的水溶性越好；脂肪酸的碳链越长、饱和度越高，产品的增稠性越好，但水溶性会降低。

烷基醇酰胺有许多特殊性质，与其他聚氧乙烯型非离子表面活性剂不同，它没有浊点，其水溶性是依靠过量的二乙醇胺增溶作用，单乙醇酰胺和 1∶1 烷基二乙醇酰胺的水溶性较差，但能溶于表面活性剂水溶液中，烷基醇酰胺具有使水溶液和一些表面活性剂体系增稠的特性，它具有良好的增泡、稳泡、抗沉积和脱脂能力，此外，还具有一定的缓蚀和抗静电性能。

（2）甜菜碱类　甜菜碱类表面活性剂包括羧酸型、硫酸酯型和磺酸型甜菜碱。甜菜碱系两性表面活性剂的基本分子结构由季铵盐阳离子和羧酸型阴离子所组成。

甜菜碱的结构式为：

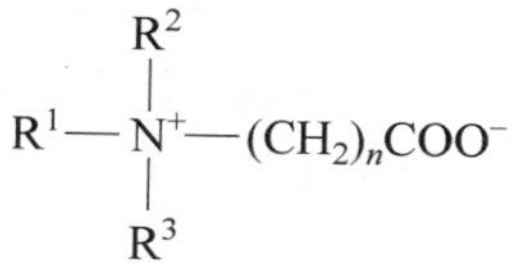

$$R^1-\overset{\displaystyle R^2 \atop \displaystyle |}{\underset{\displaystyle | \atop \displaystyle R^3}{N^+}}-(CH_2)_nCOO^-$$

十二烷基二甲基甜菜碱简称为BS-12，结构式为：

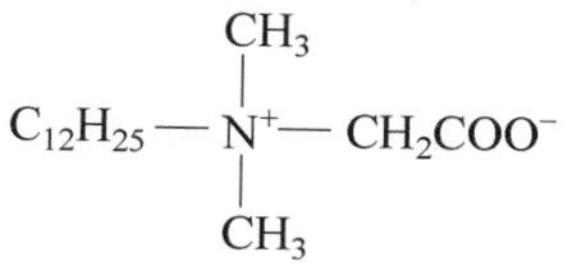

$$C_{12}H_{25}-\overset{\displaystyle CH_3 \atop \displaystyle |}{\underset{\displaystyle | \atop \displaystyle CH_3}{N^+}}-CH_2COO^-$$

BS-12为无色或嫩黄色黏稠液体，其活性物含量一般为30%±2%，pH值为6～8，在化妆品中多用于配制香波、浴液及婴儿卫生洗涤用品。烷基二甲基甜菜碱类两性表面活性剂在任何pH值都能溶于水，即在任何pH值时其水溶液均呈透明液状。BS-12水溶液的去污力、起泡力和渗透性都很好，它的抗硬水性和生物降解性好，刺激性小，性能温和，与阴离子、阳离子及非离子表面活性剂的配伍性良好，还具有调理、抗静电、柔软、杀菌等性能。

椰油酰胺丙基甜菜碱简称为BS-12K或CAB，结构式为：

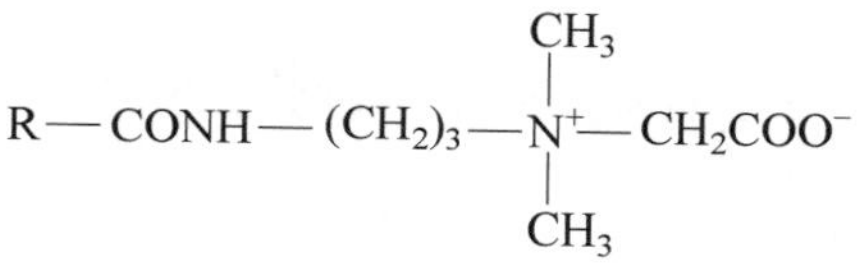

$$R-CONH-(CH_2)_3-\overset{\displaystyle CH_3 \atop \displaystyle |}{\underset{\displaystyle | \atop \displaystyle CH_3}{N^+}}-CH_2COO^-$$

式中，R为椰油基。

CAB是一种温和的两性表面活性剂，易溶于水，具有优良的去污、柔软、抗静电、发泡和增稠等性能，抗硬水性好，对皮肤刺激性小，易生物降解，能与阴离子、阳离子和非离子表面活性剂完全相溶，还可降低阴离子表面活性剂（如AS、AES等）的刺激性，并具有抗菌、调理效能。它为微黄色透明液体，黏度低，活性物含量一般为30%±2%，pH值为5～7。在化妆品中可以取代BS-12，用于配制香波、浴液、洗面奶、婴儿洗涤用品。

羟磺甜菜碱简称HSB，结构式为：

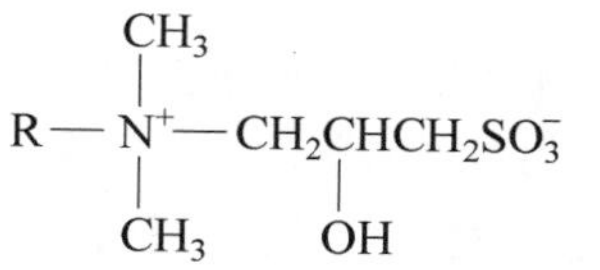

$$R-\overset{\displaystyle CH_3 \atop \displaystyle |}{\underset{\displaystyle | \atop \displaystyle CH_3}{N^+}}-CH_2\underset{\displaystyle | \atop \displaystyle OH}{CH}CH_2SO_3^-$$

式中，R为月桂基。

羟磺甜菜碱的化学名称为*N*-十二酰胺丙基-*N*-*β*-羟基丙胺磺基甜菜碱（以CDS表

示），属两性表面活性剂。其性能温和、刺激性极低、泡沫丰富细腻、增稠性能好、耐盐性及耐酸碱性好、钙皂分散性好，可在广泛的 pH 条件下使用，具有优良的抗硬水性和杀菌作用，对皮肤和头发的亲和性良好，与其他表面活性剂的相容性好，在浓酸、浓碱或浓无机电解质水溶液中的表面活性也很好，用途广泛。

（3）氧化胺　氧化胺是一种酯基氮化物。化妆品用氧化胺主要有以下三种，即烷基二甲基氧化胺、烷基二乙醇基氧化胺和烷酰丙氨基二甲基氧化胺，此类产物均可被生物降解。

氧化胺的结构式：

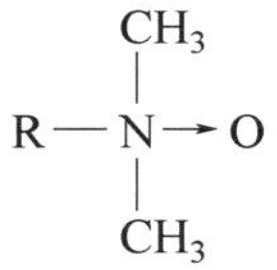

$$R-\overset{\displaystyle CH_3}{\underset{\displaystyle CH_3}{\overset{|}{\underset{|}{N}}}}\rightarrow O$$

式中，R 为 C_{12}～C_{22} 烷基、椰子脂基、牛油脂基等。

由于 N—O 的强极性而使得氧化胺易溶于水和其他极性溶剂，难溶于矿物油、苯、醚等非极性溶剂，基于此点，氧化胺显示两性表面活性剂的特性。在酸性介质中显示阳离子表面活性剂的性质：

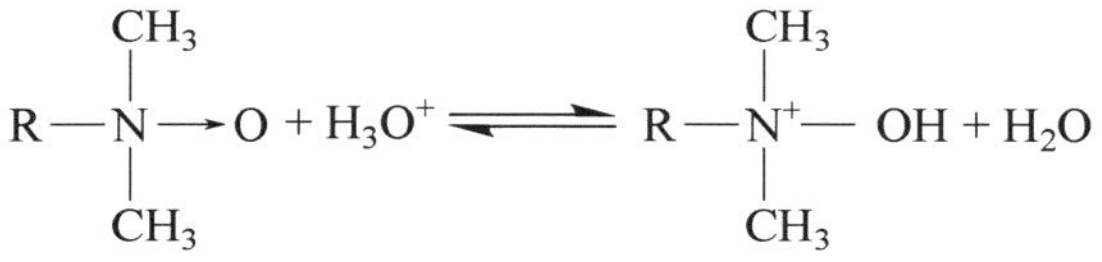

$$R-\overset{\displaystyle CH_3}{\underset{\displaystyle CH_3}{\overset{|}{\underset{|}{N}}}}\rightarrow O + H_3O^+ \rightleftharpoons R-\overset{\displaystyle CH_3}{\underset{\displaystyle CH_3}{\overset{|}{\underset{|}{N^+}}}}-OH + H_2O$$

在碱性或中性介质中显示非离子表面活性剂氢键的增溶性能：

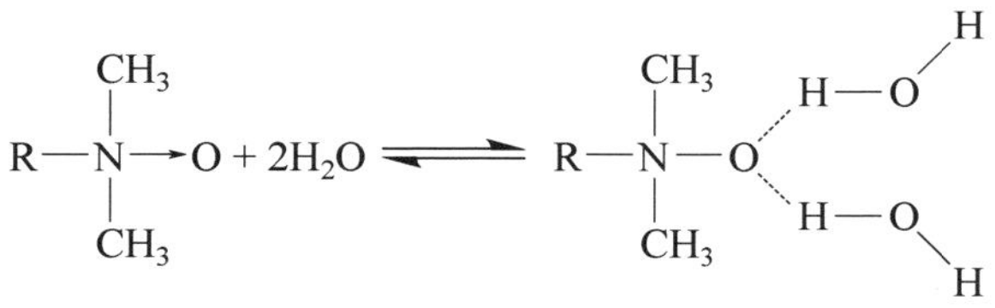

$$R-\overset{\displaystyle CH_3}{\underset{\displaystyle CH_3}{\overset{|}{\underset{|}{N}}}}\rightarrow O + 2H_2O \rightleftharpoons R-\overset{\displaystyle CH_3}{\underset{\displaystyle CH_3}{\overset{|}{\underset{|}{N}}}}-O\begin{matrix}\cdots H-O-H \\ \cdots H-O-H\end{matrix}$$

就化学性质而言，氧化胺为两性表面活性剂，它能在一个很宽的 pH 值范围内与阴离子表面活性剂、非离子表面活性剂以及阳离子表面活性剂完全相溶。在中性和碱性溶液中，氧化胺主要显示非离子特性。在酸性情况下，氧化胺表现为弱阳离子特征，与真正的阳离子表面活性剂如季铵化合物的阳离子性不同。

3. 流变调节剂

用于表面活性剂体系改变流变性的物质主要包括：天然水溶性聚合物、半合成水溶性聚合物、合成水溶性聚合物及无机盐。

应用于表面活性剂体系的水溶性聚合物流变调节剂，除了之前介绍过的天然水溶性聚合物、半合成水溶性聚合物、合成水溶性聚合物外，还有一种具有非离子特性的聚合物，如 PEG-6000 双硬脂酸酯、PEG-50 聚丙二醇油酸酯。这一类水溶性聚合物有类似非离子表面活性剂的特性，有疏水基（如双硬脂基、油酸基），其疏水基会插入到胶束里面，很长链的亲水基在胶束外围将水分子从自由水变成结合水，增大了胶束的体积，起到提高黏度的作用。

用于调节表面活性剂体系流变特性的无机盐有氯化钠、氯化铵、硫酸钠等。用盐类调节黏度会使产品电解质浓度增大，对其他性质也有影响。对于 AES 体系，氯化钠的质量分数在 2%～2.5%附近，黏度达到最大值，黏度与氯化钠质量分数的关系曲线呈钟形。

一些无机和有机盐可用于阴离子表面活性剂体系作增稠剂，如氯化钠、氯化铵、单乙醇胺氯化物、二乙醇胺氯化物、硫酸钠、磷酸铵、磷酸二钠和三磷酸五钠等。氯化钠和氯化铵是最常用的电解质增黏剂。当使用无机盐作增黏剂时，必须注意到无机盐的加入会引起体系浊点的升高，此外，有时只要添加少量盐类，黏度就会产生急剧的变化。用无机盐增稠体系的黏度对温度变化十分敏感，低温时黏度较高，而高温时黏度又很低。

4. pH 调节剂

一般洁面产品的 pH 为 5.5～7.0，皂基体系呈碱性。甜菜碱和季铵化的聚合物在 pH<6 时，表现出最佳的调理作用。碱性介质会影响到一些杀菌剂和防腐剂的功效，如对羟基苯甲酸酯类在 pH≥7 时活性降低或失活。

5. 肤感调节剂

肤感调节剂是指吸附于皮肤表面，改善皮肤清洁后的肤感，使皮肤表面光滑如丝的一类物质。常用阳离子聚合物如聚季铵盐等。

6. 特殊添加剂

特殊添加剂包括润肤剂、保湿剂和各类活性营养添加剂。润肤剂可减少表面活性剂在洁肤的时候给皮肤造成的脱脂，赋予皮肤脂质，使皮肤润滑、光泽。常用的润肤剂有羊毛脂及其衍生物、脂肪酸酯和各种动、植物油脂。保湿剂常用甘油、丙二醇、山梨醇等。活性添加剂的选用范围很广，包括各种动物提取物、植物提取物和生物制品，可根据需要选用具有不同功能的添加剂。

六、配方示例与工艺

非皂基体系的表面活性剂清洁产品因主表面活性剂的不同，形成了多种体系产品，相应的配方组成及工艺都会不同。下面分别按产品使用部位，主表面活性剂类型（氨基酸体系、月桂醇磺基琥珀酸酯二钠、月桂醇聚醚硫酸酯钠、月桂醇聚醚磷酸钾等）列举具体的配方示例。

1. 氨基酸体系

氨基酸体系是近几年很受消费者青睐的产品体系，因其没有皂基强烈的脱脂性，也没有 AES 难以冲洗的肤感。但该体系也有缺点，最大的问题是难以增稠，这给配方的设计提出了难题。氨基酸体系的配方示例见表 9-10（1）～表 9-10（4）。

表 9-10（1） 复合氨基酸体系沐浴露（一）

组相	原料名称	质量分数/%	组相	原料名称	质量分数/%
A 相	水	加至 100	B 相	月桂醇聚醚-2	2.0
	月桂醇聚醚硫酸酯钠（30%）	40.0		聚季铵盐-10	0.2
	椰油酰胺丙基甜菜碱（30%）	10.0	C 相	防腐剂	适量
	椰油酰谷氨酸二钠（30%）	7.0		香精	适量
B 相	PEG-7 聚甘油椰油酸酯	2.0		柠檬酸	0.5

制备工艺：

① 将水及表面活性剂（A 相）依次加入到容器中，加热至 70～75℃搅拌至完全溶解；

② 降温至 50℃，依次加入 B 相中的其他成分，保持温度继续搅拌 30min；

③ 降温到 45℃，依次将 C 相中的其他成分加入；

④ 待最后一个原料加入，搅拌 30min 即可。

表 9-10（2） 复合氨基酸体系沐浴露（二）

组相	原料名称	质量分数/%	组相	原料名称	质量分数/%
A 相	水	加至 100	A 相	甘油	3.6
	椰油酰基谷氨酸 TEA 盐（30%）	36.0	B 相	香精	适量
	椰油酰两性乙酸钠（30%）	36.0		防腐剂	适量
	椰油酰胺 DEA	2.3		柠檬酸	适量

制备工艺（冷配）：

① 将水及 A 相的其他组分逐一加入到容器中，搅拌至完全溶解；

② 依次将 B 相中各组分加入，搅拌充分即可。

表 9-10（3） 复合氨基酸体系洁面乳（一）

组相	原料名称	质量分数/%	组相	原料名称	质量分数/%
A 相	水	加至 100	B 相	椰油酰胺丙基甜菜碱	8.0
	丙烯酸（酯）类共聚物	4.0		椰油酰甘氨酸钠	3.0
	复合氨基酸表面活性剂（月桂酰氨基丙酸钠，月桂酰肌氨酸钠，PEG-7 橄榄油羧酸钠）	35.0	C 相	椰油酰胺 DEA	2.0
			D 相	盐	2.0
				水	5.0
	PEG-150 二硬脂酸酯	0.4	E 相	NMF-50	1.0
B 相	柠檬酸	0.4		香精	适量
	月桂酰肌氨酸钠	6.0		防腐剂	适量

制备工艺：

① 将 A 相各组分依次加入到主容器，搅拌状态下加热至 75℃；

② 待 A 相完全溶解后，降温至 60℃，加入 B 相中各组分；

③ 搅拌均匀后，加入C相组分；

④ 搅拌均匀后，加入D相预先混合均匀的物料；

⑤ 降温至45℃，投入E相，搅拌均匀即可。

表9-10（4）　复合氨基酸体系洁面乳（二）

组相	原料名称	质量分数/%	组相	原料名称	质量分数/%
A相	水	加至100	B相	乙二醇双硬脂酸酯	1.5
	椰油酰谷氨酸钠	16.0	C相	甘油	5.0
	月桂酰胺羟磺基甜菜碱	3.2		丙烯酸酯类共聚物	5.0
B相	肉豆蔻酸	0.5		水	5.0
	月桂酸	0.5	D相	防腐剂	适量
	硬脂酸	0.5		抗氧化剂	适量
	椰油酰羟乙基磺酸钠	5.0		香精	适量

制备工艺：

① 将水、表面活性剂（A相）依次加入到容器中，加热至80～85℃，搅拌至溶解完全；

② 保持80～85℃并慢速搅拌，加入脂肪酸、表面活性剂、珠光剂（B相），搅拌至溶解完全；

③ 逐渐降温到55℃，加入事先均匀混合的丙烯酸共聚物（C相），继续搅拌30min；

④ 降温至45℃，依次加入防腐剂、抗氧化剂、香精（D相），搅拌均匀即可。

2. 烷基糖苷体系

烷基糖苷是源于天然原料的天然表面活性剂，也常常作为洁面产品的主表面活性剂，烷基糖苷中C_8～C_{14}的烷基糖苷用于清洁产品。烷基糖苷体系的配方示例见表9-11。

表9-11　烷基糖苷体系洁面乳

组相	原料名称	质量分数/%	组相	原料名称	质量分数/%
A相	水	加至100	B相	椰油酰胺丙基甜菜碱	7.0
	椰油基葡糖苷	16.0		皱波角叉菜（CHONDRUS CRISPUS）提取物	0.1
	月桂基葡糖苷	7.0			
	甘油	4.0	C相	防腐剂	适量
B相	椰油酰两性基二乙酸二钠	9.0	D相	柠檬酸	适量
	椰油酰基谷氨酸钠	2.0			

制备工艺：常温下依次将A相、B相、C相、D相中各组分加入主容器，搅拌均匀即可。

3. 月桂醇磺基琥珀酸酯二钠体系

月桂醇磺基琥珀酸酯二钠是一种阴离子型温和表面活性剂，其作为主表面活性剂的配方示例见表 9-12。

表 9-12　月桂醇磺基琥珀酸酯二钠体系洁面乳

组相	原料名称	质量分数/%	组相	原料名称	质量分数/%
A 相	水	加至 100	C 相	甘油硬脂酸酯、PEG-100 硬脂酸酯	1.00
	EDTA-2Na	0.10	D 相	水	10.00
	月桂醇磺基琥珀酸酯二钠	10.00		氯化钠	3.00
	甲基月桂酰基牛磺酸钠	7.20	E 相	功效/概念成分	适量
B 相	椰油酰两性二乙酸二钠	5.00		香精	适量
	椰油酰胺丙基甜菜碱	1.40		防腐剂	适量
C 相	PEG-150 硬脂酸酯	1.00		色素	适量
	蜂蜡	1.00			
	乙二醇二硬脂酸酯	2.00			

制备工艺：

① 将 A 相中各组分加入到主容器，搅拌状态下加热至 85℃；

② 待 A 相中各组分完全溶解后，加入 B 相中各组分；

③ 待 B 相中各组分完全溶解后，加入 C 相中各组分，搅拌至完全溶解；

④ 降温至 60℃，加入 D 相中各组分，搅拌均匀；

⑤ 降温至 45℃，加入 E 相中各组分，搅拌均匀即可。

4. 脂肪醇聚氧乙烯醚硫酸酯钠体系

脂肪醇聚氧乙烯醚硫酸酯钠是很常用的一种清洁产品的主表面活性剂，因其不易冲洗，不受消费者喜爱；但其价格便宜、泡沫丰富，也常常作为主表面活性剂开发产品。脂肪醇聚氧乙烯醚硫酸酯钠体系的配方示例见表 9-13（1）～表 9-13（3）。

表 9-13（1）　脂肪醇聚氧乙烯醚硫酸酯钠体系卸妆洗颜乳

组相	原料名称	质量分数/%	组相	原料名称	质量分数/%
A 相	去离子水	加至 100	C 相	氢氧化钠	0.06
	月桂醇聚氧乙烯醚硫酸酯钠	12.00	D 相	甘油	1.00
	椰油酰羟乙磺酸酯钠	1.50		椰油酰胺丙基甜菜碱	8.00
	PEG-150 二硬脂酸酯	0.30	E 相	椰油酰胺 DEA	1.00
	羟苯甲酯	0.10		去离子水	2.00
	EDTA-2Na	0.05	F 相	兰蔻	0.04
B 相	柠檬酸	0.03		氯化钠	0.40
	去离子水	5.00	G 相	防腐剂	适量
C 相	丙烯酸（酯）类共聚物	2.50		香精	适量
	去离子水	1.00			

制备工艺：

① 将 A 相中各组分加入主容器，搅拌状态下加热至 75℃；

② 将 B 相预先混合均匀，待 A 相完全溶解后加入，搅拌均匀；

③ 主容器降温至 60℃，在单独容器内，搅拌状态下将 C 相依次混合均匀，然后加入主容器，搅拌均匀；

④ 将 D 相中的组分依次加入到体系中，搅拌均匀；

⑤ 将 E 相预先混合均匀，然后加入主容器，搅拌均匀；

⑥ 降温至 45℃，依次加入 F 相、G 相，搅拌均匀。

表 9-13（2） 脂肪醇聚氧乙烯醚硫酸酯钠体系沐浴露

组相	原料名称	质量分数%	组相	原料名称	质量分数%
A 相	去离子水	加至 100	C 相	PPG-26-丁醇聚醚-26、PEG-40 氢化蓖麻油、水	0.80
	月桂醇聚氧乙烯醚硫酸酯钠	13.00		氯化钠	0.60～1.20
	椰油酰胺 DEA	3.50		DMDM 乙内酰脲	0.30
	柠檬酸	0.09		0.2%柠檬黄	0.18
B 相	椰油酰胺丙基甜菜碱	4.00			
C 相	香精	0.20			

制备工艺：

① 将去离子水加入到主容器中，在搅拌下加热至 80℃左右，依次加入 A 相中其他组分；

② 继续搅拌保温在 80℃左右，保温至少 20min；

③ 待所有原料完全溶解均匀后，开始冷却降温，搅拌冷却至 60℃，加入 B 相中的各组分，搅拌至完全溶解透明；

④ 搅拌冷却至 45℃，加入 C 相中各组分，搅拌均匀即可。

表 9-13（3） 脂肪醇聚氧乙烯醚醚硫酸酯钠体系洁面泡沫

组相	原料名称	质量分数/%	组相	原料名称	质量分数/%
A 相	水	加至 100	A 相	椰油酰甘氨酸钾	3.00
	月桂醇聚氧乙烯醚硫酸酯钠	2.50		柠檬酸	适量
	癸基葡糖苷	5.00	B 相	香精	适量
				防腐剂	适量

制备工艺：常温下依次将 A 相、B 相投入主容器，搅拌均匀。

5. 月桂醇聚醚磷酸钾体系

单烷基磷酸盐（MAP）属于阴离子型表面活性剂，在其结构里再增加聚氧乙烯醚，可以增加其亲水性，也可以作为洁肤产品的主表面活性剂。单烷基磷酸盐体系的配方示例见表 9-14（1）、表 9-14（2）。

表 9-14（1） 月桂醇聚醚磷酸钾体系温和洁面泡沫

组相	原料名称	质量分数/%	组相	原料名称	质量分数/%
A 相	水	加至 100	B 相	癸基葡糖苷	2.00
	EDTA-2Na	0.05	C 相	防腐剂	适量
	月桂醇聚醚磷酸钾	23.00	D 相	香精	适量
	甘油	5.00		月桂醇聚醚磷酸钾	2.00
B 相	月桂酰胺丙基羟磺基甜菜碱	5.00			

制备工艺：

① 常温下依次将 A 相、B 相、C 相加入主容器，搅拌均匀；

② 将 D 相预先混合均匀，在主容器搅拌状态下缓慢加入，保持料体透明。

表 9-14（2） 月桂醇聚醚磷酸钾体系温和洁面啫喱

组相	原料名称	质量分数/%	组相	原料名称	质量分数/%
A 相	水	加至 100	B 相	月桂酰两性基乙酸钠	3.00
	EDTA-2Na	0.05		椰油酰胺甲基 MEA	2.00
	月桂醇聚醚磷酸钾	23.00	C 相	水	8.00
	PEG-150 二硬脂酸酯	0.20		丙烯酸（酯）类共聚物	4.00
	甘油	2.00	D 相	防腐剂	适量
B 相	月桂酰胺丙基羟磺基甜菜碱	10.00		香精	适量

制备工艺：

① 将 A 相加入主容器，搅拌状态下加热至 75℃；

② 待 A 相完全溶解后，加入 B 相，搅拌至完全溶解；

③ 降温至 60℃，将 C 相预先混合均匀，在主容器搅拌状态下缓慢加入；

④ 依次加入 D 相中各成分，搅拌均匀。

6. 椰油酰胺丙基甜菜碱体系

椰油酰胺丙基甜菜碱（CAB）属于两性表面活性剂，有时也可以作为洁肤产品的主表面活性剂。椰油酰胺丙基甜菜碱体系的配方示例见表 9-15。

表 9-15 椰油酰胺丙基甜菜碱温和洁面啫喱

组相	原料名称	质量分数/%	组相	原料名称	质量分数/%
A 相	水	加至 100	B 相	PEG-120 甲基葡糖二油酸酯	0.10
	EDTA-2Na	0.05	C 相	水	2.00
	椰油酰胺丙基甜菜碱	12.00		柠檬酸	适量
	椰油酰两性基二乙酸二钠	8.00	D 相	防腐剂	适量
	月桂醇聚醚磷酸钾	8.00		香精	适量

制备工艺：

① 将 A 相加入主容器，搅拌状态下加热至 75℃；

② 待A相完全溶解后，加入B相，搅拌至完全溶解；

③ 降温至40℃，将C相预先混合均匀，加入主容器；

④ 依次加入D相中各成分，搅拌均匀。

第三节　卸妆产品

卸妆类产品主要是针对彩妆进行清除的清洁类产品。市面上卸妆类产品的剂型和种类有很多，从使用部位来说，主要是通用型和局部型两种。通用型对于卸除部位不加以区分，使用方便；局部型主要针对特定区域，如眼部、唇部等，在原料选择方面，会兼顾使用部位的皮肤和着妆特点，进行重点和更有效的清洁。

从配方角度来说，主要有油溶性的卸妆油（可能有少量表面活性剂）、稳定的乳化体系（卸妆乳/微乳）、用前摇匀的不稳定乳化体系、含清洁剂的体系（如皂基），这些产品根据使用部位、产品市场概念/理念的不同，在配方设计/原料选择方面会略有不同。

一、产品配方结构

卸妆类产品主要以脂溶性机理去除皮肤上的脂类污垢，包括皮脂与涂抹于皮肤上的化妆品，这类产品的主原料是油脂。目前市场上比较多的剂型是双层卸妆液，需要在用前摇匀，即时乳化，在静置后瞬间分层，油水界面非常清晰。双层卸妆液的配方结构见表9-16。

表9-16　双层卸妆液产品的配方结构

成　分	功　能	原料示例
油脂	分散溶解油性污垢，防止过度清洁	
水	降低油腻	
多元醇	保湿、调节肤感、折光	甘油、1,3-丙二醇
乳化剂	形成W/O体系	水溶性油脂（亲水性不太强）
防腐剂	抑制微生物生长	
抗氧化剂	抑制或防止产品氧化变质	BHT
无机盐	加快破乳	氯化钠
香精和香料	赋香	

二、设计原理

1. 油脂的选择

卸妆液作为一种清洁产品，油脂在体系中占到约40%，是很关键的一个组分，因此其选择需要遵循以下原则：

① 液态油脂；

② 矿物油脂与合成油脂的复配；

③ 肤感清爽不油腻；

④ 性价比良好。

2. 乳化剂的选择

双层卸妆液在使用过程中即时乳化形成了 W/O 体系，油相是外相，通过脂溶性去除污垢，因此，在乳化剂的选择上要选适合于 W/O 体系的乳化剂，即低 HLB 值的乳化剂，或临界堆积参数（CPP）大于 1 的乳化剂。

但是，从另一方面考虑，该体系在使用结束后，需要瞬间破乳，界面清晰，也即在使用过程中形成的 W/O 乳化体系必须非常的不稳定，如果 W/O 乳化体系非常的稳定就不可能在放下的瞬间破乳。因此，如果选择的乳化剂临界堆积参数（CPP）大于 1，一般情况该类乳化剂的 HLB 值也会较小，这时形成的 W/O 乳化体系符合乳化理论的要求，是比较稳定的体系。结合上述两个因素，双层卸妆液乳化剂的选择应该是：

① HLB 值比较小，一般在 3～6 之间；

② 临界堆积参数（CPP）不能大于 1，要小于 1。

3. 避免色素迁移

为了凸显双层卸妆液分层的清晰，常常会在其中一相加入色素。但是这两相在使用过程中又会混在一起，因此，在色素选择过程中，色素的溶解性很重要。需要选择只溶解于油相或水相的色素，不能选择在两相中都有一定溶解度的色素，那样就会出现色素迁移的问题，当使用一段时间之后，两相的颜色相差不大，这会大大影响产品的外观。

4. 两相分别防腐

双层卸妆液的防腐与色素的注意点正好相反。由于绝大部分的防腐剂是油溶性的，在水中的溶解性很差，而双层卸妆液在存放过程中水相、油相完全分离，如果只选择油溶性的防腐剂，会导致水相组分很容易发生霉变。因此，双层卸妆液的防腐需要分别选择水溶性、油溶性防腐剂，对两相分别防腐。

三、相关理论

1. 瞬间乳化

卸妆液是在使用过程中，通过摇动乳化的，这种乳化方式没有经过搅拌、均质等高剪切的工艺，只能形成很不稳定的乳状液。

2. 及时破乳

双层卸妆液要求在使用之后放下的瞬间破乳，一方面根据前面的分析，所选择的乳化剂不能有利于体系的稳定；另一方面需要借助于油相、水相的密度差快速分层破乳。因此，在卸妆液的水相中一般会加入约 10%的无机盐，一方面大量的无机盐本身不利于乳化体系的稳定；另一方面无机盐可以增大水相的相对密度，达到快速分层的目的。

四、原料选择

1. 油脂

常用的油脂包括：矿物油、硅油、二辛基醚、辛酸丙基庚酯、氢化聚异丁烯、异壬酸异壬酯等。

2. 乳化剂

一般选择低 HLB 值、W/O 型乳化剂，常用的乳化剂为 PEG 较低的水溶性油脂，如 PEG-7 椰油酸甘油酯。

3. 电解质

常用的无机盐电解质是 NaCl。

4. 色素

多选择水溶性、不溶于油的色素。

五、配方示例与工艺

双层卸妆液的配方示例见表 9-17。

表 9-17　双层卸妆液配方

组相	原料名称	质量分数/%	组相	原料名称	质量分数/%
A 相	甘油	10	A 相	色素	适量
	水	30	B 相	PEG-7 椰油酸甘油酯	5
	氯化钠	10		矿物油	45
	防腐剂	适量		防腐剂	适量

制备工艺：

① 先将 A 相组分逐一加入主容器，原料在常温搅拌均匀；

② 将 B 相原料依次加入另一容器中，搅拌均匀；

③ 将 A 相、B 相混合即可。

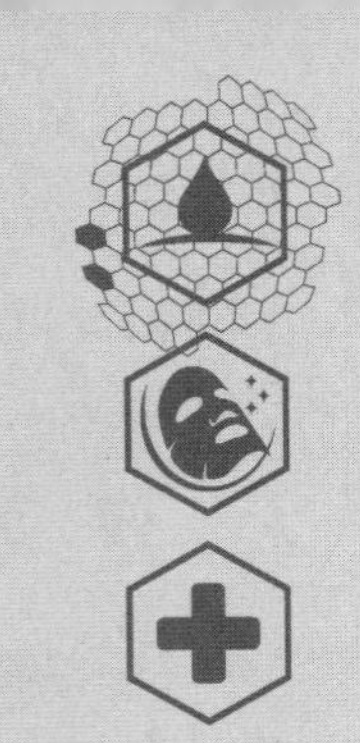

第十章　乳霜护肤类化妆品

Chapter 10

第一节　护肤凝胶

一、产品性能结构特点和分类

护肤凝胶是介于化妆水与乳霜之间的一类产品，其配方结构类似于化妆水，但使用性能上又类似于乳霜，比乳霜肤感清爽。从透明度上分，护肤凝胶分透明型及半透明型。

二、产品配方结构

护肤凝胶的基本功能是保湿。通过添加活性原料可以赋予产品润肤、营养、祛斑、延缓衰老等作用。各种护肤凝胶的目的和功能不同，所用的成分及其用量的平衡也有差异。它的主要成分是保湿剂、增溶剂、防腐剂、香精和水，增溶剂可以是短碳链醇类或者表面活性剂，制备时一般不需经过乳化，其配方组成见表 10-1。

表 10-1　护肤凝胶的主要配方组成

成分	主要功能	代表性原料
水	补充角质层的水分、溶解其他水溶性成分	去离子水
保湿剂	角质层的保湿、改善使用感、溶解某些成分	甘油、丙二醇、1,3-丁二醇、甘油聚醚-26、透明质酸等
润肤剂	滋润、保湿软化、改善使用感	水溶性的植物油脂、水溶性的硅油
增溶剂	油溶性原料增溶	短碳链醇或非离子表面活性剂
流变调节剂	改善流变性、改善肤感	各种水溶性聚合物，如汉生胶、羟乙基纤维素、羟丙基纤维素、丙烯酸系聚合物（Carbopol 941 等）
香精	赋香	
防腐剂	微生物稳定性	尽可能选择水溶性的防腐剂
其他活性组分	紧缩、杀菌、营养	如收敛剂、杀菌剂、营养剂

三、设计原理

1. 流变调节剂的选择

护肤凝胶在配方开发过程中，首先是流变调节剂的选择，一般需要选择对体系黏度提升很明显的合成水溶性聚合物。但需要根据预开发产品的透明度，选择透明型与不透明型流变调节剂，尤其是透明型的产品只能使用透明型的流变调节剂。

2. 油脂的添加

护肤凝胶配方结构类似于化妆水，但其应用性能需要有一定的润肤性以适合没有流动性的剂型。在凝胶型化妆品中赋予产品滋润性有两种方式：

（1）添加水溶性油脂　目前应用于水剂、凝胶型化妆品中的水溶性油脂类型很多。水溶性油脂一般是在原来的油性化合物结构基础上连接聚氧乙烯链（EO 链），随 EO 数的增加，水溶性油脂的水溶性增强。水溶性较强的油脂，会形成透明体系；而 EO 数较少，水溶性不强的，添加到体系中会形成泛蓝的半透明体系。

（2）添加油溶性油脂　油溶性油脂无法直接添加到水剂或凝胶产品中，需要借助于增溶、微乳或纳米乳液技术，增强油溶性的成分在水介质中的分散性。但增溶、微乳或纳米乳液技术有很大的不同，增溶与微乳是热力学稳定体系，所形成的体系稳定性很好，但由于在形成过程中需要添加的表面活性剂浓度很高，太高的表面活性剂浓度应用于护肤产品中可能会有负面作用；而纳米乳液是热力学不稳定体系，在体系形成过程中，乳油比（乳化剂与油脂的比例）不高，乳化剂添加量不需要太多，但形成的一般是半透明的体系，借助于纳米乳液是很难形成透明体系。

四、相关理论

1. 增溶理论

护肤凝胶中不包含乳化剂时，所添加的油性成分（如香精），也需要借助于增溶技术。目前常用的增溶剂是非离子型表面活性剂，如 PEG-40 氢化蓖麻油、PEG-60 氢化蓖麻油。基于的增溶理论在第八章已介绍。

2. 增稠理论

体系的黏度主要依赖于水溶性聚合物，常用的水溶性聚合物是卡波树脂（Carbomer）类，即聚丙烯酸类化合物，其化学结构见图 10-1，需要在中和之后体现对体系黏度的提升。

卡波是粉末状 Carbomer 树脂，分子卷得很紧；分散于水后，其分子进行水合而产生一定程度的伸张；采用无机碱类或低分子量的有机胺类中和 Carbomer，使其分子离子化并沿着聚合物的主链产生负电荷，同性电荷之间的相斥便促使分子伸直变成张开结构。此反应进行迅速，增稠作用瞬间完成。

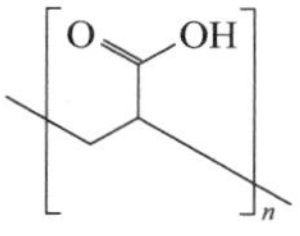

图 10-1　卡波的分子结构式

五、原料选择

原料的选择基本等同于化妆水，针对半透明的凝胶，会添加一些乳化剂或增溶剂，以提升油性成分在凝胶体系中的分散性。

六、配方示例与工艺

护肤凝胶按肤感可以分为清爽型与滋润型，按体系的透明度分为透明型与半透明型，其配方示例见表 10-2（1）～表 10-2（3）。

表 10-2（1） 保湿型护肤凝胶

组相	原料名称	质量分数/%	组相	原料名称	质量分数/%
A 相	水	加至 100	A 相	EDTA-2Na	0.05
	甘油	5.00		芦荟提取物	1.00
	丁二醇	5.00	B 相	三乙醇胺	0.30
	卡波 940	0.30		防腐剂	适量
	透明质酸	0.10	C 相	PEG-40 氢化蓖麻油	0.50
	尿囊素	0.50		香精	适量

制备工艺：

① 准确称量 A 相中的水于容器中；

② 在搅拌水的同时，将卡波 940 分散在水中，充分搅拌分散均匀；

③ 依次加入 A 相剩余组分，搅拌分散均匀；

④ 将 B 相依次加入，搅拌分散均匀；

⑤ 将 C 相中原料预混均匀，再加入到体系中，搅拌分散至体系均一。

表 10-2（2） 美白护肤凝胶

组相	原料名称	质量分数/%	组相	原料名称	质量分数/%
A 相	水	加至 100	A 相	EDTA-2Na	0.05
	甘油	5.00		烟酰胺	1.00
	丁二醇	5.00		抗坏血酸葡糖苷	2.00
	AVC	0.60	B 相	防腐剂	适量
	透明质酸钠	0.10	C 相	PEG-40 氢化蓖麻油	0.50
	尿囊素	0.50		香精	适量

制备工艺：

① 将 A 相中的 AVC 分散在水中，充分搅拌分散均匀；

② 依次加入 A 相剩余组分，搅拌分散均匀；

③ 将 B 相中的原料加入，搅拌分散均匀；

④ 将 C 相中的原料预混均匀，再加入到体系中，搅拌分散至体系均一。

表 10-2（3）　抗衰老护肤凝胶

组相	原料名称	质量分数/%	组相	原料名称	质量分数/%
A 相	水	加至 100	A 相	EDTA-2Na	0.05
	甘油	5.00		酵母提取物	1.00
	丁二醇	5.00		棕榈酰三肽-8	2.00
	汉生胶	0.20	B 相	防腐剂	适量
	卡波（U20）	0.20	C 相	PEG-40 氢化蓖麻油	0.50
	透明质酸	0.10		香精	适量
	尿囊素	0.50			

制备工艺：

① 将 A 相中 U20 与汉生胶分散在水中，充分搅拌分散均匀；

② 依次加入 A 相剩余组分，搅拌分散均匀；

③ 加入 B 相中原料，搅拌分散均匀；

④ 将 C 相中原料预混均匀，再加入到体系中，搅拌分散至体系均一。

第二节　护肤乳液、膏霜

一、产品性能结构特点和分类

护肤乳霜类化妆品是化妆品中的主体产品。随着市场的细分化，也是种类最多的单品。乳霜类产品的使用性能包括：

① 给皮肤补充适当的油脂；

② 有较好的保湿性能，防止皮肤开裂；

③ 对皮肤无刺激性，可安全使用；

④ 有较好的铺展性及渗透性；

⑤ 各种营养添加剂能有效渗透于角质层，长期重复使用不过敏；

⑥ 产品在使用中和使用后具有悦人的肤感及香气。

乳霜类产品按照产品的流动性分为露、乳、霜；按使用部位可以分为面乳/霜、手乳/霜、体乳/霜、眼乳/霜等；按照产品的功效性可以分为保湿霜、滋润霜、祛斑霜、抗皱霜、防晒霜等；按乳化体系的类型可以分为 O/W 型或 W/O 型。

二、产品配方结构

护肤膏霜乳液属乳化体系，主要包括油脂、乳化剂、流变调节剂、保湿剂、防腐剂、抗氧化剂、香精、螯合剂、着色剂及其他活性组分，各组分的主要功能及代表性原料见表 10-3。

表 10-3　护肤膏霜乳液的主要配方组成

结构成分	主要功能	代表性原料
油脂	赋予皮肤柔软性、润滑性、铺展性、渗透性	各种植物油、三甘油酯、支链脂肪醇类、支链脂肪酸酯、硅油等
乳化剂	形成 W/O 或 O/W 体系	非离子表面活性剂、阴离子表面活性剂
流变调节剂	分散和悬浮作用，增加稳定性，调节流变性，改善使用感	羟乙基纤维素、汉生胶、卡波姆等
保湿剂	角质层保湿	多元醇及透明质酸钠等
防腐剂	抑制微生物生长	尼泊金酯类、甲基异塞唑啉酮类、甲醛释放体类、苯氧乙醇等
抗氧化剂	抑制或防止产品氧化变质	BHT、BHA、生育酚
着色剂	赋予产品颜色	酸性稳定的水溶性着色剂
功效活性组分	赋予特定功能（抗皱、营养、美白）	美白、营养、抗皱等活性组分
香精和香料	赋香	酸性稳定的香精

三、设计原理

一般来说，所设计的护肤膏霜和乳液产品的膏体有如下特性：

① 外观洁白美观，或带浅的天然色调，富有光泽，质地油腻；

② 手感良好，体质均匀，黏度合适，膏霜易于倒出，乳液易于倾出或挤出；

③ 易于在皮肤上铺展和分散，肤感润滑；

④ 涂抹在皮肤上具有亲和性，易于均匀分散；

⑤ 使用后能保持一段时间持续湿润，而无黏腻感。

乳状液类化妆品的特性与所选用的原料和配方结构有关，其中最重要的是乳状液的类型、两相的比例、油相的组分、水相的组分和乳化剂的选择。

1. 乳状液的类型

各种润肤物质多有油性脂质成分，在乳化体中既可作为分散相，也可作为连续相。润肤的效果很大程度上取决于乳化体的类型和载体的性质。将 O/W 型乳状液涂敷于皮肤上则连续的水相快速蒸发，水分的减少会不同程度地产生冷的感觉。分散的油相开始并不封闭，对皮肤的水分挥发并无阻碍，随着挥发的进行，分散的油相开始形成连续的薄膜，乳状液中油相的性质直接影响着封闭的性能。O/W 型乳化体的主要优点在于皮肤上有比较清爽的感觉，少油腻。

在皮肤上敷上 W/O 型乳状液，油相能和皮肤直接接触，且乳状液内的水分挥发得较慢，所以对皮肤不会产生冷的感觉。W/O 型乳状液具备一定的防水性能，适合制备婴儿护臀膏、粉底、防晒霜等剂型。W/O 型乳状液也适合北方寒冷地带润肤膏霜，具有较好的封闭性。

从两种乳状液的类型来说，由于油在 O/W 型乳状液中是分散相，水相是连续相，因此在使用过程中呈现水的肤感，比较清爽；而 W/O 型乳状液中水是分散相，油是连续相，因此在使用过程中呈现油的肤感，滋润性比较好，但也可能有油腻感。但两种类型的乳状液，对于促进油性成分在皮肤上的渗透相差甚微。

2. 两相的比例

W/O 型乳状液的最大不足是膏体不如 O/W 型乳状液柔软。根据相体积理论，乳状液中分散相的最大体积可占总体积的 74.02%，即 O/W 型乳化体中水相的体积必须大于 25.98%；而 W/O 型乳状液中油相的体积必须大于 25.98%。虽然许多新型乳化剂的乳化性能优良，可以制得内相体积大于 95%的产品，但从乳化体的稳定性考虑，外相体积还是大于 25.98%为好。总之，内相体积最好小于 74.02%，而外相体积最好大于 25.98%。表 10-4 列出了部分化妆品乳状液的类型、油相的熔点和油相的质量分数。

表 10-4　化妆品乳化液的类型、油相的熔点和质量分数

产品	乳化体类型	油相的熔点（大约数）/℃	油相的质量分数（大约数）/%
润肤霜	O/W，W/O	35～45	油/水 15～30，水/油 45～80
润肤乳液	O/W，W/O	油/水 30～55，水/油<15	油/水 10～20，水/油 45～80
护手霜	O/W	40～55	20～30
清洁霜	O/W，W/O	<35	30～50
清洁乳液	O/W	<35	10～30
雪花膏	O/W	>50	15～30
粉底霜	O/W	40～55	20～35
营养霜	O/W，W/O	<37	15～35
防晒霜	O/W，W/O	<15～55	油/水 15～30，水/油 40～60
抑汗霜和乳液	O/W	>37	5～25

从表 10-4 可以看出，在同类产品中，O/W 型乳状液油相的比例较 W/O 型低；两相的比例是完全根据各类产品的特性要求而决定的，各类产品也有一定限度的变动范围，必须按照每一产品的功能和有关因素来确定。一般护手霜油相的比例较高，尤其是供严重开裂用的高效护手霜，油相的比例往往高达 25%～30%。O/W 型乳状液由于水是外相，因此包装容器要严格密封，以防止挥发干燥。W/O 型乳状液由于水是内相，水分较不容易挥发，因此包装容器的密封要求就不如前者来得高。

3. 油相组分

油相组分是由各种不同熔点的油、脂、蜡等原料混合，其熔点与油相的流变特性及用于皮肤时的各种性能直接有关。产品涂抹于皮肤后的肤感及存在状态是由不挥发的组分所决定的，主要是油相。封闭性油性物质在皮肤上形成一层连续密合的薄膜；非封闭性油性物质有部分会被皮肤所吸收。

一般认为，对皮肤的渗透来说，动物油脂较植物油脂为佳，而植物油脂又较矿物油为好，矿物油对皮肤不显示渗透作用，胆甾醇和卵磷脂能增加油脂对表皮的渗透和黏附。当基质中存在表面活性剂时，对表皮细胞膜的透过性将增大，吸收量也将增加。

油相组分的比例与其中油脂的类型都会影响到最终乳状液的黏度，无论是 O/W 型还是 W/O 型乳状液，影响都比较大。

油相也是香料、某些防腐剂和色素以及某些活性物质如雌激素、维生素 A、维生素 E 等的溶剂。颜料也可分散在油相中，相对而言油相中的配伍禁忌要较水相少得多。

4. 水相组分

在乳状液体系的化妆品中，水相是许多有效成分的载体。水相组分主要包括了保湿剂、流变调节剂、电解质、水溶性防腐剂及杀菌剂等。此外还有一些活性成分，如各种植物提取物、生物发酵活性成分等。当组合水相中这些成分时，要十分注意各种物质在水相中的化学相溶性，因为许多物质很容易在水溶液中相互反应，甚至失去效果，同时还需注意这些物质与其他类物质的配伍性。有些物质在水相中，由于光和空气的影响，也容易逐渐变质。

5. 乳化剂的选择

当乳状液的类型、两相的大致比例和组分决定之后，最重要的是乳化剂的选择。首先应结合乳化剂的 HLB 值及临界堆积参数，选择适合于目标乳状液类型的乳化剂类型；然后结合其乳化性能，确定乳化剂组合体系；再根据所形成乳状液的稳定性，逐步优化配方体系。

关于乳化剂的用量，应根据油相的用量、膏体的性能和是否添加高分子化合物等而定。通常添加高分子化合物改善流变性的配方，乳化剂的用量可适当减少；为减少涂敷出现白条的现象，除减少固态油脂蜡的用量外，应适当减少乳化剂的用量，并配以适量高分子化合物增稠，以提升膏体的稳定性。

四、相关理论

1. HLB 值理论

HLB 值理论曾经是选择乳化剂的主要依据，即：乳化剂提供的 HLB 值与油相所需要的 HLB 值相一致，是制得稳定乳状液的关键，并通过实验获取最佳的乳化效果。对复配乳化剂来说，所形成乳状液体系的 HLB 值低时形成 W/O 型乳状液，HLB 值高时形成 O/W 型乳状液，也就是说乳化剂相溶性较好的一相作为连续相。

对许多新型乳化剂来说，由于乳化性能的提升，对 HLB 值的依赖大大降低。如脂肪醇聚氧乙烯醚（2）（Brij 72）和脂肪醇聚氧乙烯醚（21）（Brij 721），不论是以 1∶4 还是以 2∶3 复配均可制得稳定的 O/W 型乳状液。

因此，随着乳化剂开发技术的发展，这一理论的应用逐渐减少，因为仅仅依赖于 HLB 值判断乳化剂的乳化性能是很有局限性的。一方面现在很多的乳化剂都属于复配型乳化剂，这类乳化剂很难给出很准确的 HLB 值；另一方面，影响乳化剂乳化性能的除了 HLB 值，还有临界堆积参数、乳化剂类型等其他因素，并不是单一依赖于乳化剂的 HLB 值。

2. 乳化剂临界堆积参数对形成乳状液类型的影响

表面活性剂临界堆积参数的表达式为：

$$P = \frac{V_c}{l_c A_0} \tag{10-1}$$

式中，V_c为疏水基的体积；l_c为疏水基的碳链长度，约等于完全伸展碳链长度的80%；A_0为亲水基头的横截面积。

上述这些参数随体系的不同会有变化，如烃类化合物的增溶，可以使得 V_c 的值增大；A_0大小不仅取决于亲水基头的大小，而且会随溶液中电解质含量、温度、pH、添加剂而变化。

当表面活性剂作为乳化剂时，影响 V_c、l_c及 A_0的因素为：

（1）V_c　油脂的结构，油脂与乳化剂之间的相溶性影响疏水基的体积；

（2）l_c　油脂与乳化剂之间的相溶性影响碳链的伸展状态；

（3）A_0　乳状液水相电解质含量、pH、添加剂以及体系的温度影响亲水基的横截面积。

不同临界堆积参数表面活性剂形成的微观结构见图 10-2。

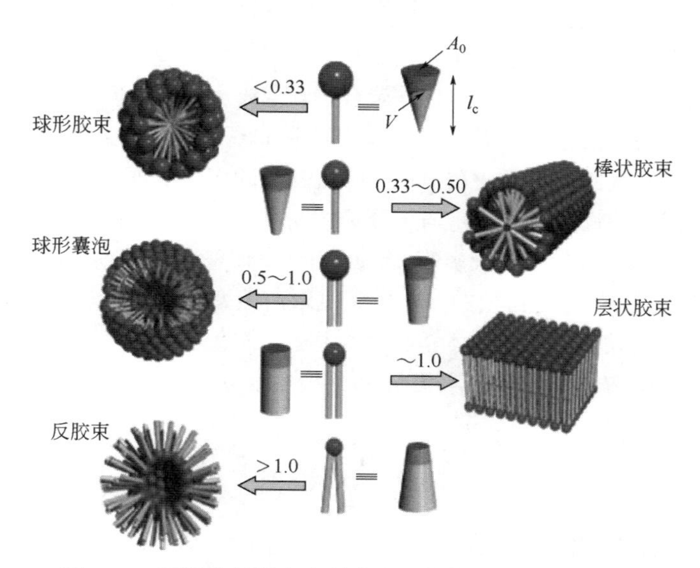

图 10-2　不同临界堆积参数表面活性剂形成的微观结构

3. 影响乳状液黏度的因素

乳状液的黏度直接影响到产品的流动性、稳定性、肤感，因此，最终产品的黏度值是一个很重要的指标，影响乳霜体系黏度的因素如下。

（1）油脂的类型及加入量　在制备 O/W 型乳状液时，内相油相的量直接影响内相的体积分数，进而影响体系的黏度，内相体积分数对体系黏度的影响遵循公式（10-2）。

$$\eta = \eta_0(1+2.5\phi) \tag{10-2}$$

式中，η 为乳状液的黏度，η_0 为外相黏度，ϕ 为内相体积分数。即油相的加入量越高，内相体积分数 ϕ 越大，体系的黏度越高。因此，常见 O/W 型膏霜的油相比乳液油相的含量高，其黏度也高。

油相中油脂的类型也会影响到体系的黏度，大多数固态油脂有提升黏度的作用，比如十六十八醇、二十二碳醇以及单甘酯等，这类固态油脂会很明显地提升乳状液体系的黏度。

（2）乳化剂的类型及加入量　乳化剂的类型也直接影响体系的黏度，在第四章乳化原理与乳化技术中讲到，乳化剂按作用机理可以分为：表面活性剂、高分子聚合物、固体颗粒。其中，高分子乳化剂系水溶性聚合物，与水分子之间有很好的亲和力，会将体系中的自由水变为结合水，明显提升体系的黏度；固体颗粒对体系黏度贡献不大；而表面活性剂则情况复杂一些，有些表面活性剂对体系黏度没有太大贡献，如斯盘、吐温系列乳化剂，而有的乳化剂很容易提升体系的黏度，如脂肪醇聚氧乙烯醚类（Brij 72、Brij 721）、烷基糖苷类等。

上述高分子乳化剂、部分表面活性剂乳化剂，其加入量越大，则越容易提升体系的黏度，其作用机理是改变了油/水界面膜的流变特性。

（3）流变调节剂　应用于乳化体系的流变调节剂的类型是最多的，流变调节剂分为：天然水溶性聚合物、半合成水溶性聚合物、合成水溶性聚合物、无机水溶性聚合物。这四种水溶性聚合物在乳化体系中（尤其是非离子乳化剂），都会起到很大的改善流变性的作用。不同类型流变调节剂改善流变性的作用机理不同，其中天然水溶性聚合物、半合成水溶性聚合物都是与水分子之间有一定的水合作用，一般不受电解质的影响；而合成水溶性聚合物大多需要借助于体系调整 pH 体现其作用，而这类流变调节剂很容易受到 pH、电解质的影响；无机水溶性聚合物是指硅酸铝镁、硅酸镁钠这一类无机颗粒，使用频率不如水溶性聚合物。

研究表明：O/W 型乳状液的黏度 η 和外相黏度 η_0 以及内相体积分数 Φ 间有如下的关系：

$$\eta = \eta_0 \frac{1}{1-\left(h\Phi\right)^{1/3}} \tag{10-3}$$

式中，h 为校正系数，称为体积因子，大约为 1.3，h 一般随内相含量的增加而降低。式（10-3）说明，η 与 η_0 成正比，并且 η 随 Φ 变化剧烈。

（4）其他高分子聚合物　除了用于流变调节剂的水溶性聚合物会直接影响体系的黏度，应用于配方中的其他高分子化合物也会影响到体系的黏度，如透明质酸钠。透明质酸钠应用于化妆品中起到保湿的作用，其分子结构上的羟基（—OH）会与水分子形成氢键，通过氢键将体系中的部分自由水变成半结合水，也会一定程度影响到乳状液体系的黏度。

（5）制备工艺　上述主要讲述了乳状液配方组成对体系黏度的影响，制备工艺也会影响体系的黏度。如果配方一定，在不同的制备工艺下可能制备出来不同大小的乳化粒子，而乳化粒子的大小直接影响乳状液的黏度。乳化粒子由大到小，对乳液体系黏度的影响由低到高，然后再降低。主要的原因是：同样的配方体系，组成不变，因工艺导致的乳化粒子的不同，从理论上而言内相体积分数不随乳化粒子大小的变化而变化，但当乳化粒子减小时，体系中油水之间总的界面面积是增加的；而在油水界面乳化剂的定向吸附是亲水基朝向水相，且亲水基会和水分子之间有氢键，将水分子由自由水变为结合水；而在计算内相体积分数的时候，是包含结合水在内的，因为结合水会随着乳化粒子的热运动一起运动。结合式（10-2），体系的黏度随之增大。但当体系的乳化粒子进一步减小，减小到纳米级时，体系的黏度反而会降低，因为分散相粒子越小，其因热运动引起的扩散作用越强，流动性也越好，体现出来的是黏度降低。

对于乳化体系而言，黏度一旦提高，很难降低。因此，在开发配方过程中，要注意黏度的控制。

五、原料选择

乳剂类化妆品的原料一般为油、水、乳化剂，但为了保证制品的外观、稳定性、安全性和有效性，赋予制品某些特殊性能，常需加入各种添加剂如保湿剂、流变调节剂、滋润剂、营养剂、功效成分、防腐剂、抗氧化剂、香精、色素等。

（1）油性原料　油性原料是组成乳剂类化妆品的基本原料，其主要作用有：能使皮肤细胞柔软，增加其吸收能力；能抑制表皮水分的蒸发，防止皮肤干燥、粗糙以至裂口；能使皮肤柔软、有光泽和弹性；涂布于皮肤表面，能避免机械和药物所引起的刺激，从而起到保护皮肤的作用，能抑制皮肤炎症，促进剥落层的表皮形成；对于清洁制品来说，油性成分是油溶性污物的去除剂。

化妆品中所用的油性原料可分为三类。

① 天然动物性的油、脂、蜡　人体皮脂中含有 33%的脂肪酸甘油酯，而最好的滋润物质应该和皮脂的组成接近，因此，以脂肪酸甘油酯为主要组成的天然动植物油脂应该是护肤化妆品的理想原料，如甜杏仁油、橄榄油、蓖麻油、霍霍巴油、乳木果油等植物来源油脂；以及蜂蜡、鲸蜡、巴西棕榈蜡等动植物蜡是常用于不同类型化妆品体系的天然油脂、蜡类化合物。其他如花生油、玉米油、葡萄籽油、玫瑰果油、鲸蜡油、鱼肝油、小烛树蜡等，这些滋润物的缺点是含有大量不饱和键，易氧化酸败，需加入抗氧剂。但这些不饱和脂肪酸甘油酯可促进皮肤的新陈代谢，如亚油酸、亚麻酸、花生四烯酸的天然甘油酯和合成烷醇酯是润肤膏霜有价值的添加剂。

羊毛脂是一种优良的滋润物质，羊毛脂中 96%为蜡脂，即甾醇、三萜醇、脂肪醇和 C_{24}～C_{28} 链烷-二醇的饱和及不饱和脂肪酸的混合物及少量烷烃。虽然羊毛脂中游离甾醇的含量仅有 0.8%～1.7%，但对羊毛脂的滋润性和吸水性起到了重要作用。羊毛脂涂敷在皮肤上可形成光滑的、缓和的封闭薄膜，阻滞水分的挥发，促使角质的再水合，最后软化和增加了皮肤的弹性，使粗糙鳞片状的皮肤变得柔软光滑。但是由于羊毛脂带有异味，一般常用在护手霜中。

卵磷脂是天然的双甘油酯，可由蛋黄和黄豆制取。卵磷脂分子中具有两个脂肪酸酯基团，第三个羟基被磷酸所酯化，磷酸的一个羟基再被含氮的胆碱或乙醇胺所酯化，从磷脂中可以分离出硬脂酸、油酸、亚油酸、亚麻酸、花生四烯酸等脂肪酸。卵磷脂是所有活细胞的重要组分，它对细胞渗透和代谢起着重要作用，它在组织中的浓度是恒定的。虽然活性基质细胞的磷脂含量是丰富的，但在角化过程中被分解成脂肪酸和胆碱等物质，在皮肤表面的脂肪内并不含磷脂。卵磷脂是一种具有表面活性剂的化合物，在乳化体系中能降低表面张力，它的滋润性能由30%～45%油的存在而加强，油和卵磷脂中的表面活性剂相结合，增强了渗透和润肤的效果。卵磷脂衍生物有水分散性、水溶性和醇溶性的，对皮肤具有滋润和调理作用及增强对水分的亲和力。卵磷脂对皮肤具有优异的亲和性和渗透性，这些物质渗透到皮肤中去能促进皮肤的生理机能，所以在膏霜中有广泛的应用，可以改善膏霜的肤感。

角鲨烷是由鲨鱼肝油中取得的角鲨烯经加氢反应而制得的，为无色透明、无味的油状液体，主要成分是异三十烷，是性能稳定的油性原料。研究表明，人体皮脂腺分泌的皮脂中约含有10%的角鲨烯，2.4%的角鲨烷，因此，角鲨烷与人体皮肤的亲和性好，刺激性低。角鲨烷与矿物油相比，油腻感弱，并具有良好的皮肤浸透性、润滑性和安全性，是配制乳液、膏霜、口红等的原料。

② 矿物油性原料　矿物油是石油工业提供的各种饱和碳氢化合物，如白油、凡士林、地蜡是最常见的、使用频率最高的矿物油脂，它们在化学和微生物上极其稳定。白油按碳链长短的不同，分为不同的型号，在化妆品中应用也侧重于不同的性能。低分子量的白油，黏度较低，洗净和润湿效果强，但柔软效果差；高分子量的白油，黏度较高，洗净和润湿效果差，但柔软效果好。按照这些特性，将白油广泛用作各种膏霜、乳液等的原料。白色凡士林为透明状半固体，是膏霜、唇膏等的原料。地蜡为白色或微黄色固体，是膏霜、唇膏、口红等的原料。这些物质是完全非极性的，因此这些物质具有非凡的滋润性和成膜性。

白油和凡士林在化妆品乳化体系中主要用作油溶性润肤物质的载体，它们是有效的封闭剂，当敷用于皮肤上后，烷烃的薄膜阻止了皮肤上水分的挥发，同时角质层可从内层组织补充水分而水合。白油和凡士林在某些产品如按摩霜和保护霜中可被用作表面润滑剂，对表皮起到短时润滑作用；在洁面制品中，用作油溶性污垢的溶剂。但由于白油和凡士林涂敷于皮肤有油腻和保暖的感觉且不易清洗，过量使用会阻碍其他油脂的渗透，对上表皮层也无柔软和赋脂作用，因而限制了它们的应用。

③ 合成油性原料　由天然动植物油脂经水解精制而得的脂肪酸、脂肪醇等单体原料，如硬脂酸（十八酸）、鲸蜡醇（十六醇）、胆甾醇、硬脂醇（十八醇）是护理类化妆品常用的固态油脂原料。

较常用的脂肪酸酯类有肉豆蔻酸异丙酯、肉豆蔻酸肉豆蔻醇酯、棕榈酸异丙酯、亚油酸异丙酯、苯甲酸十二醇酯、异硬脂酸异硬脂醇酯、脂肪酸乳酸酯、油酸癸酯、棕榈酸辛酯、硬脂酸辛酯等。这些酯类物质由于分子中酯基的存在而具有极性，流体酯类物质对皮肤的渗透性较其他滋润物质为好，涂于皮肤上留下相对无油腻的膜。它能促进其他物质（如羊毛脂和植物油）的渗透，其优良的溶剂性能使原来不相混溶的油脂和蜡能相互混合，也能加强矿物油对皮肤表面的黏附。

硅油，如聚二甲基聚硅氧烷和混合的甲基苯基聚硅氧烷，是非极性的化学惰性物质，不像矿物油有强烈的油腻性。硅油同时具有润滑和抗水作用，在水和油的介质中都能有效地保护皮肤不受化学品的刺激。虽然烷烃和硅油都是非极性物质，但硅油既能抗水又能让水汽通过，因此在封闭性方面较烷烃差，而对既需要柔和的滋润性又要避免出汗的特种制品是十分有利的。近年来硅油有较大的发展，包括挥发性硅油、聚二甲基硅油、硅凝胶、硅弹性体，对改善膏霜类产品的肤感有较大的影响。

（2）乳化剂　化妆品中乳化剂通常为表面活性剂与高分子聚合物。乳状液是否稳定，主要取决于乳化剂在油/水界面所形成界面膜的特性。作为乳化剂不但要具备优异的乳化性能，使油和水形成均匀、稳定的乳化体系，而且形成的乳化体系要有利于各组分发挥其护理性能及功效性。

由于乳化剂的化学结构和物理特性不同，其形态可从轻质油状液体、软质半固体直至坚硬的塑性物质，其溶解度从完全水溶性、水分散性直至完全油溶性。各种油性物质经乳化后敷用于皮肤上可形成亲水性油膜，也可形成疏水性油膜。水溶性或水分散性乳化剂可以减弱烷烃类油或蜡的封闭性。如果乳化剂的熔点接近皮肤温度，则留下的油膜也可以减少油腻感。因此，选择不同的乳化剂可以配制成适用于不同类型皮肤的护肤化妆品。

乳化剂的种类很多，有阴离子型、非离子型等。阴离子型乳化剂如 K_{12}、脂肪酸皂等乳化性能优良，但由于涂敷性能差、泡沫多、刺激性大，在现代膏霜中应尽量少用或不用。常用于化妆品乳化体系的乳化剂主要有以下几类。

① 脂肪醇聚氧乙烯醚系列　脂肪醇聚氧乙烯醚系列乳化剂具有良好的性价比，其稳定性较好，乳化性能良好，可以借助于 PIT 转相法制备乳状液。目前常用的脂肪醇聚氧乙烯醚系列乳化剂主要由 BASF、Croda 等公司提供，部分脂肪醇聚氧乙烯醚系列乳化剂见表 10-5。

表 10-5　脂肪醇聚氧乙烯醚系列乳化剂

INCI 名	商品名	应　用
鲸蜡硬脂醇（和）鲸蜡硬脂醇聚醚-20	Emulgin 1000NI	O/W 乳化剂，尤其适用于烫发产品、染发产品，稳定性好
山嵛醇聚醚-25	Eumulgin® BA25	O/W 乳化剂，既能制备低黏度的乳液，也能形成高黏度的乳霜
鲸蜡硬脂醇/鲸蜡硬脂醚-30	Lanette® Wax Ao	O/W 乳化剂，适用于制备乳液和乳霜，尤其适用于有色人种的护理产品，也适用于护发素、染发剂等
鲸蜡硬脂醇聚醚-12	Eumulgin® B1	O/W 乳化剂，常常与具有较高 HLB 值的乳化剂如 Eumulgin® B3 等在含有脂肪醇的体系中组合使用
鲸蜡硬脂醇聚醚-20	Eumulgin® B2	O/W 乳化剂
鲸蜡硬脂醇聚醚-30	Eumulgin® B3	O/W 乳化剂，常常与具有较低 HLB 值的乳化剂如 Eumulgin® B1 等在含有脂肪醇的体系中组合使用
月桂醇聚醚-23	Brij L23	O/W 型乳化剂，是浴油和油性卸妆产品的理想乳化剂，还可作赋脂剂

续表

INCI 名	商品名	应　用
异鲸蜡醇聚醚-20	Brij IC20	高效增溶剂，具有较高的发泡性能，微乳体系高效乳化剂，常用于透明产品中增溶香精和其他亲油成分，增溶效率较高
鲸蜡醇聚醚-20	Brij C20	优秀的 O/W 乳化剂/助乳化剂，常配合使用，可形成不同黏度的乳化体
硬脂醇聚醚-2	Brij S2	Brij S2/S721 为经典的 O/W 乳化剂对，广泛用于各种 O/W 乳化体系
硬脂醇聚醚-21	Brij S21/S721	
油醇聚醚-2	BRIJ O2	微乳化体系的乳化剂/助乳化剂，尤其适用于透明啫喱

② 烷基糖苷系列　Seppic 公司生产的 MONTANOV 系列乳化剂是由天然植物来源的脂肪醇和葡萄糖合成的糖苷类非离子 O/W 型乳化剂，见表 10-6。其分子中的亲水和亲油部分由醚键连接，故具有卓越的化学稳定性和抗水解性能；与皮肤相容性好，特别是 MONTANOV 系列乳化剂可形成层状液晶，加强了皮肤类脂层的屏障作用，阻止透皮水分散失，可增进皮肤保湿的效果；液晶形成一层坚固的屏障，阻止油滴聚结，确保乳液的稳定性。采用 MONTANOV 系列乳化剂既可配制低黏度的奶液，又可配制高稠度的膏霜，且赋予制品轻盈、滋润和光滑的手感。

表 10-6　烷基糖苷系列乳化剂

INCI 名	商品代号	性能与应用
鲸蜡硬脂醇和鲸蜡硬脂基葡糖苷	MONTANOV 68	O/W 型乳化剂，兼具保湿性能。可用于配制保湿霜、婴儿霜、防晒霜、增白霜等
鲸蜡硬脂醇和椰油基葡糖苷	MONTANOV 82	O/W 型乳化剂，可乳化高油相含量（达 50%）产品并在 −25℃以下稳定，与防晒剂、粉质成分相容性好，可用于配制各种护肤霜和含粉质配方
花生醇、山嵛醇和花生醇葡糖苷	MONTANOV 202	O/W 型乳化剂，可用于配制手感轻盈的护肤膏霜
C_{14}～C_{22}烷基醇和C_{14}～C_{22}烷基葡糖苷	MONTANOV L	O/W 型乳化剂，可用于配制低黏度的乳液，非常稳定，且黏度不随时间而变化
椰油醇和椰油基葡糖苷	MONTANOV S	O/W 型乳化剂，对物理和化学防晒剂有优良的分散性，可用于配制各种 SPF 值的防晒产品

③ 司盘和吐温系列　山梨醇酐脂肪酸酯（简称 Span 或司盘）及聚氧乙烯山梨醇酐脂肪酸酯（简称 Tween 或吐温）系列产品，为非离子表面活性剂。司盘是由山梨醇和各种脂肪酸经酯化而成的，吐温则是司盘的环氧乙烷的加成物。其乳化、分散、发泡、湿润等性能优良，广泛用于食品、化妆品行业。化妆品中常用的司盘、吐温系列乳化剂见表 10-7。

④ 多元醇酯型　多元醇酯是由多元醇的多个羟基与脂肪酸的憎水基相结合形成，属于非离子表面活性剂。它们多为水不溶性的，用途广泛，常作为 W/O 型乳状液的乳化剂，见表 10-8。

表 10-7　司盘、吐温系列乳化剂

INCI 名	商品代号	性能与应用
单月桂酸失水山梨醇酯	Span-20	浅黄色液体，O/W 助乳化剂，常与 Tween-20 配合使用，与其他 Tween 系列也可配合使用
单棕榈酸失水山梨醇酯	Span-40	白色固体，W/O 乳化剂
单硬脂酸失水山梨醇酯	Span-60	白色到黄色固体，W/O 乳化剂
单油酸失水山梨醇酯	Span-80	琥珀色液体，W/O 乳化剂
聚氧乙烯（20）单月桂酸失水山梨醇酯	Tween-20	O/W 乳化剂，可作为增溶剂，以及温和的非离子表面活性剂
聚氧乙烯（20）单棕榈酸失水山梨醇酯	Tween-40	O/W 乳化剂，可作助乳化剂及粉体湿润剂
聚氧乙烯（20）单硬脂酸失水山梨醇酯	Tween-60	O/W 乳化剂，尤其适合与 Span-60 配合
聚氧乙烯（20）单油酸失水山梨醇酯	Tween-80	O/W 乳化剂

表 10-8　多元醇酯系列乳化剂

INCI 名	商品名	应　用
甘油硬脂酸酯	Cutina® GMS	一种常用的水包油型乳化剂，适用于护肤和护发类化妆品和药用水包油类乳霜乳液的制备
甘油硬脂酸酯 SE	Cutina® GMS-SE	一种典型的自乳化水包油型乳化剂，适用于护肤和护发类化妆品、水包油类乳霜乳液的制备
蔗糖多硬脂酸酯（和）氢化聚异丁烯	Emulgade® Sucro	蔗糖来源的极其温和的乳化剂，专门为敏感肌肤定制。适于面部、身体、婴幼儿和防晒应用
聚甘油-3-二异硬脂酸酯	PLUROL® DIISOSTEARIQUE CG	O/W 型乳化剂，不含 PEG 的乳化剂，适用于婴儿系列产品
聚甘油-6-二硬脂酸酯	PLUROL® STEARIQUE	O/W 型乳化剂，适用于敏感性肌肤和婴儿系列护理产品
聚甘油-6-二油酸酯	PLUROL® OLEIQUE CG	O/W 型乳化剂，通常适用于含较高油相的体系

该类表面活性剂是将甘油等多元醇的一部分羟基与脂肪酸发生酯化反应，剩余的羟基保留作为亲水基。多元醇主要包括含 3 个羟基的甘油和三羟甲基丙烷、含 4 个羟基的季戊四醇和失水山梨醇、含 6 个羟基的山梨醇、含 8 个羟基的蔗糖及含更多羟基的多聚甘油和棉子糖等。这类产品可以含有一个或几个酯键。代表性的产品有单脂肪酸甘油酯、二脂肪酸甘油酯、失水山梨醇高级脂肪酸酯和蔗糖高级脂肪酸酯等。这类表面活性剂在水中的溶解度不高，仅能达到乳化分散状态，属于亲油性表面活性剂，在配方中常与亲水性表面活性剂复配使用。

如果将该类表面活性剂分子中剩余的羟基加成环氧乙烷，则可以得到各种 HLB 值的非离子表面活性剂，水溶性得到明显提高，具有更好的乳化力和增溶性。如聚氧乙烯失水山梨醇脂肪酸酯（吐温系列）、乙氧基化甲基葡萄糖甙硬脂酸酯等。

⑤ 阳离子表面活性剂　阳离子表面活性剂也可用作乳化剂，具有收敛和杀菌作用，同时阳离子乳化剂很适宜作为一种酸性覆盖物，能促使皮肤角质层膨胀和对碱类的缓冲作用，故这类制品更适用于洗涤剂洗涤织物后保护双手之用。阳离子表面活性剂也可以做护手霜类产品，降低高含量矿物油带来的黏腻感。

⑥ 高分子乳化剂　高分子表面活性剂一般是指分子量在数千以上、具有表面活性功能的高分子化合物，在其分子结构上有亲水性的基团也有疏水性的基团，可以吸附于油/水界面上起到乳化的作用，即为高分子乳化剂。常用的高分子乳化剂主要为聚丙烯酸酯类。高分子乳化剂对提高乳液的粒径均匀性、可控性、产品稳定性及应用性能均有一定的优势，不需考虑 HLB 值和 PIT（转相温度）需求等因素。常见的高分子乳化剂见表 10-9。

表 10-9　高分子乳化剂

INCI 名	商品名	应　用
丙烯酸酯类/C10-30 烷醇丙烯酸酯交联聚合物	Pemulen™ TR-1 Polymeric Emulsifier	有效增稠稳定体系，具有辅助乳化作用
丙烯酸酯类/C10-30 烷醇丙烯酸酯交联聚合物	Pemulen™ TR-2 Polymeric Emulsifier	有效增稠稳定体系，具有辅助乳化作用
丙烯酸酯类/丙烯酰胺共聚物、白矿油和吐温 85	Novemer™ EC-1 Polymer	有效增稠稳定体系，可在任意阶段加入
丙烯酸酯类/山嵛醇聚醚-25 甲基丙烯酸酯共聚物钠盐、氢化聚癸烯和月桂基葡糖苷	Novemer™ EC-2 Polymer	有效增稠稳定体系，耐离子能力强，可在任意阶段加入
丙烯酸羟乙酯/丙烯酰二甲基牛磺酸钠共聚物	SEPINOV™ EMT10	可作为乳化剂、增稠剂等，具有优异的稳定特性
丙烯酸羟乙酯/丙烯酰二甲基牛磺酸钠共聚物	SEPINOV™ WEO	优异的稳定性，耐电解质，适用于不含环氧乙烷的配方
丙烯酰二甲基牛磺酸铵/VP 共聚物	Aristoflex AVC	用于稳定透明体系的凝胶剂以及水包油乳液

（3）保湿剂　皮肤保湿是化妆品的重要功能之一，因此在化妆品中需添加保湿剂。保湿剂在化妆品中有三方面的作用：对化妆品本身水分起保留剂的作用，以免化妆品干燥、开裂；对化妆品膏体有一定的防冻作用；涂敷于皮肤后，可保持皮肤适宜的水分含量，使皮肤湿润、柔软，不致开裂、粗糙等。

保湿剂主要为醇类保湿剂，主要品种有：甘油、丙二醇、山梨醇、乳酸钠、吡咯烷酮羧酸盐、透明质酸钠、海藻糖、甜菜碱、神经酰胺等。

（4）流变调节剂　适宜的黏度是保证乳化体稳定并具有良好使用性能的主要因素之一。特别是乳液类制品，通常黏度越高（特别是连续相的黏度），乳液越稳定，但黏度太高，不易倒出，同时也不能成为乳液；而黏度过低，使用不方便且易于分层。在现代膏霜配方中，为保证膏体的良好外观、流变性和涂敷性能，油相用量特别是固态油脂蜡用量相对减少，为保证产品适宜的黏度，通常在 O/W 型制品中加入适量水溶性高分子化合物作为流变调节剂。由于这类化合物可在水中溶胀形成凝胶，在化妆品中的主要作用是增稠、悬浮，提供有特色的使用感，提高乳化和分散作用，用于制造凝胶状制品，对含无机粉末的分散体和乳液具有稳定作用。

水溶性高分子化合物包括天然和合成两类，主要品种有卡波树脂、羟乙基纤维素、汉生胶（也叫黄原胶）、羟丙基纤维素、水解胶原、聚多糖类等。

（5）其他　如营养剂，主要品种有葡聚糖、海藻提取液、氨基酸、水解动物蛋白液、天然丝素肽、人参提取液、银耳提取液等。另外，还有新型抗衰老活性成分、神经酰胺、维生素 E 多肽等。

六、配方示例与工艺

护肤乳霜按照膏体的流动性可以分为乳液、膏霜。乳液一般具有良好的流动性，而膏霜不具备流动性。在配方设计过程中需要通过乳化剂类型的选择、油脂的类型及加入量、流变调节剂的类型，分别形成乳液、膏霜体系。

1. 护肤乳液

护肤乳液一般选择以液态油脂为主，复配少量的固态油脂，油脂的加入量一般在10%～20%之间，流变调节剂一般选择增稠性能不强的型号。乳液配方见表 10-10（1）和表 10-10（2）。

表 10-10（1） 保湿乳液

组相	原料名称	质量分数/%	组相	原料名称	质量分数/%
A 相	C_{16}～C_{18}烷基糖苷	2.00	B 相	甘油	4.00
	鲸蜡硬脂醇	1.00		汉生胶	0.20
	合成角鲨烷	4.00		D-泛醇	0.30
	辛酸癸酸三甘油酯	5.00		尿囊素	0.30
	二甲基硅油（100cs）	3.00		水	加至 100
	古朴阿苏籽油	1.00	C 相	香精	适量
	维生素 E 醋酸酯	0.30		防腐剂	适量
B 相	乙二胺四乙酸二钠	0.10			

制备工艺：

① 分别将 A 相中各组分加入容器 A 中，加热到 80℃；

② 同时将 B 相中各组分加入容器 B 中，加热到 90℃（汉生胶用甘油预分散）；

③ 将 A 相加入 B 相均质 3min；

④ 均质后，搅拌降温冷却，待产品冷却到 45℃后，加入 C 相各组分；

⑤ 继续搅拌冷却，降到室温即可。

表 10-10（2） 滋润乳液

组相	原料名称	质量分数/%	组相	原料名称	质量分数/%
A 相	氢化聚癸烯	3.00	B 相	甘油	3.00
	辛酸癸酸三甘油酯	4.00		丁二醇	3.00
	二甲基硅油	3.00		甘油硬脂酸（SE）	1.00
	鲸蜡醇	1.20		山嵛醇聚醚-20	1.50
	山嵛醇	0.50		乙二胺四乙酸二钠	0.03
	异十三醇异壬酸酯	4.00	C 相	1%NaOH 水溶液	6.00
B 相	水	加至 100	D 相	防腐剂	适量
	卡波姆	0.12		香精	适量
	黄原胶	0.05			

制备工艺：

① 将 B 相中卡波姆与黄原胶分散在水中，充分搅拌分散均匀，加热至 80℃；

② 依次加入 B 相剩余组分，搅拌分散至体系均一；

③ A 相各组分混合均匀并加热至 80℃；

④ 均质 B 相，缓慢加入 A 相，均质 5min，至体系均一；

⑤ 降温至 40℃，加入 C 相及 D 相，搅拌均匀。

2. 护肤膏霜

护肤膏霜一般选择以液态油脂与固态油脂复配，油脂的加入量一般在 20%～30% 之间，流变调节剂一般选择增稠性能比较明显的型号，相应配方示例见表 10-11（1）～表 10-11（4）。

表 10-11（1） 保湿霜

组相	原料名称	质量分数/%	组相	原料名称	质量分数/%
A 相	辛酸癸酸三甘油酯	5.00	B 相	甘油	3.00
	合成角鲨烷	4.00		卡波 940	0.30
	甘油硬脂酸酯和 PEG-100 硬脂酸酯	2.50		透明质酸钠	0.03
	单甘酯	0.50		聚丙烯酰胺、C_{13}～C_{14} 异链烷烃和月桂醇聚醚-7	0.50
	棕榈酸异丙酯	2.00		水	加至 100
	二甲基硅油（100cs）	1.00	C 相	氨甲基丙醇	0.15
	鲸蜡硬脂醇	1.50	D 相	香精	适量
	乳木果油	1.00		防腐剂	适量
B 相	丙二醇	4.00			

制备工艺：

① 分别将 A 相中各组分加入容器 A 中，加热到 80℃；

② 同时将 B 相中各组分加入容器 B 中，加热到 90℃（透明质酸和卡波 940 用甘油和丙二醇预分散）；

③ 将 A 相加入 B 相均质 3min；

④ 然后，将 C 相组分加入，均质 2min；

⑤ 搅拌降温冷却，待产品冷却到 45℃后，加入 D 相各组分，均质 2min；

⑥ 继续搅拌冷却，降到室温即可。

表 10-11（2） 滋养护手霜

组相	原料名称	质量分数/%	组相	原料名称	质量分数/%
A 相	C_{16}～C_{18} 烷基糖苷	2.00	A 相	鲸蜡硬脂醇	2.50
	单甘脂	0.50		二甲基硅油（100cs）	1.50
	硬脂酸	3.50		凡士林	2.00
	白油	9.00		乳木果油	1.00

续表

组相	原料名称	质量分数/%	组相	原料名称	质量分数/%
B 相	丁二醇	3.00	B 相	水	加至 100
	甘油	5.00	C 相	三乙醇胺	0.30
	卡波 940	0.30	D 相	香精	适量
	透明质酸钠	0.03		防腐剂	适量

制备工艺：

① 分别将 A 相中各组分加入容器 A 中，加热到 80℃；

② 同时将 B 相中各组分加入容器 B 中，加热到 90℃（透明质酸和卡波 940 用甘油和丙二醇预分散）；

③ 将 A 相加入 B 相均质 3min；

④ 然后，将 C 相组分加入，均质 2min；

⑤ 搅拌降温冷却，待产品冷却到 45℃后，加入 D 相各组分，均质 2min；

⑥ 继续搅拌冷却，降到室温即可。

表 10-11（3） 紧致眼霜

组相	原料名称	质量分数/%	组相	原料名称	质量分数/%
A 相	鲸蜡硬脂醇橄榄油酸酯和山梨坦橄榄油酸酯	3.00	B 相	丁二醇	3.00
	单甘酯	1.00		甘油	4.00
	鲸蜡硬脂醇	3.00		汉生胶	0.20
	霍霍巴油	2.00		卡波 940	0.20
	棕榈酸异辛酯	5.00		透明质酸钠	0.05
	二甲基硅油（$100mm^2/s$）	1.00		水	加至 100
	玫瑰果油	5.00	C 相	氨甲基丙醇	0.10
	维生素 E 醋酸酯	0.30	D 相	多肽	3.00
	红没药醇	0.30		香精	适量
				防腐剂	适量

制备工艺：

① 分别将 A 相中各组分加入容器 A 中，加热到 80℃；

② 同时将 B 相中各组分加入容器 B 中，加热到 90℃（透明质酸和卡波 940 用甘油和丙二醇预分散）；

③ 将 A 相加入 B 相均质 3min；

④ 然后将 C 相组分加入，均质 2min；

⑤ 搅拌降温冷却，待产品冷却到 45℃后，加入 D 相各组分，均质 2min；

⑥ 继续搅拌冷却，降到室温即可。

表 10-11（4） 滋润日霜

组相	原料名称	质量分数/%	组相	原料名称	质量分数/%
A 相	氢化聚癸烯	3.50	B 相	甘油	5.00
	辛酸癸酸三甘油酯	2.00		丁二醇	5.00
	二甲基硅油	4.00		甘油硬脂酸（SE）	2.00
	鲸蜡醇	2.50		山嵛醇聚醚-20	2.50
	山嵛醇	2.00		乙二胺四乙酸二钠	0.03
	甘油三（乙基己酸）酯	5.00	C 相	1%NaOH 水溶液	3.00
B 相	水	加至 100	D 相	防腐剂	适量
	卡波姆	0.10		香精	适量
	黄原胶	0.05			

制备工艺：

① 将 B 相中卡波姆与黄原胶分散在水中，充分搅拌分散均匀，加热至 80℃；

② 依次加入 B 相中剩余组分，搅拌分散至体系均一；

③ A 相各组分混合均匀并加热至 80℃；

④ 均质 B 相，缓慢加入 A 相，均质 5min，至体系均一；

⑤ 降温至 40℃，加入 C 相、D 相各组分，搅拌分散均匀。

第三节 粉底液、BB 霜

一、产品性能结构特点和分类

粉类化妆品演变历史基本上反映了化妆品行业原料与技术的发展状态。最开始用于以遮盖作用美白的化妆品就是简单的粉，粉扑到面部，有美白的作用；但干粉的美白作用很假，而且容易掉妆。随着油脂、表面活性剂的发展，粉类美白产品演变为粉饼，在粉饼中添加油脂、保湿剂、黏合剂等，与粉相比，其附着性、着妆的自然性有很大提升，但依然是以粉类原料为主的体系，扑到面部的粉类原料会吸湿，这时体现出来的是从皮肤里面吸收水分，很容易出现起皮、发干的问题。

随着乳化剂的发展，乳化体系的技术有很大提升，粉类产品开始演变为粉底霜，粉底霜相比较粉饼而言，以水为基质，可以添加油脂、保湿剂，以缓解粉质原料带来的不良肤感；但是由于在粉底霜里需要添加一定量的粉类原料，这对乳状液的稳定性及肤感又提出了新的要求，粉质原料在较高黏度的体系中容易稳定，但在黏度较高体系中包含一定量的粉类原料时，产品往往表现出难以铺展的问题。随着粉质原料表面处理、粒径大小控制技术的提升，粉类原料的粒径变小，表面分亲水性、亲油性及两亲性，这样为解决粉类原料在乳化体系中的稳定性提供了很好的解决方案，因此，粉底霜逐步演变为粉底液。至此，粉类化妆品从粉、粉饼、粉底霜到粉底液，依然仅仅强调的是以遮盖的方式美白。而后，随着市场的进一步发展以及对产品性能的多样化要求，在遮盖美白的基础上，增加润肤作用，BB 霜随之诞生。BB 霜是集润肤、保湿、遮盖、提亮为一体的产品，其肤感也受到了消费者的认可。

二、产品配方结构

从配方结构上讲，粉底液、BB 霜没有太大的差别，其配方结构见表 10-12。

表 10-12 粉底液、BB 霜的主要配方组成

结构成分	主要功能	代表性原料
油脂	赋予皮肤柔软性、润滑性、铺展性、渗透性	各种植物油、三甘油酯、支链脂肪醇类、支链脂肪酸酯、硅油等
乳化剂	形成 W/O 或 O/W 体系	非离子表面活性剂、阴离子表面活性剂
流变调节剂	分散和悬浮作用、增加稳定性、调节流变性、改善使用感	羟乙基纤维素、汉生胶、卡波姆等
保湿剂	角质层保湿	多元醇及透明质酸等
粉质原料	遮盖美白	TiO_2、ZnO 等
防腐剂	抑制微生物生长	尼泊金酯类、甲基异噻唑啉酮类、甲醛释放体类、苯氧乙醇等
抗氧化剂	抑制或防止产品氧化变质	BHT、BHA、生育酚
着色剂	赋予产品颜色	酸性稳定的水溶性着色剂
香精和香料	赋香	酸性稳定的香精

三、设计原理

1. 粉质原料粒径大小与遮盖的关系

从理论上讲，固体粉末的粒径越大越容易反射光线，但粒径大的颗粒由于排列不够紧密，颗粒间很容易形成缝隙，进而不能完全阻挡光线的穿过。同时另一方面，颗粒的粒径较大时，对肤感及体系的稳定性影响较大，且容易有明显的涂白现象。因此，应用于粉底液、BB 霜产品中起到遮盖作用的粉质原料的粒径一般控制在 200～400nm，虽然粒径大小落在紫外波长的范围内，但通过颗粒的紧密多层排列，主要以反射可见光为主。

2. 粉质原料对乳化体系稳定性的影响

粉质原料添加到乳化体系中，由于粉质原料密度比较大，很容易受重力作用而下沉，对体系稳定性的影响很大。如果粉质原料应用到体系中，其表面特性具备了乳化的性能，则不仅不会破坏体系的稳定性，还会增强体系的稳定性，可以少加或不加其他类型的乳化剂。

20 世纪初，Ramsden 发现胶体尺寸的固体颗粒可以用来稳定不相溶相。随后，Pickering 对这类固体颗粒稳定的乳液进行了系统性研究，故此类乳液又被称为 Pickering 乳液，用来稳定乳液的固体颗粒就叫作 Pickering 乳化剂，如碳酸钙、二氧化钛、黏土、炭黑、石英等，都可以作为 Pickering 乳化剂。

在固体颗粒乳化过程中，主要影响因素有以下几方面：

（1）固体颗粒表面的润湿性　这是固体颗粒可以作为乳化剂最重要的一个因素，润湿性一般用颗粒与水相的接触角 θ 表示：当 θ<90° 时，易形成 O/W 乳液；θ>90° 时，易形成 W/O 乳液；当 θ 在 90° 左右时，所得到的乳状液最稳定。

（2）固体颗粒的粒径　固体颗粒的粒径应远远小于被乳化液滴的粒径（一般是被乳化液滴的 0.1 倍，粒径一般小于 200nm）。一般情况下，随着粒径的降低，被乳化体系的稳定性增强。但当粒径很小时，固体颗粒极易离开油/水界面，分散于体系中而使乳液不稳定。

（3）固体颗粒的浓度　颗粒在界面上的分布越密，乳化稳定性越高，但一般不超过体系总量的 30%。

（4）固体颗粒之间的相互作用　固体颗粒之间不能凝聚，但颗粒之间要有一定的絮凝作用，才能形成稳定的膜，颗粒之间完全的絮凝与不絮凝都不能形成稳定的乳液。同时，乳化体系的稳定性也受到体系中其他因素的影响，如 pH 值、离子浓度及表面活性剂乳化剂等。

四、相关理论

1. 可见光的波长与反射

可见光是电磁波谱中人眼可以感知的部分，一般人的眼睛可以感知的电磁波的波长在 400～760nm 之间。当太阳光照射某物体时，物体的粒径（厚度）大于光线的波长，物体将对光线进行反射；某波长的光被物体吸收了，则物体显示的颜色（反射光）为该物体吸收光的补色，比如太阳光照射到物体上，若物体吸取了波长为 400～435nm 的紫光，则物体呈现黄绿色。

人体的皮肤基本属于非平整状态，当一束光照射到皮肤上时，由于皮肤的不平整将发生漫反射，漫反射即导致皮肤灰暗、没有光泽。化妆品中粉质原料起到遮盖的作用，同时也提升面部皮肤对光线的定向反射，即当一束光照射到皮肤上时，反射到观察者眼睛里的光线增多，看到的皮肤会有光泽、变白。

2. 粉质原料的表面润湿性

润湿性是指固体界面由固-气界面变为固-液界面的现象。当固、液表面相接触时，在界面处形成的一个夹角，即为接触角 θ。固体粉末的接触角是可以通过液体浸透到粉体层中时，因毛细现象液体上升的高度来测量的。

用接触角 θ 来衡量液体（如水）对固体（如无机材料）表面润湿的程度，各种表面张力的作用关系可用杨氏方程表示为：

$$\gamma_{SG} = \gamma_{LS} + \gamma_{LG} \cos\theta$$

式中，γ_{SG} 为固体、气体之间的表面张力；γ_{LS} 为液体、固体之间的表面张力；γ_{LG} 为液体、气体之间的表面张力；θ 为液-气与液-固界面之间的接触角。

粉体分散在液体中的现象相当于浸润，在这一过程中，液体和气体的界面没有发生变化。化妆品中的粉末分散到油相或水相都是一种浸润过程的发生。

3. 浸润过程

浸润过程指固相浸入液体中的过程，即固-气界面为固-液界面所代替的过程，如图 10-3 所示。该过程体系的吉布斯自由能降低值为：$-\Delta G = W_i = \gamma_{SG} - \gamma_{SL}$，$W_i$ 称为浸湿功，它反映液体在固体表面上取代气体（或另一种与之不相混溶的流体）的能力。当 $W_i = \gamma_{SG} - \gamma_{SL} \gg 0$ 时，浸湿过程可自发进行。

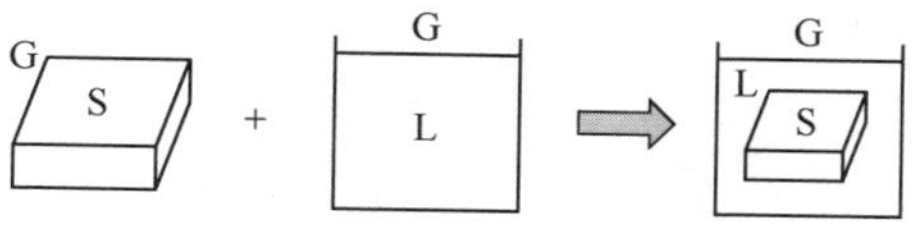

图 10-3　浸润过程

五、原料选择

相比较乳霜化妆品，粉底液、BB 霜主要增加了粉质原料。应用于化妆品的粉质原料分为无机粉体、有机粉体及珠光颜料，而在粉底液、BB 霜中主要用到无机粉体和有机粉体。

1. 无机粉体

化妆品用粉质原料因要求较高，故可用的无机粉体品种不多，一般都来自天然矿产粉末，主要有滑石粉、高岭土、锌白、钛白粉及膨润土等。

（1）滑石粉　滑石粉是天然矿产的含水硅酸镁，性柔软，易粉碎成白色或灰白色细粉，主要成分是 $3MgO \cdot 4SiO_2 \cdot H_2O$。滑石粉具有薄片结构，它割裂后的性质和云母很相似，这种结构使滑石粉具有光泽和滑爽的特性。因产地不同，质地也不一样，成分也略有不同，以色白、有光泽和滑润者为上品，优质滑石粉具有滑爽和略有黏附于皮肤的性质。化妆品用滑石粉，经机械压碎，研磨成粉末状，色泽洁白、滑爽、柔软，相对密度为 2.7～2.8，不溶于水、酸、碱溶液及各种有机溶剂，其延展性为粉料类中最佳，但其吸油性及附着性稍差。在化妆品配方中，滑石粉对皮肤不发生任何化学作用，是制造香粉不可缺少的原料。

（2）高岭土　高岭土又称白（陶）土或磁（瓷）土，也是天然矿产的硅酸铝，为白色或淡黄色细粉，略带黏土气息，有油腻感，主要成分是含水硅酸铝（$2SiO_2 \cdot Al_2O_3 \cdot 2H_2O$），以白色或微黄或灰色的细粉、色泽白、质地细者为上品。高岭土不溶于水、冷稀酸及碱中，但容易分散于水或其他液体中，对皮肤的黏附性好，有抑制皮脂及吸收汗液的性能。将其制成细粉，与滑石粉配合用于香粉中，能消除滑石粉的闪光性，且有吸收汗液的作用，被广泛应用于制造香粉、粉饼、水粉、胭脂等。

（3）氧化锌　氧化锌（ZnO）为无臭、无味的白色非晶形粉末，在空气中能吸收二氧化碳而生成碳酸锌，其相对密度为 5.2～5.6，能溶于酸，不溶于水及醇，高温时呈黄色，冷却后恢复白色，以色泽洁白、粉末均匀而无粗颗粒为上品。氧化锌带有碱性，因而可与油类原料调制成乳膏，富有较强的着色力和遮盖力，此外，锌白对皮肤微有杀菌的作用。

（4）钛白粉　钛白粉是从钛铁矿等天然矿石用硫酸处理得到的，其纯度为 98%。钛白粉的主要成分是 TiO_2，为白色、无臭、无味、非结晶粉末，化学性质稳定，折射率高（可达 2.3～2.6），不溶于水和稀酸，溶于热浓硫酸和碱。钛白粉是一种重要的白色颜料，也是迄今为止世界上最白的物质，在白色颜料中其着色力和遮盖力都是最高的，着色力是锌白的 4 倍，遮盖力是锌白的 2～3 倍。钛白粉的吸油性及附着性亦佳，只是其延展性差，不易与其他粉料混合均匀，故常与锌白粉混合使用，用量常在 10%以内。

（5）膨润土　膨润土又名皂土，是黏土的一种，取自天然矿产，主要成分为 Al_2O_3 与 SiO_2，为胶体性硅酸铝，是具有代表性的无机水溶性高分子化合物。不溶于水，但与水有较强的亲和力，遇水则膨胀到原来体积的 8～10 倍，加热后失去吸收的水分，当 pH 值在 7 以上时其悬浮液很稳定。但膨润土易受电解质的影响，在酸、碱过强时，则产生凝胶。在化妆品中可用作乳液体系的悬浮剂及粉饼中的体质粉体。

2. 有机粉体

有机粉体原料，如聚苯乙烯、尼龙粉体、PMMA 粉体以及 PMMA 粉体与其他物质形成的共聚合粉体在化妆品中广泛应用。粉体粒子的形状影响着粉体的流动性、附着性、成形性等，它不只是影响化妆品的基本性能，而且对化妆品使用时的感触性、修饰和持久性也有很大影响。作为单体虽然只有少数几种，但通过粉体的形状多样化和其他粉体的复合手段获得了多种多样的保持独特功能的粉体，大大提高了化妆品的附加值。

六、配方示例与工艺

粉底液与 BB 霜按照乳状液类型可以分为 O/W 型、W/O 型；按照使用性能的侧重，有保湿型、滋润型、遮盖型等。相比较而言，BB 霜比粉底液有更好的滋润、保湿性能。

1. 滋润型 BB 霜

滋润型 BB 霜在配方设计过程中，主要考虑有一定量油脂的添加，这时二氧化钛等固体粉末原料需要适当控制，同时借助于色素对皮肤有提亮的作用。配方示例见表 10-13。

表 10-13　滋润型 BB 霜配方

组相	原料名称	质量分数/%	组相	原料名称	质量分数/%
A 相	PEG-10 聚二甲基硅氧烷	3.00	A 相	蜂蜡	0.60
	鲸蜡基 PEG/PPG-10/1 聚二甲基硅氧烷	0.60		羟苯丙酯	0.10
	甘油三（乙基己酸）酯	2.00	B 相	二硬脂二甲铵锂蒙脱石	1.20
	甲氧基肉桂酸乙基己酯	7.00		聚二甲基硅氧烷和聚二甲基硅氧烷/乙烯基二甲基硅氧烷交联聚合物	5.00
	聚乙烯	0.80		环五聚二甲基硅氧烷/环己硅氧烷	16.00
	碳酸二辛酯	5.00			

续表

组相	原料名称	质量分数/%	组相	原料名称	质量分数/%
C 相	二氧化钛/三乙氧基辛基硅烷/氢氧化铝	5.00	D 相	丁二醇	3.00
	甲基丙烯酸甲酯交联聚合物	2.00		甘油	5.00
	氧化锌	4.00		氯化钠	0.90
	氧化铁黄（CI 77492）	0.60		EDTA-2Na	0.05
	氧化铁红（CI 77491）	0.10		苯氧乙醇	0.40
	氧化铁黑（CI 77499）	0.08		羟苯甲酯	0.20
D 相	去离子水	加至 100	E 相	香精	0.10

制备工艺：

① 分别将 A 相和 B 相加入油相容器和水相容器中，搅拌加热至 80～85℃，溶解均匀后，分别保温在 70～75℃；

② 依次将 A 相原料加入容器 A 中，将 B 相原料加入容器 B 中，搅拌分散均匀，备用；

③ 依次将 C 相原料加入混粉机中，高速混粉 3 次，确保色粉分散均匀；

④ 将 A 相保温在 70～75℃，均质 A 相，加入预先分散均匀的 B 相，均质 5min，分散均匀后加入预先混合均匀的 C 相，高速均质 10min，确保原料分散均匀；

⑤ 将上述得到的料体保温在 70～75℃，低速均质条件下，缓慢加入溶解均匀的 D 相，注意 D 相保温在 70～75℃；

⑥ 完全加入 D 相后，高速均质乳化 10min，乳化温度控制在 70～75℃；

⑦ 乳化结束后，开始冷却降温，缓慢搅拌冷却至 40～45℃，加入 E 相，高速均质 1min；

⑧ 继续缓慢搅拌冷却至 35℃，测黏度。

2. 保湿型 BB 霜

保湿型 BB 霜在配方设计过程中，主要考虑有一定量保湿剂的添加，这时二氧化钛等固体粉末原料需要适当控制，同时借助于色素对皮肤有提亮的作用。配方示例见表 10-14（1）和表 10-14（2）。

表 10-14（1） 保湿型 BB 霜配方

组相	原料名称	质量分数/%	组相	原料名称	质量分数/%
A 相	PEG-10 聚二甲基硅氧烷	2.50	B 相	聚二甲基硅氧烷和聚二甲基硅氧烷/乙烯基二甲基硅氧烷交联聚合物	3.00
	月桂醇 PEG-9 聚二甲基硅氧乙基聚二甲基硅氧烷	2.00		环五聚二甲基硅氧烷/环己硅氧烷	14.00
	苯基聚三甲基硅氧烷	8.00		三甲基硅氧基硅酸酯	2.00
	甲氧基肉桂酸乙基己酯	7.00	C 相	二氧化钛/三乙氧基辛基硅烷/氢氧化铝	5.00
	环五聚二甲基硅氧烷和丙烯酸酯/聚二甲基硅氧烷	2.00		二氧化钛	5.00
	聚二甲基硅氧烷	2.00			
B 相	二硬脂二甲铵锂蒙脱石	1.00			

续表

组相	原料名称	质量分数/%	组相	原料名称	质量分数/%
C 相	云母/三乙氧基辛基硅烷	1.20	D 相	甘油	5.00
	氧化铁黄（CI 77492）	0.80		氯化钠	0.90
	氧化铁红（CI 77491）	0.20		EDTA-2Na	0.05
	氧化铁黑（CI 77499）	0.08		戊二醇	2.00
D 相	去离子水	加至 100		苯氧乙醇/乙基己基甘油	0.75
	1,3-丁二醇	3.00	E 相	香精	0.10

制备工艺：

① 分别将 A 相原料和 D 相原料加入油相容器和水相容器中，搅拌溶解均匀；

② 依次将 B 相原料加入另一容器中，搅拌分散均匀；

③ 依次将 C 相原料加入混粉机中，高速混粉 3 次，确保色粉分散均匀；

④ 常温状态下低速均质 A 相加入上述分散均匀的 B 相，均质 5min，分散均匀后加入预先混合均匀的 C 相，常温状态下高速均质 10min，确保分散均匀；

⑤ 保持低速均质状态下，将溶解均匀的 D 相慢慢滴入到上述油相烧杯中，确保加入的水完全进入油相中，用时约 10min；

⑥ D 相完全加入后，高速均质乳化 10min；

⑦ 加入 E 相，高速均质 1min；

⑧ 乳化结束后，开始冷却降温，缓慢搅拌冷却至 35℃，测黏度。

表 10-14（2） 轻盈保湿 BB 霜（O/W 型）

组相	原料名称	质量分数/%	组相	原料名称	质量分数/%
A 相	C_{20}～C_{22} 醇磷酸酯，C_{20}～C_{22} 醇	2.50	B 相	滑石或云母	0.38
	甘油硬脂酸酯，PEG-100 硬脂酸酯	2.00	C 相	聚丙烯酸交联聚合物-6（Sepimax ZEN）	0.80
	棕榈酸乙基己酯	7.00		甘油	5.00
	碳酸二辛酯	5.00		黄原胶	0.20
	辛酸/癸酸甘油三酯	5.00		EDTA-2Na	0.05
	聚二甲基硅氧烷	4.00		木糖醇	1.00
B 相	二氧化钛	5.00		水	加至 100
	铁黄	0.40	D 相	三乙醇胺	0.33
	铁红	0.14	E 相	防腐剂	适量
	铁黑	0.08		香精	适量

制备工艺：

① 将 B 相原料依次加入混粉机中，高速粉碎确认色粉均匀分散；

② 将 A 相原料依次加入油相容器中，搅拌加热至 80～85℃，确认溶解分散均匀，将预先处理好的 B 相加入油相容器中，搅拌分散均匀，温度恒温在 80～85℃；

③ 预先在水相容器中将原料 Sepimax ZEN 均匀分散在甘油中，再依次加入 C 相

其他原料，搅拌加热至 80～85℃，确认溶解分散均匀；

④ 在均质条件下，将油相加入水相中，加好后高速均质 10min；

⑤ 搅拌降温至 45℃左右，加入 D 相的 TEA（100%），低速均质 3min 左右，调节 pH 至中性；

⑥ 搅拌降温至 45℃左右，加入 E 相，搅拌分散均匀。

3. 无瑕粉底液

无瑕粉底液主要强调产品在使用过程中自然的皮肤提亮，而不会有明显的涂白现象。这类产品配方设计主要考虑：①遮盖性钛白粉含量高，可以遮盖皮肤瑕疵；②化学防晒剂和纳米级物理防晒剂复配，可以在修饰妆容的同时提供很好的防晒效果；③选择 Si/W 类和烷基糖苷类乳化剂进行复配，能够很好地乳化油相，确保体系稳定性。无瑕粉底液配方示例见表 10-15。

表 10-15 无瑕粉底液（W/O 型）

组相	原料名称	质量分数/%
A 相	月桂基 PEG-10 三（三甲基硅氧基）硅乙基聚甲基硅氧烷	1.20
	环五聚二甲基硅氧烷，辛基聚二甲基硅氧烷乙氧基葡糖苷	5.00
	PEG-9 聚二甲基硅氧乙基聚二甲基硅氧烷	1.00
	硬脂氧基聚二甲基硅氧烷	0.50
	三甲基硅烷氧苯基聚二甲基硅氧烷	3.00
	鲸蜡醇乙基己酸酯	3.00
	甲氧基肉桂酸乙基己酯	5.00
	聚甲基硅倍半氧烷	0.50
	三甲基硅烷氧基硅酸酯	1.50
	环五聚二甲基硅氧烷	10.00
	丁基辛醇水杨酸酯	3.00
	环五聚二甲基硅氧烷，棕榈酸乙基己酯，季铵盐-90 膨润土，碳酸丙二醇酯	0.80
A 相	二甲基甲硅烷基化硅石	0.30
	环五聚二甲基硅氧烷，聚二甲基硅氧烷/乙基聚二甲基硅氧烷交联聚合物	3.00
B 相	二氧化钛	6.50
	氧化锌	2.00
	纳米级二氧化钛	4.00
	铁黄	0.65
	铁红	0.35
	铁黑	0.10
C 相	甘油	6.00
	丙二醇	4.00
	氯化钠	1.00
	水	加至 100
D 相	防腐剂	适量
	香精	适量

制备工艺：

① 将 B 相中原料依次加入混粉机中，高速粉碎确认色粉均匀分散；

② 将 A 相中原料依次加入油相容器中，搅拌加热至 80～85℃，确认溶解分散均匀，将预先处理好的 B 相加入油相容器中，搅拌分散均匀，温度恒温在 80～85℃；

③ 将 C 相中原料依次加入水相容器中，搅拌加热至 80～85℃，确认溶解分散均匀；

④ 在均质条件下，将水相缓慢加入油相中，加好后高速均质 10min；

⑤ 搅拌降温至45℃左右，加入D相，搅拌分散均匀。

4. 气垫霜

目前市场上比较受消费者欢迎的是气垫BB霜，其主要特点是使用方便、涂抹均匀。这一类膏体开发过程中，配方设计主要考虑：①料体黏度偏低，质地轻薄；②遮盖型二氧化钛含量高，可以很好地修饰妆容；③膨润土具有很好的悬浮性能，可以很好地悬浮色粉颗粒，提高体系稳定性；④乳化剂的选择上，用KF-6038和Span 83/120进行复配，可很好地进行乳化；⑤添加高折射率的DC556可提高料体的光泽性，添加PMMA可提供肤感上的滑感。配方示例见表10-16。

表10-16 仿赫拉气垫霜（W/O型）

组相	原料名称	质量分数/%	组相	原料名称	质量分数/%
A相	甲氧基肉桂酸乙基己酯	4.00	B相	环五聚二甲基硅氧烷	10.00
	二乙氨羟苯甲酰基苯甲酸己酯	1.00	C相	二氧化钛	6.50
	维生素E醋酸酯	0.10		纳米级二氧化钛	2.00
	角鲨烷	3.00		铁黄	0.65
	异十二烷	2.00		铁红	0.35
	丁二醇二辛酸/二癸酸酯	3.00		铁黑	0.10
	甘油三（乙基己酸）酯	1.00		聚甲基丙烯酸甲酯	1.00
	Span 83或120	1.50	D相	甘油	8.00
	苯基聚三甲基硅氧烷	2.00		1,3-丁二醇	9.00
	聚二甲基硅氧烷交联聚合物	4.00		七水硫酸镁或氯化钠	1.00
B相	环五聚二甲基硅氧烷	10.00		EDTA-2Na	0.05
	二硬脂二甲铵锂蒙脱石	0.80		水	加至100
	月桂基PEG-9聚二甲基硅氧乙基聚二甲基硅氧烷	2.00	E相	防腐剂	适量
	酒精	0.50		香精	适量

制备工艺：

① 将B相中除酒精外的其他原料加入烧杯中，高速搅拌润湿完全后，加入酒精高速均质，直至呈凝胶状；

② 将C相中原料依次加入混粉机中，高速粉碎确认色粉均匀分散；

③ 将A相中原料依次加入油相烧杯中，搅拌加热至80～85℃，确认溶解分散均匀，将预先处理好的B相和C相加入油相烧杯中，搅拌分散均匀，温度恒温在80～85℃；

④ 将D相中原料依次加入水相烧杯中，搅拌加热至80～85℃，确认溶解分散均匀；

⑤ 在均质条件下，将水相缓慢加入油相中，加好后高速均质10min；

⑥ 搅拌降温至45℃左右，加入E相，搅拌分散均匀。

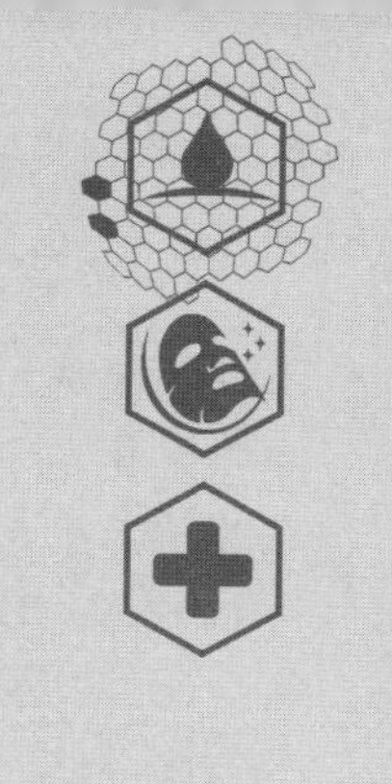

第十一章　头发洗护类化妆品

Chapter 11

第一节　洗发产品

一、产品性能结构特点和分类

洗发用品是人们日常生活中不可缺少的必需品，其用于洗净附着在头皮和头发上的人体分泌的油脂、汗垢、头皮上脱落的细胞以及灰尘、微生物和不良气味等，保持头皮和头发的清洁及头发美观。香波是英语“shampoo”一词的音译，意为洗发。

香波的种类很多，其配方结构也多种多样。按形态分类有液状、膏状、粉状等；按功效分有普通香波、调理香波、祛屑止痒香波、儿童香波、防晒香波以及洗染香波等。因此，在市场上，消费者可以根据自己的发质选择不同护发效果的香波，如适用于正常头发、干性头发、油性头发等不同发质的香波；或具备祛屑、防晒等不同功效的香波产品。

1. 香波概述

香波是一种主要的发用化妆品，香波的发展已有较长的历史。20 世纪 30 年代前，人们主要使用肥皂清洁头发，其后用椰子油皂制成液体香波，但这些以皂类为基料的洗发用品不耐硬水，碱性较高，洗后头发发黏、发脆、不易梳理。进入 20 世纪 30 年代后，以表面活性剂为基料的液体香波开始问世，这类香波同以皂类为基料的洗发用品相比，抗硬水性和温和性得到了大大地提高，但其主要功能仍是以洗涤为主，基本没有护理等其他功能，人们必须在洗发后使用护发素，这给人们的使用带来不便。随着表面活性剂科学的发展，尤其是阴、阳离子表面活性剂复配技术的发展，使得洗发和护发可同时进行的二合一香波开始问世，其后香波又逐渐向洗发、护发、养发等多功能方向发展。现在各种天然活性添加剂、中草药和植物提取液及由天然油脂加工而成地表面活性剂越来越多地在产品中得到应用，“回归自然、返璞归真”已成为当今潮流。

2. 香波的功能

香波是为清洁人的头皮和头发并保持头发美观而使用的化妆品，它是以各种表面活性剂和添加剂复配而成的。人们之所以喜欢用香波取代肥皂洗发，是因为香波不单可以清洁头发和头皮的油污和皮屑，而且有良好的护发和美发效果。随着人们生活水平的提高，对香波性能的要求也越来越高，一种性能理想的香波，应具有如下性能：

① 适度的清洁能力，可除去头发和头皮上的沉积物，但又不会过度脱脂而造成头发干涩；

② 洗发过程中可产生丰富细腻且有一定稳定性的泡沫；

③ 使用方便，易于清洗；

④ 性能温和，对眼睛和头皮刺激性低、无毒，可安全使用；

⑤ 干湿梳理性好，有光泽；

⑥ 各种调理剂和添加剂的沉积适度，长期重复使用不造成过度沉积；

⑦ 产品本身及在使用中和使用后均具有悦人的香气。

二、产品配方结构

香波有各种各样的剂型，市售的香波主要为液态（透明或珠光）。大多数液态香波有表 11-1 所示的组成。表中所列的成分不是任何一种香波都必须具有的成分，其中表面活性剂、稳泡剂、调理剂、防腐剂和香精是基本成分，其他成分则取决于消费者的需求、配方设计的要求和成本，可作不同的选择。

表 11-1　香波的主要配方组成

组　分	主要功能	代表性原料
主表面活性剂	清洁和起泡作用	脂肪醇硫酸钠、脂肪醇聚氧乙烯醚硫酸钠、脂肪醇硫酸铵、脂肪醇聚氧乙烯醚硫酸铵、仲烷基磺酸钠
辅助表面活性剂	稳泡、提高黏度、降低刺激性	椰油酰胺丙基甜菜碱、氧化胺、烷醇酰胺、咪唑啉、烷基糖苷、脂肪酸甲酯磺酸盐
调理剂	调理作用（柔软、抗静电、润滑、光泽）	季铵化羟乙基纤维素、聚季铵盐-10、阳离子瓜尔胶、三-十六烷基甲基氯化铵、乳化硅油
流变调节剂	调节黏度、增加稳定性	电解质（如 NaCl、NH_4Cl）、聚乙二醇双硬脂酸酯(DS6000)、聚乙二醇(120)甲基葡萄糖二油酸酯(DOE 120)、PEG-150 季戊四醇硬脂酸酯、水溶性聚合物
珠光剂	赋予产品珠光	乙二醇双硬脂酸酯、乙二醇单硬脂酸酯
螯合剂	络合钙、镁和其他金属离子	EDTA-2Na、EDTA-4Na
酸度调节剂	调节 pH 值	柠檬酸、乳酸
色素	赋予产品颜色	化妆品用色素
香精	赋香	
防腐剂	抑制微生物生长	尼泊金酯类、凯松、DMDMH、Kathon
功能添加剂（祛屑剂、植物提取液等）	赋予各种特定功能（如去头屑、特效、修复等）	吡啶硫铜锌、OCT、芦荟提取液、金缕梅提取液

三、设计原理

1. 洗涤力和发泡力

表面活性剂是香波的主要成分，为香波提供了良好的洗涤效果和丰富的泡沫。通常洗发产品的表面活性剂含量为15%～20%，婴孩洗发产品中的含量可酌减，并选用低刺激的表面活性剂。去污力和脱脂性是正比变化的，过高的去污力不但浪费原料，而且对皮肤和毛发都没有好处。因此，越是高档次的和功能性的洗发产品，越要选择低刺激、性能温和的表面活性剂。由于表面活性剂的协同作用，一般多种表面活性剂复配形成综合性能优异的清洁体系。

发泡是洗发产品的重要特性之一，从洗涤机理上看，泡沫和洗涤能力并无关系，但在使用和漂洗上是有重要作用的。洗发产品在清洁使用过程中必须有一定量的泡沫，且相对比较稳定。脂肪醇硫酸盐和脂肪醇聚氧乙烯醚硫酸盐是香波的主表面活性剂，有较好的发泡力；常常通过复配合适的辅助表面活性剂，以提升泡沫的稳定性。还有脂肪酸、高级脂肪醇等也有一定的稳泡作用。脂肪醇醇酰胺能提高泡沫强度，高级脂肪醇的泡沫稳定作用是由于混合吸附使表面黏度增大导致高分子化合物能在泡沫界面形成吸附膜。

2. 黏度

洗发产品的黏度高低主要取决于配方中主表面活性剂、辅助表面活性剂和流变调节剂（常用无机盐）的用量。配方中主表面活性剂的用量高一些，黏度也相应提高。辅助表面活性剂如烷基醇酰胺、氧化胺、烷基糖苷等有增稠作用，其增稠程度依赖于这些原料的用量和与其他原料的配伍性。另外加入一些无机盐如氯化钠、氯化铵等也可增大黏度，但一般不超过3 %，否则发生盐析反而使黏度降低。

一般的流变调节剂如黄原胶、羟乙基纤维素等的使用受到限制，因为它们会生成膜并在头发上沉淀。聚丙烯酰胺类也常用作流变调节剂，但是应用于阴离子型表面活性剂体系时，其增稠性能一般体现不明显。

3. 润发和保湿

为了使洗发产品在清洁的同时具有良好的调理与护理性能，使得毛发清洁后有良好的梳理性，需要在产品中加入润发剂。常规的油脂类原料都对毛发有一定的护理作用，但油脂加入体系中，需要注意避免对泡沫的影响，因为油脂有一定的消泡作用。或者以不影响泡沫稳定性的方式添加到表面活性剂体系中，比如乳化硅油比聚二甲基硅氧烷直接加到体系中可以减少对泡沫的影响。

欲使头发柔软除了油脂外，水分也十分重要，提高洗发产品的保湿性，可以防止头发发脆。甘油、丙二醇和山梨醇有保留水分和减少水分挥发的特性，加入洗发产品中能使头发由于保持着一些水分而柔软顺服。

4. 抗硬水

为了防止钙、镁皂等不溶性物的产生，必须注意两方面：一是防止洗发产品和硬水混合时产生钙、镁皂沉淀；二是防止当以硬水冲洗头发上的洗发产品时在头发上附着一层钙、镁皂的膜。配方中可考虑加入一定量的乙二胺四乙酸类的螯合剂，因为其能和钙、镁和铁的盐类生成水溶性的络合物。在开发水硬度极高地域的洗发产品时，需要减少体系中对钙、镁比较敏感的阴离子表面活性剂的用量。

5. pH

根据消费者的要求，设计不同 pH 的洗发产品。一般洗发产品的 pH 为 6～9。pH 太低，不但会使某些阴离子表面活性剂发生水解，还会影响产品的安全性。在洗发产品中，一般使用柠檬酸或磷酸调 pH（用量一般在 0.1%～0.5%），并加入一定量的缓冲剂，保证产品有一个稳定的 pH。

6. 香精、色素和防腐剂

香精可掩盖不愉快的气味，赋予产品愉快的香味，且洗后使头发留有芳香。色素能赋予产品鲜艳、明快的色彩，但必须选用化妆品允许使用的色素。色素和香精加入产品后应进行高低温、阳光、酸碱性等综合因素对其稳定性影响的试验，试验合格后，方可确定用于生产。

为防止香波受霉菌或细菌侵袭导致腐败，需要加入防腐剂。常用的防腐剂有尼泊金酯类、凯松、咪唑烷基脲、1,3-二羟基-5,5-二甲基乙内酰脲（DMDMH）等。选用防腐剂必须考虑防腐剂适宜的 pH 范围以及和添加剂的相容性。如苯甲酸钠只有在碱性条件下才有防腐效果，因此在酸性香波中不宜采用。

四、相关理论

1. 阳离子聚合物的护理机理

阳离子聚合物沉积在头发的表面，使头发润滑、分散性好、易于梳理，增强头发体感，同时可以使开叉头发有所改善。阳离子聚合物因有较高的活性，用量较少，在配方中与阴离子表面活性剂配伍使用。阳离子聚合物的主要缺点是重复使用时会产生积聚，使头发加重下垂，手感和外观不良。

阳离子聚合物在洗涤过程中能吸附于头发表面的机理是：清洗和沐浴一般来说是在体系表面活性剂的临界胶束浓度（*cmc*）以上进行的，在此过程中阳离子聚合物保持可溶状态，而在冲洗时，表面活性剂会被稀释到接近它的 *cmc*，聚合物在水中的溶解性降低，进而被吸附到头发上，而表面活性剂被冲走。

2. 祛屑机理

在医学上，头皮屑被称为“头皮糠疹”、“头部脂漏症”。表现形式分为干性头屑和油性头屑两种。干性头屑的特点是头皮屑大多松散地分布在头发上，梳理头发时易呈现鳞屑状脱落，头屑的颜色是白色或灰白色。油性头屑的特征是：头屑附着在头皮或头发上，不易脱落，其形式为油脂样淡黄色屑片。

头皮屑是由于头皮功能失调引起的，是新陈代谢的产物，引起头皮屑可能的因素包括：污垢和头皮分泌的皮脂混在一起干后成为皮屑；细菌滋生，产生脂溢性皮炎；角质细胞异常增生；新陈代谢旺盛、神经系统紧张、药物和化妆品引起的炎症等。近年来的研究表明，头屑过多和头皮发痒与卵圆形糠秕孢子菌的异常繁殖有密切的关系。头屑的产生为微生物的生长和繁殖创造了有利条件而致刺激头皮，引起瘙痒，加速表皮细胞的异常增殖。因此抑制细胞角化速度，从而降低表皮新陈代谢的速度和杀菌是防止头屑的主要途径。香波中添加某些活性成分，可以抑制卵圆形糠秕孢子菌活性、抑制皮脂过多分泌，同时保持头发清洁，从而实现祛屑止痒。

头皮屑与年龄有关，青春期前很少有头皮屑，一般从青春期开始，20 多岁时达到最高峰，中年和老年时下降。头皮屑冬天较多，夏天较少。男女没有很大的差别。

3. 影响泡沫稳定性的因素

香波用于清洁头部，而头部是毛囊最发达的部位，其分泌的皮脂最多，皮脂是天然的消泡剂。香波在使用过程中，消费者希望有丰富的泡沫带来愉悦的感觉，因此，香波在配方开发过程中，除了考虑去污性能，还需要考虑在消泡剂存在的条件下保障泡沫的稳定。

泡沫破坏的过程，主要是隔开液体的液膜由厚变薄，直至破裂的过程。因此，泡沫的稳定性主要取决于排液快慢和液膜的强度。影响泡沫稳定性的主要因素，亦即影响液膜厚度和表面膜强度的因素，有如下几种。

（1）表面张力　泡沫生成时，伴随液体表面积增加，体系的能量（表面能）也相应增加。泡沫破坏时，体系的能量也相应下降。若液体的表面张力较低，则泡沫形成时体系能量增加相对较少，而泡沫破坏时体系的能量下降也较少。因此。液体具有较低的表面张力有利于泡沫的形成及其稳定，例如，纯水的表面张力很高，不能生成泡沫。当肥皂溶于水后，水溶液的表面张力很低，不仅容易生成泡沫，而且相当稳定。水中加入其他表面活性剂大多也有类似情况。但是表面张力并不是影响泡沫稳定性的唯一因素，如一些纯有机液体，如乙醇、庚烷、苯及四氯化碳等，它们的表面张力比纯水低得多，与肥皂水溶液相近，却不易形成泡沫。

自能量观点考虑，低表面张力对于泡沫的形成较为有利，因为生成一定总表面积的泡沫时，可以少做功。但是，不能保证生成的泡沫有良好的稳定性。只有当液体表面能形成有一定强度的表面膜时，低表面张力才有助于泡沫的稳定。主表面活性剂在去污的同时，可以起到充分降低表面张力的作用，但依赖单一的主表面活性剂并不能稳定泡沫。

（2）表面黏度　决定泡沫稳定性的关键因素为液膜的强度，而液膜强度的一个主要性质是实验中可测得的表面黏度。表面黏度越大，则表面吸附膜的强度越大，泡沫寿命也越长。泡沫的表面黏度是指表面活性剂吸附在泡沫界面上，所形成界面膜的黏度，而界面膜的黏度取决于主表面活性剂、辅助表面活性剂的性质。

（3）液体黏度　表面黏度大时，泡沫液膜往往不易破坏。这里有两种作用，一种是增加液膜表面强度，另一种是使液膜的两表面膜邻近的液体不易排出（因表面黏度大，邻近表面吸附层的液体也不易流动）。由此可见，若液体本身的黏度较大，则液膜中液体排出便较为不易，且液膜厚度变小的速度较慢，因而延缓了液膜破裂时间，增加了泡沫的稳定性。但是液体的内部黏度仅为一辅助因素，若无表面吸附膜形成，则即使内部黏度大也不一定能形成稳定的泡沫。

（4）表面张力的修复作用　泡沫形成时，泡沫的液膜必须具有一定形式的弹性，以便缓冲液膜局部受力而伸展、变薄，起到防止液膜破裂的作用。对于表面活性剂吸附于表面的液膜，扩大其表面积将降低表面吸附分子的密度，同时表面张力增大，于是进一步扩大表面需要做更多的功。液膜表面积的收缩，则将增加表面吸附分子的密度，同时表面张力降低，于是不利于进一步的收缩。因此，表面活性剂吸附于表面的液膜，有反抗表面扩张或收缩的能力，此即具有一定的表面弹性，亦即上述的“修复”或“复原”作用。纯液体没有表面弹性，因其表面张力不会随表面积变化，从而不能形成稳定的泡沫。

对于此种作用，应考虑有两种不同的过程：一种是自低表面张力区域迁移表面吸附分子至高表面张力区域的过程；另一种则为溶液中的表面活性剂分子吸附至表面的过程。此过程亦可使受冲击液膜的表面张力恢复至原值，同时也恢复了表面吸附分子的密度。但若此过程进行较快，即吸附速度快时，则在液膜扩张部分所缺少的吸附分子将大部分由吸附来补足，而不是通过第一种过程的表面迁移。于是，受冲击部分液膜的表面张力和吸附分子的密度虽可复原，但变薄的液膜并未重新变厚（因无迁移分子带来溶液）。这样的液膜，其强度较差，因而泡沫的稳定性也较差。

（5）气体通过液膜的扩散　一般形成的泡沫中，气泡大小总是不均匀的。由于毛细压力的存在（Laplace 关系），小泡中气体的压力比大泡高。于是，气体自高压的小泡中透过液膜扩散至低压的大泡中，造成小泡变小（直至消失）、大泡变大，最终泡沫破裂的现象。此种气体透过液膜的扩散，在浮于液面的单个气泡中清楚地表现出来：气泡随时间增长而逐渐变小，以至最终消失。一般可利用液面上气泡半径随时间变化的速率来衡量气体透过性。

气体透过性低者表面黏度高，泡沫稳定性亦较好；反之亦然（不完全对应，因还与其他因素，如膜厚等有关系）。这些实验事实说明：气体透过性与表面吸附膜的紧密程度有相当大的关系，表面吸附分子越紧密，则气体越难透过。

（6）表面电荷的影响　如果泡沫的液膜两个表面带有相同符号的电荷，则两表面将互相排斥，得以防止液膜变薄乃至破裂。离子型表面活性剂作为起泡剂时，由于表面吸附，表面活性离子会富集于表面。如 $C_{12}H_{25}SO_4^-Na^+$，即形成一层带负电荷的表面，反离子 Na^+ 则分布于液膜溶液中（溶液中也有表面活性剂离子，但比起吸附层来，密度很小），组成了表面双电层。当液膜变薄至一定程度时，两表面的电相斥作用开始变得显著起来，防止液膜进一步变薄。此种作用在液膜较厚时不大。溶液中电解质浓度较高时，扩散双电层压缩，电相斥作用变弱，膜厚度变小，使电相斥作用减小。在清洁产品中，主表面活性剂是阴离子型表面活性剂，其亲水基之间的静电斥力是有利于泡沫稳定的。

五、原料选择

1. 主表面活性剂

香波中主表面活性剂主要起清洁和起泡作用，这类表面活性剂种类较多，目前最常用的表面活性剂是一些阴离子表面活性剂。香波按照主表面活性剂可以分为钠盐体系与铵盐体系。钠盐体系：脂肪醇聚氧乙烯醚（2EO 或 3EO）硫酸钠（AES、AES-Na）。铵盐体系：脂肪醇聚氧乙烯醚（2EO 或 3EO）硫酸铵（AAES、AES-NH_4）和十二烷基硫酸铵（ALS）。

理论上铵盐体系更温和，其去污性及发泡性不如钠盐，因此，通过复配 ALS 来提升 AAES 的去污性及发泡性。但实际上这些差异消费者在使用过程中感觉不到。而铵盐体系在制备过程中，容易出现局部 pH 偏高的问题，以及局部有氨气释放进而影响到产品的气味的问题。

（1）脂肪醇硫酸酯盐　脂肪醇硫酸酯类阴离子表面活性剂的分子通式为 $ROSO_3M$，其中 $R=C_8 \sim C_{18}$；$M=Na^+$、K^+、$HN^+(CH_2CH_2OH)_3$。脂肪醇硫酸酯盐是用高级脂肪醇为原料，经过硫化后再用碱中和制备而得到的：

$$ROH + H_2SO_4 \longrightarrow ROSO_3H + H_2O$$

$$ROSO_3H + MOH \longrightarrow ROSO_3M + H_2O$$

脂肪醇硫酸酯盐通常也称为烷基硫酸酯盐（缩写为 AS）。这类阴离子表面活性剂的亲水基团是硫酸基，带有负电荷，溶于水中时具有表面活性的部分为阴离子。

脂肪醇硫酸酯盐的洗涤力以 $C_{14} \sim C_{18}$ 为最好，$C_{11} \sim C_{12}$ 洗涤力较差。脂肪醇硫酸酯盐的泡沫力在 $C_{13} \sim C_{14}$ 间显著上升，在 $C_{15} \sim C_{16}$ 间显著下降。其中月桂醇硫酸钠的发泡性强，去油污性能良好，但低温溶解性较差，由于脱脂力强而具有一定的刺激性。月桂醇硫酸铵具有月桂醇硫酸钠的所有优点，其刺激性明显低于月桂醇硫酸钠。在使用铵盐时 pH 值必须控制在 6.5 以下，否则会释放出氨气，尤其在炎热的夏季。月桂醇硫酸盐一般不单独作为主表面活性剂使用。

脂肪醇硫酸酯盐在水中的溶解度与烷基链长、正离子的种类以及温度有关。脂肪醇硫酸酯盐同系物的溶解度随着碳链长度的增加而下降。脂肪醇硫酸酯钾盐比钠盐溶解性差；而钠盐又比铵盐溶解性差；如果制成三乙醇胺盐，其溶解性和有关性能均较钠盐好。随着温度的升高，脂肪醇硫酸酯盐的溶解度增大。

（2）脂肪醇聚氧乙烯醚硫酸酯盐　在脂肪醇硫酸酯的分子中再引入聚氧乙烯醚结构或酯结构，则可获得性能更优良的表面活性剂。脂肪醇聚氧乙烯醚硫酸酯盐的生物降解性好，其溶解度、去污力、起泡性等物理性能随脂肪醇碳链长度的不同而有差异，在水中的溶解度随烷基链中碳原子数的增加而减少。其溶解度还与成盐的阳离子有关，相应的顺序为：三乙醇胺盐＞铵盐＞钠盐＞钾盐。

脂肪醇聚氧乙烯醚硫酸盐简称醇醚硫酸盐，其分子式为：

$$RO(CH_2CH_2O)_nOSO_3M$$

式中，R 为 C_{12}～C_{16} 烷基；n 一般为 2～3；M 为 Na^+、NH_4^+、$[NH(C_2H_5OH)_3]^+$。脂肪醇聚氧乙烯醚硫酸钠盐简称为 AES，AES 为淡黄色的黏稠液体，其物理性质与烷基“R”中碳原子数有关，更与环氧乙烷（EO）的加成数 n 密切相关。一般烷基 R 多为十二烷基，EO 加成数 n 为 4 时，其溶解性最佳，n 越大，则溶解性越好。市售 AES 的质量分数一般为 25%和 70%左右，其亲油基可以是天然醇，也可以是合成醇。平均乙氧基化度为 2～3，实际上是不同加成数的混合物。

由于 AES 中加成了 EO，增加了其亲水基，使其性能比 AS 优越，它还具有非离子表面活性剂性质，在硬水中仍有较好的去污力，且受水的硬度影响小。脂肪醇聚氧乙烯醚硫酸钠和脂肪醇聚氧乙烯醚硫酸铵的亲水基还包括聚氧乙烯基，疏水基主要是烷基，在分子结构中还可能存在酰胺基、酯键、醚键。脂肪醇聚氧乙烯醚硫酸酯盐通常比脂肪醇硫酸酯盐的溶解度要大，其耐热性也比 AS 的好，刺激性远低于 AS。AES 的 Krafft 点比 AS 的低，且随加成 EO 数的增加而降低。另外，AES 具有良好的与其他阴离子、非离子表面活性剂的配伍性。产品的活性物含量为 70%±2%，pH 值为 7～9。AES 在一般 pH 值范围内是稳定的，但在强酸或强碱的条件下，会发生水解。AES 的发泡密度和体积略低于 AS，当与烷基醇酰胺和甜菜碱等表面活性剂复配时，对最终产品的黏度和泡沫都会有协同效果。黏度和泡沫的峰值一般在它们的质量分数为 10%～50%时。

月桂醇醚硫酸盐是目前最流行的主表面活性剂，一般含有 2～3mol 的环氧乙烷。月桂醇醚硫酸盐具有良好的清洁和起泡性能，水溶性好，刺激性低于月桂醇硫酸盐，与其他表面活性剂和添加剂具有良好的配伍性。可单独或与月桂醇硫酸盐复配作为香波的主表面活性剂。当月桂醇醚硫酸盐与月桂醇硫酸盐复配使用时，前者的比例越高，则体系的温和性越高，增稠性能越好，但泡沫性能稍差；反之，则体系的刺激性稍高，增稠性能稍差，但泡沫更丰富。

（3）烯基磺酸盐　烯基磺酸盐简称 AOS，AOS 是由 α-烯烃磺化反应制得的以 C_{14}～C_{16} 为主的阴离子表面活性剂，主要由 70%左右的烯基磺酸盐、约 30%的羟烷基磺酸盐和 0%～5%的烯基二磺酸盐组成。AOS 具有良好的乳化力，生物降解性好，对皮肤的刺激小，与其他阴离子表面活性剂有良好的配伍性。它的不足之处在于其产品是很复杂的混合物，产品质量不易控制。AOS 在洗涤剂工业中有广泛的应用，在化妆品中可用于香波、浴液、洗手液等制品。

烯基磺酸盐的碳原子数一般在 14～18 之间，这时的去污力较好。C_{14}～C_{16} 的 AOS 因其溶解性好、泡沫丰富、性能温和，特别适宜于配制香波、浴液和餐具洗涤剂等液体产品。水硬度对 AOS 去污力的影响远小于直链烷基苯磺酸盐（LAS）与烷基硫酸酯盐（AS）。

2. 辅助表面活性剂

辅助表面活性剂用量较少，能增强主表面活性剂的去污力和泡沫稳定性，改善洗发产品的洗涤性和调理性，也可在电解质增黏剂存在和不存在时，增大产品的黏度。

辅助表面活性剂包括阴离子型、非离子型、两性离子型表面活性剂。

（1）非离子型表面活性剂　非离子表面活性剂在水溶液中不解离成离子，而是呈中性的分子状态。非离子表面活性剂的亲油基是脂肪酸、脂肪醇、脂肪胺等含活泼氢的长链化合物；亲水基多为环氧乙烷、多元醇、乙醇胺等。非离子表面活性剂的亲油基和离子型表面活性剂相差无几，但其亲水基中的聚氧乙烯链可有很多的变化，可以合成在水中具有不同溶解度的系列产品。

非离子表面活性剂具有高的表面活性、良好的洗涤和乳化性能、耐硬水、不受 pH 的限制、刺激性低、毒性小等诸多优点。多种非离子表面活性剂都可在香波中作为辅助表面活性剂使用，如烷基糖苷、烷醇酰胺、氧化胺等常用于香波配方中，其不但具有优异的稳泡性能和增稠性能，而且还可大大降低阴离子表面活性剂的刺激性。

（2）两性表面活性剂　两性表面活性剂是指分子内分别含有一个或一个以上的阴离子官能团和阳离子官能团的表面活性剂。一般情况下，在酸性环境中呈阳离子性，在碱性环境中呈阴离子性。

两性表面活性剂具有良好的去污、起泡、杀菌、抑菌和柔软等性能，耐硬水，对酸、碱和各种金属离子都比较稳定，毒性低，对皮肤刺激性低，具有良好的生物降解性，广泛用于洗发香波、沐浴露、婴儿用品等。两性表面活性剂主要有甜菜碱型、咪唑啉型、氧化胺和氨基酸型两性表面活性剂。椰油酰胺丙基甜菜碱是目前香波配方中应用最广的辅助表面活性剂，其他常用于香波中的两性表面活性剂包括咪唑啉、氧化胺等。

（3）阴离子型表面活性剂　有些阴离子表面活性剂也作为辅助表面活性剂应用于香波中，主要有 *N*-酰谷氨酸盐、*N*-酰肌氨酸盐、酰胺型磺基琥珀酸酯盐等。这些表面活性剂在配方中主要起降低产品刺激性的作用。

3. 调理剂

一般来说洗发产品在洗净头发的同时也或多或少地会损伤头发，如过分去除由头皮自然分泌的皮脂成分，由于表面活性剂的吸附，使头发缠结而难以梳理等。从对头发的保护效果及美容效果考虑，调理剂应具有的功能特性：①容易梳理，不使头发缠结；②使头发经常保持湿润、柔软及对卷发有良好的保持性；③使头发外观富于光泽；④增强头发弹性。为了产生这些效果，必须使添加成分以某种形式吸附于头发上。从吸附机理可将调理剂分为三类：

① 化学性吸附调理剂　头发是氨基酸多肽角朊蛋白的网状长链高分子集合体，从其化学性质说，与同系物质及其衍生物有着较强的亲和性。基于化学性吸附的调理剂有胶原分解物（多肽）、氨基酸、2-吡咯烷酮-5-羧酸钠、奶酪蛋白、卵清蛋白、卵磷脂（磷脂质）等。

② 物理性吸附调理剂　主要是指油性成分和保湿剂。油性成分不仅能抑制洗发产品的脱脂力，还可给头发表面补充油分，形成的油性皮膜能适当抑制头发水分的蒸发，赋予湿发湿润感，能在梳刷头发时发生机械摩擦的情况下起到保护头发的作用，

赋予头发自然的光泽。油性成分有羊毛脂及其衍生物、角鲨烷、液体石蜡、α-烯烃低聚物、凡士林、脂肪酸、高级脂肪醇、硅油及衍生物、天然油脂（橄榄油等）。保湿剂有甘油、丙二醇、1,3-丁二醇、山梨糖醇、二乙基甘醇-甲醚、二甘醇醚、尿素等。

③ 基于离子性吸附的调理剂　主要是配用一些能在头发上以静电作用力吸附的阳离子表面活性剂。在扫描电子显微镜下显示，它们能在头发表面形成薄膜，复配使用后能起到保护头发、修复毛发的作用。这类调理剂有季铵盐、阳离子性高分子物质，如阳离子变性纤维素醚衍生物、聚乙烯吡咯烷酮衍生物季铵盐、聚酰胺衍生物季铵盐、烷基聚乙烯亚胺、聚丙烯酸衍生物季铵盐、氯化二硬脂基二甲基铵聚合物等。但要注意所用的调理剂与洗发产品配方中的表面活性剂（阴离子、两性离子、非离子表面活性剂）共用的配伍性，不能影响起泡性。

（1）阳离子表面活性剂　阳离子表面活性剂具有乳化、去污、分散、润湿、增溶等性能，但其去污和发泡性能远低于阴离子表面活性剂。阳离子表面活性剂可以用作调理剂、杀菌剂和乳化剂。

阳离子表面活性剂溶于水后其亲水基解离成阳离子，所带电性正好与阴离子表面活性剂相反，而且小分子的阳离子表面活性剂电荷密度较高，与阴离子表面活性剂配伍易产生沉淀而失去效能。因此，阳离子表面活性剂已较少用于香波体系中，主要用于护发素体系中。在香波中由电荷密度较低、易与阴离子表面活性剂配伍的阳离子聚合物所代替。

（2）阳离子聚合物　阳离子聚合物是另一类普遍使用的有效调理剂。阳离子聚合物是由季铵化的脂肪烷基接枝在改性天然聚合物或合成聚合物上制成的。其部分结构与季铵盐相似，每个分子中有很多阳离子位置，具有较高的分子量，通过库仑吸引力牢固地吸附在带负电荷的表面。

阳离子聚合物沉积在头发的表面，使头发润滑、易于梳理，增加头发体感，分散性好，使头发开叉有所改善。阳离子聚合物因有较高的活性，用量较少，在配方中与阴离子表面活性剂配伍，是一种较理想的调理剂，特别适用于二合一香波。阳离子聚合物的主要缺点是重复使用时会产生积聚，使头发加重下垂，手感和外观不良，间断使用或与其他类型香波交替使用可减轻这个缺点。

阳离子聚合物主要包括季铵化羟乙基纤维素（如 JR-400）、季铵化羟丙基瓜尔胶（Jaguar C-13S、C-162）、丙烯酸/二甲基二丙烯基氯化铵共聚物（Polyquaterium-22）、乙烯吡咯烷酮/二甲基乙基氨基丙烯酸-硫酸二乙酯季铵盐共聚物（Polyquaterium-11）、丙烯酰胺/*N*, *N*-二甲基-2-丙烯基-l-氯化铵共聚物（Polyquaterium-7）、季铵化二甲基硅氧烷（Silicone quaterium-3 或 4）、季铵化水解胶原（Crotein Q）、季铵化水解角蛋白（Croquat WKP）、季铵化水解豆蛋白（Croquat Soya）、季铵化丝氨酸（Crosilkquat）等。

（3）硅油　有机硅具有独特的硅氧键结构 Si—O—Si，具有较大的键角和键长，分子间作用力小，不像一般的有机分子容易结晶，因此，透气性良好；其较高的键能，使有机硅聚合物具有突出的耐热性和优异的柔软性，其分子链的螺旋结构和甲基纵向外侧，使之具有极低的表面张力、良好的拒水性能。因为硅氢键（Si—H）具有较大的活性，能在高温和金属盐作用下发生水解和缩合交联成膜，有机硅季铵盐的活性基团有抗菌、防霉的功能，由于结构上的特殊性，使有机硅氧烷聚合物具有润滑、柔软、拒水、消泡、抗菌防霉等一系列特性，适用于个人护理用品中。

硅油可在头发上形成有效的保护膜，显著改善头发的干湿梳理性，赋予头发润滑、柔顺和光泽等；硅油的使用，可极大地改善发丝的梳理性及赋予发丝特殊的滑爽、光亮及防尘抗静电性能；长期使用不会在头发上积聚，同时能降低阴离子表面活性剂对眼睛的刺激性。硅油一般分为普通硅油与改性硅油，迄今，已开发成功用于化妆品的有机硅产品有：二甲基聚硅氧烷、甲基苯基聚硅氧烷、甲基含氢硅油、聚醚改性硅油、长链烷基改性硅油、环状聚硅氧烷、氨基改性硅油、羧基改性硅油、甲基聚硅氧烷乳液、有机硅蜡、硅树脂、有机硅处理的粉体等系列。

由于香波体系属于非乳化体系，直接将硅油应用于香波配方中很难保证产品的稳定性。一方面由于硅油的疏水性，增加了其在水体系中分散的难度；另一方面，硅油具有一定的消泡性，使其在某些方面的使用受到限制。可先将硅油乳化分散于水相，制备成O/W型硅油乳液，即乳化硅油。在60℃以下直接加到体系中，从而使得硅油方便地应用于洗发香波中。在乳化硅油中，影响硅油调理性能的除了硅油自身的性质之外，还有乳化粒子的大小。一般情况下，乳化硅油的粒子越大，越有利于吸附到毛发表面，但不利于在体系中的稳定性；反之，乳化粒子越小，相较于大颗粒乳化粒子越不利于吸附于毛发表面，但有利于在体系中的稳定。

4. 流变调节剂

流变调节剂主要是调节产品的流变特性，直观表现是黏度的变化，因此一般分为降黏剂与增黏剂。应用于香波体系流变调节剂的物质主要有：无机盐电解质、有机天然水溶性聚合物、有机半合成水溶性聚合物、有机合成类水溶性聚合物增黏剂等。

无机盐电解质主要起到黏度调节作用，即增稠作用。其余的流变调节剂对体系黏度或稠度的影响只是其中的一种作用，同时可以影响到产品的流变性能，通过改变产品的流变行为，可以使产品具有假塑性、触变性、凝胶结构；影响到产品的货架稳定性，通过流变调节剂立体网格结构的形成，改善乳状液的稳定性、使活性物均匀分散、防止凝块的生成等。

香波需要保持适当的黏度，黏度太低，产品稳定性较差，而且放在手里易流走，不易控制；黏度太高，在使用中不易均匀涂抹在头发上。在香波中黏度调节剂的作用主要是提高香波的稠度，改善其稳定性，并赋予产品良好的流变性及使用性能。关于阴离子体系常用的流变调节剂在第九章已有介绍。

5. 珠光剂

乳白或珠光状香波可增加产品的美感，此外，有时有些原料不能配制成透明香波，需要制成珠光香波，使产品更能为消费者所喜爱。添加少量细小白色聚合物分散液可使香波呈乳白状，如聚丙烯/丙烯酸酯共聚物。使用不同浓度或不同种类的珠光剂，达到的珠光效果是不同的。为了使制备过程易于进行，建议将珠光剂稀释成质量分数为10%的溶液后，再添加至香波的基质中。大多数珠光香波是依赖于各种硬脂酸酯晶片在液体基质的悬浮作用，晶片反射光线，产生乳白色或珠光。不同的硬脂酸酯有不同的效应，乙二醇单硬脂酸酯比乙二醇双硬脂酸酯产生更美丽、更乳白的珠光，后者乳白程度较低但更闪光。珠光效应取决于晶片大小、形状、分布和乳白晶片的反射作用。

常用的珠光剂主要有乙二醇硬脂酸单酯和双酯、脂肪酸金属盐、单硬脂酸和棕榈酸丙二醇酯及甘油酯、高级脂肪酸（硬脂酸、二十二烷酸）、烷基醇酰胺、脂肪醇（十六和十八醇）、聚乙烯聚合物和乳胶、硬脂酸锌和镁、微细分散的氧化锌和二氧化钛、硅酸铝镁等。目前普遍使用的是乙二醇单硬脂酸酯和乙二醇双硬脂酸酯。

在珠光产品中，产品必须有足够的稠度，确保珠光晶片不沉降。产生珠光效应主要有以下几条途径：

① 直接将浓缩的珠光浆产品在室温下添加于体系中，搅拌均匀即可。

② 将选定的珠光剂（最常用乙二醇单-双硬脂酸酯）加至温度约为75℃的热混合物或基质中，在适当的冷却过程中及搅拌速度下，珠光剂重新结晶出来，产生珠光效果。

③ 高浓度的液态或半固态的珠光剂，在室温下加于基质，混合制成最终产品。使用浓缩珠光浆是经济有效的方法，质量分数为2%的含量就会有良好的珠光效果。

6. 螯合剂

螯合剂的作用是络合或螯合碱土金属离子或重金属离子，避免香波中阴离子表面活性剂遇到Ca^{2+}和Mg^{2+}发生反应而沉淀。重金属离子被螯合后，可防止其使防腐剂、酶、蛋白质等活性物失活或使着色剂变色。常用的螯合剂有EDTA及其盐类，如EDTA、EDTA-2Na、EDTA-3Na和EDTA-4Na，其用量一般为0.05%～0.1%。另外，还有柠檬酸、酒石酸等。EDTA对钙、镁离子较有效，而柠檬酸和酒石酸对铁离子有一定的效果。EDTA及其盐类的添加对一些水溶性聚合物的黏度有影响，使用时应注意。

7. 酸度调节剂

微酸性对头发护理、减少刺激有利，有时配方中有些组分须在一定的pH值条件下才能稳定或发挥其特定的作用，如铵盐体系必须将pH值控制在微酸性；烷醇酰胺应用于表面活性剂溶液体系中时，会使pH值升高；在配制调理香波时，或使用甜菜碱、两性表面活性剂、季铵化聚合物时，pH值低于6可获得最好的调理性；用无机盐作增黏剂时，微酸性会使增稠效果变好；有些防腐剂也要求在一定的pH值范围内才能达到较好的效果。

8. 防腐剂

防腐剂的作用是防止香波受霉菌或细菌等微生物的污染而变质。很多表面活性剂在出厂前已经添加了防腐剂，这部分防腐剂的作用在配方设计时应加以考虑。有些大的生产商，在订购原料时会让供应商指定使用某种防腐剂。一些香波组分，例如蛋白质和中草药提取物都添加特定的防腐剂。香波体系防腐剂必须根据各国的法规和与香波其他组分的配伍性来进行选择。同时，选用防腐剂时应注意到基质的 pH 值和某些组分的不配伍性问题。常用的防腐剂有二羟甲基二甲基乙内酰脲（DMDMH）、凯松、尼泊金酯类、杰马系列等。另外，螯合剂的加入会提高防腐剂的防腐效果。

9. 香精和色素

香精虽在配方中所占的比例很小，但影响香波的感观特性，直接影响到消费者的接受程度，其重要意义已显得越来越重要。香精的香型带有流行性，随潮流变化，与民族习惯、职业、性别和个人爱好有关。自然香气一直较为流行，如草香、果香和花香。

在选择香精时要考虑其在产品中的稳定性、香气、洗发时和洗后的香味，还要考虑香气和品牌的吻合。从配方基本技术要求考虑，香波香精的选用必须考虑到香精的溶解度和配伍性（即不影响产品黏度和稳定性），它不会引起产品变色，不引起对皮肤和眼睛的刺激。添加在香波中的香精，借助于体系中已有的表面活性剂起到增溶的作用，一般不需要额外添加其他的增溶剂来解决香精的溶解性问题。一些含醇类较多的香精对黏度影响较大。香波中的调理剂、防腐剂和其他活性物可能会与香精中的某些组分反应，使香精气味改变。香精还会对产品的黏度产生较大的影响，如一些含醇类较多的香精。

色素可赋予产品鲜艳、悦目的外观，但选择的色素必须符合化妆品卫生标准。同时，在采用透明包装时，应考察其稳定性以及与香波其他组分的配伍性。

使用着色剂时，应主要考虑产品的 pH 值、光照对其稳定性的影响以及对某些重金属离子的敏感性，因为着色剂的褪色或变色主要与这些因素有关。添加少量水溶性的紫外线吸收剂，如二苯（甲）酮-4 和二苯（甲）酮-2，可防止光致褪色，其一般用量为 0.05%～0.1%。pH 值的控制可通过酸度调节剂和缓冲溶液来解决。添加螯合剂如 EDTA-4Na，可使重金属离子络合。

由于着色剂的添加量很少，一般不将着色剂直接添加于产品中，而是稀释溶解或配成稀色料后再加入产品中，这样可以尽量避免着色的不均匀。

10. 祛屑止痒剂

目前常用的祛屑止痒剂有吡啶硫酮锌（ZPT）、Octopirox、甘宝素、十一碳烯酸衍生物、酮糠唑等。

（1）吡啶硫酮锌（ZPT） 吡啶硫酮锌又称锌吡啶硫酮，其化学名称为双（2-硫代-1-氧化吡啶）锌，分子式为 $C_{10}H_8N_2O_2S_2Zn$，结构式为：

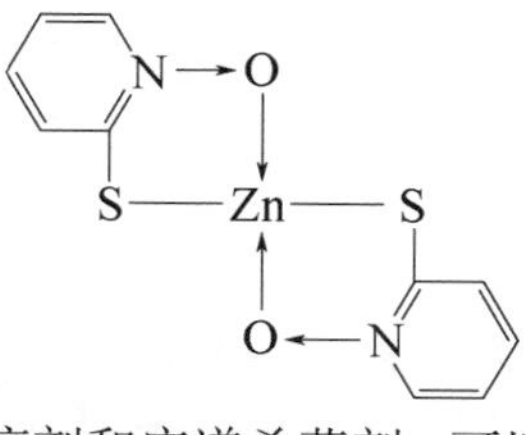

ZPT 为高效安全的祛屑止痒剂和广谱杀菌剂；可以延缓头发衰老，减少脱发和白发；其应用于香波配方中，经常会出现沉降，偶尔操作不慎也会出现变色现象（遇铁

离子易变色），因此，配方中必须加入悬浮剂和稳定剂；与 EDTA 不配伍，加入少量硫酸锌或氧化锌可减缓变色；不足之处在于对光不稳定，会遮盖香波的珠光。

（2）Octopirox（OCT） Octopirox 的化学名为 1-羟基-4-甲基-6-(2,4,4-三甲基戊基)-2(1*H*)-吡啶酮-2-氨基乙醇盐（1∶1），化学结构式为：

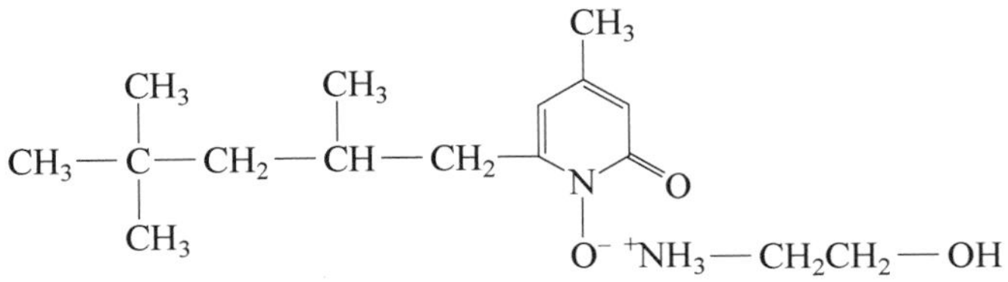

$$CH_3-\underset{CH_3}{\overset{CH_3}{C}}-CH_2-\overset{CH_3}{CH}-CH_2-(\text{4-}CH_3\text{-2-吡啶酮环})\ \ \overset{|}{N}-O^-\ {}^+NH_3-CH_2CH_2-OH$$

OCT 的主要性能有：具有广谱的杀菌抑菌性能；溶解性和复配性能好，可制成透明香波；刺激性低，性能温和，可用于免洗产品中；可明显增大体系的黏度；遇铁、铜离子易变黄，价格较高。

（3）甘宝素 甘宝素又称活性甘宝素，化学名称为二唑酮，分子式为 $C_{15}H_{17}O_2N_2Cl$，化学结构式为：

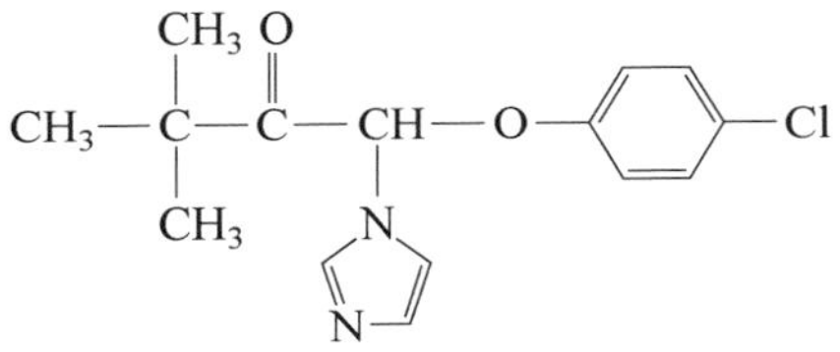

$$CH_3-\underset{CH_3}{\overset{CH_3}{C}}-\overset{O}{\overset{\|}{C}}-\underset{\text{咪唑-1-基}}{CH}-O-C_6H_4-Cl$$

甘宝素为白色或灰白色结晶状，略有气味，无吸湿性，对光和热均稳定，熔点 95～97℃，其具有独特的抗真菌性能，对光、热和重金属离子稳定，不变色，易制得透明香波。

甘宝素具有独特的抗真菌性能，对能引起人体头皮屑的卵状芽孢菌属或卵状抗真菌属以及白色念珠菌、发癣菌有抑制作用，其祛屑止痒机理是通过杀菌和抑菌来消除产生头屑的外部因素，以达到祛屑止痒的效果，它不同于单纯地通过脱脂的方式暂时消除头屑。若与吡啶硫酮锌合用时对祛屑具有明显的协同效应。

（4）十一碳烯酸衍生物 十一烯酸单乙醇酰胺酯二钠盐是十一碳烯酸衍生物类物质中常用的一种，由十一烯酸单乙醇酰胺与马来酸酐发生酯化，再经 Na_2SO_3 磺化而制得的，其结构式为：

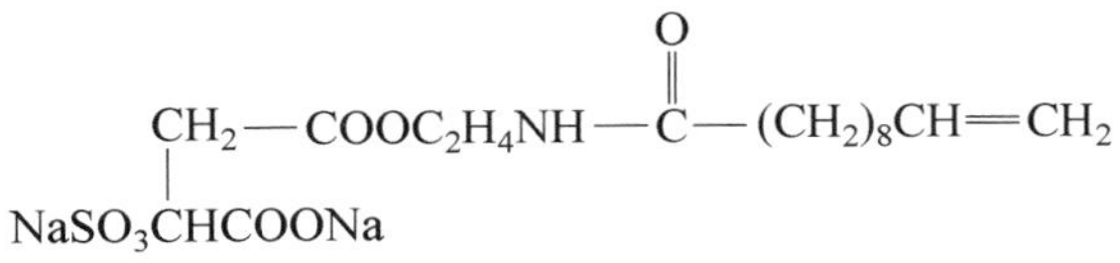

$$\underset{NaSO_3CHCOONa}{\underset{|}{CH_2}}-COOC_2H_4NH-\overset{O}{\overset{\|}{C}}-(CH_2)_8CH=CH_2$$

十一烯酸单乙醇酰胺酯二钠盐对人体皮肤和头发的刺激性小，具有良好的配伍性、水溶性、稳定性和抗脂溢性，与头发角朊蛋白有着牢固的亲和性，其治疗皮屑的机理在于抑制表皮细胞的分离，延长细胞变换率，减少老化细胞产生和积存现象，使用后还会减少脂溢性皮肤病的产生。用量一般为2%时效果比较明显。其具有广谱抗菌性能，是温和的表面活性剂，价格低廉，对热不稳定，祛屑效果不如ZPT、OCT。

（5）酮康唑　酮康唑的化学名称为1-乙酰基-4-{4-[2(2,4-二氯苯基)-2(1*H*-咪唑-1-甲基)-1,3-二氧戊环-4-甲氧基]苯基}-哌嗪，为白色或类白色结晶性粉末，无臭无味，几乎不溶于水中，但可溶于一定浓度的表面活性剂体系中，酮康唑在香波中的添加量一般为0.2%～0.3%。

酮康唑由于对卵圆形糠秕孢子苗有较强的抗菌活性，祛屑效果明显，但止痒效果一般；价格较高，对光和热稳定性不好，容易变红。有研究表明，酮康唑与聚维酮碘溶液配合，祛屑效果更好。聚维酮碘是聚乙烯吡咯酮和碘的有机复合物，其作用在于：①作用于头发和头皮后可解聚释放碘，并可渗透到表皮层感染细胞，有杀灭细菌及真菌、抗病毒等作用；②具有抑制皮脂分泌、减少炎细胞浸润的药理作用；③其碱性的基质还能改变局部的pH值，降低糠秕孢子菌的脂酶活性，有效杀灭糠秕孢子菌及头皮杂菌，对头皮杂菌亦有较强作用；④刺激性、毒性比碘酊、碘溶液小，使用者均能耐受。酮康唑和聚维酮碘的合用，能有效杀灭头发及头皮中糠秕孢子菌及致病杂菌，彻底清除头皮糠疹，并可使头发柔顺亮丽。

六、配方示例与工艺

1. 透明香波

透明香波是出现最早，也最大众化的洗发产品。这类香波的配方一般比较简单，在选用原料时必须使用一些溶解度较高的原料，使产品在低温时仍具有很好的透明度。由于受到产品透明度的影响，使许多原料的应用都受到了限制。随着化妆品配方水平的提高和原料的发展，透明香波已不再是以前的单一功能，它同样可提供调理祛屑等功能。典型的透明香波配方见表11-2（1）和表11-2（2）。

表11-2（1）　透明香波配方（1）

组相	原料名称	质量分数/%	组相	原料名称	质量分数/%
A相	去离子水	加至100	A相	椰油基二乙醇酰胺（6501）	3.0
	EDTA-2Na	0.1	B相	防腐剂	适量
	脂肪醇聚氧乙烯醚硫酸钠（27%）	36.3		香精、色素	适量
	椰油酰胺丙基甜菜碱（30%）	6.0		氯化钠	适量

表11-2（2）　透明香波配方（2）

组相	原料名称	质量分数/%	组相	原料名称	质量分数/%
A相	去离子水	加至100	A相	氧化胺（30%）	8.0
	EDTA-2Na	0.1	B相	防腐剂	适量
	月桂基硫酸酯三乙醇胺盐（30%）	40.0		香精、色素	适量
	椰油酰胺丙基甜菜碱（30%）	5.0		氯化钠	适量
	聚季铵盐-7	2.0			

以上的透明香波配方，所用原料均为液体，在水中的分散性较好，制备工艺比较简单，只需在常温下依次将各组分加入去离子水中，搅拌均匀即可。

2. 珠光香波

珠光香波即在透明香波的基础上加上珠光剂，由于该类香波对产品的透明度没有要求，所以选择原料的限制就大大低于透明香波。目前在香波中使用珠光剂有两种方式，一种是直接使用珠光剂，另一种方法是使用珠光浆。典型的珠光香波配方见表11-3（1）～表11-3（4）。

表 11-3（1） 珠光香波配方（1）

组相	原料名称	质量分数/%	组相	原料名称	质量分数/%
A 相	去离子水	加至 100	B 相	珠光浆	4.0
	EDTA-2Na	0.1	C 相	DMDM 乙内酰脲	0.3
	脂肪醇聚氧乙烯醚硫酸钠（27%）	41.5		柠檬酸	适量
	椰油酰胺丙基甜菜碱（30%）	5.0		氯化钠	适量
	烷基糖苷（50%）	2.0		香精	适量

表 11-3（2） 珠光香波配方（2）

组相	原料名称	质量分数/%	组相	原料名称	质量分数/%
A 相	去离子水	加至 100	B 相	乙二醇单硬脂酸酯	0.6
	EDTA-2Na	0.1	C 相	DMDM 乙内酰脲	0.3
	脂肪醇聚氧乙烯醚硫酸钠（70%）	11.2		柠檬酸	适量
	椰油酰胺丙基甜菜碱（30%）	5.0		氯化钠	适量
	椰油基二乙醇酰胺（6501）	2.0		香精	适量
B 相	乙二醇双硬脂酸酯	1.0			

表11-3（1）配方为一冷配香波，其制备工艺是在室温下逐一将各原料加入水中，搅拌均匀即可。

表11-3（2）配方需要在加热条件下制备，工艺为：

① 依次将A相中各组分加入去离子水中，边搅拌边将体系升温至70～75℃；

② 将B相中各组分加入体系中，搅拌至所有组分溶解；

③ 体系均匀后开始降温至40℃，加入C相所有组分，搅拌均匀即可。

结合表11-3（1）、表11-3（2）配方各自的特点，有以下几点说明：

表11-3（1）配方直接使用珠光浆，这种方法比较简单，直接在室温下加入即可，既简化了香波的制备工艺，同时又可保证每批产品珠光的一致性。

表11-3（2）配方使用珠光剂，使用这种方法首先要保证珠光剂在70～75℃时完全溶于表面活性剂溶液中；其次必须严格控制冷却过程中的冷却速度和搅拌速度，否则难以产生理想均一的珠光效果。乙二醇双硬脂酸酯和乙二醇单硬脂酸酯的比例会影响产品的珠光，前者易产生细腻的珠光，而后者产生的珠光较明显，但比较粗。从经济角度而言，使用珠光剂较珠光浆便宜。

表 11-3（3）　珠光香波配方（3）

组相	原料名称	质量分数/%	组相	原料名称	质量分数/%
A 相	水	加至 100	C 相	月桂醇硫酸铵盐	0.10
	聚季铵盐-10	0.30		聚二甲基硅氧烷	0.20
	瓜尔胶羟丙基三甲基氯化铵	0.05		聚二甲基硅氧烷、氨丙基聚二甲硅氧烷	0.50
	柠檬酸	0.15			
B 相	月桂醇聚醚硫酸酯钠（70%）	15.00	D 相	水	1.00
	椰油酰胺丙基甜菜碱	3.50		柠檬酸钠	0.30
	椰油酰胺单乙醇酰胺	1.00	E 相	香精	适量
	椰油酰胺二乙醇酰胺	1.00		防腐剂	适量
	乙二醇二硬脂酸酯	2.00		色素	适量

注：质量分数=原料质量分数×有效成分含量。

表 11-3（3）配方的制备工艺为：

① 准确称取去离子水，加入到主容器中；

② 依次将 A 相中各组分加入至去离子水中，边搅拌边将体系升温至 70～75℃；

③ 将 B 相中月桂醇聚醚硫酸酯钠逐渐加入到体系中，溶解均匀；

④ 再将 B 相中各组分加入至体系中，搅拌至所有组分溶解；

⑤ 体系均匀后开始降温至 60℃，加入 C 相所有组分；

⑥ 待体系降温至 50℃以下时，将 D 相、E 相加入到体系中，搅拌均匀即可。

表 11-3（4）　珠光香波配方（4）

组相	原料名称	质量分数/%	组相	原料名称	质量分数/%
A 相	去离子水	加至 100	B 相	去离子水	10.0
	甘油	5.0	C 相	瓜尔胶羟丙基三甲基氯化铵	0.3
	月桂基羟基磺基甜菜碱	10.0		去离子水	10.0
	月桂醇聚醚硫酸酯钠（70%）	15.0	D 相	DMDM 乙内酰脲	适量
	柠檬酸	适量		香精	适量
	乙二醇二硬脂酸酯	1.5		氯化钠	适量
B 相	聚季铵盐-10	0.1			

表 11-3（4）配方的制备工艺为：

① 准确称取去离子水，加入到主容器中，边搅拌边将体系升温至 70～75℃；

② 将 A 相中月桂醇聚醚硫酸酯钠逐渐加入到体系中，溶解均匀；

③ 再依次将 A 相中各组分加入体系中，待溶解分散均匀之后停止加热；

④ 再将 B 相、C 相中各组分加入至体系中，搅拌至所有组分溶解；

⑤ 体系均匀后开始降温至 50℃，加入 D 相所有组分，搅拌均匀即可。

3. 调理香波

调理香波是目前最受消费者欢迎的一类香波，人们熟悉的二合一香波即是其中的一种，其洗发护发一次完成。调理香波是在普通香波的基础上加入各种调理剂，如各种阳离子表面活性剂、阳离子聚合物、硅油等。但在选择调理剂时必须考虑其与体系中其他组分的相容性，如阳离子表面活性剂与阴离子表面活性剂的相容性，硅油或其他油类对产品泡沫的影响等；同时我们还应考虑调理剂在头发上的积聚，尤其是多次重复洗涤可能造成的积聚。目前市面上所见到的飘柔、潘婷、夏士莲、舒蕾等品牌的很多产品均属于此类产品。典型的调理香波配方见表11-4（1）和表11-4（2）。

表 11-4（1） 调理营养香波配方（1）

组相	原料名称	质量分数/%	组相	原料名称	质量分数/%
A 相	去离子水	加至 100.00	A 相	维生素原 B_5	0.60
	EDTA-2Na	0.10	B 相	乳化硅油	3.50
	阳离子瓜尔胶（C-14S）	0.50		珠光浆	4.00
	脂肪醇聚氧乙烯醚硫酸铵（25%）	28.00	C 相	DMDM 乙内酰脲	0.30
	脂肪醇硫酸铵（25%）	14.00		柠檬酸（50%溶液）	适量
	椰油酰胺丙基甜菜碱（30%）	3.00		氯化铵	适量
	椰油基单乙醇酰胺	1.50			

表 11-4（2） 调理营养香波配方（2）

组相	原料名称	质量分数/%	组相	原料名称	质量分数/%
A 相	去离子水	加至 100.00	A 相	维生素原 B_5	0.50
	EDTA-2Na	0.10	B 相	乳化硅油	3.50
	脂肪醇聚氧乙烯醚硫酸铵（25%）	32.00		珠光浆	3.50
	脂肪醇硫酸铵（25%）	12.00	C 相	DMDM 乙内酰脲	0.30
	椰油酰胺丙基甜菜碱（30%）	5.00		柠檬酸（50%溶液）	适量
	三-十六烷基甲基氯化铵（TC-90）	0.60		氯化铵	适量

由于调理香波中添加了多种调理剂，其制备工艺因添加原料的性能不同会略有不同，以表11-4（1）表11-4（2）配方为例，大致的制备工艺是：

① 准确称取去离子水，加入到主容器中；

② 将 EDTA-2Na 和阳离子瓜尔胶加入去离子水中，搅拌至完全溶解；

③ 将体系升温至 70～75℃，依次加入 A 相的其他组分，搅拌至溶解；

④ 然后体系开始降温，至 60℃后加入 B 相，搅拌均匀；

⑤ 降温至 40℃后加入 C 相，搅拌均匀。

以上两配方为铵盐体系，故产品最终 pH 值应控制在 6.5 以下。

4. 祛屑香波

在香波中添加一些具有抑菌和杀菌功能的活性物可减少头皮微生物的生长，有效控制头皮屑。

祛屑香波主要起到祛屑的作用，目前香波中常用的祛屑剂为吡啶硫铜锌（ZPT，50%）、吡罗克酮乙醇胺盐，典型的祛屑香波配方见表11-5（1）～表11-5（4）。

表 11-5（1）　祛屑香波配方（1）

组相	原料名称	质量分数/%	组相	原料名称	质量分数/%
A 相	去离子水	加至 100	B 相	乳化硅油	3.0
	EDTA-2Na	0.1		吡啶硫铜锌（ZPT，50%）	2.0
	丙烯酸酯共聚物（Aculyn 33）	1.5		珠光浆	4.0
	脂肪醇聚氧乙烯醚硫酸铵（25%）	33.6	C 相	防腐剂	适量
	脂肪醇硫酸铵（25%）	16.8		柠檬酸	适量
	椰油酰胺丙基甜菜碱（30%）	5.0		氯化铵	适量
	阳离子瓜尔胶（ JAGUAR C-14S）	0.4		香精	适量
B 相	三乙醇胺	适量			

表 11-5（2）　祛屑香波配方（2）

组相	原料名称	质量分数/%	组相	原料名称	质量分数/%
A 相	去离子水	加至 100	B 相	珠光浆	3.5
	EDTA-2Na	0.1	C 相	防腐剂	适量
	脂肪醇聚氧乙烯醚硫酸铵（25%）	50.0		柠檬酸	适量
	椰油酰胺丙基甜菜碱（30%）	7.0		氯化铵	适量
B 相	乳化硅油	3.5		香精	适量
	吡罗克酮乙醇胺盐	0.3			

表 11-5（1）配方中，因加入了水溶性增黏剂丙烯酸酯共聚物（Aculyn 33），配制工艺与表 11-4（1）和表 11-4（2）配方略有不同，具体制备方法是：

① 准确称取去离子水，加入到主容器中；

② 将 EDTA-2Na、阳离子瓜尔胶和 Aculyn 33 加入去离子水中，搅拌至溶解；

③ 升温至 70～75℃，依次加入 A 相的其他组分，搅拌至溶解；

④ 降温至 60℃，用三乙醇胺中和至 pH 为 7 左右，加入 B 相中其他组分，搅拌均匀；

⑤ 降温至 40℃后加入 C 相中其他组分，搅拌均匀。

表 11-5（2）配方的制备方法与表 11-5（1）类似，除第②步中只加入 EDTA-2Na 搅拌至溶解外，其余均相同。

在祛屑香波配方中，ZPT 难以被稳定悬浮在体系中，必须考虑加入悬浮剂，否则容易分层；而且含 ZPT 配方对设备要求较高，少量重金属离子就会使产品变色。

表 11-5（3）　祛屑香波配方（3）

组相	原料名称	质量分数/%	组相	原料名称	质量分数/%
A 相	水	加至 100	B 相	月桂酰胺丙基甜菜碱（30%）	8.00
	EDTA-2Na	0.01		甲基椰油酰基牛磺酸钠	7.00
	聚季铵盐-10	0.30	C 相	吡罗克酮乙醇胺盐	0.50
	聚季铵盐-52	0.50	D 相	氯化钠	适量
	霍霍巴蜡 PEG-120 酯类	0.02	E 相	香精	适量
	甘油	5.00		防腐剂	适量
B 相	月桂醇聚醚硫酸酯钠（70%）	15.00			

表 11-5（4） 祛屑香波配方（4）

组相	原料名称	质量分数/%	组相	原料名称	质量分数/%
A 相	水	加至 100	B 相	椰油醇聚醚硫酸酯锌、肉豆蔻乳酸酯、橄榄油酸钾、水解小麦蛋白、椰油酰胺丙基甜菜碱	5.00
	EDTA-2Na	0.01			
	聚季铵盐-10	0.30			
	聚季铵盐-52	0.50	C 相	吡罗克酮乙醇胺盐	0.50
	霍霍巴蜡 PEG-120 酯类	0.02	D 相	氯化钠	适量
B 相	甘油	5.00	E 相	香精	适量
	月桂酰胺丙基甜菜碱	8.00		防腐剂	适量
	甲基椰油酰基牛磺酸钠	7.00			

表 11-5（3）和表 11-5（4）配方的具体制备方法是：

① 准确称取去离子水，加入到主容器中；

② 将 A 相中的成分逐一加入去离子水中，搅拌至溶解；

③ 升温至 70～75℃，依次加入 B 相的其他组分，搅拌至溶解；

④ 然后加入 C 相中的组分；

⑤ 降温至 50℃，加入 D 相、E 相其他组分，搅拌均匀。

5. 婴儿洗发露

婴儿洗发露主要强调温和、无泪，多选择温和型表面活性剂，一般为透明体系，不添加乳化硅油、珠光剂等原料。配方示例见表 11-6。

表 11-6 婴儿洗发沐浴露

组相	原料名称	质量分数/%	组相	原料名称	质量分数/%
A 相	水	加至 100	B 相	乳酸异硬脂酰丙基吗啉酯	2.00
	脂肪醇聚氧乙烯醚硫酸钠（70%，2EO）	10.00		月桂酰肌氨酸钠	5.00
				椰油酰胺丙基甜菜碱	3.00
	一水柠檬酸	0.10		月桂酰两性乙酸钠	5.00
	EDTA-2Na	0.05	C 相	吐温 20	2.00
	聚谷氨酸钠	1.00		香精	适量
	PEG-150 二硬脂酸酯	0.80		防腐剂	适量
B 相	椰油酰胺甲基 MEA	0.60			

生产工艺：

① 准确称取去离子水，加入到主容器中，搅拌状态下加热至 75℃；

② 先逐步将脂肪醇聚氧乙烯醚硫酸钠加入到体系中，搅拌溶解；

③ 再依次将 A 相中各原料加入到体系中，搅拌均匀；

④ 依次加入 B 相中各组分，搅拌均匀；

⑤ 降温至 45℃，将 C 相预先混合均匀，在搅拌状态下缓慢加入体系中，保持料体透明。

第二节 护发产品

一、产品性能结构特点和分类

正常的头皮，其皮脂腺分泌的油脂较身体其他部位皮肤分泌得多，油性较强。头发角质的表皮有一层薄的油膜，此层薄膜可维持头发的水分平衡，保持头发光亮，同时还直接保护着头发和头皮，减轻风、雨、阳光和温度等变化的影响。如果此层油膜的油分受外界刺激减少很多（如接触碱性物质、洗发、染发或烫发等对头发的脱脂作用，以及长期的风吹、日晒、雨淋等），头发就会变得枯燥、发脆、易断等。此时就需要适当地补充水分和油分，以恢复头发的光泽和弹性。护发用品的主要作用是补充头发油分和水分的不足，使头发保持天然、健康和美观的外表，赋予头发光泽、柔软和生机，同时还可减轻或消除头发或头皮的异常现象（如头皮屑过多等），达到滋润和保护头发、修饰和固定发型的目的。

在使用香皂洗头的时代，洗发后为保持良好的触感，一般使用植物油、鸡蛋黄或蛋清、柠檬汁再擦洗、冲洗，使洗后头发具有柔软和光泽的外观。现今，虽然使用较温和的调理香波，但不可避免也会造成头发过度脱脂和某些调理剂的积聚，此外，随着头发漂白、烫发、染发，定型发胶、摩丝的使用，洗头频度的增加，日晒和环境的污染，也会使头发受到不同程度的损伤。这样，在一定程度上增加了对头发调理剂和护发制品的需求。

市场上护发制品的名称繁多，较早时期称作养发水、润丝，后来又称作护发素、焗油。根据现今护发用品的发展，护发用品可分为两大类：①用于治疗或舒缓头发和头皮有关的不适或疾病的疗效护发制品，如止头屑、防脱发和油性头发及头皮制品，这类制品常称为养发水；②用于改善、恢复和保持头发的调理性，护发素与润发乳都属于这类制品。护发素是一种主要的护发用品，在护发用品市场中占较大的份额。

随着科学技术的日新月异，当今市场上护发产品的发展逐步趋向于细分化和多样化。如何使用护发产品且使它具有更好的效能是化妆品学领域的重要课题。近年来，在追求时尚美的热潮中，越来越多的妇女烫发、染发，这导致了染发产品销售额稳步增长，与此同时，用于修复因染发而引起的头发损伤的香波和护发素应运而生。现在市场上出现的护发产品较为普遍的有几种：基本护发素、护发喷胶、焗油膏、特效护发素、活性护发素。按不同形态又可分为乳液状、透明发膏、气雾剂型等。

在我们用香波洗去污垢的同时，也会洗去头发表面的油分，头发表面的毛鳞片受到损伤，头发之间的摩擦力增大，使得头发易于缠结，难以梳理，且特别容易产生静电，易于飘拂，缺少光泽。而在烫发、染发的过程中对头发造成的损伤就更加严重，图 11-1 为受损头发的电镜照片。一般认为头发带有负电荷，以带正电的阳离子表面活性剂吸附在具有负电荷的头发上，这时带正电荷极性部分吸附在头发上，而非极性部分即亲油基部分向外侧排列（即定向吸附），这如同头发上涂上油性物质，在头发表面形成一层油膜。因此，头发被阳离子表面活性剂的亲油基分开，头发变的滑润起来，降低了头发的运动摩擦系数，从而使头发易于梳理、抗静电、光滑、柔软等，即护发素具有调理作用，图 11-2 为护理后头发的电镜照片。

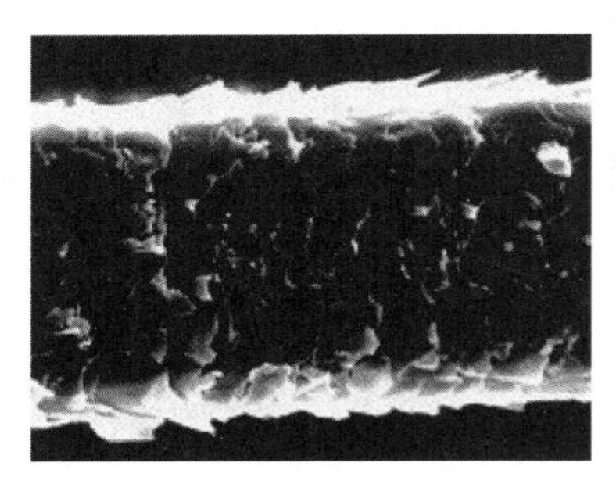

图 11-1　受损伤头发表面

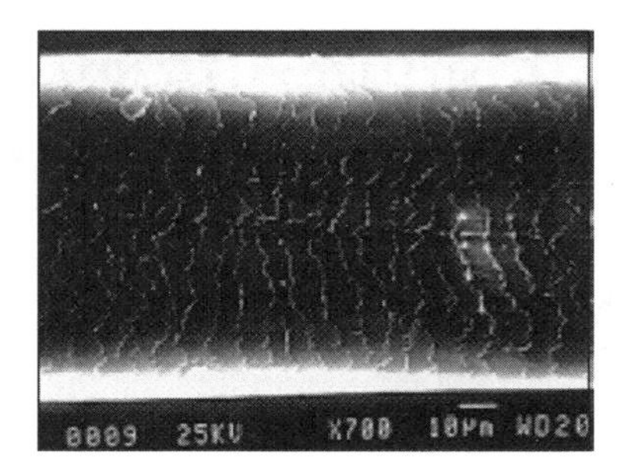

图 11-2　护理后的头发表面

理想的护发素应具有以下功能：

① 能改善干梳和湿梳性能，使头发不会缠绕；

② 具有抗静电作用，使头发不会飘拂；

③ 能赋予头发光泽；

④ 能保护头发表面，增强头发的体感。

除上述的这些基本要求外，根据不同的需要，还有一些专门的功能，如改善卷曲头发的保持能力（定型作用）、修复受损伤的头发、润湿头发和抑制头屑或皮脂分泌等。

二、产品配方结构

护发素有各种各样的剂型，市售的护发素主要为乳液状，因为乳液型可加入多种护发、养发成分，具有更好的使用效果。近年来，透明型也开始流行。乳液型护发素的主要配方组成见表 11-7。

表 11-7　护发素的基本配方组成

组　分	主要功能	代表性原料
调理剂	乳化、抗静电和抑菌作用	季铵盐类阳离子表面活性剂
乳化剂	乳化作用	非离子表面活性剂
阳离子聚合物	调理、抗静电作用、流变性调节剂、头发定型	季铵化的羟乙基纤维素、水解蛋白、二甲基硅氧烷、壳多糖等
赋脂剂	调理剂、赋脂剂	各种植物油、乙氧基化植物油、三甘油酯、支链脂肪醇类、支链脂肪酸酯
增稠剂	调节黏度、改善流变性能	盐类、羟乙基纤维素、聚丙烯酸树脂
香精	赋香	
防腐剂	抑制微生物生长	
螯合剂	螯合钙、镁等离子	EDTA 盐类
抗氧化剂	防止油脂类化合物氧化酸败	BHT、BHA、生育酚
着色剂和珠光剂	赋色、改善外观	BASF 天来加 TT
其他活性成分	赋予各种功能，如祛头屑、定型和润湿等	ZPT、PCA-Na、泛醇等

三、设计原理

1. 油脂的选择

护发素主要是通过赋脂、阳离子等起到对头发的护理作用。而油脂中硅油的成膜性、顺滑性为最优，因此硅油是护发素的第一首选油脂。然后可以适当复配其他植物、动物来源的油脂，但以比较清爽型油脂为主。

2. 流变调节剂的选择

护发素产品是一种以阳离子表面活性剂为主乳化剂的乳化体系，阳离子表面活性剂既起到乳化的作用，又起到调理的作用。而针对于阳离子乳化体系，其流变调节剂的选择不同于一般的非离子、阴离子乳化体系。

四、相关理论

1. 静电吸附

表面活性剂常以疏水作用力在界面吸附或在体系中形成胶束，如图 11-3（a）所示。但阳离子表面活性剂在护理毛发过程中是以静电作用力吸附于毛发的表面，如图 11-3（b）所示。以静电作用力吸附于毛发上的阳离子表面活性剂，其疏水基朝外，毛发与毛发之间减少了摩擦力，改善了毛发的梳理性。

2. 阳离子聚合物的护理机理

因头发表面带有一定的负电性，故阳离子组分易吸附于头发表面，一方面可降低头发的静电；另一方面，聚合物调理剂覆盖于毛表皮上还可以减少发丝之间以及发丝和梳子之间的摩擦力，从而减少对头发的伤害。阳离子聚合物在受损角蛋白纤维上的沉积有利于在头发表面形成保护膜，以平滑受损的毛表皮、增加头发截面积、临时性修复开裂的发端、减少吸水和改善发型保持力。这种保护膜的反射还可以增强受损头发的光泽，比较图 11-1 与图 11-4 的电镜照片可见头发表面吸附阳离子聚合物的变化情况。但阳离子聚合物多次重复使用后易产生积聚。

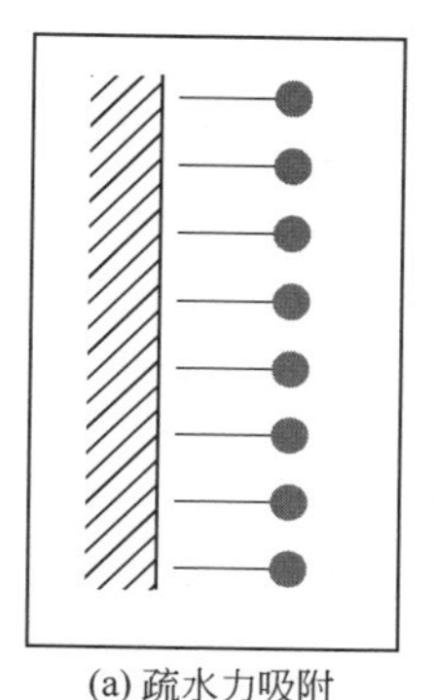

(a) 疏水力吸附

(b) 静电力吸附

图 11-3　表面活性剂吸附方式

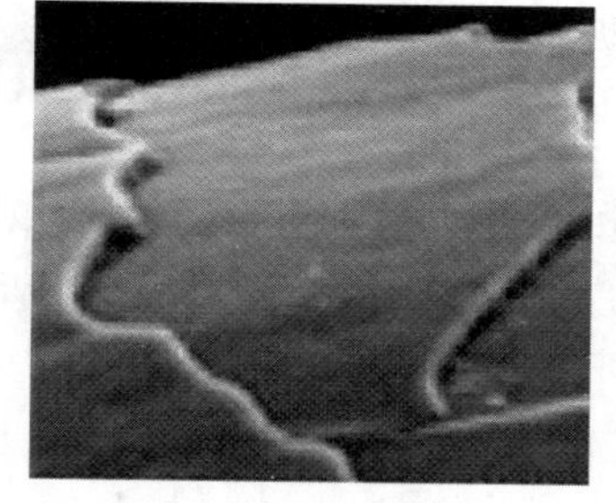

图 11-4　吸附阳离子聚合物的头发表面电镜照片

五、原料选择

1. 主表面活性剂

护发素中最常用的活性调理剂是季铵盐类阳离子表面活性剂，它有如下通式：

$$
\begin{array}{c} R^3 \\ | \\ R^1 - N^+ - R^2 \quad X^- \\ | \\ R^4 \end{array}
$$

式中，X^-为无表面活性的阴离子，如Cl^-、Br^-和$CH_2OSO_3^-$等；R^1、R^2、R^3和R^4是烷基或其他基团，一般情况下，季铵基是由2～3个甲基和1～2个长链脂肪酸烷基所组成的。

季铵盐被用作护发素主要调理剂的原因首先是因为季铵盐含有带正电荷的氮原子，并有1～2个脂肪链包绕着它，这样的化学结构使它对毛发的亲和性较好，它能吸附于毛杆，形成单分子吸附膜，这种膜赋予头发柔软性及光泽，使头发有弹性，并防止静电产生，梳理方便，进而成为较理想的头发调理剂；其次，季铵盐已在化妆品和洗涤用品工业中广泛应用多年，积累了大量的数据和资料，已证实其有效性、稳定性和安全性；此外，季铵盐是当今性价比最好的调理剂之一，季铵盐品种的多样性，可满足各种配方的需要。

季铵盐所含烷基的链长直接影响阳离子调理剂在头发上的吸附性，三-十六烷基甲基氯化铵不溶于水，但有很好的调理性能。长链的双烷基和三烷基季铵盐如果使用过量，会造成积聚或“过分调理”。然而，积聚是较容易克服的，如使用较低的浓度，也可与其他季铵盐配伍使用，在轻度或中等调理作用的配方中，用作辅助的调理剂。较长链的季铵盐在深度调理护发素的产品中使用最普遍。

2. 辅助表面活性剂

护发素中辅助表面活性剂主要是起乳化作用的非离子表面活性剂，乳化剂应选择脱脂力弱、刺激性小以及和其他原料配伍性好的表面活性剂。护发素中主要选用一些非离子型表面活性剂，如单硬脂酸甘油酯、失水山梨醇脂肪酸酯、聚氧乙烯脂肪醇（羊毛醇或油醇等）醚、聚氧乙烯失水山梨醇脂肪酸酯等。其主要作用是乳化，并可起到护发、护肤、柔滑和滋润作用。

3. 阳离子聚合物

常用于护发素中的阳离子聚合物代表原料有：季铵化羟乙基纤维素（如JR-400）、季铵化羟丙基瓜尔胶（如Jaguar C-14S）、丙烯酰胺/*N*,*N*-二甲基-2-丙烯基-1-氯化铵（聚季铵盐-7）等。所有用于洗发香波中的阴离子聚合物都可用于护发产品中。

4. 赋脂剂

应用于护发素中的赋脂剂主要指白油、植物油、羊毛脂、脂肪酸、高碳醇、硅油等油性原料，可补充洗发后头发上油脂的不足，起到护发、改善梳理性、柔润性和光泽性，并对产品起到增稠的作用。

油的黏度关系到敷用性能和对头发的修饰效果。高黏度的油虽然对头发的修饰效果较好，但不易在头发上均匀分布，有黏滞感；低黏度的油易于吸附在头发上均匀分布，且有一定的修饰效果。植物油脂与人体皮肤组成相似，对皮肤具有良好的渗透性，能被皮肤吸收，但加入量较多时有一定的黏滞感。正构烷烃矿物油会在头发表面形成不透气薄膜，影响头皮的正常呼吸作用，而异构烷烃有良好的透气性，且润滑性能好，能形成一层薄的保护膜，对头发的光泽和修饰起到良好的作用。动物油脂对头发也有很好的保护作用，如羊毛脂能渗进头皮、增加头发光泽，还可以防止油脂酸败。脂肪酸的酯类如豆蔻酸异丙酯和棕榈酸异丙酯等，能被毛发吸收，既有光泽又有滋润毛发的功效，是性能良好的合成油性原料。

5. 特种添加剂

考虑到护发素的多效性，往往在配方中加一些具有特殊功能和效果的添加剂，以增强或提高产品的使用价值和应用范围，增进产品的护发、养发、美发效果，改善头发的梳理性、光泽性等。添加剂的品种很多，可根据要求有针对性地选择一些特殊添加剂，制出具有多种功效的护发素。

六、配方示例与工艺

1. 透明护发素

透明护发素外观透明、美观，深受消费者的喜爱，是一种比较流行的护发用品。透明护发素在室温下保持透明，体系均一，易在头发上均匀分布，无黏滞感，不会硬化，使用方便，用后可保持良好发型。而透明护发素的添加剂种类又有很多种，有维生素类、氨基酸类、中草药提取液、动植物提取液、合成季铵盐等。典型的透明护发素配方见表 11-8（1）和表 11-8（2）。

表 11-8（1） 透明护发素配方（1）

组相	原料名称	质量分数/%	组相	原料名称	质量分数/%
A 相	去离子水	加至 100	B 相	香精	适量
	十六烷基三甲基氯化铵（1631）	3.0	C 相	丙二醇	8.0
	PEG-40 氢化蓖麻油	0.5		吐温 20	1.0
B 相	乙醇	12.0		防腐剂	适量

表 11-8（2） 透明护发素配方（2）

组相	原料名称	质量分数/%	组相	原料名称	质量分数/%
A 相	去离子水	加至 100	C 相	甘油	6.0
	聚季铵盐-7	3.0		吐温 20	1.0
	PEG-40 氢化蓖麻油	0.5		防腐剂	适量
B 相	香精	适量			

由于透明护发素考虑到产品的透明度，所加的原料在介质中溶解性较好，以表11-8（1）和表11-8（2）配方为例，大致的制备工艺是：

① 准确称取去离子水，加入到主容器中；

② 将阳离子表面活性剂十六烷基三甲基氯化铵（1631）加入去离子水中，搅拌至完全溶解；

③ 再将已溶解好香精、色素的乙醇溶液加入其中；

④ 在搅拌下加入其他原料，混合均匀即可。

2. 乳化型护发素

乳化型护发素通过运用乳化方法制备而成，体系呈不透明状态，含有丰富的养发护发成分，可渗透到头发内部，增强头发的生长能力，防止头发老化和脱落，并有止痒去头屑等作用。有效防止头发因染、烫引起的干燥、无光、枯黄、断裂、分叉等。典型的乳化型护发素配方见表11-9（1）和表11-9（2）。

表 11-9（1） 乳化型护发素配方（1）

组相	原料名称	质量分数/%	组相	原料名称	质量分数/%
A 相	去离子水	加至 100	B 相	十六醇	3.0
	甘油	5.0		单硬脂酸甘油酯	1.0
	聚乙烯醇	1.0	C 相	香精	适量
	聚乙烯醇（20）失水三梨醇	1.0		防腐剂	适量
B 相	硬脂基三甲基氯化铵	2.0			

表 11-9（2） 乳化型护发素配方（2）

组相	原料名称	质量分数/%	组相	原料名称	质量分数/%
A 相	去离子水	加至 100	B 相	十六/十八醇	2.00
	甘油	3.00		棕榈酸异丙酯	1.00
B 相	硬脂基三甲基氯化铵	12.00	C 相	聚季铵盐-7	3.00
	硬脂酸甘油酯（和）PEG-100 硬脂酸酯	1.50		聚季铵盐-44	4.00
	聚氨丙基二甲基硅氧烷	2.00		香精	适量
	十八烷基二叔丁基-4-羟基肉桂酸氢酯	0.03		防腐剂	适量

由于乳化型护发素可以广泛地选择所需原料，通过乳化剂的乳化作用较好地保持产品的稳定性。以表11-9（1）和表11-9（2）配方为例，大致的制备工艺是：

① 将A相组分混合加热至90℃；

② 将B相加热熔化，在75℃时将A相加入B相中搅拌乳化；

③ 冷却至45℃时逐一加入C相中其他组分，搅拌均匀冷却至室温即可。

3. 免洗护发素

免洗护发素不需用水冲洗，不易沾尘埃，不沾衣领、被褥，防静电，易于梳理成型，使用后头发更加柔顺、润滑，富有弹性，美观大方。典型的免洗护发素配方见表11-10（1）和表11-10（2）。

表11-10（1）　免洗护发素配方（1）

组相	原料名称	质量分数/%	组相	原料名称	质量分数/%
A相	去离子水	加至100	A相	防腐剂	0.5
	维生素B_5	0.1		蓝色Ⅰ号染料	适量
	PEG-12二甲基硅氧烷	3.0	B相	二甲基硅氧烷	5.0
	氯化钠	0.5		香精	0.2

表11-10（2）　免洗护发素配方（2）

组相	原料名称	质量分数/%	组相	原料名称	质量分数/%
A相	去离子水	加至100	B相	维生素E醋酸酯	0.5
	1,3-丁二醇	5.0	C相	香精	0.5
B相	聚丙烯酸钠和硅油混合物	4.0		防腐剂	0.5
	挥发性硅油	5.0		黄色5号	适量
	苯基硅油	2.0			

由于免洗护发素是全部黏附于头发表面的产品，因此在原料的选择上有一定的限制。以表11-10（1）配方为例，其大致的制备工艺为：

① 分别混合A相和B相中各组分；

② 将A相加入B相中，搅拌均匀。

表11-10（2）配方的制备工艺是：

① 将A相和B相在室温下分别搅拌均匀；

② 缓慢搅拌A相，逐步加入B相，至搅拌均匀；

③ 逐步加入C相各组分，搅拌均匀即可。

第十二章　彩妆类化妆品

12 Chapter

第一节　粉　　类

粉类产品是一类从古代就开始使用的美容化妆品，通过涂敷粉类产品于面部，可以调整面部颜色，使皮肤显出健康均匀的肤色，同时能遮盖黄褐斑或瑕疵。但是自从打底用的基础美容制品出现以来，粉类产品的主要功能已变为消去汗液和皮脂引起的油腻光泽，提高妆容的持久性。

面部美容粉类有多种分类：如以粉体为主的散粉；配合少量油分结合剂成为固态的粉饼；将粉涂在纸上的纸白粉；将粉体分散在水性成分中的水白粉；将粉体和甘油等搅拌而成的练白粉等。过去常使用的水白粉和练白粉现在一般日常并不使用，多使用于舞台等场合的特殊化妆，而散粉和粉饼的应用较多。虽然现今，散粉已较不流行，逐步被粉饼所代替。但散粉的应用由来已久，是一种从古代开始一直沿用至今的美容化妆品。

散粉是不含有油分的（或很少量的油分），全部为粉体原料配制而成的粉状制品。散粉主要在使用粉底乳液或粉底霜后涂布，多数为美容后修饰和补妆用，调节皮肤色调，防止油腻皮肤过分光滑和黏腻，显示出无光泽但透明的肤色，可抑制汗和皮脂，增强化妆品的持续性，产生柔软绒毛的肤感。此外，有些散粉还具有一定的防晒作用。婴儿爽身粉也属散粉，主要含纯净滑石粉、玉米淀粉，添加 1%～3%香精。婴儿爽身粉的功能有：使身体凉爽，保持皮肤干爽和润滑，使皮肤不会与内衣粘连，赋予身体清香的肤感。有些婴儿爽身粉还添加一些活性物，有抗菌和抗婴儿尿布疹的作用。常见散粉配方见表 12-1。

表 12-1　散粉配方

组相	原料名称	质量分数/%	组相	原料名称	质量分数/%
A 相	滑石粉	70.95	B 相	羟苯甲酯	0.10
	锦纶-6/12	20.00		羟苯丙酯	0.10
	CI77492（氧化铁黄）	0.80		二氧化钛	8.00
	CI77499（氧化铁黑）	0.05			

第二节　粉饼类产品

一、产品性能结构特点和分类

1. 粉饼

粉饼（compact powder）是第二次世界大战后发展的产品，现今，已逐渐取代散白粉，为广大女性所欢迎，成为职业女性外出随身携带作为补妆最常用的美容化妆品之一。粉饼是由粉状白粉压制而成的化妆品，其形状随容器形状而变化。一般粉饼的包装精美，附有粉扑和小镜子等配件，随身携带方便，使用时粉末飞扬少。粉饼主要供补妆用，即修补化妆的不均匀部位及脱落部位。

粉饼由于剂型不同，在产品使用性能、配方组成和制造工艺上有差别。除要求粉饼具有良好遮盖力、柔滑性、附着性和组成均匀等特性外，还要求粉饼具有适度的机械强度，使用时不会碎裂，并且使用粉扑或海绵等附件从粉饼舔取粉体时，较容易附着在粉扑或海绵上，然后，可均匀地涂抹在皮肤上，不会结团，不感到油腻。通常粉饼中都添加较大量的胶态高岭土、氧化锌和金属硬脂酸盐，以改善其压制加工性能。如果粉体本身的黏结性不足，添加少量的黏合剂，在压制时可形成较牢固的粉饼。可以使用水溶性黏合剂、油溶性黏合剂和乳化体系的黏合剂。水溶性黏合剂在配方中的质量分数约为0.1%～3.0%，一般先配制成5%～10%的水溶液，然后与粉体混合。水溶性黏合剂可以是天然或合成的水溶性聚合物，一般常用低黏度的羧甲基纤维素，通常还添加少量的保湿剂。油溶性黏合剂包括硬脂酸单甘酯、十六醇、十八醇、脂肪酸异丙酯、羊毛脂及其衍生物、地蜡、白蜡和微晶蜡等。甘油、山梨醇、葡萄糖等以及其他滋润剂的加入能使粉饼保持一定水分不致干裂。

2. 腮红（胭脂）

腮红（cheek blusher）或称胭脂，是一种使面颊着色的最古老的美容化妆品。古代赫梯人利用辰砂，古希腊人利用植物根部使面颊着色，罗马人用海藻使苍白面颊呈玫瑰红色。早期人类主要使用天然颜料作为胭脂的着色剂，如红赫石、朱砂、胭脂红、红铅、红花素、檀香木和巴西苏木提取物等。直到20世纪20年代逐步规范允许在化妆品和药品中使用的着色剂。现今，胭脂所用的着色剂主要是一些无机颜料以及药品、化妆品中允许使用的色淀。胭脂是涂敷在面颊部位的化妆品，使得面颊具有立体感，呈现色泽红润的健康容貌。胭脂中的着色剂一般主要使用红色系颜料。近年来，随着市场产品的细分化，产品的颜色品种增加，使用着色剂的范围有所扩大，也使用褐色、蓝色、古铜色和米色等。

胭脂也可制成各种剂型，一般使用固态制品。这里主要介绍粉饼型腮红。其基质和粉饼所用基质大致相同，主要为滑石、云母、高岭土、钛白粉，再配入一些球形二氧化硅、尼龙粉等改善涂抹和肤感，用油性黏合剂喷入并加以高速搅拌，压制成饼状即可。粉饼型腮红和一般粉饼的组成接近，制造工艺也相同。

3. 眼影

眼影（eye shadow）化妆品是涂在眼睑和眼角上，产生阴影和色调反差，显出立体美感，达到强化眼神，使眼部显得更美丽动人的制品。

眼影化妆品色调是眼部用化妆品最多彩的，有蓝、青、绿、棕、茶、褐和紫色等，其他供调色用有黑、白、红、黄色。眼影化妆品的色调随流行色调而变化，带有潮流趋向，并应配合不同肤色、服装、季节和交际场合的需要。

眼影必备的性质如下：

① 易涂抹混合成均匀的色调，附着作用好；

② 涂层呈哑光，不产生油光；

③ 颜色不会因阳光、皮脂和汗水作用发生变化；

④ 涂膜不会被汗液和皮脂破坏，化妆持久性好；

⑤ 由于涂在眼睛的周围，故安全性好。

二、产品配方结构

粉饼主要成分为基质粉体、着色颜料、白色颜料、油性黏合剂、防腐剂和香精。各成分的代表性原料及功能见表 12-2。

表 12-2 粉饼的基本配方组成

组分		代表性原料	主要功能
基质粉体	无机填充剂	滑石粉、高岭土、云母、绢云母、碳酸镁、碳酸钙、硅酸镁、二氧化硅、硫酸钡、硅藻土、膨润土	铺展性、填充作用
	有机填充剂	纤维素微球、尼龙微球、聚乙烯微球、聚四氟乙烯微球、聚甲基丙烯酸酯微球	提高滑感
	天然填充剂	木粉、纤维素粉、丝素粉、淀粉、改性淀粉	
着色颜料	白色颜料	钛白粉、氧化锌	遮盖性
	有机颜料	食品、药品及化妆品用焦油色素	着色性
	无机颜料	红色氧化铁、黄色氧化铁、黑色氧化铁、锰紫、群青、氧化铬、氢氧化铬、赫石、炭黑	
	天然颜料	β-胡萝卜素、花红素、胭脂红、叶绿素、藻类	
	珠光颜料	鱼鳞箔、氯氧化铋、云母钛、鸟嘌呤、铝粉	赋予光泽
黏合剂		聚二甲基硅氧烷、苯基硅油、辛基十二烷基硬脂酰硬脂酸酯、矿物油	提高粉体可压性、保湿性

三、设计原理

粉饼配方主要由作为基质的粉体原料、色素以及作为黏合剂的油相组成。粉体原料根据粒子形状分为片状、球形以及介于两者之间的不规则形状。其中片状粉体本身可压性比较好，例如滑石粉、氮化硼等，这类粉体可增加粉体的可压性和强度。而大部分的球形粉体如二氧化硅、聚甲基丙烯酸甲酯（PMMA）、尼龙粉等可压性比较差，如果在配方中加入量太大会影响粉体的硬度和抗摔性，但这些球形粉体可以改善粉体的滑感和涂抹性能，常作为肤感改良剂使用。在粉体中加入油性黏合剂可以增加粉体自身的黏结力，从而提高可压性，改善硬度和抗摔性。常用作油性黏合剂的油脂原料有聚二甲基硅氧烷、苯基硅油、辛基十二烷基硬脂酰硬脂酸酯、甘油三酯、矿油、二异硬脂醇苹果酸酯、羊毛脂等。

粉饼配方设计需要考虑：原料的安全性、使用性能及稳定性能。从安全性方面，所添加原料的重金属及微生物含量必须符合2015版《化妆品安全技术规范》的规定，原料不得含有禁用物质，如滑石粉中不得检出石棉等。从使用性能方面，需考量粉体的涂抹性能、遮盖效果、显色效果、妆容持久性等。从稳定性能方面，需考察粉饼在保存期内，运输和使用过程中物理化学性质的稳定性，这些项目可通过高低温留样测试、跌落测试和运输测试来考察。

四、相关理论

目前对粉饼等压粉类工艺原理相关的理论研究较少，这里只对涉及粉体的相关概念和基础理论作简单的介绍。

1. 粉体的粒径

粉体粒子的大小用粒径表示。粉体的大小是决定粉体其他性质的基础。

化妆品中常用的粉体一般粒径都小于100μm，主要为几微米到几十微米之间，粒径太小易于堵塞毛孔，太大则在肤感上会显粗糙不贴服。对于片状粉体颗粒，需了解一项重要的物理特性参数——径厚比，即片状颗粒的粒径跟其厚度的比值。径厚比大小是一个很重要的参数，一方面它的大小影响光的反射，从而影响到产品亮度。如大径厚比的云母粉可以作为珠光颜料、特种涂料、绝缘材料、日用化工及建材工业材料。另一方面大径厚比的微粉在复合材料中具有很重要的作用，微细颗粒、单晶体具有更高的强度，产生更佳的界面相互作用，产生好的贴服效果，使填料与偶合剂之间达到更好的结合强度，获得更小的应力集中和更强的抗冲击性。

2. 粉体的压缩成型性

粉体的压缩性表示粉体在压力下体积减小的能力。成型性表示粉体紧密结合成一定形状的能力。粉体的压缩性和成型性简称压缩成型性。粉体的黏附性（adhesion）是指不同分之间产生的引力，如粉体粒子与皮肤或器壁间的黏附。粉体的凝聚力（cohesion）是指同分之间产生的引力，如粉体粒子在分子范德华力和静电引力的作用下形成聚集。弹性变形：给固体施加外力时，固体就变形，外力解除时，固体就回复到原有的形状，这种可逆的形状变化称为弹性变形。不可逆的变形称为塑性变形。粉体的塑性对于提高粉体的强度和可压性有很好的帮助。如作为新型材料的聚氨酯因具有高的塑性变形，所以加入粉类配方中可以带来柔软质感，以及抗跌落、韧性的特点。

固体物料的压缩成型性是一个复杂问题，许多国内外学者在不断地探索和研究粉体的压缩成型机理，由于涉及因素很多，其机理尚未完全清楚。目前比较认可的几种说法概括如下：

① 压缩后的粒子间距离很近，从而在粒子间产生范德华力、静电力等吸引力；

② 粒子在受压时的塑性变形使粒子间的接触面积增大，从而摩擦阻力增大；

③ 粒子受压破碎而产生新的表面有较大的表面自由能；

④ 粒子在受压变形时相互嵌合而产生的机械结合力；

⑤ 物料在压缩过程中因摩擦产生热，特别是支撑点处产生较高的温度，使熔点较低的物料部分熔融，解除压力后又重新凝固而在粒子间形成“固体桥”；

⑥ 油脂类成分在粒子的表面形成“液体桥”。

以上这些介绍，可以作为设计粉类剂型的配方和选择原料时的依据和参考。

五、原料选择

1. 粉饼的基质组分

粉饼的基质组分主要是粉质原料，用于化妆品的粉质原料一般是不溶于水的无机粉料，其用量可高达30%～80%，磨细后在化妆品中发挥其遮盖、滑爽、吸收、吸附及摩擦等作用。所选用粉质原料皆属于白色粉末，细度达300目以上，水分含量应在2%以下，其质量要求很高，不能对皮肤有任何刺激性；原料或制品的杂菌含量应按规定小于10个/g，不得检出致病菌；原料的pH值也应加以控制，如碳酸钙的pH值应小于9.5，目的是使粉类制品的pH值接近7；原料或制品的重金属含量也应加以控制，一般控制含铅量小于10mg/kg，含汞量小于3mg/kg，含砷量小于2mg/kg。

化妆品用粉质原料的主要品种有滑石粉、高岭土、锌白、钛白粉、膨润土、云母粉、硅石、氮化硼等。滑石粉、高岭土、锌白、钛白粉及膨润土已在第十章乳霜护肤类化妆品第三节粉底液、BB霜第五小节原料选择中有所介绍，下面主要介绍云母粉、硅石和氮化硼。

（1）滑石粉（talc） 滑石粉是天然矿产的含水硅酸镁，性柔软，易粉碎成白色或灰白色细粉，主要成分是$3MgO \cdot 4SiO_2 \cdot H_2O$。滑石粉具有薄片结构，它割裂后的性质和云母很相似，这种结构使滑石粉具有光泽和滑爽的特性。因产地不同，质地也不一样，成分也略有不同，以色白、有光泽和滑润者为上品，优质滑石粉具有滑爽和略黏附于皮肤的性质。

化妆品用滑石粉，经机械压碎，研磨成粉末状，其细度分200目、325目及400目等多种规格，色泽洁白、滑爽、柔软，相对密度为2.7～2.8。它不溶于水、酸、碱溶液及各种有机溶剂，其延展性为粉料类中最佳，但其吸油性及附着性稍差。在化妆品配方中，滑石粉对皮肤不发生任何化学作用，是制造香粉不可缺少的原料。

（2）高岭土（kaolin） 高岭土又称白（陶）土或磁（瓷）土，是天然矿产的硅酸铝，为白色或淡黄色细粉，略带黏土气息，有油腻感，主要成分是含水硅酸铝（$2SiO_2 \cdot Al_2O_3 \cdot 2H_2O$），以白色或微黄或灰色的细粉、色泽白、质地细者为上品。

高岭土不溶于水、冷稀酸及碱中，但容易分散于水或其他液体中，对皮肤的黏附性好，有抑制皮脂及吸收汗液的性能。将其制成细粉，与滑石粉配合用于香粉中，能消除滑石粉的闪光性，且有吸收汗液的作用，被广泛应用于制造香粉、粉饼、水粉、胭脂等。

（3）锌白（zincoxide，ZnO）　锌白又称锌白粉，是将氧化锌、锌矿的蒸气或碳酸锌加热制取的，其化学成分为ZnO，为无臭、无味的白色非晶形粉末，在空气中能吸收二氧化碳而生成碳酸锌，其相对密度为5.2～5.6，能溶于酸，不溶于水及醇，高温时呈黄色，冷却后恢复白色，以色泽洁白、粉末均匀而无粗颗粒为上品。

锌白带有碱性，因而可与油类原料调制成乳膏，富有较强的着色力和遮盖力，此外，锌白对皮肤有一定的杀菌作用。锌白可用作粉类或防晒化妆品的原料，用量在15%～25%。

（4）钛白粉（titanium dioxide，TiO_2）　钛白粉是从钛铁矿等天然矿石用硫酸处理得到的，其纯度为98%。钛白粉的主要成分是TiO_2，为白色、无臭、无味、非结晶粉末，化学性质稳定，折射率高（可达2.3～2.6），不溶于水和稀酸，溶于热浓硫酸和碱。

钛白粉是一种重要的白色颜料，也是迄今为止世界上最白的物质，在白色颜料中其着色力和遮盖力都是最高的，着色力是锌白的4倍，遮盖力是锌白的2～3倍，当其粒度极微（粒径为30μm）时，对紫外线透过率最小，故可用于防晒化妆品中。钛白粉的吸油性及附着性亦佳，只是其延展性差，不易与其他粉料混合均匀，故常与锌白粉混合使用，用量常在10%以内。钛白粉在化妆品粉类制品中应用很广，用作香粉、粉饼、粉乳等重要的遮盖剂以及防晒制品原料。

（5）膨润土（bentonite）　膨润土又名皂土，是黏土的一种，取自天然矿产，主要成分为Al_2O_3与SiO_2，为胶体性硅酸铝，是具有代表性的无机水溶性高分子化合物。不溶于水，但与水有较强的亲和力，遇水则膨胀到原来体积的8～10倍，加热后失去吸收的水分，当pH值在7以上时其悬浮液很稳定。但膨润土易受电解质的影响，在酸、碱过强时，则产生凝胶。在化妆品中可用作乳液体系的悬浮剂及粉饼中的体质粉体。

（6）云母粉（Mica，CI 77019，颜料白20）　云母的分子式为$KAl_2(AlSi_3O_{10})(OH)_2$，其中含$SiO_2$ 45.2%、Al_2O_3 38.5%、K_2O 11.8%、H_2O 4.5%，此外，含少量Na、Ca、Mg、Ti、Cr、Mn、Fe和F等。

云母是一组复合的水合硅酸铝盐的总称。种类较多，不同种类的云母具有不同的晶系，多为单斜晶系。晶体常呈假六方片状。用于化妆品的云母粉主要是白云母（muscovite）和绢云母（sericite）。白云母粉是质软、带有光泽至亮反光的细粉。可与大多数化妆品原料配伍。绢云母制得的产品触感柔软、平滑，其粒子不会团聚，易加工成粉饼、香粉、湿粉和乳液等。并可防止其他颜料分离，有助于颜料分散，有优异的可铺展性和皮肤黏附作用。可用作滑石粉的用品。

云母粉是含粉类化妆品的重要原料，用于制造香粉、粉饼、胭脂、爽身粉、粉底霜和乳液等。

（7）硅石　硅石（silica）化学名二氧化硅。二氧化硅是无色透明的结晶和无定形粉末，无味。相对密度 2.1～2.3，在化妆品中性质稳定，配伍性好。市售的球状微珠二氧化硅是用二氧化硅制成的 2～13μm 大小、润滑的微珠。由于这些微珠的“球轴承”作用，赋予粉类化妆品极好的润滑性。这种中空的微球具有很好的吸附性能，在其表面，可吸附大量亲油性的物质（如防晒剂、润滑剂和香精等），它们是很好的载体。微球的密度低，能使被吸附的物质均匀分散，形成稳定的体系。此外，这种微球粒度分布均匀，化学稳定性和热稳定性高，无臭、无味、不溶于水，无腐蚀性，不会潮解，可在所有的化妆品中使用。还有一种非多孔型二氧化硅微珠，在粉饼产品中不吸附黏合剂。

（8）氮化硼　氮化硼粉末为六方晶体，六方晶体的平行平面具有很好的滑移性能，使化妆品有如丝质般柔滑细腻、丰盈润泽的超凡感受，是石英、云母、氯氧化铋等传统材料无法达到的效果。氮化硼颗粒带有静电粒子，在化妆品中加入 3%～30% 的氮化硼粉末，可增加化妆品的附着力和遮盖力，缔造恒久动人、纯净完美的妆容。良好的滑移特性，使最终的彩妆产品紧致、易涂抹，并易于清洁去除，这种粉末中有大且平的晶粒，即使不加闪光材料，也会呈现半透明、晶莹光洁的效果。可以用在散粉、粉饼、口红、唇彩、眉笔、眼线笔、皮肤护理品及爽身粉等产品中。加入化妆品配方中，有晶莹剔透、轻盈光洁、自然亮泽的完美效果。

六、配方示例与工艺

1. 粉饼的配方示例及制备工艺

由于粉体表面处理技术的发展，粉饼的生产工艺也有很大的改进。粉饼的生产工艺有两种：湿法和干法。干法制备的配方示例见表 12-3。

表 12-3　粉饼配方

组相	原料名称	质量分数/%	组相	原料名称	质量分数/%
A 相	滑石粉	73.0	B 相	硬脂酸锌	3.0
	二氧化钛	7.2		乙酰化羊毛脂	0.6
	硅石	10.0		聚二甲基硅氧烷	4.8
	氧化铁黄	0.6	C 相	防腐剂	适量
	氧化铁红	0.3	D 相	香精	0.2
	氧化铁黑	0.1			

表 12-3 所示配方属于干法制备粉饼，干法适于大规模生产，主要是需要使用较大的压力，配制方法是将 A 相在螺条式混合器中混合约 1h，然后将预先充分混合好的 C 相加入混合器中，混合约 2h 后，通过粉磨机研磨，并通过 40～45 目筛。整个操作过程中，物料的温度不允许比室温高出 10℃。冷却后，混合粉料再重新通过粉磨机。将筛过的粉料置于螺条式混合机内，边搅拌边喷入预先熔化好的呈液态的 B 相，搅拌 5h，待冷却后喷入香精。然后，通过造粒机造粒，再通过粉磨机，并通过 25 目

筛。冷却后通过 40 目筛，在筛分过程中需确保不发热，不使温度升高，以免造成香精挥发损失。最后将制得的粉料填充在容器内，加压成型，一般加压 300kPa 即可使粉末压成粉饼。通常在加压成型前，将制得粉料在适当的湿度下存放几天，使粉体内部的气泡容易进出，在压制时粉体不会太干。在干压成型的过程中，一般在开始时加较小的压力，将空气挤出，避免在粉饼内形成气孔。然后在压模离开粉饼表面以前，加压至 1000kPa。如果配方合适，粉料加工精良，可直接加压至 4MPa 加压成型。

2. 粉饼型腮红的配方示例及制备工艺

粉饼型腮红和一般粉饼的组成接近，制造工艺也相同，其参考配方见表 12-4。

表 12-4　腮红配方

组相	原料名称	质量分数/%	组相	原料名称	质量分数/%
A 相	滑石粉/聚二甲基硅氧烷	42.0	B 相	辛基十二烷基硬脂酰硬脂酸酯	3.5
	云母/聚二甲基硅氧烷	30.0		聚二甲基硅氧烷	3.0
	绢云母	15.0		山梨坦倍半油酸酯	1.0
	硬脂酸锌	2.5		防腐剂	适量
	颜料	2.0	C 相	香精	适量

3. 粉饼型眼影的配方示例及制备工艺

粉饼型眼影和一般粉饼的组成接近，制造工艺也相同，其参考配方见表 12-5。

表 12-5　粉饼型眼影配方

组相	原料名称	质量分数/%	组相	原料名称	质量分数/%
A 相	滑石粉	31.0	B 相	硬脂醇新戊酸酯	7.0
	氮化硼	10.0		聚二甲基硅氧烷	6.0
	肉豆蔻酸镁	3.0		矿油	1.5
	硅石	2.0		防腐剂	适量
	颜料	5.0	C 相	香精	适量
	珠光颜料	32.0			

4. 新原料和新技术的发展和应用

随着近年来彩妆产品技术工艺的发展以及原料应用的创新，由于基础粉体（如滑石粉、云母粉、钛白粉等）有防水性差、肤感不太理想、容易聚集等问题，从而使经表面处理过的粉体原料得到越来越广泛的应用。目前在粉饼、腮红类压粉产品中用得较多的是聚二甲基硅氧烷和三乙氧基辛基硅烷表面处理的粉体。这种表面处理剂处理过的粉体的特点是疏水性突出，耐皮肤汗水和分泌的油脂，与皮肤亲和性高，在皮肤表面保留时间长，与硅油和有机油脂相容性强，这些优点使得该类粉体得到越来越广泛的应用。现在有实力的原料厂家可以对粉体进行多重表面处理和包覆，从而使粉体原料具有更多的复合功能，肤感也更有特点，更多的表面处理剂处理的粉体原料也正在研发和应用之中。

由于传统的压粉工艺存在粉尘污染大、不良率高、产品外观存在毛边、表面不平整等问题，近年来在国外（例如日本、韩国等）已开始流行倒灌法工艺。倒灌法是将混合好的粉料用异十二烷、异丙醇等挥发性溶剂等混合制成具有流动性的浆状，通过抽料泵将粉浆抽到注射机中，再经注射枪口由塑料粉盒底部的注射孔注射到盒内，粉盒上方由下压块封闭盒口，下压块中有一定数量的毛细孔，通过管路连接到真空泵，真空泵通过毛细孔抽取粉浆中的挥发性溶剂，再经烘干即可得到成品。此新工艺不仅可以解决上面提到的问题，特别适合制备含大量珠光剂的眼影产品或需要在粉体表面设计一些花纹和图案的产品。缺点是设备一次性投入较大，后期使用和维护费用也稍高。

第三节 唇膏类化妆品

一、产品性能结构特点和分类

1. 唇膏

唇膏通常是指油膏类的唇部美容化妆品，包括以润唇为主的非着色型（即通常所说的润唇膏）和着色型（即通常所说的口红）。使用唇膏可勾勒唇形，润湿、软化唇部，保护唇部不干裂，属使用极为普遍、消费量极大的化妆品类型。唇膏类美容化妆品的主要功能是赋予唇部肌肤防护、色彩美化，修饰双唇的轮廓，彰显女性特殊魅力。唇膏的作用有以下几方面：

① 使用唇膏可赋予女性嘴唇以诱人的色彩和美丽的外貌。

② 唇膏可突出嘴唇的优点，掩盖其各种缺陷，如使用唇膏可令较薄的嘴唇显得丰满立体，使较厚的嘴唇变薄。如适当地使用唇膏，还能修饰整个面部轮廓。

③ 采用滋润型唇膏，能赋予嘴唇湿润的外观，同时还能起到软化唇部的作用。

④ 现有专门用于防止嘴唇干裂的保湿修护润唇膏，这种唇膏适宜于男女老幼，是一种理想的护唇用品。有的唇膏中还添加了防晒剂，来保护嘴唇免受紫外线的伤害。

唇膏类化妆品可直接应用于嘴唇，嘴唇是面部皮肤的延伸，在口腔内与黏膜相连。其角质层比一般皮肤薄，且又无毛囊、皮脂腺、汗腺等附属器官，但有唾液腺。两唇角质层不仅薄，而且连颗粒层也薄，所以，颗粒层中的颗粒及黑色素皆已不存在，以致真皮乳头的毛细血管呈现出透析红色，两唇显出红润。根据唇部皮肤的特点和唇部美容化妆品的功能，唇部用品应该具备如下必要的特征：

① 绝对无毒和无刺激性。唇膏最易随着唾液或食物进入体内，若有毒性，会危害健康。因此，唇膏所用原料应是可食用的（食品级原料）。嘴唇与口腔黏膜相靠近，它对刺激相当敏感，如接触香料中的醛和酮类成分，可能会引起水泡或发炎；而且要求着色剂（染料、色淀和颜料）的重金属含量比一般化妆品着色剂要低。

② 具有自然、清新愉快的味道和气味。必须使用安全可食用的食品级香料，令

人产生可食的舒适感或清爽感，同时长期使用，也不致有厌恶感。

③ 外观诱人，颜色鲜艳和均匀，表面平滑，无气孔和结粒。涂抹时平滑流畅，不与水分发生乳化而脱落，有较好的附着力，能保持相当的时间，但又不至于很难卸妆除去。

④ 质量稳定，不会因油脂和蜡类原料氧化产生异味或出现“冒汗”现象等，也不会在制品表面产生粉膜而失去光泽。在保管和使用时不会折断、变形和软化，能维持其圆柱状，也不会成片、结块和破碎，有较长的货架寿命。

⑤ 无微生物污染。

一般来说，从色彩上唇膏大致分为三种类型，即原色唇膏、变色唇膏和无色唇膏，从功用上可分为滋润型、防水型、不沾杯型和防晒型。

① 原色唇膏 原色唇膏是最普遍的一种类型，有各种不同的颜色，常见的有大红、桃红、橙红、玫红、朱红等，由色淀等颜色制成，为增加色彩的牢附性，常和溴酸红染料合用，现代唇膏的色彩更强调衍生出来的各种中间色，且向深色（棕、紫）调发展，甚至出现绿、蓝色调。另外，原色唇膏中经常添加具有璀璨光泽的珠光颜料，称为珠光唇膏，涂擦后唇部可显现闪烁的光泽，充满青春的魅力，能提高化妆效果。

② 变色唇膏 变色唇膏内仅使用溴酸红染料而不加其他不溶性颜料，将这种唇膏涂擦在唇部时，其色泽立刻由原来的淡橙色变成玫瑰红色，故称为变色唇膏。变色唇膏的着色剂只有溴酸红染料（四溴荧光素），其色泽是淡橙色，由于它的酸碱度与唇部皮肤不同，而皮肤有自动调节酸碱度的能力，所以，当这种唇膏接触唇部后，其酸碱度达到唇部酸碱度时，其色泽即刻由淡橙变成玫瑰红色。

③ 无色唇膏 无色唇膏不加任何色素，其主要作用是滋润柔软嘴唇、防裂、增加光泽。

④ 乳化体唇膏 传统唇膏主要是以油、脂、蜡等油性原料为主体，即为不含水的油性唇膏，但近来从唇膏对嘴唇的护肤作用和唇部的湿度平衡考虑，研制出了由油性原料、着色剂配合水、保湿剂及乳化剂，经过乳化作用而制得的乳化唇膏。这种乳化唇膏含有水分和保湿剂，对唇部皮肤具有一定的保湿和护肤作用。乳化唇膏是W/O型乳化体，当唇膏的水分挥发后，其光泽会受到一些影响。

⑤ 防水唇膏 这种唇膏中添加了具有抗水性的硅油成分，涂布后可形成防水性的薄膜，以减轻因饮水（饮料）时唇膏脱落。

2. 唇蜜/唇彩/唇油

不同于唇膏含有大量的高熔点蜡基类原料，唇蜜/唇彩/唇油是一类硬度或黏度都相对较低的唇部护理美化产品。区别于唇膏的直接使用方式，此类产品的包装形式上通常匹配海绵刷和扁头硅胶刷。使用感上更柔软，同时不受成型要求控制，可以尽可能选择百分含量高的润唇剂添加。

该类产品的特点绝大多数是诉诸滋润度、光泽度和高选择性，其肤感比唇膏偏软润，产品在唇部的残留感更强。同时因为刷头蘸取式的取料方式，配方设计不需要像唇膏考虑硬度、折断、脱落等因素，可以在产品表现上有更大的发挥余地，比如高珠光、高成膜、高光泽度、哑光雾感原料的大量选择。

作为唇部产品，此类产品在安全性、香味舒适度、着色剂的选择、微生物的控制等方面和唇膏有同样严格的要求。

一般来讲，在体系上此类产品大致分为两种类型：稳定体系和不稳定体系。从在唇部肌肤的色彩表现力上可分为高光泽型和哑光雾感型。

① 稳定体系顾名思义，就是内容物始终呈现的是完整均一的料体形态，直接使用即可。现行市面上大多数的产品都属于这种体系。料体流动性一般，或者较差。

② 不稳定体系是市场上近两年新开发出的产品。内容物具有很好的流动性，产品静置一段时间后着色剂和里面的轻质油脂处于明显的分离状态，需要摇匀后使用。正是由于不受增稠稳定剂的束缚制约，才有了这种特别轻质的产品。唇感轻薄，薄的色彩表面附着度也给唇部妆容带来更灵动的感觉。

③ 高光泽型通常是唇膏体系中添加了较多折射率较高的油脂，如苯基聚三甲基硅氧烷、十三烷醇偏苯三酸酯等。使消费者使用在唇部时呈现高光泽，并且对着色剂也有很好的分散性，带来均一的质感。

④ 哑光雾感型是新近几年的唇部产品流行趋势，相信未来，特别是在中国市场也会是主流产品。黄色皮肤人种相较于白色皮肤人种，五官的立体性差，肤色比较暗。光泽度高的彩妆产品在面部呈现状态容易出现“脏脏”的妆感。而哑光雾感型可以修正这种“反光”式效果，光学原理上尽可能降低视觉的集中反射效果。增加了唇部的立体感和自然感。更好地烘托出中国女性自然、淡雅、东方式的性感气质，通常此类唇膏配方体系中会添加较多的云母粉、高岭土以及二氧化硅来起到一定的消光作用，同时使用折射率较低的油脂来进行复配以达到哑光雾感效果。

3. 唇釉

提到唇釉，YSL 一定会被提起。正是最有历史的金色纯色唇釉掀起了全球唇部产品的颠覆，让大家意识到原来唇部产品也可以兼具护肤品的质地和色彩美化功能，从而给唇部产品增加了这一个创新品类。相比于 W/O 体系唇膏和唇蜜等“小打小闹”的概念宣称。唇釉真正意义做到了完全乳化体系，高的含水量。唇部产品以往的“够滋润，不够水润”的谜题也终于得到了解决。

从乳化体系上来分析，唇釉一般分为油包水型和水包油型。

① 世界上第一支唇釉到现在的主流产品基本都是以油包水为主。毕竟作为唇部美化产品，大量的着色剂在油相为外相的体系中容易得到更好的分散，色彩稳定性更好，防水成膜效果也更显著。

② 水包油型虽然有个别一线品牌推出，但是肤感始终差强人意，也许是出于稳定性的考虑，纤维素的含量比较高，无法给出水相外相足够水润的预期肤感。如果能够以水包油型产品体系并添加可以促进渗透的活性成分，便可给唇部带来真正意义上的“深层”养护。

4. 其他

另外近年很多品牌新推出了一些小的唇部彩妆品类，例如唇膜、唇染、唇漆等。虽然产品形态有些差异，但大致体系还是遵循上面三种主要架构。

越来越多的消费者意识到唇部护理的重要性，在今后的发展中，唇部产品将更多地走向多元化、分步护理化的趋势，将会出现更多多样性和创新性的产品类别。

二、产品配方结构

1. 唇膏

唇膏的基质组分主要包括着色剂、油脂和蜡类、香精和防腐剂等，代表性原料及功能见表 12-6。

表 12-6 唇膏的基本配方组成

组 分		代表性原料	主要功能
着色剂	溶解性颜料	红-40、红 33、黄 6	着色
	不溶性颜料	炭黑、云母钛、鸟嘌呤、铝粉	
	珠光颜料	云母-二氧化钛、氯氧化铋	
油脂和蜡		精制蓖麻油、可可脂、羊毛脂及其衍生物、鲸蜡、鲸蜡醇、单硬脂酸甘油酯、肉豆蔻酸异丙酯、地蜡和精制地蜡、巴西棕榈蜡、蜂蜡、小烛树蜡、凡士林、卵磷脂等	溶解颜料、滋润
其他添加剂		泛醇、磷脂、维生素 A、维生素 E、防晒剂	保湿、防裂、防晒
香精		玫瑰醇和酯类、无萜烯类	赋香

2. 唇蜜/唇彩/唇油

唇蜜/唇彩/唇油的基质组分主要包括着色剂、油脂、防腐剂等。相对于唇膏，较少使用蜡类原料，肤感更柔软，同时配方中可以不考虑产品固体形态问题而大量使用滋润度更高的油脂等润唇剂。代表性原料及功能见表 12-7。

表 12-7 唇蜜/唇彩/唇油的基本配方组成

组 分		代表性原料	主要功能
着色剂	溶解性颜料	红-40、红 33、黄 6	着色
	不溶性颜料	炭黑、云母钛、鸟嘌呤、铝粉、黄 5 色淀、红 21 色淀	
	珠光颜料	云母-二氧化钛、氯氧化铋	
油脂		二异硬脂醇苹果酸酯、植物羊毛脂、聚异丁烯、低黏硅油、棕榈酸异辛酯等	溶解颜料、滋润
其他添加剂		泛醇、磷脂、维生素 A、维生素 E、防晒剂	保湿、防裂、防晒
香精		玫瑰醇和酯类、无萜烯类	赋香

3. 唇釉

唇釉的基质组分主要包括水、多元醇、油脂、乳化剂、着色剂、增稠剂、防腐剂等。唇釉为了追求更好的水润感使用了乳化体系，使得体系中除了油脂外，还必须添加水和乳化剂等。唇釉的制造工艺类似于护肤产品中的膏霜乳液。代表性原料及功能见表 12-8。

表 12-8 唇釉的基本配方组成

组分		代表性原料	主要功能
水相		水、甘油、乙醇、丁二醇	溶剂、保湿
着色剂	溶解性颜料	红-40、红 33、黄 6	着色
	不溶性颜料	炭黑、云母钛、鸟嘌呤、铝粉	
	珠光颜料	云母-二氧化钛、氯氧化铋	
油脂		辛酸/癸酸甘油三酯、碳酸二辛酯、苯基聚三甲基硅氧烷、植物羊毛脂等	溶解颜料、滋润
乳化剂		鲸蜡基聚乙二醇/聚丙二醇二甲基硅氧烷、PEG-10 聚二甲基硅氧烷	乳化
其他添加剂		泛醇、磷脂、维生素 A、维生素 E、防晒剂	保湿、防裂、防晒
香精		玫瑰醇和酯类、无萜烯类	赋香

三、设计原理

1. 唇膏

一种棒状油膏类美容用品，使用时涂抹于唇部使之具有使用者想要的色彩，并提供对唇部的滋润与保护。为了满足唇膏形态和功能性的需求，唇膏配方设计需要满足以下要求：

（1）硬度　唇膏与口红的形态是棒状固态，没有流动性。为了满足外观、使用及储存的要求，唇膏在其使用寿命中需要一直保持固体状态。这使得对提供了固体形态的蜡类原料的选择与使用变得至关重要。在选择搭配不同的蜡类原料时，必须使配方在不同储存及运输的温度条件下都能维持固态不熔化，同时还应注意使唇膏不易折断，这是唇膏类产品的外观基础。

（2）遮盖力和附着性　好的口红需要兼顾遮盖力和附着性。遮盖力带来更厚重的色彩，附着性带来更久的持妆时间。溶解性染料可以带来更好的附着力，不易擦除，但色彩不够厚重，遮盖力不够。不溶性颜料色彩更厚重，但由于是粉体结构，较易被擦除，持妆时间受影响。因此，要兼顾两者需要，应配合使用溶解性染料和不溶性颜料。

（3）铺展性　唇膏在涂抹时的铺展性对唇膏的主观使用感受影响较大。好的铺展性能使唇膏上妆更快速均匀。选用合适的油脂可以调节铺展性到所需要的程度，但同时也需注意铺展性过高时对膏体硬度和熔点的负面影响。

2. 唇蜜/唇彩/唇油

这是一类有一定流动性的唇部修饰美容用品。相对于唇膏，唇蜜/唇彩/唇油以油性原料为主，较少使用蜡质，能提供唇膏所不能提供的晶莹剔透的上妆效果。为达到较好的使用效果，唇蜜/唇彩/唇油的配方设计除了与唇膏类相似的要求（比如铺展性、遮盖力等）外，还需满足一些其特有的要求：

① 唇蜜/唇彩/唇油的流动性大于唇膏。因此，相对于唇膏要减少蜡质的使用，以达到唇蜜/唇彩/唇油特有的黏度要求。

② 唇蜜/唇彩/唇油上妆后晶莹剔透，有一定的反光效果，同时具有较强的滋润性。这需要配方中较多地使用折射率较高的油脂。同时，大量的油脂也能对唇部皮肤起到明显的滋润效果，肤感较膏体较硬的唇膏来说更水润。

③ 色彩的选择。唇蜜/唇彩/唇油的产品定位相对年轻化一些，在色彩的选择上相对唇膏需要尽量使用鲜艳、粉嫩一些的颜色以符合产品定位。

3. 唇釉

唇釉是一类兼具唇膏遮盖力及唇蜜水润度的唇部产品。由于使用了乳化体系，料体中同时含水又含油。相比纯油体系的唇蜜，更不易脱妆。相较于以蜡质为基础的唇膏，又增加了产品的保湿性能及滋润度。其配方设计需注意以下一些特殊要求：

① 唇釉使用了乳化体系，不再像唇膏那样以蜡质作为基础，也不像唇蜜的纯油体系，唇釉的肤感和黏度不仅仅来自于油脂的选择，更受乳化剂的选择以及油脂比例的影响。

② 由于体系中含有水相，对于色料的选择不仅需要考虑在油相的分散性能，同时也需考虑水相中的分散性能。

③ 使用了乳化体系可以更方便地添加各种保湿、滋润、抗炎、抗皱等功效性原料，配方更加多变。

④ 乳化体系中的水相是容易滋生微生物的场所，这给产品的防腐体系选择带来了挑战。唇釉的防腐体系，相比唇膏和唇蜜，需要具有更强的抑菌能力。同时，作为唇部产品，安全性和刺激性也是必须考虑的重要因素。因此在唇釉的防腐体系选择上需要更加谨慎。

四、相关理论

1. 皮肤的保水能力

皮肤是人体最大的器官。它是身体和外界环境的界面，是防御外来影响的第一道防线。皮肤可以抵御病原体及其他有害物质的侵袭，同时可以防止过量水分的流失。皮肤还有隔热、感觉、温度调节及产生维生素 D 等作用。

为了缓解皮肤的干燥，需要了解皮肤以下几点与保水能力相关的功能：

（1）控制蒸发　皮肤是一个比较干燥的半渗透屏障，可以减少液体的蒸发。

（2）储存及合成　皮肤可以储存水分及脂质。

（3）抗水　皮肤无法完全防水，不过是身体和外界的一个屏障，避免营养素流失到体外。皮肤外层有表皮，表皮内则有可以滋润皮肤的营养素和油脂，而部分的油脂即为皮肤中皮脂腺分泌的皮脂。只靠水分无法消除皮肤的油脂，但若没有表皮，皮肤的油脂就会受到外界水分的影响。

2. 唇部皮肤的特点

嘴唇是脸上最性感的部位，唇部皮肤的形态、颜色和纹理决定了嘴唇的魅力。

皮肤及黏膜极易受到伤害，而唇部皮肤的厚度只有身体其他部位皮肤的 1/3。这使得嘴唇的外观呈现偏红色，当嘴唇较干燥时，其外观颜色会较淡一些。

由于唇红缘没有汗腺和唾液腺，它的湿润度全靠局部丰富的毛细血管及少量发育不全的皮脂腺来维持。嘴唇本身没有黑色素，没有自我保护功能。嘴唇周围的肌肉是身体唯一的死肌，如果不进行妥善的护理，嘴角四周很容易出现明显的皱纹。

唇部化妆品不仅可以调整嘴唇肤色及外观，同时可以呵护唇部，以保持它的柔润和光泽。

3. 唇部皮肤的保湿方式

皮肤的保湿从原理上主要有以下两种方式：

（1）补水保湿　通过从外部使用含水量高的护肤品等方式，直接增加皮肤的水分，达到滋润皮肤的效果。

（2）成膜保湿　通过各种方式在皮肤表面形成一层外来的保护膜，阻止皮肤水分的蒸散以及皮脂的流失，以此来达到增加皮肤含水量的目的。

由于唇部皮肤较薄，使得唇部皮肤的水分较易蒸散。同时由于唇部皮肤的皮脂腺较少，仅靠分泌的皮脂很难达到较高的滋润度。因此传统用于身体其他部位皮肤的补水保湿方式，如果不为唇部皮肤额外创造一个屏障，很难保证额外补充的水分不会较快地再次流失。因此在唇部皮肤的护理上，成膜保湿是较为合理的保湿方式的选择。

4. 唇部保湿的原料选择

唇部的成膜保湿主要以蜡质和油脂为主。由于唇部本身分泌油脂能力的不足，用唇部化妆品中含有的大量蜡质和油脂，能使唇部皮肤额外获得一层保护屏障。

同时大部分唇部化妆品的色料较易分散于油脂中，使用油脂而不是其他高分子成膜剂，更适合唇部化妆品的配方设计需求。

唇部化妆品中的蜡和油脂补足了由于嘴唇皮脂分泌不足导致的滋润能力的欠缺。

五、原料选择

唇部化妆品主要是由油、脂和蜡类原料溶解和分散色素后制成的，油、脂、蜡类构成了唇部化妆品的基体。其主要原料由着色剂和油、脂、蜡类组成，还通常加入香精和抗氧剂。

1. 着色剂

着色剂或称色素是唇部化妆品中最主要的成分。在唇部化妆品中很少单独使用一种色素，多数是两种或多种调配而成。唇部化妆品中的色素分为可溶性染料、不溶性颜料和珠光颜料三类，其中可溶性染料和不溶性染料可以合用，也可单独使用。

可溶性染料通过渗入唇部外表面皮肤而发挥着色作用。应用最多的可溶性着色染料是溴酸红染料，它是溴化荧光素类染料的总称，有二溴荧光素、四溴荧光素、四溴四氯荧光素等。溴酸红染料能染红嘴唇，并有牢固持久的附着力。现代的唇部化妆品中，色泽的附着性主要是依靠溴酸红。但溴酸红不溶于水，在一般的油、脂、蜡中溶解性较差，要有优良的溶剂才能产生良好的着色效果。

不溶性颜料是一些极细的固体粉粒，经搅拌和研磨后，混入油脂、蜡类基质中。这样的唇膏涂敷在嘴唇上能留下艳丽的色彩，并赋予一定的遮盖力。不溶性颜料包括有机颜料、有机色淀颜料和无机颜料。唇部化妆品使用的不溶性颜料主要是有机色淀颜料，它是极细的固体粉粒，色彩鲜艳，有较好的遮盖力。但有机色淀的附着力不好，需要和溴酸红染料并用。无机颜料中二氧化钛是常用品种，可使唇部化妆品产生紫色色调和乳白膜。

珠光颜料是由数种金属氧化物薄层包覆云母构成的。改变金属氧化物薄层，就能产生不同的珠光效果。珠光颜料与其他颜料相比，其特有的柔和珍珠光泽有着无可比拟的效果。特殊的表面结构、高折射率和良好的透明度使其在透明的介质中，创造出与珍珠光泽相同的效果。珠光颜料中多采用合成珠光颜料，如氯氧化铋、云母-二氧化钛等，随膜层的厚度不同而显示不同的珠光色泽。云母-二氧化钛膜对人体及皮肤无毒、无刺激性，产品品种有多种系列。

2. 油脂、蜡类

油脂、蜡是唇部化妆品的基本原料，含量一般占90%左右，各种油脂、蜡用于唇部化妆品中，使其具有不同的特性，以达到唇部化妆品的质量要求，如黏着性、对染料的溶解性、触变性、成膜性以及硬度、熔点等。

制备唇部化妆品常用的油脂、蜡类原料如下。

（1）蓖麻油（castor oil） 蓖麻油从蓖麻种子中挤榨而制得，为无色或淡黄色透明黏性油状液体。其相对密度 0.950～0.974（15℃），酸值<4.0mgKOH/g，皂化值 176～187mgKOH/g，碘值 80～91gI/100g，折射率 n_D^{25} 1.473～1.477。

蓖麻油对皮肤的渗透性较羊毛脂差，但优于矿物油，因为蓖麻油相对密度大、黏度高、凝固点低，它的黏度及软硬度受温度的影响较小，可作为口红的主要基质原料，使其外观更为鲜艳、黏性好、润滑性好，同样也可用于膏霜、乳液中。蓖麻油是唇膏中最常用的油脂原料，可赋予唇膏一定的黏度，以增加其黏着力，还对溴酸红染料有较好的溶解性，但与白油、地蜡的互溶性不好。其用量一般为 12%～50%，以 25%较适宜，不宜超过 50%，否则易形成黏稠油腻膜。它的缺点是有不愉快的气味和容易产生酸败，因此原料的纯度要求较高，不可含游离碱、水分和游离脂肪酸。

（2）橄榄油（olive oil） 在口红中可用来调节唇膏的硬度和延展性。

（3）可可脂（cocoa butter） 可可脂是从可可树果实内的可可仁中提取制得的。其相对密度 0.945～0.960（15℃），酸值<4.0mgKOH/g，皂化值 188～202mgKOH/g，碘值 35～40gI/100g，熔点 32～36℃。因其熔点接近体温，可在唇膏中降低凝固点，

并增加唇膏涂抹时的速熔性，可作唇膏优良的润滑剂和光泽剂。其用量一般为 1%～5%，最高的用量一般不超过 8%，过量则易起粉末而影响唇膏的光泽性并有变为凸凹不平的倾向。

（4）无水羊毛脂（lanolin） 羊毛脂是从羊毛中提取的一种脂肪物，它分为无水羊毛脂和有水羊毛脂。无水羊毛脂的酸值＜1.0mgKOH/g，皂化值 88～110mgKOH/g，碘值 18～36gI/100g，熔点 38～42℃。

羊毛脂是哺乳动物的皮脂，其组成与人的皮脂很接近，对人的皮肤有很好的柔软、渗透及润滑作用，同时具有防止脱脂的功效，是制造膏霜、乳液类化妆品及口红的重要原料。无水羊毛脂应用于口红中具有良好的兼容性、低熔点和高黏度，可使唇膏中的各种油、蜡黏合均匀，对防止油相的油分析出及对温度和压力的突变有抵抗作用，可防止唇膏发汗、干裂等。羊毛脂还是一种优良的滋润性物质。与蓖麻油一样，均是唇膏不可缺少的原料。由于气味不佳，其用量不宜过多，一般为 10%～30%。现也多采用羊毛脂衍生物以避免此缺点。

（5）鲸蜡和鲸蜡醇（spermaceti wax and cetyl alcohol） 鲸蜡是从抹香鲸、槌鲸头盖骨腔内提取的一种具有珍珠光泽的蜡状固体，呈白色透明状。其相对密度 0.940～0.950（15℃），酸值＜1.0mgKOH/g，皂化值 120～130mgKOH/g，碘值＜4.0gI/100g，熔点 42～50℃。鲸蜡醇又名十六醇或正棕榈醇，为白色半透明结晶状固体，其熔点为 49℃。

鲸蜡的主要成分是鲸蜡酸、月桂酸、豆蔻酸、棕榈酸、硬脂酸等，可应用于膏霜及唇膏中。因鲸蜡的熔点低，在唇膏中可增加触变性，但不增强唇膏的硬度；鲸蜡醇是一种良好的助乳化剂，对皮肤具有柔软性能，可应用于乳液、唇膏中。在唇膏中具有缓和作用并可溶解溴酸红染料，但因可使唇膏涂敷后的薄膜形成失光的外表面而不被重用。

（6）单硬脂酸甘油酯（glyceryl monostearate） 简称单甘酯，为纯白色至淡乳色的蜡状固体。其酸值＜15mgKOH/g，皂化值 150～180mgKOH/g，碘值＜3.0gI/100g，熔点 58～59℃。

单甘酯是 W/O 型乳状液的乳化剂，可应用于膏霜及唇膏中。在唇膏配方中对溴酸红染料有很高的溶解性，且具有增强滋润和加强骨干的作用。

（7）肉豆蔻酸异丙酯（isopropyl myristate） 化学名称是十四酸异丙酯，简称 IPM，其相对密度 0.847～0.853，酸值＜1.0mgKOH/g，皂化值 205～212mgKOH/g，碘值＜1.0gI/100g，凝固点＜9℃。

肉豆蔻酸异丙酯具有良好的延展性，与皮肤相容性好，能赋予皮肤适当油性，不易水解与腐败，对皮肤无刺激，被广泛应用于护发、护肤及美容化妆品中。肉豆蔻酸异丙酯可以作为唇膏的互溶剂及滑润剂，可增加涂抹时的延展性，用量约为 3%～8%。

（8）精制地蜡（ozokerite wax） 二级品地蜡在唇膏中作为硬化剂，有较好的吸收矿物油的性能，可使唇膏在浇注时收缩而易于脱出，但用量过多，则会影响唇膏表面光泽。

（9）巴西棕榈蜡（carnauba wax）　巴西棕榈蜡是从南美巴西的棕柏树叶浸提而制得的。其相对密度 0.990～0.999，酸值 2～9mgKOH/g，皂化值 79～88mgKOH/g，碘值 8～14gI/100g，熔点 83～86℃。

巴西棕榈蜡为高熔点的质硬而脆的不溶于水的固体，是化妆品原料中硬度最高的一种，与蓖麻油等油脂类原料的相溶性良好，广泛用于唇膏和膏霜类化妆品中，在唇膏中作硬化剂，用以提高产品的熔点而不致影响其触变性，并赋予光泽和热稳定性，因此对保持唇膏形体和表面光亮起着重要作用。用量在 1%～3%，一般不超过 5%，过多会引起唇膏脆化，也可通过加入蜂蜡得以缓和。

（10）蜂蜡（bees wax）　蜂蜡用于唇膏能提高唇膏的熔点而不明显影响硬度，具有良好的兼容性，可辅助其他成分成为均一体系，并同地蜡一样，可使唇膏容易从模具中脱出。

（11）小烛树蜡（candelilla wax）　小烛树蜡是从小烛树的茎中提取而得到的，是一种淡黄色半透明或不透明固体。其相对密度 0.982～0.986，酸值 11～19mgKOH/g，皂化值 47～64mgKOH/g，碘值 19～44gI/100g，熔点 65～69℃，不皂化物 47%～50%。

小烛树蜡的主要成分是碳氢化合物、高级脂肪酸和高级羟基醇的蜡酯、游离高级脂肪酸、高级醇等，较易乳化和皂化。小烛树蜡一般用于口红中，可用作蜂蜡和巴西棕榈蜡的代用品，用以提高产品热稳定性，也可作为软蜡的硬化剂。

（12）凡士林（vaseline）　凡士林在唇膏中的用量不宜超过 20%，以避免阻曳现象。

（13）白油（mineral oil）　白油可用作唇膏的润滑剂，但常会影响产品的黏着性及附着力，遇热还会软化，析出油分，使用逐渐减少。

3. 香精

唇部化妆品的香料，既要芳香舒适，又需口味和悦，还要考虑其安全性。消费者对唇部化妆品产品的喜爱与否，产品的口味是其中很重要的因素。因此，对唇部化妆品的香料要求是：既要完全掩盖脂蜡的气味，还要体现淡雅的清香气味，可被消费者普遍接受。许多芳香物会对黏膜产生刺激，不适宜用于唇部化妆品中；有苦味和不适口味的芳香物，极易产生身体的不良反应。唇部化妆品经常使用一些清雅的花香、水果香和某些食品香料品种，如橙花、茉莉、玫瑰、香豆素、香兰素、杨梅等。香精在唇部化妆品中的用量约为 0.1%～1%。

六、配方示例与工艺

1. 唇膏

珠光唇膏配方见表 12-9（1），普通唇膏配方见表 12-9（2），变色珠光唇膏的配方见表 12-9（3）。

表 12-9（1） 珠光唇膏配方

组相	原料名称	质量分数/%	组相	原料名称	质量分数/%
A 相	蓖麻油	28.0	B 相	聚乙烯蜡	5.0
	羊毛脂	15.0		地蜡	2.0
	低黏硅油	5.0	C 相	珠光颜料	2.0
	辛酸/癸酸甘油三酯	9.0		颜料	4.0
	肉豆蔻酸异丙酯	18.0	D 相	抗氧化剂	适量
B 相	巴西棕榈蜡	4.0		香精	适量
	蜂蜡	5.0		防腐剂	适量

表 12-9（2） 普通唇膏配方

组相	原料名称	质量分数/%	组相	原料名称	质量分数/%
A 相	蓖麻油	20.5	B 相	聚乙烯蜡	6.0
	羊毛脂	10.5		地蜡	3.0
	辛酸/癸酸甘油三酯	18.0	C 相	二氧化钛	10.0
	聚乙二醇	7.0		颜料	10.0
	棕榈酸异丙酯	8.0	D 相	香精	适量
B 相	蜂蜡	7.0		防腐剂	适量

表 12-9（3） 变色唇膏配方

组相	原料名称	质量分数/%	组相	原料名称	质量分数/%
A 相	蓖麻油	36.0	B 相	巴西棕榈蜡	6.0
	羊毛脂	27.0		蜂蜡	10.0
	低黏硅油	3.0	C 相	溴酸红	0.2
	辛酸/癸酸甘油三酯	5.0	D 相	抗氧剂	适量
	棕榈酸异丙酯	8.0		香精	适量
	可可脂	4.0			

上述 3 个配方的制备工艺均为：

① 称取 A 相各组分于主容器中，加热至 85℃，搅拌直至溶解均匀；

② 加入 B 相各组分，加热至 90℃，搅拌直至料体完全溶解；

③ 将溶解均匀的料体与 C 相中的颜料在三辊研磨机上研磨均匀细致；

④ 将研磨细致均匀的料体加热至 90℃溶解均匀，加入 C 相中的珠光剂搅拌均匀；

⑤ 将料体降温至 85℃，加入 D 相，搅拌并真空脱泡 2～3min；

⑥ 85～90℃灌入模具成型。

唇膏的制备主要是将着色剂分布于油中或全部的脂蜡基中，成为细腻均匀的混合体系。将溴酸红溶解或分布于蓖麻油中或配方中的其他溶剂中。将蜡类放在一起熔化，温度控制在比最高熔点的原料略高一些。将软脂及液体油熔化后，加入其他颜料，经研磨机（如胶体磨）磨成均匀的混合体系。然后将上述三种体系混合再研磨一次，当温度下降至约高于混合物的熔点 5～10℃时，即进行浇注，并快速冷却。香精在混合物完全熔化时加入。

在唇膏制备过程中，颜料容易在基质中出现聚集结团现象，较难分布均匀。为此，通常先将颜料以低黏度的油浸透，然后再加入较稠厚的油脂进行混合，并通常在油脂处于较好的流动状态下（约高于脂、蜡基的熔点20℃）趁热进行研磨，以防止在研磨之前的颜料沉淀。此时研磨的作用并非是使颜料颗粒加细，而主要是使粉体分散。

膏料中如混有空气，则在制品中会有小孔。在浇注前通常需加热并缓慢搅拌以使空气泡浮于表面除去或采取真空脱气方法，排出空气。

2. 唇彩/唇油/唇蜜

唇彩配方见表12-10（1），唇油配方见表12-10（2），唇蜜配方见表12-10（3）。

表12-10（1）　唇彩配方

组相	原料名称	质量分数/%	组相	原料名称	质量分数/%
A相	气相二氧化硅	3.5	B相	珠光颜料	2.0
	白油	69.5		色浆	1.0
	TDTM	10.0	C相	抗氧剂	适量
	辛基十二醇	10.0		香精	适量
	油相增稠剂	4.0		防腐剂	适量

制备工艺：

① 将A相料体加热至60℃，搅拌均匀后均质2～3min；

② 加入B相，均质1～2min；

③ 加入C相，搅拌均匀。

表12-10（2）　唇油配方

组相	原料名称	质量分数/%	组相	原料名称	质量分数/%
A相	白油	10.5	B相	蜂蜡	3.0
	TDTM	21.0		地蜡	3.0
	辛基十二醇	15.5	C相	二氧化钛	2.0
	油相增稠剂	2.0		色浆	5.0
	植物羊毛脂	15.0	D相	香精	适量
	棕榈酸异辛酯	21.0		防腐剂	适量
	可可脂	2.0			

制备工艺：

① 将A相中各组分料体置于主容器，加热至70℃，搅拌均匀后均质2～3min；

② 加入B相中各组分，加热至80℃，搅拌至料体完全熔化透明；

③ 加入C相中各组分，均质1～2min，并搅拌均匀；

④ 降温至60℃，加入D相中各组分，搅拌均匀。

表 12-10（3） 唇蜜配方

组相	原料名称	质量分数/%	组相	原料名称	质量分数/%
A 相	气相二氧化硅	7.0	B 相	蜂蜡	1.0
	白油	20.0		地蜡	1.0
	TDTM	20.0	C 相	二氧化钛	0.2
	辛基十二醇	5.0		色浆	0.2
	植物羊毛脂	22.6	D 相	抗氧剂	适量
	棕榈酸异辛酯	20.0		香精	适量
	可可脂	3.0		防腐剂	适量

制备工艺：

① 将 A 相中各组分料体置于主容器，加热至 70℃，搅拌均匀后均质 2～3min；

② 加入 B 相中各组分，加热至 80℃，搅拌至料体完全熔化透明；

③ 加入 C 相中各组分，均质 1～2min，并搅拌均匀；

④ 降温至 60℃，加入 D 相中各组分，搅拌均匀。

唇彩/唇油/唇蜜的制备主要是将着色剂分散于油相中，形成细腻均匀的混合体系，由于需要形成一定黏稠度，所以通常需要加入蜡基以及油相增稠剂来对体系进行增稠，在制备过程中先将蜡类和油相增稠剂升高到一定温度熔化至完全透明并搅拌均匀，将温度适当冷却之后加入色浆以及珠光进行研磨，直至研磨为均一稳定料体，最后进行真空脱泡即可。通常唇彩中色浆含量较少，并会添加微珠光来增加唇部的光泽度；唇油中色浆含量较高，着色度为最佳；唇蜜通常主要起到润唇保湿作用，涂抹于唇部基本无色，与润唇膏作用相似，但比润唇膏更为滋润。

3. 唇釉

唇釉的配方示例见表 12-11（1）～表 12-11（3）。

表 12-11（1） 唇釉配方（1）

组相	原料名称	质量分数/%	组相	原料名称	质量分数/%
A 相	PEG-10 聚二甲基硅氧烷	3.0	A 相	防腐剂	适量
	苯基异丙基聚二甲基硅氧烷	20.0	B 相	去离子水	10.0
	辛基十二醇	20.0		EDTA-2Na	0.2
	澳洲坚果油	8.0		1,3-丁二醇	1.5
	植物羊毛脂	15.0		防腐剂	适量
	聚异丁烯	6.0	C 相	珠光颜料	0.5
	橄榄油	3.0		色浆	7.0
	棕榈酸异辛酯	6.0	D 相	抗氧剂	适量
	膨润土	0.3		香精	适量
	二氧化硅	0.8			

表 12-11（2） 唇釉配方（2）

组相	原料名称	质量分数/%	组相	原料名称	质量分数/%
A 相	PEG-10 聚二甲基硅氧烷	3.0	A 相	防腐剂	适量
	苯基异丙基聚二甲基硅氧烷	15.0	B 相	去离子水	6.5
	辛基十二醇	13.0		1,3-丁二醇	1.0
	澳洲坚果油	3.0		EDTA-2Na	0.2
	植物羊毛脂	30.0		防腐剂	适量
	聚异丁烯	12.0	C 相	珠光颜料	0.5
	橄榄油	3.0		色浆	10.0
	棕榈酸异辛酯	2.0	D 相	抗氧剂	适量
	气相二氧化硅	2.0		香精	适量

表 12-11（3） 唇釉配方（3）

组相	原料名称	质量分数/%	组相	原料名称	质量分数/%
A 相	PEG-10 聚二甲基硅氧烷	3.0	A 相	二氧化硅	1.0
	苯基异丙基聚二甲基硅氧烷	20.0	B 相	去离子水	12.0
	辛基十二醇	5.0		EDTA-2Na	0.2
	植物羊毛脂	18.0		1,3-丁二醇	2.0
	聚异丁烯	4.0		防腐剂	适量
	橄榄油	1.0	C 相	珠光颜料	0.5
	棕榈酸异辛酯	26.9		色浆	8.0
	膨润土	0.6	D 相	抗氧剂	适量
	防腐剂	适量		香精	适量

上述 3 个配方的制备工艺均为：

① 将 A 相中各组分料体置于主容器，加热至 70℃，并均质 2～3min；

② 将 B 相中各组分加热至 70℃，并搅拌均匀；

③ 将 B 相缓慢加入至 A 相中，并均质 2～3min；

④ 加入 C 相中各组分并均质 1～2min；

⑤ 降温至 60℃，加入 D 相中各组分搅拌均匀。

唇釉的制备过程需遵循 W/O 体系，先将油相、悬浮增稠剂、油包水乳化剂混合均匀，进行均质，然后将水相缓慢加入其中，搅拌乳化均匀，直至形成均一稳定的料体，最后加入色浆以及珠光颜料进行着色并进行真空脱泡。由于唇釉需要较高的色彩饱和度，因此通常体系中色浆含量不会低于 5%，并且体系中加入水相，相较于纯油体系更容易滋生微生物，因此在防腐剂的选择以及用量上需更加谨慎。

第四节 笔类产品

一、产品性能结构特点和分类

笔类化妆品（眉笔、眼线笔、唇线笔、指甲笔）用于勾画和强调眉毛、眼部或唇等的轮廓，例如眼线笔可用于眼部修饰，加强眼部轮廓以及衬托睫毛和眼影的效果；白色指甲笔含有白色颜料，如二氧化钛、氧化锌和高岭土，可增强指甲边缘表面天然白颜色。笔类化妆品颜料含量比眼影或唇膏高。笔类化妆品的笔芯配方与一些棒型化妆品（例如唇膏）相似。笔的成型、精加工和包装与一般彩色铅笔相似，因此笔类化妆品几乎完全地由一些知名品牌的铅笔生产商生产。

笔类化妆品于 20 世纪 30 年代在德国兴起。在第二次世界大战时中断，直至 20 世纪 60 年代后期重新兴起。其销售量稳步增长，但它在化妆品市场的份额仍然较小。

二、产品配方结构

笔类化妆品组成与其他彩妆类化妆品（例如眼影或唇膏）相似，是将粉末分散在各种各样的基础料体中，基础料体由油脂和蜡类复配，一般笔类化妆品的蜡含量为 15%～30%，油脂含量为 50%～80%，粉末含量为 5%～30%。蜡类的添加作为液体油的固化剂、光泽剂、触变剂，用于改善笔类产品的使用感，无定形日本蜡低熔点的馏分与颜料形成一种化妆品笔合适的基质，它是较稳定的基质原料。

三、设计原理

笔类化妆品作为局部修饰彩妆，具有一定的效果要求，能勾画和强调局部轮廓。唇线笔勾画唇部轮廓，显示出唇形，增加反差和立体感；眼线笔沿着睫毛生长的轮廓画线，强调眼睛的轮廓，使眼睛的形状看起来有魅力，赋予感情化；眉笔用于修饰眉毛的形状，使得眼睛看起来清晰，通过描眉的形状使脸的表情发生变化，眉笔是笔类彩妆产品中使用频率最高的一种产品。根据笔类化妆品的性能特点，其必须满足以下几点要求：

① 由于在眼睛以及唇部使用，安全性要好，无微生物污染、无毒性和绝对无刺激作用；

② 使用感柔软，可均匀地附着于皮肤上；

③ 可描绘出鲜明的线条；

④ 具有优异的耐水、耐皮脂性，保持妆效持久性；

⑤ 稳定性好，不发汗、不出粉，不易折断和散乱；

⑥ 适当的干燥速度；

⑦ 适当的硬度，质地稳定，有较长的货架寿命。

四、原料选择

笔类化妆品的主要成分是油脂、蜡类和颜料，常用的原料类型如下。

1. 润滑剂

笔类化妆品中常用的润滑剂：蓖麻油、酯类、羊毛脂/羊毛油、油醇（辛基十二醇）、苯基聚三甲基硅氧烷、烷基聚二甲基硅氧烷、白池花籽油、霍霍巴油、三甘油酯类。

2. 蜡类

笔类化妆品中常用的蜡类：小烛树蜡、巴西棕榈树蜡、蜂蜡及其衍生物、微晶蜡、地蜡/纯地蜡、烷基聚硅氧烷、蓖麻蜡、羊毛蜡、石蜡、合成蜡。

3. 增塑剂

笔类化妆品中常用的增塑剂：鲸蜡醇乙酸酯、乙酰化羊毛脂、油醇、乙酰化羊毛脂醇、矿脂。

4. 着色剂

笔类化妆品中常用的着色剂：CI 15850 和 Ba 色淀、CI 15850∶1 和 Ca 色淀、CI 45380∶2 和 Al 色淀（染色剂）、45410∶1 和 Al 色淀（染色剂）、CI 17200 和 Al 色淀、CI 773360、CI 12085、CI 45350∶1、CI 15985 和 Al 色淀、CI 42090 和 Al 色淀、氧化铁、二氧化钛、氧化锌、CI 77007、CI 77742。

5. 珠光剂

笔类化妆品中常用的珠光剂：二氧化钛、云母。

6. 活性物

笔类化妆品中常用的活性物：生育酚乙酸酯、透明质酸钠、芦荟提取物、抗坏血酸棕榈酸酯、硅烷醇、神经酰胺、泛醇、氨基酸、β-胡萝卜素。

7. 填充剂

笔类化妆品中常用的填充剂：高岭土、云母、硅石、锦纶、PMMA、聚四氟乙烯、氮化硼、氯氧化铋、淀粉、月桂酸赖氨酸、组合粉体、丙烯酸酯聚合物。

8. 防腐剂及抗氧化剂

笔类化妆品中常用的防腐剂及抗氧化剂：羟苯甲酯、羟苯丙酯、迷迭香油、BHA、BHT、生育酚。

在笔类化妆品中粉和油脂均匀地分散在蜡中，蜡和其他油类组分形成均匀的载体，起着成型剂的作用。蜡性质（如熔点范围、结晶状态等）对笔类质地、耐热性能、使用时的肤感、产品的稳定性有很大的影响。一些常用蜡类熔点范围见表 12-12。

表 12-12 一些蜡类熔点范围

蜡类型	熔点范围/℃	蜡类型	熔点范围/℃
蜂蜡	62.5～65	日本蜡	50～56
小烛树蜡	75.5～77.5	微晶蜡	77～105
巴西棕榈树蜡	83～91	褐煤蜡	74～85
蓖麻蜡	86	地蜡	58～100
纯地蜡	54～77	石蜡	53～59
鲸蜡	41～49		

小烛树蜡售价比巴西棕榈蜡贵，但它可提供较高的光泽、刚性和硬度，凝固后不会像巴西棕榈蜡那样产生颗粒性小结晶。然而，小烛树蜡的熔点比巴西棕榈蜡低，必须加大用量。这类天然蜡在北美洲使用较广泛。

巴西棕榈蜡主要用于提供刚性和硬度，还可增加笔类化妆品的耐久性和光泽。它典型地用于与无定形蜡类（如地蜡和微晶蜡）复配使用，提高配方的熔点和高温稳定性。

真正的加利西亚（西班牙）地蜡是白色至灰白色固体，熔点 76～80℃。它典型地用于与其他蜡类复配，提高唇膏的熔点。地蜡不与石油基的蜡类配伍。

纯地蜡是一种中等硬度的蜡类。它是一种地蜡或微晶蜡与石蜡的混合物。取决于唇膏所期望的熔点，它很像蜂蜡，冷却时收缩。

合成蜡是来自高分子量石油分馏物的一组蜡类。它的硬度和熔点随分子量改变。它们包括微晶蜡、纯地蜡和其他复配石蜡。所有这些蜡主要用于提高产品熔点，对产品的结晶结构影响不大。

五、配方示例与工艺

笔类化妆品的配方示例见表 12-13（1）～表 12-13（6）。

表 12-13（1）　唇线笔（传统木笔类）

原料名称	质量分数/%	原料名称	质量分数/%
小烛树蜡	52.00	氢化可可脂	7.75
巴西棕榈蜡	10.00	二异硬脂醇苹果酸酯	3.20
鲸蜡醇棕榈酸酯	3.00	司拉氯铵膨润土	2.00
季戊四醇四异硬脂酸酯	12.00	防腐剂（如果需要）	适量
硬脂酸钙	7.00	颜料	适量

表 12-13（2）　眼线笔（自动笔类）

原料名称	质量分数/%	原料名称	质量分数/%
聚乙烯蜡（高熔点）	48	蓖麻籽油	5
野漆果蜡	8	二异硬脂醇苹果酸酯	2
肉豆蔻醇肉豆蔻酸酯	2	司拉氯铵膨润土	3
高岭土	6	防腐剂（如果需要）	适量
硬脂酸钙	12	颜料	适量

表 12-13（3）　液体眼影笔（刷类笔头）

原料名称	质量分数/%	原料名称	质量分数/%
异十二烷/季铵盐-18 水辉石/碳酸丙二醇酯	20	矿脂	4
异十二烷	40	乙酰化羊毛脂	4
蜂蜡	3	防腐剂（如果需要）	适量
地蜡	7	颜料	适量
棕榈酸异丙酯	10		

表 12-13（4） 眼-唇-体用液体彩笔（刷类笔头）

原料名称	质量分数/%	原料名称	质量分数/%
矿油及丁烯/乙烯/苯乙烯共聚物混合物	60	聚甲基丙烯酸甲酯	10
蓖麻油	10	防腐剂（如果需要）	适量
珠光粉及颜料	10	日用香精	适量

表 12-13（5） 耐久性眼影笔（传统木笔类）

原料名称	质量分数/%	原料名称	质量分数/%
聚乙烯蜡（高熔点）	11	三甲基硅氧基硅酸酯（成膜剂）	9
肉豆蔻醇肉豆蔻酸酯	5	锦纶-12	5
微晶蜡	3	异十二烷	42
聚乙烯吡咯烷酮（成膜剂）	10	颜料	15
巴西棕榈蜡	4		

表 12-13（6） 硬质眉笔（传统木笔类）

原料名称	质量分数/%	原料名称	质量分数/%
野漆果蜡	55	氢化植物油	15
聚乙烯蜡（高熔点）	10	CI 77499（黑色氧化铁）	20

笔类化妆品制造与其他含颜料蜡基产品没有本质的差别。例如，挤压型笔类化妆品配方实际上颜料含量比一般彩妆产品高。由于笔类化妆品配方没有足够的油类来润湿颜料，所以无法进行研磨。因而，需要在各组分熔化和混合后，再将全部混合物进行磨制。

由于挤压的物料固含量高，即使在高温也十分稠厚。因而，混炼应在装有高剪切混合器的捏炼机或罐内完成。辊式研磨机以及球磨机亦广泛用于研磨在液态基质中的颜料。

第五节 睫毛护理产品

一、产品性能结构特点和分类

睫毛护理产品主要的作用是使睫毛着色，使之具有变长和变粗的感觉，以增强眼睛的魅力。目前市面上睫毛护理产品主要包括睫毛膏和睫毛液等，是带小毛刷和小细棒内藏式自动容器，内部装有膏状或液状的制品。

在欧美国家，睫毛膏或睫毛液一般分成两类：防水型和耐水型。防水型主要是蜡基，颜料分散于含挥发性支链碳氢化合物、挥发性聚二甲基硅氧烷等的体系，在卸妆时需要使用含油的卸妆产品。耐水型主要是以硬脂酸或油酸三乙醇胺、皂基为基质的体系。这类配方耐水性好，涂在睫毛上感觉柔软，易于卸妆，引起对眼睛刺激作用的可能性少，用水洗，或使用香皂可卸妆。近年，现代无水凝胶型配方明显地取代防水乳液配方，此即提供第三类配方：防水-可洗睫毛膏（waterproof-washable mascara），或热敏睫毛膏（thermosensitive mascara）。这类配方优于改良耐水睫毛膏，又与防水睫毛膏不同，用水可除去，如果需要可用香皂清洗，但不需用含油卸妆产品卸妆。这类配方使用温水可溶的成膜剂，为配方师开发可清洗性的（由不防水至防水一系列的）睫毛产品提供机会。

为了预防沾污，除防水和防油成膜剂外，配方应含有丙烯酸酯共聚物、丙烯酸铵共聚物、丙烯酸酯/辛基丙烯酰胺共聚物、聚氨酯、聚乙烯醇、PVP/十六碳烯共聚物、PVP/二十碳烯共聚物等的复配物。

除使用典型天然蜡类（如小烛树蜡、巴西棕榈蜡和蜂蜡）外，也使用合成蜂蜡、聚二甲基硅氧烷共聚醇蜂蜡。在美国市场的一些配方中，仍然常使用微晶蜡和石蜡，用硬脂酸三乙醇胺作乳化剂。

二、产品配方结构

睫毛膏是通过将具有黏性的睫毛膏液体用刷子涂抹于睫毛上，使睫毛看上去浓密、纤长、卷曲等，同时使睫毛的形状看起来整齐漂亮。睫毛护理产品剂型包括：O/W 乳液、W/O 乳液、全油凝胶型。各种剂型组成和使用的原料有差别，见表 12-14（1）～表 12-14（3）。

表 12-14（1） O/W 乳化型睫毛油组成和使用的原料

组相	结构组分	代表性原料	主要功能
水相	精制水	去离子水	溶剂
	悬浮剂	羟乙基纤维素、甲基纤维素	增稠及悬浮作用
	成膜剂	聚乙烯吡咯烷酮、聚丙烯酸酯乳液、聚乙酸乙烯酯、聚氨酯	成膜及防水作用
	保湿剂	甘油、丁二醇	防睫毛膏干结
	颜料	氧化铁黑、炭黑	着色剂
	亲水性乳化剂	硬脂酸（遇碱后成皂）、PEG-40 硬脂酸酯、硬脂醇聚醚-20	乳化剂
	防腐剂	羟苯甲酯、咪唑烷基脲	防腐剂
	挥发性溶剂	乙醇	促干剂
油相	高熔点蜡类和脂肪醇	巴西棕榈树蜡、地蜡、蜂蜡、小烛树蜡、鲸蜡醇、羊毛脂醇、松香酯	睫毛增粗效果
	亲油性乳化剂	硬脂醇聚醚-2、山梨坦倍半油酸酯	辅助乳化剂
	增塑剂	羊毛脂以及其衍生物、丁二醇	成膜增塑剂
	酯类、矿油类溶剂	辛酸/癸酸甘油三酯、矿油	溶剂
	防腐剂	羟苯丙酯	防腐剂

表 12-14（2） W/O 乳化型睫毛油组成和使用的原料

组相	结构组分	代表性原料	主要功能
油相	高熔点蜡类	巴西棕榈树蜡、地蜡、蜂蜡、小烛树蜡、鲸蜡醇、羊毛脂醇、松香酯	睫毛增粗效果
	悬浮剂	司拉氯铵膨润土、季铵盐-18 水辉石	增稠及悬浮剂
	树脂	硅类树脂、聚萜烯类树脂、合成树脂、松香脂、丙烯酸类树脂	成膜剂
	油包水乳化剂	低 HLB 值表面活性剂（如山梨坦倍半油酸酯、鲸蜡基 PEG/PPG-10/1 聚二甲基硅氧烷）	乳化剂
	颜料	氧化铁黑、炭黑	着色剂
	防腐剂	羟苯丙酯	防腐剂
	挥发性溶剂	聚二甲基硅氧烷异十二烷（$0.65mm^2/s$）	促干剂及溶剂
水相	悬浮剂	羟乙基纤维素、甲基纤维素、硅酸铝镁	增稠及悬浮作用
	防腐剂	羟苯甲酯、咪唑烷基脲	
	保湿剂	甘油、丁二醇	防睫毛膏干结

表 12-14（3） 全油凝胶型睫毛膏组成和使用的原料

结构组分	代表性原料	主要功能
挥发性溶剂	聚二甲基硅氧烷（$0.65mm^2/s$）、异十二烷	促干剂及溶剂
树脂	硅类树脂、聚萜烯类树脂、合成树脂、松香脂、丙烯酸类树脂	成膜剂
高熔点蜡类	小烛树蜡、巴西棕榈树蜡、微晶蜡、地蜡、合成蜡、聚乙烯、白蜡	睫毛增粗效果
润湿剂	低 HLB 值表面活性剂，如山梨坦倍半油酸酯	色粉分散作用
颜料	氧化铁黑、炭黑	着色剂
悬浮剂	司拉氯铵膨润土、季铵盐-18 水辉石	增稠及悬浮剂
防腐剂	羟苯丙酯	防腐剂
功能填充剂	球形颗粒（PMMA、硅石、锦纶）、氮化硼、淀粉、聚四氟乙烯、锦纶纤维	睫毛增粗效果
增塑剂	羊毛脂以及其衍生物、丁二醇	成膜增塑剂

三、设计原理

各民族睫毛长短、粗细、疏密程度、向上生长或向下生长等条件各有不同。欧美人多数为细长的睫毛，紧密向上生长，油性类型睫毛制品很畅销。东方人的睫毛短粗，稀少，向下生长，不很整齐，比较喜欢薄膜型和含有成膜剂类型的睫毛制品。有时，为了使睫毛看上去很长，配方中添加质量分数为3%～4%的天然或合成纤维的制品。然而，作为睫毛制品必须具备如下性质：

① 由于睫毛护理产品是在眼睛的边缘上使用，所以要无刺激性和无微生物污染；

② 刷染时附着均匀，不会引起睫毛粘连和结块，也不会渗开、流失和沾污，干燥后不会被汗液、泪水和雨水等冲散；

③ 适当的干燥速度，使用时不会干得太快，但应有时效性；

④ 有适度的光泽和挺硬度，干后又不感到脆硬，用后使睫毛显得变浓变长和有卷曲的效果，有一定持久性；

⑤ 使用方便，卸妆不麻烦；

⑥ 稳定性好，有较长的货架寿命，不会沉淀分离和酸败。

四、原料选择

睫毛护理产品由于剂型类别较多，用到的原料类型也比较多，主要包括以下几类。

1. 悬浮剂

睫毛油中常用的悬浮剂有：羟乙基纤维素、甲基纤维素、司拉氯铵膨润土、季铵盐-18 水辉石、硅酸铝镁，可起到增稠及悬浮作用。

2. 成膜剂

睫毛油中常用的成膜剂有：聚乙烯吡咯烷酮、聚丙烯酸酯乳液、聚乙酸乙烯酯、聚氨酯聚乙烯吡咯烷酮、阿拉伯胶。成膜剂可起到成膜及防水作用。

3. 树脂类

睫毛油中常用的树脂类物质有：硅类树脂、聚萜烯类树脂、合成树脂、松香脂、丙烯酸类树脂，可起到成膜剂的作用。

4. 颜料

睫毛油中常用的颜料有：氧化铁黑、炭黑。

5. 功能性填充剂

睫毛油中常用的功能性填充剂有：球形颗粒（PMMA、硅石、锦纶）、氮化硼、淀粉、聚四氟乙烯、锦纶纤维。功能性填充剂可达到睫毛增粗效果。

6. 乳化剂

睫毛油中常用的亲水性乳化剂有：硬脂酸（遇碱后成皂）、PEG-40 硬脂酸酯、硬脂醇聚醚-20。

睫毛油中常用的亲油性乳化剂有：硬脂醇聚醚-2、山梨坦倍半油酸酯、鲸蜡基 PEG/PPG-10/1 聚二甲基硅氧烷。

7. 溶剂

睫毛油中常用的挥发性溶剂有：乙醇、聚二甲基硅氧烷（$0.65mm^2/s$）、异十二烷。

睫毛油中常用的酯类、矿油类溶剂有：辛酸/癸酸甘油三酯、矿油。

8. 高熔点蜡类和脂肪醇

睫毛油中常用的高熔点蜡类有：小烛树蜡、巴西棕榈树蜡、微晶蜡、地蜡、合成蜡、聚乙烯、白蜡、蜂蜡。常用的脂肪醇有：鲸蜡醇、羊毛脂醇、松香酯。高熔点蜡类和脂肪醇在睫毛油中可达到睫毛增粗效果。

9. 增塑剂

睫毛油中常用的增塑剂有：羊毛脂及其衍生物、丁二醇。

10. 润湿剂

睫毛油中常用润湿剂为低 HLB 值表面活性剂，如山梨坦倍半油酸酯，可起到分散色粉的作用。

11. 保湿剂

睫毛油中常用的保湿剂有甘油、丁二醇，可起到防止睫毛膏干结的作用。

12. 防腐剂

睫毛油中常用的防腐剂有：羟苯甲酯、羟苯丙酯、咪唑烷基脲、苯汞的盐类、硫柳汞（0.007%）。

五、配方示例与工艺

睫毛护理产品配方实例见表 12-15（1）～表 12-15（4）。

表 12-15（1） 普通睫毛膏

组相	原料名称	质量分数/%	组相	原料名称	质量分数/%
A 相	精制水	加至 100	B 相	蜂蜡	0.10
	甘油	5.00		羊毛脂	0.50
	三乙醇胺	5.00		辛酸/癸酸甘油三酯	0.05
	氧化铁黑			PVP/二十碳烯共聚物	1.00
B 相	硬脂酸	0.30	C 相	防腐剂	适量

表 12-15（2） 防水睫毛膏

组相	原料名称	质量分数/%	组相	原料名称	质量分数/%
A 相	水	加至 100.00	B 相	聚乙烯蜡（高熔点）	2.70
	羟丙基甲基纤维素	0.20		松香	1.80
	三乙醇胺	适量（pH 调至 8.5）		有机硅树脂消泡剂	0.10
	泛醇	1.00		油橄榄果油	0.10
	氧化铁黑	10.00	C 相	防腐剂	适量
B 相	硬脂酸	5.50		丙烯酸（酯）类/丙烯酸乙基己酯/聚二甲基硅氧烷甲基丙烯酸酯共聚物	16.00
	巴西棕榈蜡	1.80		聚氨酯-35	5.00
	甘油硬脂酸酯	1.70			
	蜂蜡	4.50			

表 12-15（3） 含纤维的睫毛膏

组相	原料名称	质量分数/%	组相	原料名称	质量分数/%
A 相	硬脂酸	3.00	B 相	水	加至 100
	巴西棕榈树蜡	2.00		三乙醇胺	适量（pH 调至 8.5 左右）
	蜂蜡	4.00		1,3-丁二醇	5.00
	季戊四醇松脂酸酯	4.00		防腐剂	适量
	硬脂基聚二甲基硅氧烷	5.00		聚丙烯纤维（PP Fiber 5.6D-2MM）	1.50
	鲸蜡硬脂醇	1.00		锦纶纤维（6.3T-2MM）	1.50
	甘油硬脂酸酯	1.00		聚乙二醇-23M	0.10
	聚山梨醇酯-80	1.00	C 相	生育酚乙酸酯	0.10
	山梨坦倍半油酸酯	0.50		聚氨酯-35	10.00
	蔗糖脂肪酸酯	1.00		聚乙酸乙烯酯	20.00
	表面硅处理 CI 77499（表面亲油处理氧化铁黑）	9.00			

表 12-15（1）～表 12-15（3）配方的制备工艺：

① 将 A 相原料（除氧化铁黑外）加入到乳化锅中，搅拌均匀后加热到 85～88℃，然后把氧化铁黑加入，高速均质 30min，使氧化铁黑颜料分散；

② 将 B 相原料加入到油相锅中，搅拌均匀后加热到 85～88℃；

③ 将 B 相锅中原料加入到 A 相乳化锅，保持在 85～88℃，开启刮边器，高速均质 20min，然后抽真空降温，保持刮边；

④ 降温到 35℃，把 C 相原料加入后搅拌均匀，经过品控检验合格后灌装。

表 12-15（4） 全油型防水睫毛膏

原料名称	质量分数/%	组分	质量分数/%
异十二烷	加至 100	季铵盐-18 水辉石	8
C_{18}～C_{36} 酸三甘油酯	7	CI 77499（黑色氧化铁）	12
三十烷基 PVP	12	碳酸丙二醇酯	适量
聚乙烯蜡（高熔点）	15		

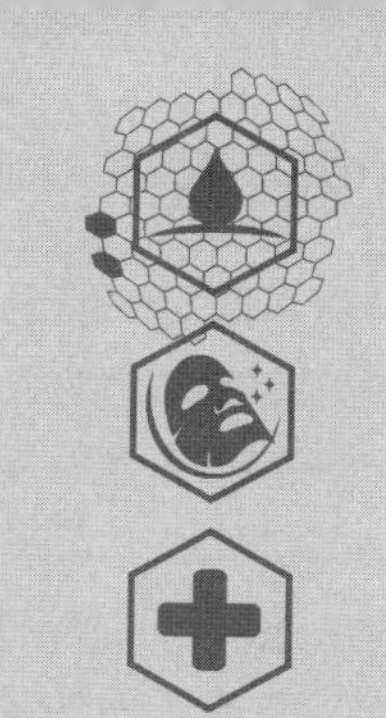

第十三章　有机溶剂类化妆品

13 Chapter

第一节　香水类化妆品

一、产品概述

香水类化妆品是指以香味为主，以赋香为主要目的的化妆品。它主要由香精、酒精和水组成。香水类化妆品具有浓郁持久的芳香香气，通过喷洒于衣襟、手帕及发饰处，散发出悦人的香气，是包含艺术元素最多的一类化妆品。

最早出现的含有酒精的香水类化妆品，可追溯到 1370 年，称为匈牙利水。香水类化妆品的发展史，大致可分为三个阶段：第一阶段是在有机化学合成化学出现之前，仅仅采用主要来自植物或动物的天然原料配制，可以是一种单一地取自某种植物的油或汁，也可以是多种天然香料混合体；第二阶段是在有机合成化学的诞生之后，合成香料也应运而生；第三阶段是随着煤焦油和石油化学工业的飞跃发展，及对天然香料成分分析技术的进步使香料的合成有了极大的突破，加上调香技术的进步也为香水类化妆品的制造带来了日新月异的变化。

香水类化妆品按产品香精的含量多少可大体上划分为香水、古龙水和花露水。

（1）香水　又称高级香水，以区别于一般泛指的香水类产品。这类产品香精含量占 15%～20%（质量分数），有的可高达 25%～30%（质量分数）。调配香水时，常用纯净的乙醇为介质，有时添加少量色素、抗氧化剂和紫外线吸收剂，使产品稳定。香水中使用的香精应为醇溶性且光稳定性好的高级香精，使产品香气幽雅、细致协调，既要有好的扩散性使香气四溢，又有一定留香能力，香气诱人，能引起人们喜爱，还要有一定的创新格调，且安全性高，不沾污衣物。

（2）古龙水　古龙水的香精含量占 3%～5%（质量分数），乙醇占 70%～80%（质量分数）。古龙水的介质是乙醇-水的体系，一些香精的水溶性较差，直接用于古龙水会造成不稳定或混浊，添加溶剂可增加香精的溶解度。古龙水使用的香精的档次较高级香水低，它的主要使用对象是男性。典型古龙水以柑橘、香柠檬、橙花、甜橙、梓檬、橙叶等香型为主，可添加薰衣草、迷迭香、岩兰草香，也可用素心兰型加辛香和木香组成。

古龙水英文名为 Cologne，是 1680 年在德国 Cologne 首先由意大利人生产的，1756—1763 年德法战争期间，法国士兵将其带回法国，起名为 Eau de Cologne（古龙水），一直沿用至今。通常喷洒于手帕、床巾、毛巾、浴室、理发室等处，散发出令人清新愉快的香气。

（3）花露水　花露水和香水一样，最多的成分都是酒精。花露水用 3%左右的香精、70%左右的酒精、25%的水配制而成。花露水所用的香精略差，含量也较少，一般为 1%～3% ，所以香气不如其他酒精溶液香水持久。花露水的主要功效在于杀菌、防痱、止痒、防蚊，同时，也是祛除汗臭的一种良好的卫生用品。

由于花露水是非常有中国特色的香水类产品，故在本章第二节做专节介绍，本节主要介绍香水和古龙水的配方科学和工艺技术。

二、产品配方结构

香水类化妆品主要由香精、酒精和水组成。有的产品为了延长留香时间或增溶，还在其中添加了一些酯类物质。香精作为香水类化妆品的核心部分，其主要成分最初是从植物体里得到的，差不多有 500～600 种植物可以供调香师从中提炼精油，直到 19 世纪晚期，调香师才从动物体内提炼到极少量的更浓郁更持久留香的动物性香精。但无论植物性香精还是动物性香精，香型种类虽多，却还是不能与合成香精的数量相提并论。香水中还经常添加一些其他的化学成分，比如：加入 1%左右的酯类物质（如肉豆蔻酸异丙酯、异构脂肪醇苯甲酸酯）使其留香持久；加入 0.005%左右的乙二胺四乙酸钠、柠檬酸、柠檬酸钠、葡萄糖酸等，使水质软化；加入二叔丁基对甲酚防止产品氧化变色等。香水的配方组成见表 13-1。

表 13-1　香水的主要配方组成

组分	代表性原料	主要功能
香精	薰衣草油、迷迭香油、苦橙花油、玫瑰油、玫瑰净油、茉莉净油、灵猫香膏等	赋香
酒精	乙醇	增溶香精
水	去离子水	
酯类	肉豆蔻酸异丙酯	留香持久
色素		赋色
螯合剂	乙二胺四乙酸钠	水质软化
抗氧剂	二叔丁基对甲酚	防止氧化

三、设计原理

在香水香精的调配中一般普遍采用头香、体香和尾香来划分和组合香精。头香是对香精嗅辨中最初片刻时的香气印象，也就是人们首先能嗅感到的香气特征，体香应在头香之后立即被嗅感到的香气，而且能在相当长的时间中保持稳定和一致，体香是香精香气的主要组成部分，尾香是香精的头香与体香挥发后留下的最后的香气。头香一般是由香气挥发性最强的和扩散力较好的香料所形成，体香由具有中等挥发性和中等持久性能的香料形成，尾香是由挥发性低、香气滞留性能较好的香料或某些定香剂所形成。

在一般香水中香精的配方中头香香料用量大约占15%～35%，体香香料用量大约占40%～75%，尾香香料用量大约占5%～25%。

香水的关键技术在于香精的调配，应用于香水的香精类型主要包括：

（1）花香型　花香型是以自然界花卉的芳香作为模拟对象的香型。它有易于分辨的单一品种鲜花香气的单花花香型，如玫瑰香型、茉莉香型、晚香玉香型、铃兰香型、玉兰香型、紫丁香香型、水仙香型、葵花香型、橙花香型、栀子香型、风信子香型、金合欢香型、薰衣草香型、刺槐花香型、香石竹（康乃馨）香型、桂花香型、紫罗兰香型、菊花香型、依兰香型、草兰香型等；还有用幻想的香气调入到花香型香精的品种以及由多种花香复合起来的百花花香型。花香型是日用香精最基本的香型。花香香气是多种花香香型调和的最重要的韵调（香韵）。香精调配中常见的花香有玫瑰花香、铃兰花香、茉莉花香、紫丁香花香、风信子花香、香石竹（康乃馨）花香、栀子花香、紫罗兰花香、水仙花香和晚香玉花香等。

（2）醛香型　醛香型是一种传统的香型，其典型的香气特征是：以微量存在于天然物质中，本身气息很尖刺。以醛香来协调花香香气能产生奇特的香型，甚至有意想不到的调香效果。醛香也能调和香柠檬油、甜橙油、橙橘油、白柠檬油等轻型的新鲜精油，取得独特的韵调。

（3）清香型　清香型属于较新颖的流行香型，其以清爽新鲜的树叶或刚被折断的树枝的清香为特征。这类香型能使人联想起森林和草原特有的清新气息。常采用苯乙醛、格蓬油、顺-3-己烯醇及其酯类、紫罗兰叶净油、庚炔羧酸甲酯、辛炔羧酸甲酯、壬二烯醛等清香香料。

（4）素心兰香型　素心兰香型是重要且富有特色的幻想香气的香型，由温和持久的苔香香气调和玫瑰、茉莉花香，又以木香、动物香、柑橘香等成分来协调。这一香型留香持久，加香应用面广。还有以橡苔、灵猫香、玫瑰、茉莉、龙涎香、香柠檬、甜橙和酮麝香为素心兰基体，调入果香、格蓬清香、醛香或皮革香韵，调制出各种新颖、奇美的素心兰香型的日用香精。

（5）东方型　东方型是起源于阿拉伯半岛的一种香气浓重甜美的香型。东方型香精由苔香、木香、辛香结合香荚兰和膏香的甜味，调入琥珀、灵猫香和麝香韵调的香料，再配上玫瑰、茉莉的花香而组成，带有香粉样的甜韵香气。此外，还有以贵重的木香为主体，突出花香的优美香气，再用清香来修饰的半东方香型，如著名的鸦片香水即属于这种香型。

（6）烟香-皮革香型　烟香-皮革香型以温和的似皮革、烟草香气的香料来形成香精整体的特征香气，常用香料有异丁基喹啉、海狸香膏、桦焦油等。此香型多用于男性用加香产品。

（7）馥奇香型　馥奇香型是非花香香气的经典香型。带有明显的黑香豆和苔香香气，且伴有青翠的草木香韵。馥奇香型香精配方中通常大量使用薰衣草油、香豆素等香料，致使其整体气息常能表现出田野风格和木香特色。

（8）果香香型　果香香型是模仿天然果实的香气调配而成的，在日用香精中使用的果香有橘子、香蕉、苹果、覆盆子、黑醋栗、桃子等，还有流行的热带水果如芒果、番石榴、西番莲等。果香如果要更加详细地加以区分，则大概可分为：果园类果香（如橘子、香蕉、苹果，草莓、梨、桃子、杏子、李子等）、瓜类果香（如西瓜、黄瓜、蜜瓜等）、浆果和坚果类果香（如覆盆子、黑醋栗、榛子等）、外来果香（如芒果、菠萝、番石榴、西番莲等）。该香型多用于洗涤用品中。

香水在产品开发过程中，包含了很多艺术的元素，从香型的设计到包装的设计，无不包含了丰富的艺术色彩。香水不仅仅是一种带着芳香的液体，而是承载着调香师的灵感，承载着故事和美的物品。当使用者闻到某些香气，就能想到一个人、一片风景或是一段时光，那种独特的、美的感受，是许多其他介质都无法给予的。

四、相关理论

有机溶剂的增溶作用主要通过相似相溶原理达到。相似相溶原理则是指由于极性分子间的电性作用，使得极性分子组成的溶质易溶于极性分子组成的溶剂，难溶于非极性分子组成的溶剂；非极性分子组成的溶质易溶于非极性分子组成的溶剂，难溶于极性分子组成的溶剂。

极性更为相似的两物质互溶性更大，因此在配制香水的过程中，需要与香精极性更为相似的酒精作为主要溶剂，同时根据不同香水类化妆品中香精质量分数的不同，配以不同浓度的酒精，以达到增溶香精、使香水体系保持澄清不浑浊的作用。

五、原料选择

1. 香精

香精又称调和香料，是一种由两种以上乃至几十种或近百种香料（天然香料和人造香料）通过一定的调香技术配制成的，具有一定香型、香韵的有香混合物。香精含有挥发性不同的香气组分，构成其香型和香韵等差别。

香料是一种能被嗅感嗅出香气或味感尝出香味的物质。它可能是一种“单一体”，也可能是一种“混合物”。香料按原料或制法可分为天然香料和合成香料。天然香料是指那些含有香成分的动物或植物的某些生理器官（如香腺、香囊、花、叶、枝、干、皮、根、果、籽等）和分泌物，以及从这些组织中或分泌物中经过加工提取出来的含有发香成分的物质。作为工业产品的天然香料主要是指这类提取物，这类提取物的剂型包括：精油、净油、酊剂、浸膏、香树脂、单离体和粉末。这类产品的成分组成十分复杂，它是一种多组分天然混合物。天然香料约 1500 种，常用的约 200 种。动物香料仅有麝香、灵猫香、龙涎香、海狸香、麝鼠香等数种。天然香料主要是植物性香料。天然香料来源很广，香气清新自然，品种繁多，是配制香精主要的原料。由于天然香料是多种挥发性的有香物质和不易挥发物质的混合物，其中的香气成分多数随时间变化较大，这会造成整体香气的不稳定性。而且，植物性的天然香料由于植物原料产地的气候、土质和环境的差异，收获季节不同，采香部位不同，其香气和收率也不同，最终产品香气的质量也不同。

广义的合成香料也称为单体香料，分为单离体香料和合成香料。单离体香料是从成分复杂的天然复体香料分离出来的某些香成分（如从香茅油中分离出来的香味醇、香茅醛），其工业使用价值较高。狭义的合成香料系指以石油化工产品、煤焦油、萜类等廉价原料，通过各种化学反应而合成的香料。目前，全世界合成香料已发展到6000种以上，通常调香中使用的也有500～600种。

香水类所用香精的香型是多种多样的，有单花香型、多花香型、非花香型等。应用于香水的香精，当加入到介质中制成产品后，从香气性质上说，总的要求应是：香气幽雅，细致而协调，既要有好的扩散性使香气四溢，又要在肌肤上或织物上有一定的留香能力，香气要对人有吸引力，香感华丽，格调新颖，富有感情，能引起人们的好感与喜爱。

香水类化妆品中香精的质量分数虽较小，在成本价值上却占有较高的比例。一般香水中香精的比例为15%～25%，古龙水中香精的比例一般为3%～8%。

2. 酒精

酒精又名乙醇。纯粹的酒精为无色透明液体，易燃、易挥发，具有酒的香味。它的蒸气极易着火，与空气混合能形成爆炸混合物，爆炸极限3.5%～18%（体积分数）。酒精燃烧时，发出不易看清的淡蓝色无烟火焰，势力甚强。与氧化剂浓硝酸等接触能引起自燃。对皮肤有刺激性，灭菌性能良好，75%浓度的酒精，由于其对细菌的细胞渗透最为有利，灭菌能力最强。

酒精能与水、乙醚、氯仿、甘油等任意混合，能溶解多种有机化合物和许多无机化合物，与稀的酸类、碱类、盐类无反应。

酒精是配制香水类制品的主要原料之一。所用酒精的浓度根据产品中香精用量的多少而不同。香水内香精含量较高，酒精的浓度就需要高一些，否则香精不易溶解，溶液就会产生浑浊现象，通常酒精的浓度为95%。古龙水和花露水内香精的含量较香水低一些，因此酒精的浓度亦可低一些。古龙水的酒精浓度为75%～90%，如果香精用量为2%～5%，则酒精浓度可为75%～80%。

由于香水类制品中大量使用酒精，因此，酒精质量的好坏对产品质量的影响很大。用于香水类制品的酒精应不含低沸点的乙醛、丙醛及较高沸点的戊醇、杂醇油等杂质。酒精的质量与生产酒精的原料有关：用葡萄为原料发酵制得的酒精，质量最好，无杂味，但成本高，适用于制造高档香水；采用甜菜糖和谷物等经发酵制得的酒精，适合于制造中高档香水；而用山芋、土豆等经过发酵制得的酒精中含有一定量的杂醇油，气味不及前两种酒精，不能直接使用，必须经过加工精制才能使用。

香水用酒精的处理方法是：在酒精中加入1%的氢氧化钠，煮沸回流数小时后，再经过一次或多次分馏，收集其气味较纯正的部分，用于配制中低档香水。如要配制高级香水，除对酒精进行上述处理外，往往还在酒精内预先加入少量香料，经过较长时间（一般应放在地下室里陈化一个月左右）的陈化后再进行配制效果更好。所用香料有秘鲁香脂、吐鲁香脂和安息香树脂等，加入量为 0.1%左右；赖百当浸膏、橡苔浸膏、鸢尾草净油、防风根油等加入量为 0.05%左右。最高级的香水是采用加入天然动物香料，经陈化处理而得的酒精来配制。

3. 去离子水

不同产品的含水量有所不同。香水因含香精较多，水只能少量加入或不加，否则香精不易溶解，溶液会产生浑浊现象。古龙水中香精含量较低，可适量加入部分水代替酒精，降低成本。配制香水、古龙水的水质，要求采用新鲜蒸馏水或经灭菌处理的去离子水，其中不允许有微生物，或铁、铜及其他金属离子存在。水中的微生物虽然会被加入的酒精杀灭而沉淀，但它会产生令人不愉快的气息而损害产品的香气。铁、铜等金属离子则会对不饱和芳香物质发生催化氧化作用，所以除进行上述处理外，还需加入柠檬酸钠或 EDTA 等螯合剂，防止金属离子的催化氧化作用，稳定产品的色泽和香气。

4. 其他

为保证香水类产品的质量，一般需加入 0.02%的抗氧化剂如二叔丁基对甲酚等。有时根据特殊的需要也可加入一些添加剂如色素等，但应注意，所加色素不应污染衣物等，所以香水通常都不加色素。

六、配方示例与工艺

香水类产品的关键技术点在于香精配方，东方香水和古龙香水的配方示例见表 13-2（1）和表 13-2（2）。

表 13-2（1） 东方香水配方

组　分	质量分数/%	组　分	质量分数/%
橡苔	6.00	檀香油	3.00
香根油	1.50	对甲酚异丁醚	0.15
香柠檬油	4.50	醋酸异戊酯	1.50
胡荽油	0.60	洋茉莉醛	0.60
黄樟油	0.30	苯乙醇	6.00
异丁子香酚	0.45	二甲苯麝香	2.10
麝香酮	0.45	抗氧剂	0.10
广藿香油	3.00	酒精（95%）	69.75

表 13-2（2） 古龙香水配方

组　分	质量分数/%	组　分	质量分数/%
香柠檬油	1.20	薰衣草油	0.05
苦橙花油	0.50	唇油花油	0.05
柠檬油	0.60	橙花水	5.00
龙涎香酊	0.50	酒精（95%）	92.00
迷迭香油	0.10		

香水类化妆品的制作工艺包括混合、熟化、冷冻、过滤、调色、装瓶、成品检验等工序。

（1）混合　混合是主要工序，有经验的技师各有一套混合顺序。一般认为搅拌混合后宜放置一段时间，让香精中含萜高的精油中的萜类充分沉淀出，这样对成品的澄清度及在寒冷条件下的抗浑浊都有改善。搅拌容器一般以不锈钢为最好，铝的虽亦用但不广泛，铁的不可用，但亦有技师认为铝和铜质容器应同样避免使用。近年来亦有采用衬塑料的容器，但不够理想，因易吸附香气，且本身可能有杂味。容器上驱动搅拌的电机及一切开关等必须防爆。木桶容器已用了数世纪，传统的古龙水是盛放在木桶里熟化的。

（2）熟化　熟化过程中的反应是比较复杂的，醛与醇生成缩醛或半缩醛，醇和酸生成酯，酯又可分解为相应的醇和酸。尤其在水的存在下，含氮化合物会与醛生成协复（schiff ）化合物，并且与空气接触过程中继续氧化。总之，熟化期间会有各种各样的反应在进行。熟化方法有下列两类可供参考。一类为物理方法可采取的方式有：①机械搅拌；②空气鼓泡；③红外、紫外线照射；④超声波处理；⑤机械振动。另一类为化学方法可采取的方式有：①空气、氧气或臭氧鼓泡氧化；②银或氯化银催化；③锡或氢气还原。香水类化妆品的熟化需多长时间，看法并不一致，有人认为香水至少三个月，古龙水则为两周。熟化期能长些更好，香水6～12个月，古龙水3～6个月。但如果古龙水的香精较好，即香精中含萜及不溶物较少，即可缩短熟化期。有人建议密封容器40℃保持数周，也有人建议常温1～2个月，还有人建议25℃放置2周，然后在较低温度下保藏4～6周。在美国，香水生产的熟化期一般为2～10天，具体熟化期可视各厂实际情况而定。如果产销周期较长，生产上的熟化期可以缩短些，熟化期间沉淀出的不溶物质必须在下一工序中除去。

（3）冷冻　如果古龙水在35℃下过滤，一旦碰到较低温度，就会变成半透明（或雾）状，再加温也不再会澄清，就此始终浑浊。为避免此种麻烦，必须冷冻后再过滤，一般冷到5℃过滤已足够，但也有人认为冷到–7～+5℃较理想。这样能使生产过程中出现的不溶物充分除去，保证产品的明亮澄清状态。大量生产可在储锅内安装致冷盘管，少量生产则放入冰柜，从经济角度考虑，北方地区在冬天室外温度下过夜或更长些时间，或在厂内较阴冷处放置48h再过滤也是可行的。

（4）过滤　过滤一般用石棉滤垫或滤纸，少量生产用滤纸，大量生产用石棉垫或帆布加滤纸压滤。一般压滤前加些助滤剂滑石粉或碳酸镁，加入后搅拌使其完全悬浮，然后再过滤，助滤剂能在滤垫上形成一薄层而使滤孔紧密，有助于滤除熟化过程中出现的细小胶体颗粒及不溶物。

（5）调色　加色一般在过滤工序之后，否则颜色易被助滤剂吸附，但必须与标准样比色后再加色，熟化期较长亦可能导致色泽加深。

（6）产品检验　用仪器对比色泽，测定相对密度及折射率，用常规方法测定乙醇含量，评香，用气相色谱检测等。

（7）装瓶　瓶子最后水洗最好用蒸馏水，装瓶时应在瓶颈处留出4%～7.5%的空隙，预防储藏期间瓶内溶液受膨胀而使瓶子破裂，装瓶宜在25℃左右。

第二节 花露水类化妆品

一、产品性能结构特点和分类

花露水是我国特有的香水类产品，最早用花露油作为主体香料，以乙醇为溶剂制成。花露水的主要作用有：掩盖气味、祛除汗臭及在公共场所解除秽气；杀菌消毒；涂于蚊叮、虫咬之处起到止痒消肿的功效；涂抹于患痱子的皮肤上起到止痒的作用并带给使用者凉爽舒适之感。

花露水是一个非常中国化的传统产品，诞生于清末的上海。其产品名称取自“花露重，草烟低，人家帘幕垂”之意境，使得小小瓶子里的一汪清液被赋予了挥之不去的情感。中国市场上流行过很多的花露水品牌。资料显示，在花露水发展史上有品牌可查，名气最响的，要数早期的双妹花露水、明星花露水以及目前市场上最负盛名的六神花露水。

花露水的种类可以根据目标群体划分为大众型花露水、女士花露水、儿童花露水；根据功能划分为普通型花露水、驱蚊型花露水、清凉祛暑型花露水、祛痱止痒型花露水、滋润美肤型花露水（如女性所使用的精油纯露）；根据酒精浓度划分为含醇花露水、低醇花露水（酒精含量不超过 30%）、无醇花露水；根据成分划分为蛇胆花露水、金银花花露水、植物精华花露水、草本精华花露水。

二、产品配方结构

花露水配方结构为：3%左右香精、70%左右酒精以及 25%左右蒸馏水。由于这种配比易渗入细菌内部，花露水也可作为有香味的消毒剂使用。现今花露水在配方和工艺上不断改进，在保留原有主方基础上，添加一些具有清热解毒、消肿止痛功能的中药成分，从而使花露水除了原有功效外，还具有祛痱止痒、治疗皮肤病、提神醒脑等功效。如花露水中加入薄荷脑等成分，使之更为清凉；加入驱蚊剂（避蚊胺与驱蚊酯），使其具有驱蚊效果。此外，花露水中往往辅以少量螯合剂、抗氧剂及色素等成分，提高其观赏性、安全性、稳定性及功效。

除了上述主要成分外，有的花露水中还加入其他功效性添加剂，其中比较有代表性的是六神花露水中的“六神丸”。六神花露水将中药“六神丸”与花露水相结合，具有“祛痱止痒、提神醒脑”的功能。六神丸主要成分有珍珠、麝香等，将其溶于冷开水或米醋中，具有消肿止痛功能。

三、原料选择

1. 香精

花露水所用香精的比例一般在 3%～8%。在欧美国家，花露水都是带有薰衣草香味的。而在我国，由于在花露水传入时国内还没有薰衣草油，进口这种香料又太贵了，当时的调香师就改用比较容易配制的玫瑰麝香，制成了“中国特色”的花露水。将近一个世纪这种香型在中国盛行不衰。一般的中国花露水香精组成见表13-3。

表 13-3　一般花露水香精组成

组　分	质量分数/%	组　分	质量分数/%
对甲基苯乙酮	0.5	水杨酸戊酯	6.0
玫瑰醇	25.5	苯乙醇	8.0
香叶醇	10.0	乙酸芳樟酯	2.0
铃兰醛	6.0	芳樟醇	3.0
70%佳乐麝香	20.0	水杨酸苄酯	4.0
麝香 T	6.0	苯甲酸苄酯	5.0
酮麝香	4.0		

2. 酒精

酒精的性质请见前述。花露水的酒精浓度一般为70 %～75%。

3. 去离子水

不同产品的含水量有所不同。花露水中香精含量较低，可适量加入部分水代替酒精，降低成本。配制花露水的水质要求与香水和古龙水的用水相同，可参见前述。

4. 其他

现如今在花露水原有的基础上会加入很多功能性添加剂以达到更多功效，比如：祛痱止痒、清凉防暑、驱避蚊虫、提神醒脑等。

功能性花露水中薄荷脑、冰片、麝香草酚、水杨酸等成分经临床试验证明，外用具有确切的止痒、消肿、清凉、祛痱及抑菌消炎功效。水杨酸的醇溶液即是一种具有抑菌、止痒、软化或溶解皮肤角质作用的药品；0.5%的冰片既具有抗菌消炎镇痛的作用，还可增加水杨酸等药物透皮吸收；薄荷脑具有清凉止痒的作用，也可作为香料；麝香草酚与乙醇混合具有协同的杀菌作用，这些药用成分与70%乙醇可制成稳定的溶液，共同起到治疗作用。

四、配方示例与工艺

清凉止痒花露水与驱蚊花露水配方示例分别见表13-4（1）和表13-4（2）。

表 13-4（1）　清凉止痒花露水配方

原料名称	质量分数/%	原料名称	质量分数/%
龙脑	0.8	脱臭乙醇	73.0
薄荷脑	0.4	色素	适量
薄荷酰胺（WS-3）	0.1	香精	2.5
乳酸薄荷酯	0.3	去离子水	加至100
玉洁新（DP-300）	0.1		

表 13-4（2） 驱蚊花露水配方

原料名称	质量分数/%	原料名称	质量分数/%
薄荷脑	0.6	香精	2.5
龙脑	0.2	脱臭乙醇	75.0
N,*N*-二乙基-3-甲基苯甲酰胺（DEET）	5.0	色素	适量
820 原药（对孟二醇）	0.1	去离子水	加至 100
野菊花酊	0.1		

花露水类化妆品的配制工艺和香水类化妆品配制工艺类似，包括混合、熟化、冷冻、过滤、调色、装瓶、成品检验等工序。

多数花露水生产厂家选择型号为 316 的耐腐蚀不锈钢作为花露水配料罐。由于某些花露水产品中含有水杨酸成分，水杨酸可与铁制容器中某些金属离子发生反应改变颜色，导致溶液稳定性降低。为避免此类现象的产生，在其配制过程中加入避免重金属离子干扰的金属离子螯合剂。花露水配方中薄荷脑、冰片等成分均溶于乙醇形成无色的稳定溶液，配制的花露水溶液应为无色澄清液体，但市售花露水主要为湖蓝色、淡黄色或浅绿色澄清液体，这些颜色不仅可以掩盖水杨酸反应所生成的颜色，还可以使人们购买花露水时从视觉上感受清凉，产生视觉冲击的效果，增加购买欲望，此外鲜明的颜色可避免误用。

花露水陈化是将其中有效成分与乙醇静置一段时间（一般在温度 18～26℃、相对湿度 45%～65%条件下存放 7 天），使溶液中某些成分与乙醇充分反应，生成具有香味的脂肪酸酯，从而使溶液香味更加浓郁。市售的花露水含有大量香精成分，其香味浓郁且无乙醇的刺激性气味，即是由于陈化过程的作用。由于 70%～75%乙醇具有杀菌作用，一般花露水选取 70%乙醇作为溶剂。但乙醇具有刺激性气味，可使人产生不适感，为改变花露水中乙醇的刺激性气味，可减少乙醇含量。但花露水中薄荷脑、冰片、水杨酸、麝香草酚成分易溶于乙醇，微溶或不溶于水，降低乙醇含量会导致这些成分溶解度降低，出现油水分离的现象，且乙醇含量的减少还会减弱消毒杀菌效果。花露水中成分较复杂，某些成分可与乙醇反应生成具有香味的酯类成分，一方面淡化乙醇原有的刺激性气味，另一方面酯类成分具有特有的浓郁香味，掩盖乙醇气味。陈化过程本质上是一种“慢化学反应”过程，陈化过程可中和乙醇刺激性气味，也可减少香精添加量，但花露水中原有的有效成分在陈化过程中功效是否降低或消失，生成具有香味的酯类物质是否存在毒性、刺激性、致敏性，这些情况有待进一步研究。

第十四章　面膜类化妆品

14 Chapter

第一节　无纺布面膜

面膜从历史上就有，举世闻名的埃及艳后晚上常常在脸上涂抹鸡蛋清，蛋清干了便形成紧绷在脸上的一层膜，早上起来用清水洗掉，可令脸上的肌肤柔滑、娇嫩，保持青春的光彩。据说，这就是现代流行面膜的起源。中国唐代“回眸一笑百媚生”的杨贵妃，传言她美艳动人，除饮食起居等生活条件优越外，还得益于她常用的专门调制的面膜。杨贵妃的面膜并不难做：用珍珠、白玉、人参适量，研磨成细粉，用上等藕粉混合，调和成膏状敷于脸上，静待片刻，然后洗去。此法据能去斑增白，去除皱纹，光泽皮肤。看来，简便易做、效果明显的美容面膜，很早以前便为爱美女士争相采用，不断改进，沿用至今。在美容化妆品中，面膜属于最早出现的一种。

面膜的作用是利用覆盖在脸部的短暂时间，暂时隔离外界的空气与污染，提高肌肤温度，皮肤的毛孔扩张，促进汗腺分泌与新陈代谢，使肌肤的含氧量上升，有利于肌肤排除表皮细胞新陈代谢的产物和累积的油脂类物质，面膜中的水分渗入表皮的角质层，皮肤变得柔软，肌肤自然光亮有弹性。

面膜的类型主要有泥膏型、撕拉型、无纺布型、免洗型四种。泥膏型面膜常见的有海藻面膜、矿泥面膜等；撕拉型面膜最常见的就是黑头粉刺专用鼻贴，这类面膜在使用过程中容易因撕拉而对皮肤造成伤害，目前市面上的产品很少了；无纺布型只是目前市场上借助于面膜布使用的一种面膜，这类型基本占据面膜的主体市场；免洗型有的也称睡眠面膜，这类面膜类似于乳霜剂型，但相对比较清爽，使用之后不需要清洗面部。

一、产品性能结构特点和分类

无纺布面膜由两部分组成，即面膜布与面膜液。这类产品在使用过程中的肤感由面膜布与面膜液综合影响。无纺布面膜在使用过程中，一般覆盖于面部15～20min，可以打开毛孔、软化角质层，通过突破角质层的屏障作用，以促进活性成分的渗透，因此，无纺布面膜比其他剂型的化妆品更易实现化妆品产品的功效性。但同时在促进活性成分的渗透过程中，也容易促进防腐剂、香精等成分渗透，进而引起皮肤的过敏。

这类产品依据无纺布的类型可以分为无纺布面膜、蚕丝面膜、天丝面膜、生物纤维面膜、果浆纤维面膜、竹炭纤维面膜等；按照面膜液可以分为保湿型、祛斑型、滋养肌肤型等不同功效型面膜。

二、产品配方结构

无纺布面膜面膜液的配方结构类似于化妆水的配方结构，大多数的面膜液都是透明体系，少数的会选择不透明体系的面膜液，这一类面膜液的配方体系类似于乳液，但其中油脂、乳化剂的含量会很低。配方结构见表14-1。

表14-1 面膜液的主要配方组成

成分	主要功能	代表性原料
水	补充角质层的水分、基质	去离子水
保湿剂	角质层的保湿	甘油、丙二醇、1,3-丁二醇、甘油聚醚-26、透明质酸钠等
润肤剂	滋润皮肤、保湿软化皮肤、改善使用感	水溶性的植物油脂、水溶性的硅油
流变调节剂	改变流变性、改善肤感	各种水溶性聚合物，如汉生胶、羟乙基纤维素、羟丙基纤维素、丙烯酸系聚合物
增溶剂	油溶性原料增溶	短碳链醇或非离子表面活性剂
香精	赋香	
防腐剂	微生物稳定性	尽可能选择水溶性的防腐剂
其他活性组分	紧缩皮肤、皮肤营养	如收敛剂、营养剂

三、设计原理

面膜以一种特殊的使用方式，膜布覆盖在面部15～20min，有效突破了皮肤的屏障作用，促进了化妆品中有效成分的吸收。但在化妆品产品体系中有不利于皮肤健康的成分，比如防腐剂，而防腐剂属于化妆品的限用原料，大量使用并渗透，有引起皮肤刺激的风险。面膜中的防腐剂的使用原则有以下几个方面：

1. 安全性

安全性是决定一款防腐剂能否被用于化妆品的首要条件，市场和法规对安全性的更高要求使化妆品行业进入第三代防腐剂时代——无负担防腐时代。

2. 防腐剂的作用机理是抑制细菌的繁殖，但有效抑制细菌繁殖需要体现以下几个方面：

① 高效　有效使用量尽可能低；

② 广谱　对不同种类的微生物均有抑制效果；

③ 扩散性　在体系内，抑菌性能能够从高浓度向低浓度快速扩散；

④ 持久性　保证产品在正常使用过程中以及整个保质期内都能有效抑菌。

3. 刺激性

防腐剂在抑制细菌繁殖的同时，对人体的细胞也会有一定程度的副作用，在防腐剂的选择与用量确定中，应尽可能减少防腐剂对皮肤的伤害和刺激。

4. 配伍性

防腐剂在体系中的存在状态直接影响到其防腐效能。面膜液是一水剂体系，如果是油溶性的防腐剂在体系中很难分布均一，而且不易运用表面活性剂的增溶作用以增强其溶解性，因为增溶在胶束里面并不利于水剂介质的防腐；而面膜体系又不能运用溶剂增溶，因此，需要选择与水介质相溶性比较好的防腐剂，以在防腐剂较低的浓度下有效防腐，降低防腐剂的应用风险。

5. 法律法规

符合法律法规是正确使用防腐剂的规范化体现。

面膜液中防腐体系的应用趋势：高效、广谱、扩散性、持久性是防腐剂的性能指标，刺激性是防腐剂的副作用，在满足性能的前提下，尽量减少副作用是防腐剂的应用趋势。

最早的化妆品防腐剂是甲醛溶液，效果好，但对人体的伤害大，持续时间短，在技术的支持下，化妆品防腐剂进入第二代防腐体系。

第二代防腐体系主要有跨国化工集团主导的甲醛缓释体，甲基异噻唑啉酮复配3-碘-2-丙炔基丁基氨基甲酸酯（IPBC）、羟苯甲酯、苯氧乙醇搭配的体系。第二代防腐体系抑菌效果好，但是副作用大，在越来越注重安全的情况下，化妆品进入第三代防腐体系时代。

第三代防腐体系的核心要求为安全无刺激。防腐剂既要有效抑菌，又不给体系增加副作用，对安全性和刺激性的要求更高，因此第三代防腐体系又称为无负担抑菌时代，由甘油辛酸酯、乙基己基甘油和1,2-戊二醇、1,2-己二醇、1,2-辛二醇等二元醇复配组成。

四、相关理论

面膜会粘贴在皮肤上一段时间，对皮肤角质层有很好的软化作用，相比较其他化妆品更容易打开毛孔，软化角质，促进活性成分的吸收，而化妆品中防腐剂在抑制细菌繁殖的过程中，对皮肤都有一定的刺激性，因此都属于化妆品中的限用成分。防腐剂在化妆品中的防腐效能需要在一定量的前提下才能体现，其在不同体系中的大致应用浓度差别不大，但对于面膜类产品（除去免洗面膜），一次性使用到皮肤上的液体（泥）量较大，以无纺布面膜的面膜液为例，一般袋装面膜液的量为20～30g，也即一次性使用到皮肤上的量是常规水剂、乳霜化妆品使用量的30～50倍，这样就加大了一次性使用到皮肤上防腐剂的量，因此，很容易体现出来因防腐剂而产生的刺激性。

五、原料选择

1. 面膜布原料选择

面膜布的原料可选择无纺布、蚕丝、天丝、生物纤维、果浆纤维、竹炭纤维等。

（1）无纺布面膜　无纺布也称不织布，是由定向的或随机的纤维而构成，是新一代环保材料，因具有布的外观和某些性能而称其为布。无纺布面膜，是以无纺布为精华液载体。市场上流行的无纺布面膜多以30～70g厚度的混纺无纺布为主，主要为纯棉无纺布、天丝无纺布，因其更贴肤的完美效果，改善了贴式面膜“贴合度”不够的软肋。其优点：承载精华液比较多，敷感柔润舒服，密封性好，成本低，价格低廉；缺点是：与皮肤亲和力不佳，容易起气泡，一动就会掉。由于无纺布仅仅是精华液的载体，精华液中的营养成分透皮吸收率到底有多高并不清楚，其效果也不甚理想，而且无纺布面膜会出现“反吸”现象。

（2）蚕丝面膜　蚕丝面膜主要的原材料就是蚕丝纤维和活性蚕丝蛋白。蚕丝面膜本是用于医学界处理烫伤的仿生真皮——蚕丝薄膜。蚕丝含有对人体极具营养价值的18种氨基酸。天然蚕丝的结构与人体肌肤极为相似，其制成的薄膜，有人体“第二皮肤”的美称。补水、保湿、美白、祛斑、控油、去黑头等功能型蚕丝面膜最为畅销。其优点主要有：

① 吸附性强　蚕丝面膜的吸附性比普通的无纺布面膜要好得多，能吸收更多的精华液，敷脸的时候也非常服帖，不会掉下来，也不会有精华液滴落的情况。

② 质地轻薄　蚕丝面膜采用的是轻柔细腻的蚕丝，可以紧密贴合肌肤的纹理，所以敷面的时候服帖度很高，而且非常薄，透明、透气，鼻翼、嘴角都能紧密填补，锁水持久，补水深入。

③ 补水修复　蚕丝是多孔性纤维，因此吸水性强，渗透力佳，保湿度是普通面膜的5～10倍；同时具有极佳的锁水功能，可均匀释放精华液，深入肌肤里层补水，长时间维持肌肤润泽感。还可以促进胶原蛋白的分泌、强效增白，具有较好的抗UV作用和抗发炎、痘疱能力。

④ 自然抗皱、美白　蚕丝本身蕴含18种氨基酸，有效补充肌肤组织弹性蛋白与胶原蛋白质，消除面部细纹，迅速改善皮肤的弹性，复活细胞，防止黑色素形成，增白肌肤。

蚕丝面膜的不足是：真正的蚕丝面膜不具有拉伸性，且比较容易破。市面上多数的“蚕丝面膜”，其原材料并非真正的蚕丝，而是采用蚕丝工艺制成的面膜，这种面膜就具有一定的拉伸性。所以，市面上的蚕丝面膜又被分为：“真蚕丝面膜”和“蚕丝工艺面膜”两种，均被商家称为蚕丝面膜。

（3）天丝面膜　天丝原料来自树木内的纤维素，百分之百纯天然材料，其生产过程也很环保，制得的天丝纤维非常纯净。天丝面膜是目前市场上非常受女性追捧的一款面膜，在使用后约 12 周就可以完全降解，形成水和二氧化碳，不会对环境造成污染。天丝面膜的优点主要有：

① 天丝纤维比一般棉布纤维更柔和、更光滑，与人体肌肤有极好的生物相容性。敷感柔软舒适，不刺激皮肤，敷在脸上自然透明，紧密贴服。

② 天丝面膜拥有绝佳的吸湿功能，吸水性比普通无纺布更优越，能够吸附面膜布自身重量 8 倍的精华液，让肌肤保持更长时间的湿润和滋养。

③ 天丝是第一种在湿的状态下湿强力远胜于棉的纤维素纤维。在好的湿强度下面膜才可以随意拉伸，适合任意脸型的紧密包裹。因此，天丝面膜贴合效果更好，可以紧密贴敷脸部肌肤，从而实现对肌肤更好的呵护。

（4）生物纤维面膜　生物纤维是国际最新流行的植物纤维之一，它采用 100%天然无污染落叶树木、榉木等，经过脱糖去脂先进工艺精制而成。

生物纤维面膜最早起源于我国台湾，它采用木醋杆菌自然发酵制成的纤维体，具有类似皮肤的功能，能透氧隔离细菌，能使用于烧烫伤的披覆物，是经由严谨的发酵工程，孕育衍生出来的纳米级有机纤维。内容物含网状纸质表层、中层生物纤维面膜、珍珠膜底层等三部分。

（5）果浆纤维面膜　果浆纤维是目前最先进的一种面膜布材质，植物萃取，相对于传统面膜更加服帖，而且透气性好、无粘腻感，是面膜布未来的发展趋势。其优点：

① 面膜布更加透气，保湿更持久、吸收更充分；

② 自然透明而不起泡、不翘边、无突兀感。

（6）竹炭纤维面膜　竹炭纤维是取毛竹为原料，采用纯氧高温及氮气阻隔延时的煅烧新工艺和新技术，使得竹炭天生具有的微孔更细化和蜂窝化，然后再与具有蜂窝状微孔结构的聚酯改性切片熔融纺丝而制成。这种独特的纤维结构具有吸湿透气、抑菌抗菌等特点。近两年这一材料应用于面膜布中，竹炭纤维面膜即是以竹炭纤维为面膜布的面膜。

2. 面膜液原料选择

面膜液的基本功能是保湿，同时希望有润肤、营养、延缓衰老、收敛、防晒、防止皮肤长粉刺等多种功能，但由于其在使用方式上不同于其他剂型，因此，其原料的选择主要考虑以下几个方面。

（1）保湿剂　保湿剂与化妆水保湿剂的选择类型是一样的，主要依赖于多元醇类保湿剂形成面膜所需的主要保湿性能，同时通过保湿剂的复配，形成复合保湿体系，从多方位达到保湿功效。

（2）润肤剂　面膜液中可添加水溶性油脂，为产品带来一定的润肤作用。常用的水溶性油脂包括：水溶性硅油类、水溶性霍霍巴油类及其他。具体的化合物见第八章第一节中“原料选择”部分。

面膜液是附着于面膜布上的产品，对面膜液透明度的要求没有化妆水那么高，可以通过乳化添加油脂，但往往直接通过乳化的方式形成的不透明体系，由于乳化粒子较大，在面部长期贴敷之后，会有一定的油腻性。因此，面膜液中润肤剂的添加一般有两种形式：一种是通过形成纳米乳液添加油脂；另一种是添加水溶性油脂。

（3）流变调节剂　用于面膜液体系的流变调节剂与化妆水中的一致，可参见第八章第一节相关内容。

（4）增溶剂　面膜液中的增溶剂主要是增溶香精等油溶性的成分。由于面膜较长时间黏附于皮肤上，一般不用乙醇增溶，多选择非离子表面活性剂作增溶剂，常用的增溶剂有聚氧乙烯氢化蓖麻油、聚氧乙烯油醇醚等。

（5）防腐剂　面膜液体系中防腐剂的选择很重要，由于一次性涂敷于皮肤上的面膜液量是一般膏霜的 30～50 倍，防腐剂选用不当极易引起皮肤的过敏。目前在面膜液配方体系中，以第三代防腐剂，即未被列入防腐剂目录中的多元醇类防腐剂为主，如 1,2-戊二醇、1,2-己二醇、辛甘醇、对羟基苯乙酮、辛酰羟肟酸等，通过多种防腐剂的复配形成相对温和的防腐体系。

六、配方示例与工艺

无纺布面膜面膜液的配方很关键，结合面膜布的类型，才可能有良好的使用感。面膜液配方体系在强调保湿的同时，也会增加一些功效性成分，如祛斑、抗皱等。不同体系面膜液的配方示例见表 14-2（1）～表 14-2（3）。

表 14-2（1）　保湿面膜液配方

组相	原料名称	质量分数/%	组相	原料名称	质量分数/%
A 相	水	加至 100	B 相	三乙醇胺	0.20
	EDTA-2Na	0.10		甜菜碱	2.00
	卡波姆	0.20		燕麦-β-葡聚糖	2.00
	尿囊素	0.20		防腐剂	适量
	透明质酸钠	0.05	C 相	香精	0.05
	甘油	10.00		PEG-40 氢化蓖麻油	0.50
	丁二醇	3.00			

制备工艺：

① 将 A 相各原料依次加入主锅，开启搅拌，分散均匀至无不溶物，开始加热；

② 加热至 80～85℃，保温 20min，开始降温；

③ 降温至 45℃以下，先加三乙醇胺，搅拌 5min 后，加入 B 相其他原料，搅拌至均匀无不溶物；

④ 预混合 C 相原料，搅拌至均匀透明，缓慢加入主锅，搅拌至均匀；

⑤ 降温至常温，使用 400 目以上滤布，过滤出料；

⑥ 出料检验 pH、黏度。

表 14-2（2） 美白面膜液配方

组相	原料名称	质量分数/%	组相	原料名称	质量分数/%
A 相	水	加至 100	B 相	甜菜碱	2.00
	EDTA-2Na	0.10		烟酰胺	1.00
	羟乙基纤维素	0.20		传明酸	1.00
	汉生胶	0.20		柠檬酸	0.05
	尿囊素	0.20		柠檬酸钠	0.10
	透明质酸钠	0.01		抗坏血酸乙基醚	1.00
	甘油	8.00		防腐剂	适量
	丁二醇	6.00	C 相	香精	0.10
B 相	甘草酸二钾	0.50		PEG-40 氢化蓖麻油	0.50

制备工艺：

① 将 A 相各原料依次加入主锅，开启搅拌，分散均匀至无不溶物，开始加热；

② 加热至 80～85℃，保温 20min，开始降温；

③ 降温至 45℃以下，依次加入 B 相原料，搅拌至均匀无不溶物；

④ 预混合 C 相原料，搅拌至均匀透明，缓慢加入主锅，搅拌至均匀；

⑤ 降温至常温，使用 400 目以上滤布，过滤出料；

⑥ 出料检验 pH、黏度。

表 14-2（3） 抗皱面膜液配方

组相	原料名称	质量分数/%	组相	原料名称	质量分数/%
A 相	水	加至 100	B 相	甜菜碱	2.00
	EDTA-2Na	0.10		燕麦-β-葡聚糖	2.00
	卡波姆	0.20		氨基丁酸	0.50
	尿囊素	0.20		乙酰羟脯氨酸	1.00
	透明质酸钠	0.05		防腐剂	适量
	甘油	10.00	C 相	香精	0.05
	丁二醇	3.00		PEG-40 氢化蓖麻油	0.50
B 相	三乙醇胺	0.20			

制备工艺：

① 将 A 相各原料依次加入主锅，开启搅拌，分散均匀至无不溶物，开始加热；

② 加热至 80～85℃，保温 20min，开始降温；

③ 降温至 45℃以下，先加三乙醇胺，搅拌 5min 后，加入 B 相其他原料，搅拌至均匀无不溶物；

④ 预混合 C 相原料，搅拌至均匀透明，缓慢加入主锅，搅拌至均匀；

⑤ 降温至常温，使用 400 目以上滤布，过滤出料；

⑥ 出料检验 pH、黏度。

第二节　泥膏型面膜

一、产品性能结构特点和分类

近来国内外化妆品行业对泥膜兴起了一股热潮，从皮肤的生理学和皮肤吸收动力学的角度来看，泥膏型面膜有利于皮肤的吸收，因为人体皮肤吸收有两条途径：①角质层吸收，主要以吸收油性物质为主，它占整个皮肤吸收的90%左右；②附属器官吸收，约占皮肤吸收的10%，其主要以吸收水分为主，而在泥膏型面膜中既含水分又含油分，有利于皮肤的充分吸收，泥膏型面膜常常用于皮肤护理做底膜使用。

泥膏型面膜含有较多的黏土成分，如高岭土、硅藻土等，还含有润肤剂油性成分。泥膏型面膜的有效成分中常使用一些对皮肤有营养作用和改善皮肤功能的成分，如中草药、天然植物、动物原料、海洋生物原料等。在皮肤护理中泥膏型面膜涂抹在面部时一般都比其他面膜厚一些，以使面膜中的营养成分能够被皮肤充分吸收。这种面膜使用不便的地方主要是不能将面膜揭下，而需要用纸巾或水擦洗面部已经干了的面膜。但也有公司在泥膏型面膜中加入凝胶剂、成膜剂和黏合剂，使泥膏型面膜易于揭下。泥膏型面膜更适用于油性肌肤。

二、产品配方结构

泥膏型面膜的配方结构完全不同于之前的水剂、乳化体系，其基质成分是粉质原料，泥膏型面膜的主要配方组成见表14-3。

表 14-3　面膜泥的主要配方组成

结构成分	主要功能	代表性原料
乳化剂	乳化稳定	脂肪醇聚醚、硬脂酸甘油酯、司盘、吐温
粉剂	粉体、吸收作用	高岭土、氧化锌、膨润土、二氧化钛、火山泥、深海泥
流变调节剂	改善流变性、稳定	卡波姆、汉生胶、纤维素
油脂	补充油分	橄榄油、合成油脂、霍霍巴油、角鲨烷、其他天然油脂
保湿剂	保湿	甘油、丙二醇、丁二醇、山梨（糖）醇、吡咯烷酮羧酸钠
防腐剂	抑制微生物生长	辛甘醇、乙基己基甘油、1,2-戊二醇、1,2-己二醇、1,2-辛二醇等二元醇复配

三、设计原理

将泥膏型面膜涂抹在清洁皮肤表面时，形成均匀覆盖皮肤的膜。待泥膜干燥5～10min后，配方中水分蒸发，膜收缩但不会出现开裂现象，泥膏型面膜中的粉质粒子亦起着温和摩擦作用，除去死皮细胞和过剩的油脂。配方中的润肤剂、保湿剂也起到使用后赋脂、保湿的作用。

以下为泥膏型面膜设计时的几项原则：

① 原料的选择直接影响产品稳定，选择性能优异的、油脂配伍性能好的乳化剂；

② 选择极性油脂和非极性油脂搭配，相互作用；

③ 粉剂原料在泥膏型面膜中含量较高，必须严格控制粉剂原料的重金属含量；

④ 流变调节剂是稳定粉剂的，是泥膏型面膜中必须添加的成分。

四、原料选择

泥膏型面膜的基质是各种固体微粒，包含了不同来源的吸附性黏土、膨润土、水辉石、硅酸铝镁、高岭土、不同颜色（绿、红、紫）黏土、胶体状黏土、滑石粉、碳酸镁、氧化镁、胶体氧化铝、漂（白）土、活性白土、河流或海域淤泥、火山灰、温泉土、蒙脱土、氧化锌、二氧化钛、二氧化硅胶体、球状纤维素和胶态燕麦粉等。

不同来源的吸附性黏土是泥膏型面膜的主要基质原料，来自硅-铝沉积岩。不同来源的黏土中包含的痕量元素不同，导致黏土有不同颜色，所有黏土一般都有一些活性。绿色黏土是由于铁的氧化物存在。红色黏土是由于赤铁矿（一种含铜铁的氧化物）的存在。白黏土或高岭土中铝的含量高。紫色黏土是红色和白色黏土的组合物。在泥膏型面膜中，所有黏土的推荐用量约为10%～40%。

为了掩盖黏土的各种颜色，在体系中添加二氧化钛和氧化锌使产品呈乳白色，同时可以使灰暗无光泽的黏土发亮。同时，需要加入一些高分子流变调节剂，如甲基纤维素、乙基纤维素、羧甲基纤维素、汉生胶、卡波姆、聚丙烯酸酯类、海藻酸钠和阿拉伯胶等。以提升粉质原料的成膜性。泥膏型面膜配方亦包含了润肤剂、乳化剂和保湿剂，以提升使用后的肤感。

五、配方示例与工艺

泥膏型面膜配方体系在强调护理的同时，也会增加一些功效性成分，体现祛斑、抗皱等功能。不同功能的泥膏型面膜配方示例见表 14-4（1）、表 14-4（2）。

表 14-4（1） 护理泥膏型面膜配方

组相	原料名称	质量分数/%	组相	原料名称	质量分数/%
A相	水	加至100	B相	鲸蜡硬脂醇	5.00
	汉生胶	0.50		橄榄油	5.00
	硅酸铝镁	1.00		辛酸/癸酸甘油三酯	5.00
	甘油	10.00	C相	甘草酸二钾	0.50
	尿囊素	0.20		高岭土	18.00
	透明质酸钠	0.05		氧化锌	2.00
	丁二醇	3.00		二氧化钛	3.00
B相	甘油硬脂酸酯/PEG-100鲸蜡硬脂醇	3.00	D相	香精	0.10
				防腐剂	适量

制备工艺：

① 将A相各原料依次加入水相锅，开启搅拌，分散均匀至无不溶物，开始加热，加热至80～85℃；

② 将B相各原料依次加入油相锅，加热至80～85℃；

③ 先将水相锅内的原料抽入乳化锅，开启搅拌，再抽入油相锅内的原料，均质5min，保温10min，开始冷却，降温至65℃左右，依次加入C相原料；

④ 冷却至45℃，加入D相原料，继续搅拌冷却至40℃以下，停止搅拌，出料。

⑤ 出料检验pH。

表14-4（2） 祛痘泥膏型面膜配方

组相	原料名称	质量分数/%	组相	原料名称	质量分数/%
A相	水	加至100	B相	异壬酸异壬酯	5.00
	汉生胶	0.50		鲸蜡醇乙基己酸酯	3.00
	硅酸铝镁	1.00		棕榈酸辛酯	2.00
	甘油	10.00	C相	甘草酸二钾	0.50
	尿囊素	0.20		黏土	20.00
	透明质酸钠	0.05		氧化锌	2.00
	丁二醇	3.00		二氧化钛	3.00
B相	鲸蜡硬脂醇聚醚-6	2.00	D相	香精	0.10
	鲸蜡硬脂醇聚醚-25	2.00		防腐剂	适量
	鲸蜡硬脂醇	3.00			

制备工艺：

① 将A相各原料依次加入水相锅，开启搅拌，分散均匀至无不溶物，开始加热，加热至80～85℃；

② 将B相各原料依次加入油相锅，加热至80～85℃；

③ 先将水相锅内的原料抽入乳化锅，开启搅拌，再抽入油相锅内的原料，均质5min，保温10min，开始冷却，降温至65℃左右，依次加入C相原料；

④ 冷却至45℃，加入D相原料，继续搅拌冷却至40℃以下，停止搅拌，出料；

⑤ 出料检验pH。

第四篇

特殊用途化妆品

第十五章　防晒化妆品

15 Chapter

阳光、空气和水是生物存活的要素，人类每天都直接或间接地沐浴在阳光下。日光照射对于人体来说有许多益处，但不适度的日晒对人体，特别是对皮肤会造成伤害。日光对人体的作用程度取决于光的波长和频率、光的强度和个体对光的敏感程度。随着人们生活水平的日益改善，户外休闲活动也越来越多，这自然就增加了皮肤在阳光下的照射，使皮肤更容易被晒黑。在那些长期以来就把防晒防黑当作是传统习惯的地区，这一点就显得尤为重要。在世界上的很多地区，人们渴望拥有白皙的，甚至是如瓷器般洁白无瑕的皮肤，因此，过多的色素沉着、不规则的色素沉着以及皮肤颜色不均匀等都是肤色保养中需要解决的主要问题。在上述背景下，对具有防止色素沉着功能的化妆品活性成分的需求不断增加，如何有效干预由于阳光导致的色素沉着成为对化妆品配方师日益严峻的挑战。

过去人们认为，日光中的紫外线照射人体时能消毒杀菌，使皮肤中产生维生素D，有益于身体健康，皮肤晒黑被誉为“健康美”。然而，近年来，皮肤科学研究证明，日光曝晒是促使皮肤老化的重要因素之一，强烈的紫外线照射可能引起皮肤癌。因此，现在普遍认为阳光照射对人体的作用是弊大于利。特别是由于工业污染物［如氟氯有机化合物（CFC）和其他挥发性有机化合物］使臭氧减少，随着大气臭氧层的变化、极地空洞的出现，透过大气层到达地面的紫外线变强，使照射在地球表面和人类皮肤上的长波紫外线（UVA）增加。美国每年有60万～70万人患皮肤癌，其中有7000人死亡。根据美国皮肤癌症基金会估计，人在18岁以前受到的UV辐射占其一生中受到UV辐射的80%。在童年时代仅仅一次严重的起泡性晒伤就可能使以后患癌症的危险率增加1倍。

防止皮肤色素沉着的方法主要有两种：第一种，也是最早使用的一种方法，就是避免紫外线辐射，防止产生额外的黑素沉着，即晒黑；第二种是使用化妆品活性物抑制色素沉着。这两种方法可以同时使用，以更有效地控制黑素的形成，保养肤色。

第一节 防晒机理

一、紫外线辐射的基本特征

太阳光线在红外线波段主要产生热效应，在可见光波段表现为各种颜色，而在紫外线波段则以光生物反应为特征。这种光生物反应可导致黑素的产生，把皮肤晒黑，或者引起遗传信息的改变甚至是细胞行为的异常。

波长越短，辐射能越大；波长越长，散射越少。这个客观规律对于紫外线辐射（UVR）也同样成立。短波的 UVR 更容易引起光化学反应，而长波的 UVR 能够穿透到皮肤的更深层。因而，由 UVR 引起的生物效应会随着波长的变化而不同。

波长为 100～400nm 的紫外线光谱可分为三部分：UVC、UVB 和 UVA。

UVC 的波长在 100～290nm 之间，其完全被臭氧层吸收，所以对人体一般不会构成伤害。UVC 不会引起晒黑作用，但会引起红斑。

UVB 的波长在 290～320nm 之间，可穿透臭氧层进入到地球表面，它是太阳辐射中对皮肤引起光生物效应的主要波段。主要作用于表皮层，引发红斑（晒斑）。 经常性地曝露于强烈的 UVB 下会损害 DNA，也会改变皮肤的免疫反应。同时 UVB 还会增加各种致命性突变的概率，最终导致皮肤癌，并降低机体识别和清除发生恶性变异细胞的可能性。

UVA 的波长在 320～400nm 之间，它的穿透力很强，可穿过玻璃窗并穿透皮肤直达真皮层，产生很多光生物学效应，使皮肤变黑、色素沉着以及皮肤老化，甚至引起皮肤癌，如黑素瘤等。UVA 还可以导致自由基和活性氧化物的生成，间接对皮肤发生作用。

科学研究表明，UVB 会引起即时和严重的皮肤损害，UVA 则会引起长期、慢性的损伤，两者都表现出对皮肤的致癌作用。

二、皮肤日晒红斑

皮肤日晒红斑即日晒伤，又称皮肤日光灼伤、紫外线红斑等。皮肤日晒红斑是紫外线照射后在局部引起的一种急性光毒性反应（phototoxic reaction）。临床上表现为肉眼可见、边界清晰的斑疹，颜色可为淡红色、鲜红色或深红色，可有轻度不一的水肿，重者出现水疱。依照射面积大小不同，病人可有不同症状，如灼热、刺痛或出现乏力、不适等轻度全身症状。红斑数日内逐渐消退，可出现脱屑以及继发性色素沉着。

三、皮肤日晒黑化

皮肤日晒黑化即日晒黑，指日光或紫外线照射后引起的皮肤黑化作用。通常限于光照部位，边界清晰，临床上表现为弥漫性灰黑色色素沉着，无自觉症状。皮肤炎症后色素沉着也可以引起肤色加深，但一般限于炎症部位的皮肤，色素分布不均，从发生机理上看主要是一系列炎性介质如白三烯 C4 和 D4 等和黑素细胞的相互作用所致。皮肤晒黑则是光线对黑素细胞的直接生物学影响。

经紫外线照射皮肤或黏膜直接出现黑化或色素沉着，是人类皮肤对紫外辐射的另一种人眼可见的反应。其反应类型可分为以下三类。

（1）即时性黑化　照射后立即发生或照射过程中即可发生的一种色素沉着。通常表现为灰黑色，限于照射部位，色素沉着消退很快，一般可持续数分钟至数小时不等。

（2）持续性黑化　随着紫外线照射剂量的增加，色素沉着可持续数小时至数天不消退，可与延迟性红斑反应重叠发生，一般表现为暂时性灰黑色或深棕色。

（3）延迟性黑化　照射后数天内发生，色素可持续数天至数月不等。延迟性黑化常伴发于皮肤经紫外辐射后出现的延迟性红斑，并涉及炎症后色素沉着的机制。

四、皮肤光老化

皮肤光老化是指由于长期的日光照射导致皮肤衰老或加速衰老的现象。衰老是生物界最基本的自然规律。皮肤衰老作为机体整体衰老的一部分，具有突出的心理学和社会学意义，因为机体衰老在皮肤上表现得最清楚、最直观，而皮肤的特征性变化也常被作为估计一个人年龄的重要标志。人们通常把由于遗传及不可抗拒的因素（如地心引力、机体重要器官的生理功能减退等）引起的皮肤内在性衰老称为自然老化，把由于环境因素如紫外辐射、吸烟、风吹及接触有害化学物质引起的皮肤衰老称为外源性老化。由于日光中紫外线辐射是环境因素中导致皮肤老化的主要因素，所以通常所说的外源性皮肤老化即指皮肤光老化。

由于皮肤光老化是一个日积月累的缓慢发展过程，其影响因素必然广泛而复杂。不同的光线波长、照射剂量、生理因素如年龄、肤色及饮食起居、病理因素、职业和环境因素等均可影响皮肤光老化的发生。

1. 辐照光谱及剂量

日光中的紫外线是引起皮肤光老化的主要光谱。由于 UVC 被地球大气层阻断而不能达到地球表面，因而主要是 UVB 和 UVA 参与光老化的致病过程。实验表明，用 UVB 照射，每次剂量相当于 6 个最小红斑量，每周 3 次，30 周后实验动物产生严重的弹力纤维变性，伴有成熟的 I 型胶原受损。用 SPF 值为 15 的防晒品保护后再用同样条件的紫外线照射，30 周后只出现轻微弹力纤维增生，防止了严重的弹力纤维变性，并保护胶原不受损伤。UVA 的光生物学及光化学效应不如 UVB 明显，但日光中的 UVA 剂量比 UVB 高许多倍，并且穿透力强，直达皮肤深层，因此 UVA 的剂量累积效应也能导致光老化损伤。Lavker 等应用亚红斑量（0.5 个 MED）的 UVA 照射皮肤，发现其皮肤损伤的累计效应大于日光模拟照射（UVB+UVA），且这种损伤不能被高 SPF 防晒品阻断，因此认为 UVA 是引起皮肤光老化的主要致病光谱。另有研究报道，用 UVA 照射无毛小鼠，每周 3 次，共 34 周，累积辐照剂量达到 3000J/cm^2 时，皮肤活检即可显示真皮弥漫性弹力纤维变性且达到深层组织。在人类应用 PUVA 疗法治疗银屑病患者的研究中，采用 0.75～1.5 个最小光毒量（MPD）照射，每天一次，共 3 周，结束治疗 6 个月后取照射部位的非皮损区皮肤检查，发现弹力纤维变形、增粗、排列紊乱、聚集成团，胶原纤维退行性变，最后成为无定形物质；微血管扩张并扭曲，血管臂开始增厚最后变薄；血管周围炎症细胞浸润，黑素细胞灶性增生等，所有这些正是皮肤光老化的典型组织学改变。

2. 生理因素

从接受日光照射起，皮肤光老化的致病影响就开始累积了，这和皮肤自然老化截然不同。据估计，一个人 20 岁以前，接受紫外线照射的累积量为整个人生的 75%，而这一阶段正是对日光未加防护的青少年时代。有证据表明，光线性损害大多起始于儿童到 18 岁这一未成年阶段，虽然在相当长一段时间内这种损害在皮肤表面还看不出来，但结构上已经有明显的皮肤光老化改变，等到成年以后出现肉眼所见的病变时，皮肤光老化已经发展到了晚期。因此强调从青少年时代就应该注意对日光损害的防护。此外，随着年龄的增长，皮肤结构也会发生相应变化，如表面角质层完整性、水化及脂化情况、表皮厚度、色泽以及皮肤中吸光物质的含量改变等，这些因素均可影响日光中紫外线的反射、散射、吸收和穿透情况，从而影响皮肤光老化的发生与发展。

肤色对皮肤光老化也有影响。皮肤的颜色主要由表皮中的黑素体决定，而黑素体对各种波长的紫外线甚至可见光和红外线都有良好吸收，因此，表皮中的黑素细胞和黑素体是防御真皮组织免受紫外线辐射损伤的天然屏障。蓝眼睛、白皮肤、有雀斑及浅色或棕色头发的白种人是光损害的最易感人群，不仅易于发生皮肤光老化，也易于出现与日光照射有密切关系的多种皮肤癌。

第二节 常用防晒剂原料

防晒化妆品是指具有屏蔽或吸收紫外线作用，减轻因日晒引起皮肤损伤、黑素沉着及皮肤老化的化妆品。随着人们对紫外线危害性认识逐步加深及自身保护意识的加强，防晒化妆品的需求迅速增长。近年来，其产品类型和产量都有大幅度增长，这类化妆品可在膏霜类及奶液的基础上添加防晒剂而制得，其形态有防晒膏、防晒霜、防晒乳液、防晒啫喱、防晒喷雾等。

防晒已成为当今国际化妆品发展的热门话题之一，防晒化妆品也越来越被更多的人认识和使用。如今，人们不光在夏季使用防晒品，在冬季甚至在灯光下也开始使用不同防晒指数的防晒品。随着消费者越来越认识到暴露在阳光下的危害性，加之对 UVA 防护重要性认识的不断深入，在防晒品市场上，既能遮蔽 UVB 又能防护 UVA 的全波段防晒产品将更会受到消费者的青睐。

防晒剂面世至今已有 60 余年之久，它们起初是用来防止晒伤的，即仅对 UVB 具有防护作用，而对 UVA 导致的晒黑无能为力。传统的防晒指数（SPF）也只关系到 UVB 引起的红斑。UVA 会增加黑素瘤和其他肿瘤的发病率，随着这一事实日益受到关注，人们在防止因光照引起皮肤癌的同时也越来越重视对 UVA/UVB 全波段紫外线的防护。于是一种全新的理念应运而生：一种有效的防晒剂不仅只能防止晒伤，而且要把各种引起致命性皮肤变化的有害辐射减少到最低。防晒剂的种类很多，大体可分为两类：物理性的紫外线屏蔽剂和化学性的紫外线吸收剂。

一、物理性紫外线屏蔽剂

物理性紫外线屏蔽剂也称无机防晒剂，这类物质不吸收紫外线，但能反射、散射紫外线，用于皮肤上可起到物理屏蔽作用，如二氧化钛、氧化锌、高岭土、滑石粉、氧化铁等。其中二氧化钛和氧化锌已经被美国 FDA 列入批准使用的防晒剂清单之中，认可其物理屏蔽作用并广泛用于防晒产品中，配方中最高用量均为 25%。

与化学性紫外线吸收剂相比，物理性屏蔽剂具有安全性高、稳定性好等优点，不易发生光毒反应或光变态反应。当然，物理性防晒剂也可以产生光催化活性而刺激皮肤。用各种材料如聚硅氧烷、氧化铝、硬脂酸及表面活性剂等对超细无机粉体进行表面处理，一方面可降低无机粉体的光催化活性，另一方面可防止粒子团聚析出或沉淀，并改善产品的稳定性和使用时的肤感。

物理性紫外屏蔽剂通常是能反射和散射紫外辐射的无机化合物，但是近来的研究也指出其具有电子跃迁吸收紫外光波能量的特性，它包括二氧化钛、氧化锌、二氧化钛云母复合物等。其作用是当日光照射到这类物质时，它使紫外线散射，从而阻止了紫外线抵达皮肤。这类防晒剂只要用量足够，以及选择合适的粒径，就具有反射紫外、可见和红外辐射的能力。近年来，这类防晒剂与紫外线吸收剂结合使用，提高了产品日光保护系数。一些新型的金属氧化物，如二氧化锆等也开始应用于化妆品，这类具有紫外线屏蔽功能的物质，依据其粒径和空间结构，对 UVB 和 UVA 防护都有作用，且这些无机物在正常 pH 范围内，具有化学惰性，使用安全。

物理性紫外屏蔽剂折射率越高，紫外线散射效果越大。这类物理性紫外屏蔽剂及其折射率如表 15-1 所示。由此可见，氧化锌、氧化铁、二氧化钛等对 UVB、UVA 的紫外线透射抑制效果高，可将它们配入大多数防晒制品中。

表 15-1　部分物理性紫外线屏蔽剂及其折射率

物质名称	折射率	物质名称	折射率
硫酸钙	1.51～1.54	氧化铁	2.70～2.90
滑石	1.55～1.58	二氧化钛	2.50～2.90
氧化锌	2.00～2.02	水	1.33

1. 超细钛白粉

防晒化妆品有两大发展趋势，一是无机防晒剂代替有机防晒剂，二是仿生防晒。后者成本较高，目前难以推广，前者价格适中，且防晒性能优越，因而被普遍看好。尤其是纳米二氧化钛，由于其具有较为优越的性能和应用前景，因而发展势头和市场潜力较好。

纳米钛白粉是指具有高比表面积、粒径在 100nm 以下的二氧化钛粉粒。现使用的超细钛白粉常进行表面处理，即在二氧化钛（TiO_2）表面包被上含各种化合物的涂层，如二甲基硅氧烷、氧化铝、二氧化硅、硬脂酸等，使其具有亲水性、疏水性、透明性和光稳定性等不同特性，形成的分散液安全性高，其重要的特性是对可见光具有极高的穿透性，而对紫外线具有极佳的阻挡作用。

TiO_2的强抗紫外线能力是由于其具有高折光性和高光活性。其抗紫外线能力及机理与其粒径有关：当粒径较大时，对紫外线的阻隔是以反射、散射为主，且对中波区和长波区紫外线均有效，防晒机理是简单的遮盖，属一般的物理防晒，防晒能力较弱；随着粒径的减小，光线能透过 TiO_2 的粒子时，对长波区紫外线的反射、散射性不明显，而对中波区紫外线的吸收性明显增强，其防晒机理是吸收紫外线，主要吸收中波区紫外线。由此可见，TiO_2对不同波长紫外线的防晒机理不一样，对长波区紫外线的阻隔以散射为主，对中波区紫外线的阻隔以吸收为主。

纳米 TiO_2 由于粒径小，活性大，既能反射、散射紫外线，又能吸收紫外线，从而对紫外线有更强的阻隔能力。纳米 TiO_2 对紫外线的吸收机理可能是：纳米 TiO_2 的电子结构是由价电子带和空轨道形成的传导带构成的，当其受紫外线照射时，比其禁带宽度（约为 2.3eV）能量大的光线被吸收，使价带的电子激发至导带，结果使价电子带缺少电子而发生空穴，形成容易移动且活性极强的电子-空穴对。这样的电子-空穴对一方面可以在发生各种氧化还原反应时相互之间又重新结合，以热量或产生荧光的形式释放能量；另一方面可离解成在晶格中自由迁移到晶格表面或其他反应场所的自由空穴和自由电子，并立即被表面基团捕获。通常情况下 TiO_2 会表面水活化产生表面羟基捕获自由空穴，形成羟基自由基，而游离的自由电子很快会与吸收态氧气结合产生超氧自由基，因而还会将周围的细菌与病毒杀死。可见，紫外线照射、表面水活化程度及吸氧率是 TiO_2 光活性的 3 个基本条件。

正是由于纳米 TiO_2 吸收紫外线后会产生自由基，从而会加速皮肤的老化，对皮肤造成危害。因此，在使用纳米 TiO_2 作为防晒剂的时候，要从减弱或消除 3 个基本条件入手，以减弱或根本消除其光活性，从而降低其危害性。

另外，纳米 TiO_2 微粒的大小与其抗紫外线能力密切相关。当其粒径等于或小于光波波长的一半时，对光的反射、散射量最大，屏蔽效果最好。紫外线的波长在 190～400nm 之间，因此纳米 TiO_2 的粒径不能大于 200nm，最好不大于 100nm。但是，也不是颗粒越小越好，粒度太小容易团聚，不利于分散，还易于堵塞皮肤的毛孔，不利于透气和汗液的排除。纳米 TiO_2 微粒一般都会团聚，一般说来，当初始粒径在 15～60nm 之间时，团聚后二次粒径在 30～100nm 之间，对紫外线的屏蔽效果最好，同时能透过可见光，使皮肤的白度显得更富自然美。

纳米 TiO_2 为无机成分，具有优异的化学稳定性、热稳定性及非迁移性和较强的消色力、遮盖力，较低的腐蚀性，良好的易分散性，并且无毒、无味、无刺激性，使用安全，还兼有杀菌除臭的作用。特别是由于其颗粒较细，成品透明度高，能透过可见光，加入化妆品使用时皮肤白度自然，克服了有的有机物或颜料级 TiO_2 不透明、使皮肤呈现不自然的苍白色的缺点。

因此，纳米 TiO_2 很快被广泛重视并逐步取代一些有机抗紫外剂，成为当今防晒化妆品中性能优越的一种物理屏蔽型抗紫外剂，二氧化钛在化妆品使用中的法规状态见表 15-2。

表 15-2　二氧化钛在化妆品使用中的法规状态

国别	作用	使用条件
中国	防晒剂	化妆品使用时的最大允许浓度 25%
	着色剂（CI 77891）	无限制条件。防晒类化妆品中该物质的总使用量不应超过 25%
欧盟	防晒剂	最大允许使用浓度 25%，但纳米 TiO_2 不适用于对使用者肺部有呼吸暴露风险的产品，如粉末或可喷雾性产品
	着色剂	无限制条件
美国	允许在化妆品中使用，作为防晒剂最大使用浓度 25%；亦可作为着色剂使用，但必须符合食品着色剂二氧化钛的特性和规格	

2. 超细氧化锌

氧化锌（ZnO）为白色或微黄色微细粉末，无毒、无臭。高温呈黄色，冷却后又变成白色，但有可能混入杂质导致变黄。氧化锌为两性氧化物，溶于稀乙酸、矿酸、氨水、碳酸铵和氢氧化钠溶液，几乎不溶于水。

纳米 ZnO 类似于纳米 TiO_2，是广泛使用的物理防晒剂，它们屏蔽紫外线的原理都是吸收和散射紫外线。纳米 ZnO 也属于 n 型半导体，它的禁带宽度为 3.2eV。当受到紫外线的照射时，价带上的电子可吸收紫外线而被激发到导带上，同时产生空穴-电子对，因此它们具有吸收紫外线的功能。另外，由于颗粒尺寸远小于紫外线的波长，纳米粒子可将作用于其上的紫外线向各个方向散射，从而减少照射方向的紫外线强度，这种散射紫外线的规律符合 Rayleigh 光散射定律。

但纳米 ZnO 在屏蔽紫外线方面和纳米 TiO_2 又有所差异，在 330nm 以下，纳米 TiO_2 对紫外线的屏蔽能力明显高于纳米 ZnO；在同样浓度下，含纳米 TiO_2 体系的吸光度约为纳米 ZnO 体系的 2 倍。在 330～355nm 内，纳米 TiO_2 屏蔽紫外线的能力仍高于纳米 ZnO，但在 355～380nm 的波长内，纳米 ZnO 的屏蔽紫外线能力高于纳米 TiO_2。因此，纳米 ZnO 虽然阻隔 UVB 的效果不如纳米 TiO_2，但对阻隔长波 UVA 效果优于纳米 TiO_2，正是由于这一特性，纳米 ZnO 在防晒化妆品中逐渐得以应用。

纳米 ZnO 屏蔽紫外线的能力是由其吸收能力和散射能力共同决定的，纳米 ZnO 的原始粒径越小，吸收紫外线能力越强且透明度高。根据 Rayleigh 光散射定律，纳米 ZnO 对不同波长紫外线的最大散射能力则取决于其原始粒径、二次粒径和颗粒形状。纳米 ZnO 的原始粒径越大，对长波紫外线的散射能力越强。但如果纳米 ZnO 的原始粒径太大，由于其对可见光的散射能力也相应增加，涂在皮肤上会出现不自然的白化现象，因此，用于防晒化妆品的纳米 ZnO 存在合适的粒径范围。一般认为，屏蔽紫外线的合适原始粒径为 10～35nm。

纳米 ZnO 在防晒化妆品中的应用有以下三方面的问题，一般通过对其进行表面改性来解决：

① ZnO 的等电点在 pH=9.3～10.3，与防晒化妆品体系的 pH 接近，因此纳米 ZnO 极易絮凝；另外，纳米 ZnO 粒子小、比表面积大、表面能极高，很容易形成团

聚体。

② 纳米 ZnO 的比表面积大，Zn^{2+}极易溶出。Zn^{2+}虽可以起到抗菌作用，但大量Zn^{2+}的存在会使体系黏度增大，甚至产生凝胶化现象，如果体系含有脂肪酸及其盐，还会与 Zn^{2+}反应生成脂肪酸锌，这些都会导致紫外线屏蔽效果下降和使用感觉变差。

③ 纳米 ZnO 具有光催化作用，受到紫外线的辐射会产生空穴-电子对，部分空穴和电子会迁移到表面，在纳米 ZnO 表面产生原子氧和氢氧自由基，这些自由基具有很强的氧化和还原能力，会对皮肤细胞产生不良影响，而且会使其他有机成分变色、降解和分散，有时甚至会产生令人难以忍受的异味。

需要指明的是，在实际配方应用过程中，ZnO 与 TiO_2若在同一配方中使用，可能会结合，如果 pH 在两者的等电点之间会导致凝聚，在使用的时候一定要注意。氧化锌在化妆品使用中的法规状态见表 15-3。

表 15-3 氧化锌在化妆品使用中的法规状态

国别	作用	使用条件
中国	防晒剂	化妆品使用时的最大允许浓度 25%
	着色剂（CI 77947）	无限制条件。防晒类化妆品中该物质的总使用量不应超过 25%
欧盟	防晒剂	最大允许使用浓度 25%，但不适用于对使用者肺部有呼吸暴露风险的产品
	着色剂	无限制条件
美国	防晒剂	最大使用浓度 25%
	着色剂	必须符合药物着色剂氧化锌的特性和规格
	皮肤保护剂	使用浓度 1%～25%

二、化学性紫外线吸收剂

化学性紫外线吸收剂是指能吸收有伤害作用的紫外辐射的有机化合物，通常称为紫外线吸收剂（UV absorber）。按照防护辐射的波段不同，UV 吸收剂可分为 UVA 和 UVB 两种吸收剂。

UVA 即长波紫外线区，波长为 320～400nm，穿透力远比 UVB 强，可达到皮肤的真皮深处，引起皮肤黑素沉着，所以 UVA 段称为晒黑段，会对皮肤有累积效应，长期作用会引起皮肤老化。UVA 吸收剂是倾向于吸收 320～400nm 波长的紫外光谱辐射的有机化合物（如二苯酮、邻氨基苯甲酸酯和二苯甲酰甲烷类化合物）。

UVB 即中波紫外线区，波长为 280～320nm，可以穿透人体表皮照射到真皮表面，能产生强烈的皮肤光损伤，经长久照射后，会出现红斑、炎症、皮肤老化。所以 UVB 段又被称为晒红（伤）段。UVB 吸收剂是倾向于吸收 280～320nm 波长的紫外光谱辐射的有机化合物（如对氨基苯甲酸酯、水杨酸酯、肉桂酸酯和樟脑的衍生物）。

理想的紫外线吸收剂应具有如下性质：

① 能吸收 280～400nm 有伤害作用的 UV 辐射。如果一种紫外线吸收剂不能达

到广谱的防辐射作用，则需要用两种或更多种的制剂复配来吸收 280～320nm（UVB）和 320～400nm（UVA）的 UV 辐射。

② 在最大 UV 吸收波长 λ_{max} 处，具有最大消光系数（ε_{max}）。ε_{max} 值超过 20000 是较好的情况。这样在化妆品配方中添加最少量的紫外线吸收剂，即可获得最大可能的防护作用。

③ λ_{max} 和 ε_{max} 不应受溶剂的影响。极性溶剂对极性较大的紫外线吸收剂有稳定作用，因而，降低了其分子基态的能级，引起吸收峰紫移（向短波方向移动）。另外，紫外线吸收剂的基态极性低，而其光化学激发态极性较高，在极性溶剂中，λ_{max} 会发生红移（向长波方向移动）。理想紫外线吸收剂的基态和光化学激发态的极性应是相近的，因而使 λ_{max} 紫移（由于溶剂对基态的稳定作用）被其红移所抵消。

④ 有很好的光稳定性和光化学惰性。如果分子中存在异构化作用（如顺-反式、酮式-醇式异构），其降解的量子效率应较低，异构化作用是可逆的。

⑤ 在防水配方中，紫外线吸收剂应完全不溶于水。然而，水溶性紫外线吸收剂在发类制品或需要增大 SPF 值时，仍然起着重要的作用。

⑥ 紫外线吸收剂应是不含异构体的，化学稳定性好，可长期储存，对其他化妆品原料是化学惰性的。

⑦ 能较好地与基质和配方中的其他制剂配伍，便于使用和处理。

⑧ 由于紫外线吸收剂是构成防晒化妆品配方中的重要组分，有时质量分数会超过 15%，如果它具有多种功能，能赋予产物一些附加的特性，效果会更好。例如，同时具有润滑作用、增溶作用或乳化的性质、润湿作用，或可能赋予无香精配方温和的、愉快的芳香，以掩盖基质的气味。

⑨ 不会使皮肤变色和引起刺痛感或皮肤干燥，不会沉积出结晶，涂于皮肤或头发时不会产生不愉快气味，不沾污衣服。

⑩ 理想的紫外线吸收剂应是无毒的，不会致敏或无光毒性，还应价格适中，不会因此而过度提高制品的成本。

常用的紫外线吸收剂主要有以下几类：对氨基苯甲酸及其酯类、水杨酸酯类及其衍生物、邻氨基苯甲酸酯类、二苯酮及其衍生物、对甲氧基肉桂酸类、二苯甲酰甲烷类、樟脑类衍生物、苯并三唑类、二甲氧基硅氧烷丙二酸酯类、三嗪酮类等。

1. 对氨基苯甲酸（*p*-aminobenzoic acid）及其酯类

对氨基苯甲酸及其酯类紫外线吸收剂，简称为 PABA 类。这类化合物都是 UVB 紫外线吸收剂，有如下的结构通式：

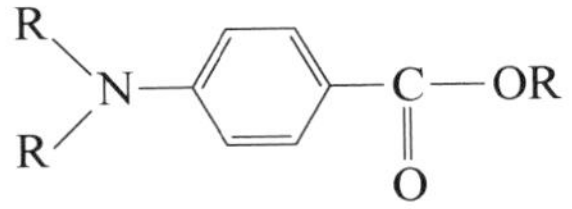

$$R_2N-C_6H_4-C(=O)-OR$$

这类分子易与水或极性溶剂分子缔合，而增加它们在水中的溶解度，使其易溶于水，进而降低产品的耐水性。氢键的作用，增强了溶剂对吸收波长的影响，使最大吸收波长向短波方向移动，从而影响防晒剂的效率。此外，羧基和氨基对 pH 值变化敏感，游离胺也倾向于在空气中氧化，引起颜色的变化。

这是一类最早使用的紫外线吸收剂，它作为 UVB 区的吸收剂，其不足之处是对皮肤有刺激性。后又进行改进，出现了它的同系物对二甲氨基苯甲酸酯类。以往在防止紫外线红斑、皮炎的防晒化妆品中，主要是选用它们作为紫外线吸收剂。近年来，这类紫外线吸收剂已较少使用，甚至有些防晒制品还声明不含“PABA”。

常用的对氨基苯甲酸酯类紫外线吸收剂有以下 6 种：

① 对氨基苯甲酸（PABA）。

② 对氨基苯甲酸甘油酯（glyceryl PABA）。

③ *N,N*-二甲基对氨基苯甲酸戊酯（*N,N*-dimethyl PABA amyl ester）。

④ 乙基-4-双(羟丙基)氨基苯甲酸酯[ethyl-4-bis (hydroxyl propyl) amino benzoate]。

⑤ 聚氧乙烯-4-氨基苯甲酸酯（ethoxylated-4-amino benzoic acid）。

⑥ *N,N*-二甲基对氨基苯甲酸辛酯（*N,N*-dimethyl PABA octyl ester）。

2. 水杨酸酯（salicylates）及其衍生物

水杨酸酯（salicylates）及其衍生物类化合物都是 UVB 吸收剂，是目前国内较常用的防晒剂，结构式为：

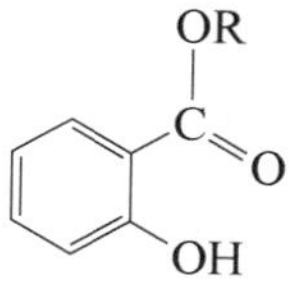

OR — C=O — OH

$R = —C_6H_5$为水杨酸苯酯
$R = —CH_2C_6H_5$为水杨酸苄酯
$R = —C_{10}H_{19}$为水杨酸薄荷酯
$R = —C_9H_{17}$为水杨酸三甲环己酯
$R = —C_8H_{17}$为水杨酸乙基己酯

常见的品种有水杨酸苯酯、水杨酸苄酯、水杨酸薄荷酯、对异丙基苯基水杨酸酯等。由于水杨酸酯类是一组邻位取代的化合物，其空间排列使其分子内可形成氢键，在 300nm 附近有 UV 吸收峰。其缺点是吸收率太小，但价格较低，故可与其他紫外线吸收剂复配使用。

间位和对位的羟基苯甲酸酯的最大吸收 λ_{max} 比 300nm 低，接近 270nm。由于水杨酸酯分子内氢键的作用，酚基与羧酸酯会被拉紧，为了抗衡这样的空间张力，两个基团会稍稍偏离，不在同一平面上。分子平面性的较小偏离，会引起消光系数的下降。尽管水杨酸酯类对 UV 吸收较弱，但有较好的安全使用记录，较易添加于化妆品配方中，产品外观好，具有稳定、润滑、水不溶性等性能。此外，水杨酸酯类也是一些不溶性化妆品组分的增溶剂，例如水杨酸辛酯常用于 2-羟基-4-甲氧基二苯酮的增溶。

水溶性的水杨酸盐类对皮肤亲和性较好，对防晒制品的 SPF 有增强作用，并可用于发类制品。

3. 邻氨基苯甲酸酯类（anthranilate）

邻氨基苯甲酸酯类化合物是 UVA 区的吸收剂，含有如下结构：

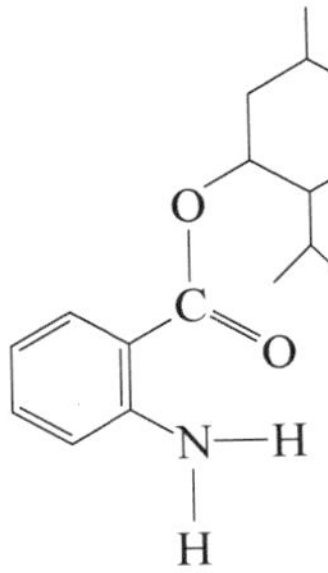

邻氨基苯甲酸孟酯 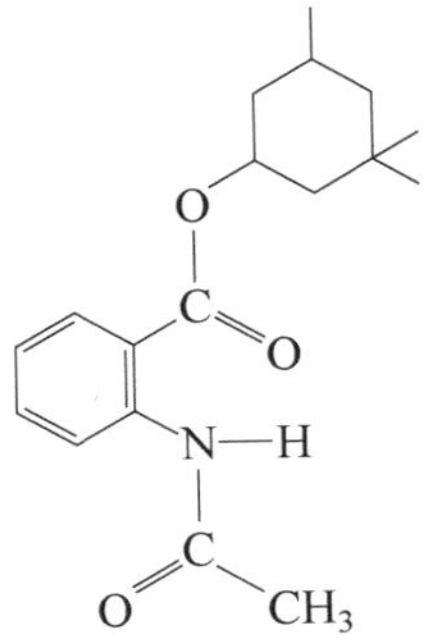　　　　N-乙酰基邻氨基苯甲酸三甲基环己酯

这类防晒剂起着防晒黑作用，其价格低廉，但吸收率低，存在与 PABA 类似的对皮肤有刺激性等不足。近年来，消费者对 UVA 范围辐射的危险性更加关心，皮肤学家的研究结果已证实，320～400nm 的辐射必须防护，以防止皮肤产生红斑和由于对皮肤的长期作用而出现的皮肤老化和皲裂，甚至引起皮肤癌。因此研制高 SPF 值、防护 UVA 和对皮肤作用温和的紫外线吸收剂成为化妆品厂家的开发方向。邻氨基苯甲酸薄荷酯为这类防晒剂中的较佳选择。邻氨基苯甲酸薄荷酯是液体，易溶于化妆品中的油类，也容易被乳化，稳定性高，λ_{max} 为 338nm，不易受溶剂影响。它与对甲氧基肉桂酸异辛酯配伍使用可提高 SPF 值，并具有防 UVA 作用，效果较理想。与 2-羟基-4-甲氧基二苯酮配伍，有增溶作用，防止结晶从制品中析出。

4. 二苯酮（benzophenones）及其衍生物

二苯酮（benzophenones）及其衍生物紫外线吸收剂对 UVB 和 UVA 区的辐射都能吸收，但其吸收率稍差，结构式为：

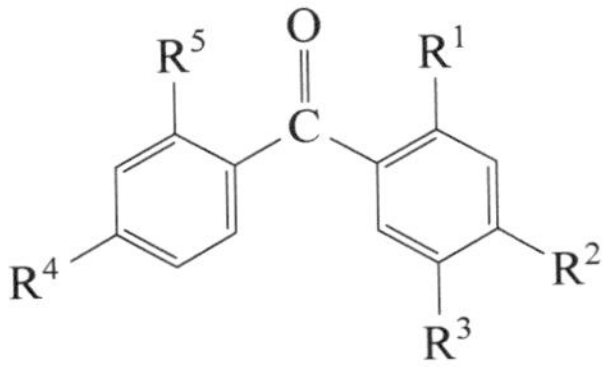

2-羟基-4-甲氧基二苯酮（benzophenone-3）：R^1=OH，R^2=OCH_3，R^3=R^4=R^5=H；

2,2′-二羟基-4-甲氧基二苯酮（benzophenone-8）：R^1=OH，R^2=OCH_3，R^3=R^4=H，R^5=OH；

2-羟-4-甲氧基二苯酮-5-磺酸（benzophenone-4）：R^1=OH，R^2=OCH_3，R^3=SO_3，R^4=R^5=H；

2,4′-二羟基二苯酮（benzophenone-1）：R^1=R^2=OH，R^3=R^4=R^5=H；

2,2′,2,4′-四羟基二苯酮（benzophenone-2）：R^1=R^2=R^4=R^5=OH，R^3=H；

2,2′-二羟基-4,4′-二甲氧基二苯酮（benzophenone-6）：R^1=R^5=OH，R^2=R^4=OCH_3，R^3=H。

2-羟基-4-N-乙基己基二苯酮（benzophenone-12）：R^1=OH，R^2=OC_8H_{17}(iso)，R^3=R^4=R^5=H。

这类化合物都含有邻位和对位的取代基，有些还含有双邻位取代基，这样会生成分子内氢键，电子离域作用较容易发生，与此相应的能量需要也降低，最大吸收波长向长波方向移动，处于 UVA 范围。邻位和对位取代基的存在，使得这类化合物具有两个吸收峰，对位取代引起 UVB 吸收，邻位取代引起 UVA 吸收。

二苯酮类紫外线吸收剂在应用上还存在一些缺点。首先由于二苯酮类是芳香酮，与酯类不同，在体内能被水解，产生的副产物能新陈代谢（一种解毒方式），而芳香酮没有相近的新陈代谢过程。其次，这类化合物都是固体，在化妆品配方中较难处理和增溶。此外，这类化合物的最大吸收峰在 330nm 以下，只是刚进入 UVA 区。在不同溶剂中，有些二苯酮表现出较大的 λ_{max} 位移，例如二羟基甲氧基苯酮在极性溶剂中 λ_{max} 值为 326nm，在非极性溶剂中 λ_{max} 值为 352nm。这类化合物中应用最广泛的是羟甲氧苯酮。此类产品对光、热稳定，耐氧化稍差，需加抗氧剂，它的渗透性强。

5. 对甲氧基肉桂酸类（*p*-methoxycinnamate）

对甲氧基肉桂酸类是 UVB 区的良好吸收剂，其效果良好，结构式为：

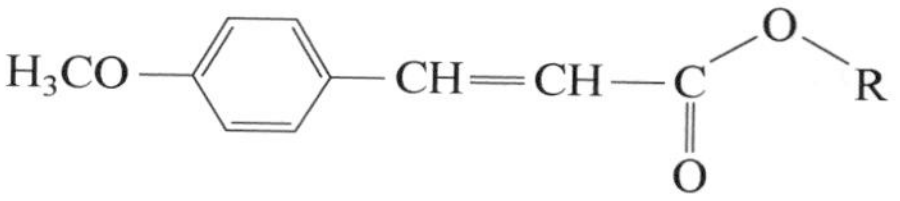

H_3CO—⟨苯环⟩—CH═CH—C(═O)—O—R

R = $-C_8H_{17}$ 为对甲氧基肉桂酸异辛酯
R = $-C_5H_{11}$ 为对甲氧基肉桂酸异戊酯
R = 乙醇胺盐为对甲氧基肉桂酸乙醇胺盐

常用的对甲氧基肉桂酸酯类防晒剂有以上三种，我国 2015 版《化妆品安全技术规范》中允许使用的有对甲氧基肉桂酸异戊酯。这类紫外线吸收剂在欧洲很盛行，如 DSM 公司的产品甲基肉桂酸辛酯（CTFA 定名为 octyl methoxycinnamate），其商品名为 Parsol MCX，分子式 $C_{18}H_{26}O_3$，为 UVB 区良好的紫外线吸收剂，λ_{max} 为 310nm，是浅黄轻质油状液体，沸点 198～200℃，凝固点-25℃，在甲酸中最大溶解度为 10%。

6. 二苯甲酰甲烷类（dibenzoyl methane）

二苯甲酰甲烷类是一类高效 UVA 区紫外线吸收剂，能制成高 PA 值的防晒剂，结构式为：

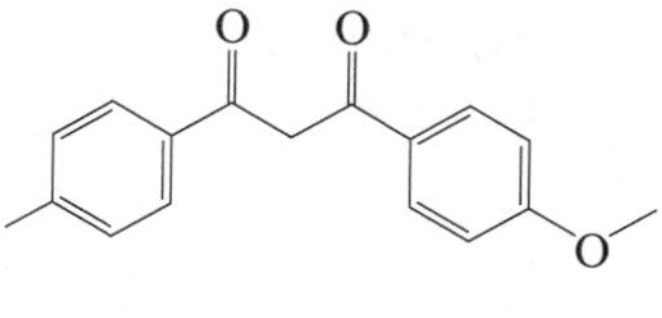

O O
O

这类防晒剂为微黄色晶粒，具有香气。其主要功用为防晒黑，λmax 为 357nm，紫外线吸收带为 332～385nm，防晒系数 SPF 值与其用量有递增关系，SPF 值可达 9～10。如 DSM 公司的产品丁基甲氧基二苯甲酰甲烷，CTFA 定名为 butyl methoxydibenzeylmethane，商品名为 Parsol 1789，又称作阿伏苯宗。阿伏苯宗的光稳定性差，会在吸收紫外光子后发生异构化反应，异构化的分子丧失了吸收 UVA 段紫外线的能力，所以减弱了其在应用中的长期有效性，也正因为其光稳定性差，导致该原料可能会引发过敏等皮肤不适。此外，在含有阿伏苯宗的配方体系中，还会出现以下问题：

① 使用二氧化钛或氧化锌时，可能会出现变色，并降低防晒效果；

② 与甲醛或甲醛释放体防腐剂复配，会导致 UVA 吸收能力降低，以及防腐能力降低；

③ 与对羟基苯甲酸及酯类配用时，显亮黄色；

④ 与二甲基 PABA 乙基己酯复配，会形成黄色的复合物；

⑤ 与甲氧基肉桂酸乙基己酯复配，会形成光催化的环加成反应，导致该原料更加不稳定更易被光分解，以至于会出现测试时防晒指数下降等问题；

⑥ 加入至化妆品体系中，膏体会出现变色现象，这与体系的 pH 和重金属离子的浓度有关，因此在配制膏霜时，可加 EDTA 等螯合剂络合，防止变色。

为了降低其危害，提高阿伏苯宗的利用率，可将环糊精或萘二酸-2,6-二乙基己酯等与阿伏苯宗复配使用，提高其光稳定性，也可将其与 UVB 过滤剂奥克立林复配，奥克立林能够有效吸收引发阿伏苯宗光解的光子，从而大大抑制其光解反应。

7. 樟脑类衍生物（camphor derivatives）

樟脑类及其衍生物的结构通式为：

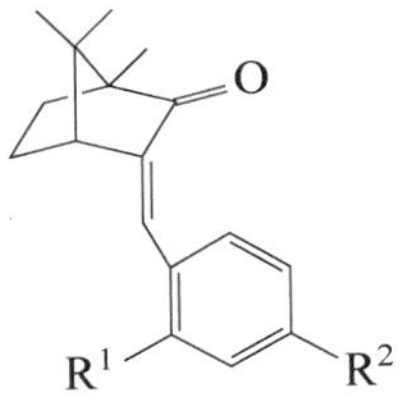

O

R^1 R^2

α-(2-氧代冰片-3 亚基)-甲苯-2-磺酸：R^1＝H，R^2 =SO_3H；λ_{max}=296nm

3-(4-甲基亚苄基)-莰烷-2-酮：R^1＝H，R^2 =CH_3；λ_{max}=300nm

3-亚苄基莰烷-2-酮：R^1＝H，R^2 =H；λ_{max}=290nm

目前，我国 2015 年版《化妆品安全技术规范》中有 6 种樟脑衍生物作为紫外线吸收剂，但美国 FDA 还未批准任何一种樟脑衍生物可以作为紫外线吸收剂。这类紫外线吸收剂包括 3-亚苄基樟脑、4-甲基苄亚基樟脑、亚苄基樟脑磺酸及其盐类、聚丙烯酰胺甲基亚苄基樟脑、对苯二亚甲基二樟脑磺酸及其盐类。这 5 种紫外线吸收剂中，只有对苯二亚甲基二樟脑磺酸及其盐类为 UVA 吸收剂，其余均为 UVB 吸收剂。这类紫外线吸收剂在欧美常用于防晒黑制品中，它们储藏稳定，不刺激皮肤，无光致敏性，毒性小，其稳定性和化学惰性也较好，且皮肤吸收此物能力弱。但欧盟新规已将 3-亚苄基樟脑从紫外线过滤剂名单中删除，并添加至禁用物质名单，原因是该物质可通过皮肤被人体吸收，具有潜在风险，会干扰人体内分泌，特别是影响生育问题。

至于紫外线吸收剂的吸收性，一般单独使用时的效果均不太理想，多以复配的形式加入到防晒化妆品中。如将 UVA 与 UVB 紫外吸收剂按一定比例复配，可以在整个紫外波长范围内具有吸收作用，即相互提升防晒效果，起到协同增效作用。

以对苯二亚甲基二樟脑磺酸为例，它属于水溶性化学防晒剂，λ_{max}＝345nm，是目前滤掉 UVA 最有效的化学成分之一，在防晒化妆品中欧盟、中国、日本允许使用的最高质量分数为 10%。

8. 苯并三唑类（benzottriazole）

这类防晒剂包括甲酚曲唑（drometrizole）、甲酚曲唑三硅氧烷（drometrizole trisiloxane）、亚甲基双苯并三唑四甲基丁基苯酚（methylene bis-benzotriazoly tetra methylbutylphenol）。

其中，甲酚曲唑是一种白色至微黄色结晶粉末，$\lambda_{max}=300/340nm$，是一种UVA/UVB紫外吸收剂，在防晒产品中只有日本允许使用，允许使用的最高质量分数为7%，其结构式为：

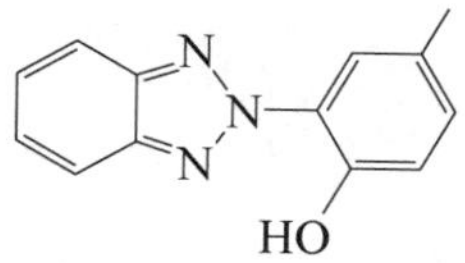

N N N HO

甲酚曲唑三硅氧烷在防晒产品中欧盟和中国允许使用的最高质量分数为15%，日本为10%，美国不允许使用。其最大吸收波长$\lambda_{max}=303/341nm$，其结构式为：

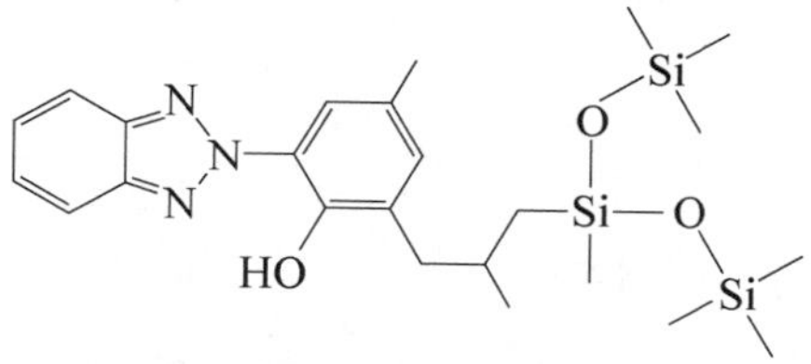

N N N HO Si O Si O Si

9. 二甲氧基硅氧烷丙二酸酯类（malonate）

这类防晒剂包括聚硅氧烷-15（polysilicone-15），它是一类无色至淡黄色、具有轻微特征气味的液体，市售产品纯度>98%，不溶于水，溶于大多数中等极性的有机溶剂。其最大吸收波长$\lambda_{max}=312nm$，是一种UVB区紫外线吸收剂。在防晒化妆品中欧盟、中国、日本允许使用的最高添加量为10%，美国不允许使用。

$$-Si-O-[Si(R)-O]_n-Si- \quad n\approx 60$$

R = （含 $COOC_2H_5$、$COOC_2H_5$、O、CH_2）（约6%）

R = （含 $COOC_2H_5$、$COOC_2H_5$、O）（约1.5%）

$R = CH_3$ （92.1%～92.5%）

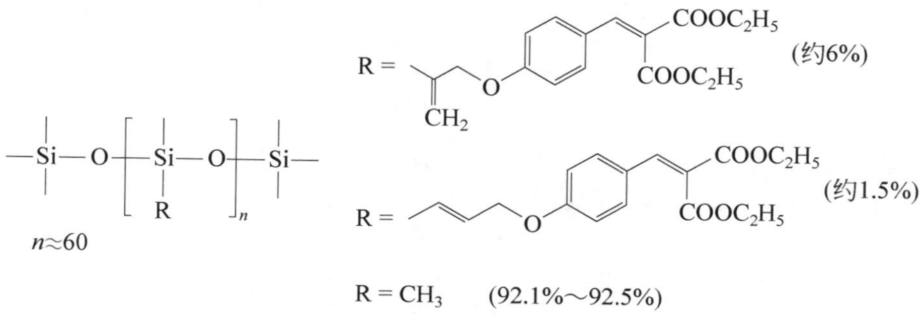

10. 三嗪酮类（triazone）

三嗪酮类防晒剂主要有二乙基己基丁酰胺基三嗪酮（diethylhexyl butamido triazone）和乙基己基三嗪酮（ethylhexyl triazone）。该物质具有较高的消光系数，

λ_{max}=314nm，是有效的 UVB 吸收剂，且对皮肤的角蛋白亲和力较好，适用于耐水的配方，配制时一般将它溶于油相。但需要注意的是，体系 pH<5 时易结晶析出。在防晒产品中欧盟和中国允许最高使用质量分数为 5%，日本为 3%，美国还未允许使用。乙基己基三嗪酮的化学结构式为：

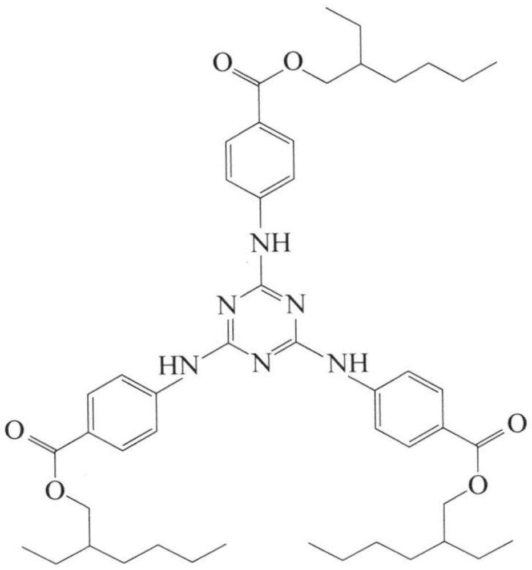

11. 其他类型的紫外线吸收剂

除以上常用的化学吸收剂外，还有以下一些化学防晒药剂。

① 3,4-二羟基-5-（3',4',5'-三羟基苯甲酰氧基）苯甲酸三油酸酯　此化合物又称为二桔酰三油酸酯，在中国、美国和欧盟都批准使用，λ_{max}＝283nm。GB7916—1987 规定在化妆品中允许使用的最高质量分数为 4%（美国 FDA-OTC 规定为 2%～5%），其结构式为：

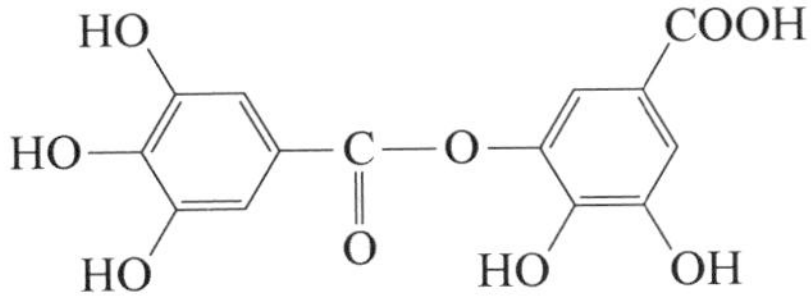

② 2-羟基-1,4-萘醌和二羟基丙酮的混合物　该混合物中二羟基丙酮用作人工晒黑的加速剂。2-羟基-1,4-萘醌用作 UV 吸收剂。美国 FDA-OTC 批准使用质量分数为 3%。

③ 苯基苯并咪唑磺酸　此化合物是白色至象牙色粉末，溶于水、乙醇和异丙醇，不溶于矿油和 IPM。在乳液水相中使用增加 SPF 值，一般中和后使用，确保不含游离酸，以防它从制品中结晶析出，中和后的 pH 为 7.0～7.5，可使用缓冲溶液体系。在防晒化妆品中欧盟和中国允许使用这种 UVB 防晒剂的最高质量分数为 8%，美国为 4%，日本为 3%。其结构式为：

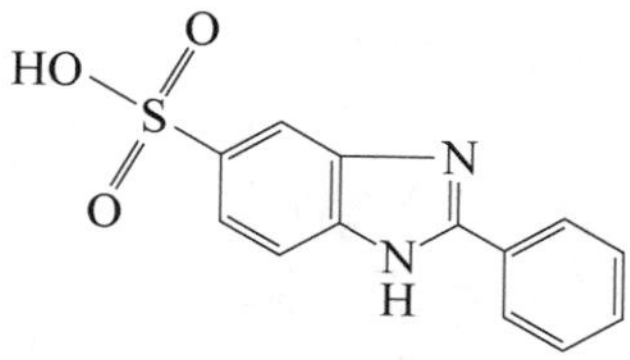

HO O S O O N N H

④ 纳米有机微粒 BASF 的天来施®M，其化学名称为 2,2′-亚甲基-二［6-(2*H*-苯并三唑-2-基)-4-(1,1,3,3-四甲基丁基)-苯酚］，分子式 $C_{41}H_{50}N_6O_2$。其化学结构式为：

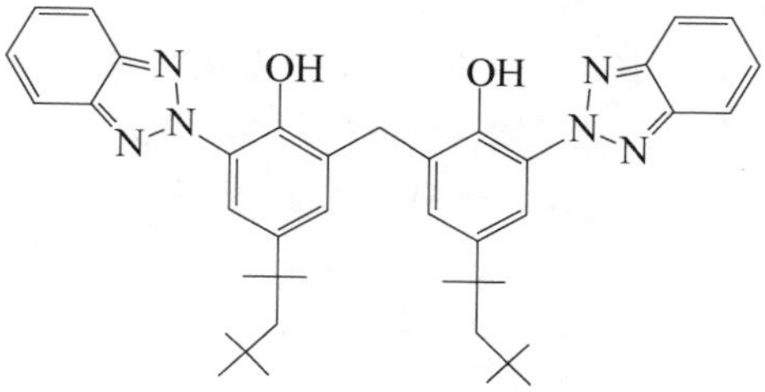

N N N OH OH N N N

天来施®M 是 50%活性物含量的水分散体系，活性成分是小于 200nm 的无色超细有机微粒。是原瑞士汽巴精化的专利产品，是一种具有三重防晒效果的纳米级超细 UVA 吸收剂，它采用全新的防紫外线皮肤保护技术，是首个使用超细微粒技术的紫外线吸收剂，作为超细颜料的同时又是一种有机紫外吸收剂；天来施®M 由一种无色的具有紫外线吸收作用的固体有机物衍生而来的，它被微粉化为直径小于 200nm 的微粒，本身具有优异的光稳定性。

天来施®M 的高效防晒性能主要得益于以下三种作用：光稳定的有机紫外线吸收剂、由超细微结构导致的光散射和光反射。

⑤ 二乙氨基羟苯甲酰苯甲酸己酯 二乙氨基羟苯甲酰苯甲酸己酯是 BASF 的新型防晒剂，商品名为 Uvinul A Plus，其化学名称为 2-(4-二乙氨基-2 羟苯甲酰)苯甲酸己基酯，结构式为：

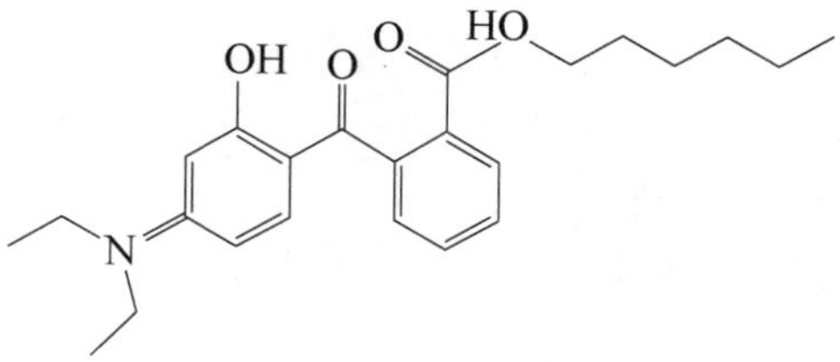

OH O O HO N

Uvinul A Plus 为黄色固体，是 UVA 紫外线吸收剂，相较于丁基甲氧基二苯甲酰甲酯有较好的光稳定性。

同时 BASF 开发了宽范围的紫外线吸收剂 Uvinul A Plus B，是二乙氨基羟苯甲酰苯甲酸己酯与甲氧基肉桂酸辛酯的混合物。

三、天然防晒剂

上述的紫外线吸收剂都是合成的化合物，应用于化妆品时，它们对皮肤的刺激性及安全性是选取时要考虑的一个重要因素，因此，天然防晒剂是近年研究较多的一类防晒制剂。利用天然植物中的抗紫外线成分制成，可消除因暴晒引起的皮肤红肿、色斑等日光损伤，能克服化合物防晒剂产生的不良作用，具有防晒性能持久、作用温和、安全性高等特点。

我国资源丰富，种类繁多，有很多植物已被发现具有吸收紫外线的能力，具有广谱防晒剂的潜能。例如：槐米中的芸香苷（芦丁）、黄芩中的黄芩苷、芦荟中的芦荟苷、绿茶中的茶多酚、苹果中的苹果多酚（主要指单宁酸、儿茶素以及鞣花酸）、枸杞子中的糖缀合物、黄芪中的总黄酮、草果药和红豆蔻的提取物、藏药镰形棘豆中的黄酮类化合物、苁蓉中的肉苁蓉苷、黄蜀葵花提取液等天然防晒剂具有良好的开发应用前景。

上述的这些物质很少被当作防晒剂看待，但这些物质一方面具有吸收特定波长紫外线能力，另一方面也具有晒后修复的作用。因为紫外辐射是一种氧化应激过程，通过产生氧自由基来造成一系列组织损伤，上述物质通过清除或减少氧活性基团中间产物，从而阻断或减缓组织损伤或促进晒后修复，这是一种间接防晒作用，上述各种抵御紫外辐射的活性物质应属于生物性防晒剂。

防晒产品配方中加入上述生物活性物质已经成为一种时尚。这种做法有多重效果：一是可加强产品的防晒效果而提高体系的 SPF 值；二是可通过抗氧化作用保护产品中其他活性成分如防晒剂等；三是可防止产品接触空气后的氧化变色；四是可以发挥其他生物学功效如营养皮肤、延缓衰老、美白祛斑等。

第三节　防晒产品配方设计

防晒化妆品为达到一定的防晒指数，通常都需要添加足够数量的物理防晒剂及化学防晒剂，而这些原料的添加，对配方的开发提出了特殊的要求。

① 防晒配方按剂型分，通常包括防晒喷雾（包括气雾剂）、防晒乳液、防晒霜、防晒粉底液、防晒修容粉（粉饼、散粉）等。

② 防晒配方按工艺分，通常可以分为溶剂型和乳化型，其中乳化型通常可以分为水包油型及油包水型。

③ 按使用的物理及化学防晒剂区分，可以分为全物理防晒剂防晒霜、全化学防晒剂防晒霜及物理化学防晒剂复配防晒霜。

④ 按是否具有防水抗汗效果，可以分普通型及防水抗汗型。

一、相关理论

1. 物理紫外屏蔽剂的散射作用

二氧化钛和氧化锌等物理防晒剂，对紫外线的屏蔽是通过反射、散射和吸收作用共同实现的。反射、散射和吸收的相对强弱与物理防晒剂粒径密切相关，粒径越小，吸收越强，反射和散射越弱，反之亦然。对于目前使用的纳米物理防晒剂，其粒径通常较小，主要是通过价带上的电子跃迁到导带来吸收紫外线辐射的。因为它们具有类似半导体的电子特性，是在价带和导带间具有高带隙能的半导体，晶体的带宽正好对应于波长在 380～420nm 能量的范围。所以价带上的电子跃迁到导带就能吸收紫外线了。根据其吸收能谱，纳米二氧化钛更多地阻隔 UVB 波段紫外线，而氧化锌则更多地阻隔 UVA 波段紫外线。

二氧化钛的粒径与遮暇力和紫外屏蔽作用都有关。二氧化钛微粒分散于体系，粒径越大，能够散射或反射的波长也就越大。粒径 200～400nm 的钛白粉主要以反射可见光波段为主，因此显白色，遮暇力强，用于底妆产品；而粒径 20～100nm 的钛白粉主要散射紫外线波段，可见光可以通过，因此用于防晒。

大粒径的钛白粉对于紫外线的反射能力总是比小粒径的要强，能够反射可见光的物质，紫外线更是不在话下，但是也容易产生缝隙，让光线从缝隙穿过。因此防晒产品选择小粒径二氧化钛的原因是：小粒径颗粒容易在皮肤上形成一层或多层致密的膜，对紫外线进行散射，也会有部分反射，致密的膜阻止了紫外线穿过到皮肤上。

纳米二氧化钛微粒的大小与其抗紫外能力密切相关。当其粒径等于或小于光波波长的一半时，对光的反射、散射量最大，屏蔽效果最好。一般说来，当其粒径在 30～100nm 时，对紫外线的屏蔽效果最好，同时能透过可见光，使皮肤的白度显得更富自然美。

2. 化学紫外吸收剂的紫外吸收机理

分子的紫外吸收光谱是由分子能级的跃迁而产生的（伴随着振动、转动能级的改变），电子能级的跃迁主要是价电子［包括成键电子、反键电子、非键电子（孤对电子、游离电子和离子）］等的跃迁，因为内部电子的能级很低，在一般条件下不容易激发。与紫外-可见吸收光谱有关的电子有三种，即形成单键的 σ 电子、形成双键的 π 电子以及未参与成键的 n 电子。跃迁类型有：$\sigma\rightarrow\sigma^*$、$n\rightarrow\sigma^*$、$n\rightarrow\pi^*$、$\pi\rightarrow\pi^*$四种。在以上几种跃迁中，只有 $\pi\rightarrow\pi^*$和 $n\rightarrow\pi^*$两种跃迁的能量小，相应波长出现在近紫外区甚至可见光区，且对光的吸收强烈。

紫外线吸收剂一般是含有一个羰基具有共轭结构的芳香族化合物。在很多的紫外线吸收剂中，芳香环的邻位和对位被 1 个可释电子的基团所取代（如氨基或甲氧基），大多数紫外线吸收剂具有如下的一些结构：

(对位)　　　　(邻位)

这种结构的化合物吸收有伤害作用的短波（高能量）UV 射线（280～400nm），并将保存的能量转变成无害的较长波（较低能量）辐射（一般在 400nm 以上）。量子力学的计算已表明，在 UVB 和 UVA 区域辐射量子的能量与下示的芳香化合物中电子的离域化共振能处于相同的数量级：

如图 15-1 所示，紫外线吸收剂分子吸收 UV 辐射的能量相应于引起“光化学激发”所需的能量。换言之，由于吸收这些紫外辐射，紫外线吸收剂的分子由基态（n）被激发至较高的能态（π^*）。当被激发的分子回到基态时，发射出的能量较开始时产生激发态所吸收的能量低，这部分能量以较长波辐射的形式发射出来。

由激发态回到基态，发射出较长波的辐射可能经历不同的途径（见图 15-1）。如果能量损失很大，发射辐射的波长足够长，在红外线波段，皮肤上可能会感到有温和的热辐射。由于皮肤直接暴露于太阳光下，接受到较强的热效应，上述微小的热效应会被蔽盖，不易被觉知或探测出来。

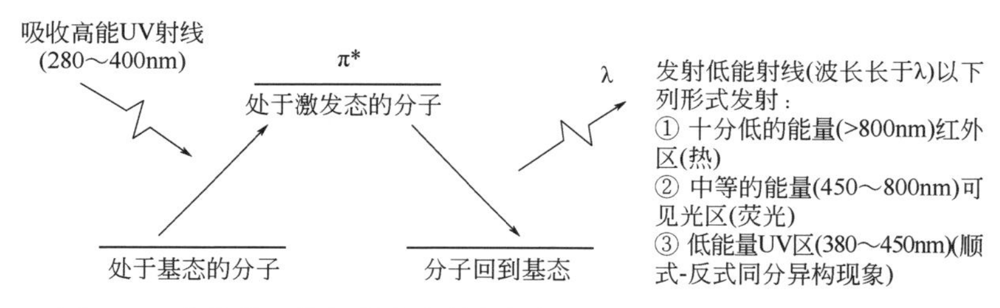

图 15-1　紫外线吸收剂使有害的高能射线变为无害的低能射线的过程

当发射的能量处于可见光范围内时，便可观察到荧光或磷光作用，这种现象在咪唑型紫外线吸收剂中是很普遍的，在制剂中或皮肤表面可以看到淡蓝色的光。

在极端的情况下，发射的能量足够强（较短的波长），可能会引起部分紫外线吸收剂分子的光化学反应。顺式-反式或酮式-醇式异构现象在一些有机分子中已观察到，这种情况会引起该化合物最大吸收波长 λ_{max} 的位移。

此外，介质 pH、溶剂的作用等因素都会使最大吸收波长位移，分子结构对称允许或对称禁阻的规律也会影响到紫外线吸收剂的消光系数（ε）。这些问题将在防晒制品部分加以讨论。

3. 包覆防晒剂载体技术的协同增效作用

化学紫外吸收剂对皮肤具有刺激性，可以借用新型载体技术包覆防晒剂，将化学紫外吸收剂包覆于载体中。结合防晒剂在产品应用过程中不允许渗透的性能，可以应用于包覆防晒剂载体的技术主要包括：微胶囊、多空聚合物微球、固体脂质纳米粒、纳米脂质载体等。运用载体技术包覆防晒剂的防晒机理见图 15-2，体现了以下几方面优势：

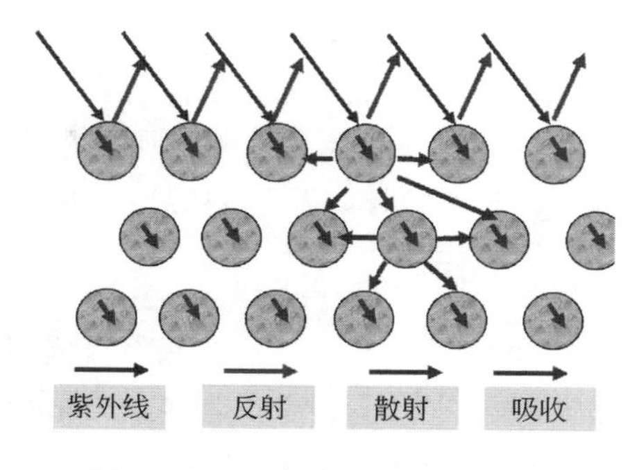

图 15-2　包覆载体技术防晒机理

① 防晒剂包覆于载体结构中，避免了与皮肤的直接接触，降低了防晒剂对皮肤的刺激性；

② 解决了一些固体防晒剂在应用体系中相溶性差，制备的产品在储存过程中极易析出，致使膏体粗，同时还影响防晒性能的问题；

③ 包覆载体本身是一种微粒状态，当微粒的粒径大小与紫外吸收波长相当时，对紫外光线会有一定的反射、散射作用，同时包覆在内部的化学紫外吸收剂又有一定的吸收作用，因此包覆载体与防晒剂在防晒性能上可以起到协同增效的作用；

④ 防晒剂包覆于载体结构中，所体现的肤感是载体微粒的肤感，有利于降低化学紫外吸收剂的油腻性，改善防晒化妆品的肤感。

如何设计载体，以便更好地提高防晒指数，目前还正在进一步研究中。

二、配方示例与工艺

1. 水感防晒啫喱

水感防晒啫喱是一款透明型的防晒产品，主要是依赖于水溶性聚合物将油溶性化学紫外吸收剂悬浮于水剂体系中，香精借助于酒精增溶，在防晒剂的选择上侧重于化学紫外吸收剂，其配方示例见表 15-4。

表 15-4　水感防晒啫喱配方（约 SPF50+，PA++++）

组相	组　　分	质量分数/%	组相	组　　分	质量分数/%
A 相	水	加至 100	B 相	乙基己基三嗪酮	2.5
	1,3-丁二醇	3.0		二乙氨羟苯甲酰基苯甲酸己酯	5.0
	丙烯酸/山嵛醇聚醚-25 甲基丙烯酸酯共聚物	2.0	C 相	亚甲基双-苯并三唑基四甲基丁基酚/水/癸基葡糖苷/丙二醇/汉生胶	6.0
B 相	碳酸二辛酯	6.0	D 相	尼龙 6	2.0
	椰油醇辛酸癸酸酯	7.0	E 相	防腐剂	适量
	水杨酸乙基己酯	5.0		香精	适量
	甲氧基肉桂酸乙基己酯	10.0		酒精	10.0

制备工艺如下：

① A 相和 B 相分别搅拌加热至 80℃；

② 把 B 相加入 A 相中，高速均质乳化 8min；

③ 搅拌降温到 60℃时，加入 C 相，继续降温到 50℃，加入 D 相；

④ 继续搅拌降温至 35℃加入 E 相，搅拌均匀后出料。

2. 防晒喷雾

防晒喷雾是一种借用喷头将料体雾化，喷洒到皮肤上，便于涂抹的一种产品。在配方开发过程中，需要控制体系的黏度，黏度太高了无法雾化；但是在开发高防晒指数喷雾产品过程中，低黏度产品的稳定性需要引起配方师重视，防晒喷雾配方见表 15-5（1）和表 15-5（2）。

表 15-5（1） 防晒喷雾配方（1）（约 SPF40，PA++++）

组相	组　　分	质量分数/%	组相	组　　分	质量分数/%
A 相	二乙氨羟苯甲酰基苯甲酸己酯	4.0	A 相	C_{12}～C_{15} 烷基苯甲酸酯	10.0
	丁基甲氧基二苯甲酰甲氧烷	4.0	B 相	环聚二甲基硅氧烷	加至 100
	奥克立林	8.0		异十二烷	10.0
	水杨酸乙基己酯	5.0	C 相	乙醇	20.0
	胡莫柳酯	10.0		防腐剂	适量
	乙基己基三嗪酮	2.0		香精	适量
	生育酚乙酸酯	0.30	D 相	液化石油气（LPG）	20.0
	癸二酸二异丙酯	5.0			

制备工艺：

① 将 A 相原料混合加热至 80～85℃，待颗粒完全溶解至透明，然后降温至 50℃，加入 B 相原料；

② 降温至 30℃，加入 C 相原料，搅拌均匀后出料；

③ 将料液按比例加入气雾罐后，封口充入 D 相推进剂。

表 15-5（2） 防晒喷雾配方（2）（约 SPF44，PA+++）

组相	组　　分	质量分数/%	组相	组　　分	质量分数/%
A 相	丁基甲氧基二苯甲酰甲氧烷	5.0	B 相	苯基苯并咪唑磺酸	2.0
	水杨酸乙基己酯	5.0		鲸蜡醇磷酸酯钾	0.5
	奥克立林	10.0		丙烯酸（酯）类/C_{10}～C_{30} 烷醇丙烯酸酯交联聚合物	0.1
	乙基己基三嗪酮	2.0		氢氧化钠	适量（pH 调到 7.5～8.0）
	生育酚乙酸酯	0.3	C 相	乙醇	10.0
	PEG-100 硬脂酸酯/甘油硬脂酸酯	2.0		防腐剂	适量
	C_{12}～C_{15} 烷基苯甲酸酯	10.0		香精	适量
B 相	水	加至 100	D 相	二甲醚（推进剂）	25.0
	甘油	5.0			

制备工艺：

① 将A相原料混合加热至80～85℃，待颗粒完全溶解，B相原料边搅拌边加热至80～85℃，至完全分散溶解，将A相原料加入至B相中，高速均质乳化10min，然后降温；

② 降温至30℃，加入C相原料，搅拌均匀后出料；

③ 将料液按比例加入气雾罐后，封口充入D相推进剂。

3. 物理防晒剂防晒产品

化学紫外吸收剂因对皮肤有一定的刺激性，均为化妆品中的限用原料，即在应用于化妆品中时有一定的不安全性，因此，在开发儿童用防晒产品时，主要以物理紫外屏蔽剂为主。常用的物理紫外屏蔽剂为二氧化钛、氧化锌。物理紫外屏蔽剂添加到体系中对体系的稳定提出了更高的要求，因为儿童物理防晒霜通常不使用纳米二氧化钛和纳米氧化锌，而选择较大粒径，因此在使用后存在泛白现象。以物理紫外屏蔽剂为主的防晒产品配方见表15-6（1）和表15-6（2）。

表15-6（1）　物理防晒剂防晒配方（1）（约SPF35、PA+++）

组相	组　分	质量分数/%	组相	组　分	质量分数/%
A相	纳米氧化锌（表面处理：含水硅石/氢化聚二甲基硅氧烷）	10.0	B相	聚二甲基硅氧烷/聚二甲基硅氧烷交联聚合物	15.0
	纳米二氧化钛（表面处理：含水硅石/氢化聚二甲基硅氧烷）	8.0		聚二甲基硅氧烷（$6mm^2/s$）	10.0
	PEG-9 聚二甲基硅氧乙基聚二甲基硅氧烷	4.0	C相	水	加至100
	环聚二甲基硅氧烷	20.0		甘油	10.0
				氯化钠	0.9
			D相	防腐剂	适量
				香精	适量

表15-6（2）　物理防晒剂防晒配方（2）（约SPF35、PA+++）

组相	组　分	质量分数/%	组相	组　分	质量分数/%
A相	纳米氧化锌（表面处理：含水硅石/氢化聚二甲基硅氧烷）	15.0	B相	聚二甲基硅氧烷/聚二甲基硅氧烷交联聚合物	5.0
	纳米二氧化钛（表面处理：含水硅石/氢化聚二甲基硅氧烷）	12.0		聚二甲基硅氧烷（$6mm^2/s$）	10.0
	PEG-9 聚二甲基硅氧乙基聚二甲基硅氧烷	4.0	C相	水	加至100
	环聚二甲基硅氧烷	24.0		甘油	12.0
				氯化钠	0.9
			D相	防腐剂	适量
				香精	适量

制备工艺：

① A相和B相分别均质分散均匀；

② 把B相加入A相中，搅拌分散均匀；

③ C相原料搅拌溶解，然后缓慢加入A、B混合相中，边搅拌边加，速度以表面没有水珠为准，加完后搅拌10min，然后高速均质乳化10min；

④ 加入D相原料，搅拌均匀后出料。

本配方需摇匀后使用。

4. O/W型防晒乳液

尽管防晒产品的剂型很多，防晒乳霜依然是防晒化妆品市场的主体产品。因为在乳化体系中容易添加较高含量的各种物理紫外屏蔽剂及化学紫外吸收剂，其中O/W型产品因其使用过程中相对清爽而深受消费者的喜爱，但其抗水性不如W/O型，需要借助一些成膜性比较好的聚合物提升产品的抗水性。O/W型防晒乳液配方见表15-7（1）和表15-7（2）。

表15-7（1） O/W型防晒乳液配方（约SPF45，PA+++）

组相	组　分	质量分数/%
A相	水	加至100
	汉生胶	0.15
	甘油	5.00
	1,3-丁二醇	3.00
	EDTA-2Na	0.05
	苯基苯并咪唑磺酸	2.00
	鲸蜡醇磷酸酯钾	1.50
	氢氧化钠	适量（pH调到7.5～8.0）
B相	环聚二甲基硅氧烷	4.00
	水杨酸乙基己酯	5.00
	胡莫柳酯	4.00
B相	甲氧基肉桂酸乙基己酯	9.50
	乙基己基三嗪酮	1.00
	二乙氨羟苯甲酰基苯甲酸己酯	3.00
	PEG-100硬脂酸酯/甘油硬脂酸酯	2.50
	生育酚乙酸酯	0.30
	鲸蜡硬脂醇	1.00
C相	硅石	3.00
D相	防腐剂	适量
	香精	适量
	酒精	5.00

制备工艺：

① A相和B相分别搅拌加热至80～85℃；

② 把B相加入A相中，高速均质乳化3min；

③ 搅拌降温到50℃时，加入C相，继续搅拌降温至40℃加入D相搅拌均匀后出料。

表15-7（2） O/W型抗水防晒乳液配方（约SPF50，PA+++）

组相	组　分	质量分数/%
A相	水	加至100
	汉生胶	0.15
	甘油	5.00
	1,3-丁二醇	3.00
	EDTA-2Na	0.05
	氢氧化钠	适量（pH调到6.5～7.0）
B相	环聚二甲基硅氧烷	4.00
	水杨酸乙基己酯	5.00
	胡莫柳酯	4.00
	甲氧基肉桂酸乙基己酯	9.50
B相	乙基己基三嗪酮	1.00
	二乙氨羟苯甲酰基苯甲酸己酯	3.00
	双-乙基己氧苯酚甲氧基苯基三嗪	3.00
	C_{20}～C_{22}醇磷酸酯/C_{20}～C_{22}醇	3.50
	生育酚乙酸酯	0.30
	鲸蜡硬脂醇	1.00
	三十碳烯聚乙烯基吡咯烷酮	2.00
C相	硅石	3.00
D相	防腐剂	适量
	香精	适量
	酒精	5.00

制备工艺：

① A 相和 B 相分别搅拌加热至 80～85℃；

② 把 B 相加入 A 相中，高速均质乳化 3min；

③ 搅拌降温到 50℃时，加入 C 相，继续搅拌降温至 40℃加入 D 相，搅拌均匀后出料。

5. W/O 型防晒乳液

防晒化妆品在要求有一定的防晒指数之外，很关键的一个指标是抗水性，即在出汗、游泳过程中也能保持一定时间的防晒性能，在所有剂型的产品体系中，W/O 型乳状液是抗水性最好的一类。但当油相作为外相的时候，在涂抹过程中很容易出现一定的油腻性，这一问题需要通过筛选适合的油脂来克服。W/O 型防晒乳液配方见表 15-8（1）～表 15-8（3）。

表 15-8（1） W/O 型防晒乳液配方（约 SPF50+，PA+++）

组相	组　　分	质量分数/%	组相	组　　分	质量分数/%
A 相	月桂基 PEG-10 三（三甲基硅氧基）硅乙基聚甲基硅氧烷	1.5	B 相	异构十二烷	8.0
	纳米 TiO_2（表面处理：含水硅石/氢化聚二甲基硅氧烷）	8.0		月桂基 PEG-10 三（三甲基硅氧基）硅乙基聚甲基硅氧烷	1.5
	异构十二烷	8.0		二硬脂二甲铵锂蒙脱石	1.5
B 相	甲氧基肉桂酸乙基己酯	9.0	C 相	甘油	8.0
	二乙氨羟苯甲酰基苯甲酸己酯	3.0		聚乙二醇 400	4.0
	辛基硅氧烷	7.0		硫酸镁	1.0
	聚二甲基硅氧烷/聚二甲基硅氧烷交联聚合物	4.0		水	加至 100
			D 相	防腐剂	适量
				香精	适量

制备工艺：

① 把 A 相原料单独高速均质分散 15min，至完全均匀；

② 把 B 相原料搅拌加热至 80～85℃至完全溶解，加入 A 相中，搅拌分散均匀；

③ C 相原料均匀混合溶解后，缓慢加入到 A、B 相混合物中，边搅拌边加，速度以表面没有水珠为准，加完后搅拌 10min，然后高速均质乳化 10min；

④ 降温至 35℃，加入 D 相原料，搅拌均匀出料。

表 15-8（2） W/O 型防晒 BB 霜配方（约 SPF50+，PA+++）

组相	组　　分	质量分数/%	组相	组　　分	质量分数/%
A 相	月桂基 PEG-10 三（三甲基硅氧基）硅乙基聚甲基硅氧烷	1.5	A 相	氧化铁红（表面处理：三乙氧基辛基硅烷）	0.2
	纳米 TiO_2（表面处理：含水硅石/氢化聚二甲基硅氧烷）	6.0		氧化铁黄（表面处理：三乙氧基辛基硅烷）	0.8
	异构十二烷	15.0		氧化铁黑（表面处理：三乙氧基辛基硅烷）	0.1
	二氧化钛（表面处理：三乙氧基辛基硅烷）	5.0	B 相	甲氧基肉桂酸乙基己酯	9.0

续表

组相	组　分	质量分数/%	组相	组　分	质量分数/%
B相	二乙氨羟苯甲酰基苯甲酸己酯	3.0	B相	二硬脂二甲铵锂蒙脱石	1.5
	辛基硅氧烷	7.0	C相	甘油	8.0
	聚二甲基硅氧烷/聚二甲基硅氧烷交联聚合物	4.0		聚乙二醇 400	4.0
	水杨酸乙基己酯	4.0		硫酸镁	1.0
	月桂基 PEG-10 三（三甲基硅氧基）硅乙基聚甲基硅氧烷	1.5		水	加至 100
			D相	防腐剂	适量
				香精	适量

制备工艺：

① 把A相原料单独高速均质分散15min，至完全均匀；

② 把B相原料搅拌加热至80～85℃至完全溶解，加入A相中，搅拌分散均匀；

③ C相原料均匀混合溶解后，缓慢加入到A、B相混合物中，边搅拌边加，速度以表面没有水珠为准，加完后搅拌10min，然后高速均质乳化10min；

④ 降温至35℃，加入D相原料，搅拌均匀出料。

表 15-8（3）　W/O 型防晒 CC 霜配方（约 SPF50+，PA+++）

组相	组　分	质量分数/%	组相	组　分	质量分数/%
A相	PEG-9 聚二甲基硅氧乙基聚二甲基硅氧烷	1.5	B相	聚二甲基硅氧烷/聚二甲基硅氧烷交联聚合物	4.0
	纳米二氧化钛（表面处理：含水硅石/氢化聚二甲基硅氧烷）	6.0		水杨酸乙基己酯	4.0
	聚二甲基硅氧烷	10.0		PEG-9 聚二甲基硅氧乙基聚二甲基硅氧烷	1.5
	二氧化钛（表面处理：三乙氧基辛基硅烷）	2.0		二硬脂二甲铵锂蒙脱石	1.5
	氧化铁红（表面处理：三乙氧基辛基硅烷）	0.1	C相	甘油	8.0
	珠光（CI 77891/CI 77019）	1.5		聚乙二醇 400	4.0
B相	甲氧基肉桂酸乙基己酯	9.0		硫酸镁	1.0
	二乙氨羟苯甲酰基苯甲酸己酯	3.0		水	加至 100
	辛基硅氧烷	7.0	D相	防腐剂	适量
				香精	适量

制备工艺：

① 把A相原料单独高速均质分散15min，至完全均匀；

② 把B相原料搅拌加热至80～85℃至完全溶解，加入A相中，搅拌分散均匀；

③ C相原料均匀混合溶解后，缓慢加入到A、B相混合物中，边搅拌边加，速度以表面没有水珠为准，加完后搅拌10min，然后高速均质乳化10min；

④ 降温至35℃，加入D相原料，搅拌均匀出料。

6. W/O 摇摇型防晒乳液

W/O 摇摇型防晒乳液是一种不稳定的防晒乳液，在使用前需要摇匀再用。W/O 摇摇型防晒乳液配方见表 15-9。

表 15-9 W/O 摇摇型防晒乳液配方（约 SPF50+，PA++++）

组相	组分	质量分数/%	组相	组分	质量分数/%
A 相	环聚二甲基硅氧烷	24.00	B 相	PEG/PPG-19/19 二甲基硅氧烷/环聚二甲基硅氧烷混合物	0.25
	异十二烷	10.00		生育酚乙酸酯	0.10
	氧化锌（表面处理：含水硅石/氢化聚二甲基硅氧烷）	8.00		癸二酸二异丙酯	6.00
	二甲基硅氧烷/乙烯基二甲基硅氧烷交联聚合物	4.00		季戊四醇四乙基己酸酯	4.00
B 相	二乙氨羟苯甲酰基苯甲酸己酯	4.00	C 相	水	加至 100
	甲氧基肉桂酸乙基己酯	9.50		乙醇	12.00
	奥克立林	3.50		苯氧乙醇	0.20
	PEG-10 聚二甲基硅氧烷	1.00		甘油	3.00
	双-乙基己氧苯酚甲氧苯基三嗪	2.00	D 相	柠檬酸钠	适量
				香精	适量

制备工艺：

① 把 A 相原料单独均质分散 15min，至完全均匀；

② B 相原料搅拌加热至 80～85℃至完全溶解，加入 A 相中，搅拌分散均匀；

③ C 相原料均匀混合溶解后，缓慢加入到 A、B 相混合物中，边搅拌边加，速度以表面没有水珠为准，加完后搅拌 10min，然后高速均质乳化 5min；

④ 将膏体降温至 35℃，加入 D 相原料，搅拌均匀出料。

本品需摇匀后使用。

第十六章　祛斑化妆品

16 Chapter

20 世纪 80 年代，粉饼、增白粉蜜等具有遮蔽效果的美白产品大行其道，人们看到的是厚粉抹出来的人造白肤，黯淡得没有生气，生硬得看不见任何表情。20 世纪 90 年代掀起回归自然的潮流使得人们不再喜欢用厚厚的粉底来达到美白的效果，新世纪女性追求的美白肌肤是自然健康的肤质和均匀一致、白皙纯净的肤色。现代美白产品通过添加祛斑活性成分，从抑制黑色素生成着手，阻止黑色素的生物合成过程，从而使皮肤美白、面部色斑减少、皮肤色调更均匀。

基于对影响皮肤美白的各种因素的全面考虑，新一代美白产品应该是全效美白——从外部对紫外线的防护，到内部抑制黑色素的生成、提高细胞更新能力、降低色素沉积和促进表皮细胞脱落，直至增强皮肤细胞自身免疫力、提高皮肤弹性及新陈代谢等，采用全方位的配方组合，发挥多组分美白活性成分的多功效作用，使肌肤获得健康自然美白的效果。

第一节　祛斑机理

一、黑色素的形成

人类的表皮基层中存在着黑素细胞，能够形成黑色素。黑素细胞约占基底层细胞的 4%～5%。黑色素是决定人皮肤颜色的最大因素，当黑色素含量高时皮肤即由浅褐色变为黑色。黑素细胞的分布密度无人种差异，各种肤色的人基本相同，全身共约 20 亿个。造成不同人种肤色有区别的主要原因是黑素体不同。白种人与黄种人的角蛋白细胞内的黑素体主要聚集在有包膜的复合体内；黑种人的大部分黑素体单独分布。人皮肤色泽主要取决于各黑素细胞产生黑色素的能力。正常时黑色素能吸收过量的日光光线，特别是吸收紫外线，保护人体。若生成的黑色素不能及时地代谢而聚集、沉积于表皮，则会使皮肤上出现雀斑、黄褐斑或老年斑等，黑色素形成机理如图 16-1

所示。一般认为黑色素的生成机理是在黑素细胞内黑素体上的酪氨酸经酪氨酸酶催化而合成的。酪氨酸氧化成黑色素的过程是复杂的，紫外线能够引起酪氨酸酶的活性和黑素细胞活性的增强，因而会促进这一氧化作用，进而加深，甚至恶化原有色素的沉着。

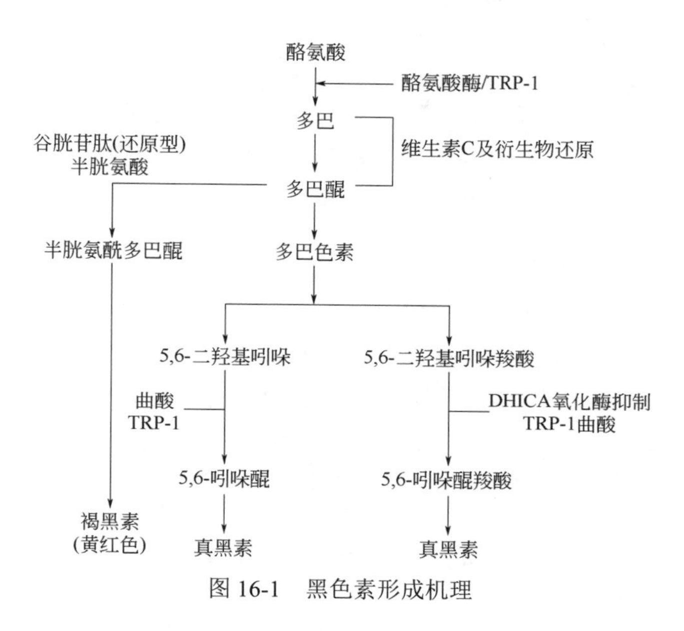

图 16-1 黑色素形成机理

由图 16-1 可见，黑色素的形成必须有三种基本物质：①酪氨酸为制造黑色素的主要原料；②酪氨酸酶是酪氨酸转变为黑色素的主要限速酶，为铜及蛋白质的组合物；③酪氨酸在酪氨酸酶的作用下产生黑色素，此种作用为氧化过程，必须与氧结合才能转变为黑色素。

雀斑、黄褐斑等色素沉着的病理原因是多方面的，病因也相当复杂，至今也尚未完全清楚。医学上认为主要是内分泌系统的失调、紊乱所引起的，和色素代谢异常有关，还认为雀斑与遗传有关，中医认为是因肝脾郁结、失和，肾虚所致，而紫外线的照射是外在的诱发因素。

目前公认的黑色素形成途径为：酪氨酸→多巴→多巴醌→多巴色素→二羟基吲哚→酮式吲哚→黑色素，形成的黑色素叫优黑色素或真黑素。在黑色素合成中，多巴醌还可通过另一途径经谷胱甘肽或半胱氨酸催化生成褐黑素，但褐黑素在皮肤中的功效尚不了解。有人观察到野生型南美豚鼠毛发生长过程中出现黑黄相间的色带，揭示同一毛囊中黑素细胞能交替合成两种类型黑色素。后来发现这种优/褐黑素转移机制主要与酪氨酸活性水平有关。高水平的酪氨酸导致真黑素产生，低水平的酪氨酸活性导致褐黑素的生成。

皮肤黑色素的形成过程包括黑素细胞的迁移、黑素细胞的分裂成熟、黑素小体的形成、黑色素颗粒的运转以及黑色素的排泄等一系列复杂的生理生化过程。有研究发现：优黑素与褐黑素转换机制主要与酪氨酸酶的活性有关，高水平的酪氨酸酶活性导致优黑素的产生。

黑色素为高分子生物色素，主要由两种醌型的聚合物——优黑素和褐黑素组成。优黑素（真黑素）主要是由5,6-二羟基吲哚和少量5,6-羟基吲哚-2-羧酸通过不同类型的C—C键连接构成的聚合物。此外，还存在少量5,6-二羟基吲哚半醌和羧酸化吡咯。这些少量的组分可能是在黑色素形成过程中过氧化氢裂解的产物。优黑素呈棕色或黑色，可溶于稀碱中。

褐黑素是由不同结构和组成的色素构成的聚合物，其结构还未完全研究清楚。呈黄色、红色或胡萝卜色，有研究表明：褐黑素是含硫高（硫质量分数为10%～12%）的聚合物构成的复合物，主要由1,4-苯噻嗪基丙氨酸通过不同类型的键合任意连接而成。

二、黑色素生成的抑制机理

以防止色素沉积为目的的祛斑美白化妆品的基本原理体现于以下几方面：①抑制黑色素的生成。通过抑制酪氨酸酶的生成和酪氨酸酶的活性，或干扰黑色素生成的中间体，从而防止产生色素斑的黑色素的生成。②黑色素的还原、光氧化的防止。通过角质细胞刺激黑色素的消减，使已生成的黑色素淡化。③促进黑色素的代谢。通过提高肌肤的新陈代谢，使黑色素迅速排出肌肤外。④防止紫外线的进入。通过有防晒效果的制剂，用物理方法阻挡紫外线，防止由紫外线形成过多的黑色素。

在黑素细胞内抑制黑色素生成可以通过以下途径。

1. 直接控制、抑制黑色素生成过程中所需的各种酶

由于黑色素的形成主要发生在黑素细胞内，对黑素细胞内的黑色素形成机理的研究表明，黑色素的形成主要是由黑素细胞内的四种酶：酪氨酸酶、多巴色素互变酶（TRP-2）、过氧化物酶和DHICA氧化酶（TRP-1）单独或协同作用的结果。而要实现皮肤的真正美白，对多种黑色素形成酶的抑制就显得至关重要。

（1）酪氨酸酶的抑制　酪氨酸酶是一多酚氧化酶，属氧化还原酶类，该酶主要催化两类不同的反应：一元酚羟基化，生成邻二羟基化合物；以及邻二酚氧化，生成邻二苯醌。这两类反应中均有氧自由基参与反应，在黑色素形成过程中酪氨酸酶是一主要限速酶，该酶活性大小决定着黑色素形成的数量。当前化妆品市场上的祛斑产品几乎绝大多数以酪氨酸酶抑制剂为主，并且每年以较快的速度发现新的该类化合物。依据抑制机理的不同，可主要将该类化合物分为以下两类。

① 酪氨酸酶的破坏型抑制（即破坏酪氨酸酶的活性部位）。所谓酪氨酸酶的破坏型抑制，也就是某种可以直接对酪氨酸酶进行修饰、改性的物质，使酪氨酸酶失去对黑素前体——酪氨酸的作用，从而达到抑制黑色素形成的目的。目前该抑制剂的研究、开发主要限于对 Cu^{2+}等酪氨酸酶活性部位的破坏。因此寻找安全、高效的 Cu^{2+}络合剂是该领域的一个研究热点。目前已知的 Cu^{2+}络合剂有：曲酸及其衍生物如曲酸二棕榈酸酯等。

② 酪氨酸酶的非破坏型抑制。所谓酪氨酸酶的非破坏型抑制，即不对酪氨酸酶本身进行修饰、改性，而通过抑制酪氨酸酶的生物合成或取代酪氨酸酶的作用底物，从而达到抑制黑色素形成的目的。

依据作用机理的不同，对酪氨酸酶的抑制可分为三种作用方式：酪氨酸酶的合成抑制剂、酪氨酸酶糖苷化作用抑制剂及酪氨酸酶作用底物替代剂。由于在黑色素的生物合成中，酪氨酸是酪氨酸酶的作用底物，因此寻求与酪氨酸竞争的酪氨酸酶底物也可有效地抑制黑色素的生成。

（2）多巴色素互变酶的抑制　多巴色素互变酶是一种与酪氨酸酶有关的蛋白质，其作用机理是促使所作用的底物发生重排，生成底物的某一同分异构体，最终生成另一黑色素。即在由多巴色素自发脱羧、重排生成 5,6-二羟基吲哚（DHI）的同时，黑素细胞内部分多巴色素正是由于多巴色素互变酶的存在而发生重排生成5,6-二羟基吲哚-2-羧酸（DHICA）。因此该酶主要调节 5,6-二羟基吲哚-2-羧酸的生成速率，从而影响所生成的黑色素分子的大小、结构和种类。

对该酶的抑制目前主要是竞争性抑制，即寻求一种物质作该酶的底物，通过与原来能形成黑色素的底物竞争，从而破坏黑色素的生物合成途径，达到抑制黑色素的目的。目前有关多巴色素互变酶抑制剂的研究较少。有人研究发现，由多巴色素互变酶催化生成的 5，6-二羟基吲哚-2-羧酸及其衍生物，如 5-羟基吲哚-2-羟酸、吲哚-2-羟酸等均可抑制多巴色素互变酶，但该类化合物中如果羟酸位于吲哚环的 3 位，如 L-氨酸、吲哚-3-羟酸、吲哚-3-己酸、吲哚-3-丁酸等则对多巴色素互变酶的抑制效果极差。Arocapilar 等的研究说明，只有当羟基位于吲哚的适当位置时，才可与多巴色素互变酶的原底物竞争而成为该酶的底物，从而切断黑色素的形成，发挥抑制黑色素形成的作用。

除了所述的两种酶外，还有 DHICA 氧化酶（TPR-1）和过氧化物酶，目前对该两种酶的抑制机理的研究较少，相关抑制剂的开发尚未报道。

2. 选择性破坏黑素细胞，抑制黑色素颗粒的形成以及改变其结构

黑素细胞的功能状态可以影响皮肤颜色的深浅。通过引起黑素细胞中毒，导致黑素细胞功能遭到破坏是抑制黑色素生成的又一途径。不同作用物质破坏黑素细胞的机理各有不同，氢醌作为一种皮肤脱色剂在临床使用已久，但其确切的脱色机制至今仍不十分清楚。一种观点认为氢醌作为酪氨酸酶的底物较酪氨酸本身更为合适，其脱色机制可能与竞争抑制酪氨酸酶活性有关；另一观点认为氢醌脱色实质上是一种酪氨酸酶介导的细胞毒性作用。氢醌分子小，易扩散进入色素细胞的黑素小体，阻断黑色素生成途径的一个或多个步骤；同时氢醌在酪氨酸酶作用下被氧化成有毒性的半醌基物质，会导致细胞膜脂质发生过氧化，细胞膜结构破坏，细胞死亡。经研究，不同浓度的氢醌其脱色作用的机制可能不同，低浓度时以抑制酪氨酸酶活性为主，高浓度时主要是细胞中毒。用 5%的氢醌制剂每日外涂棕色豚鼠背侧皮肤，8～10d 出现肉眼可辨的皮肤黑素减退，14～20d 最为明显，3 周后皮肤组织活检发现，黑素细胞内Ⅲ、Ⅳ

期黑素小体明显减少，多数细胞膜结构破坏，空泡化。

3. 还原多巴醌

还原剂可以参与黑素细胞内酪氨酸的代谢，从而减少酪氨酸转化成黑色素，达到抑制黑色素生成的目的。将 0.05～0.5mmol/L 的抗坏血酸注入体外培养的人黑素细胞，作用 72h 并未发现酪氨酸酶活性呈剂量依赖性降低，但黑色素生成量被明显抑制，推测可能是抗坏血酸抑制了多巴和多巴醌的自动氧化。这类还原剂对黑色素中间体起还原作用，因此阻碍了从酪氨酸/多巴到黑色素过程中各点上的氧化链反应，从而抑制黑色素的生成。

第二节　常用祛斑剂原料

基于色斑形成机理，祛斑化妆品的主要祛斑途径就是抵御紫外线、阻碍酪氨酸酶活性和改变黑色素的生成途径，以及清除氧自由基或对黑色素进行还原、脱色。

最早使用的氯化汞铵（白降汞）对于祛斑有效，但汞盐有毒，在高浓度长期使用时，会引起接触性皮炎，而且汞在体内被累积不能排出。以氢醌（即对苯二酚）以及氢醌的衍生物（氢醌单苄基醚）为原料制成的祛斑制剂，属于抗氧化剂，主要是阻断被酪氨酸酶催化的酪氨酸到多巴的过程，以影响黑色素的生成，对抑制表皮色素沉着有一定的效果。但药物性能极不稳定，不用药则又发作，且氢醌有一定的刺激性，长期使用会产生皮肤异色症等不良作用。因此，氯化汞铵与氢醌都属于化妆品中的禁用原料。

依据皮肤的祛斑机理，新开发的祛斑美白剂类型较多，有化学药剂、生化药剂、中草药和动物蛋白提取物等。可用于化妆品的祛斑美白剂包括：动物蛋白提取物、中草药提取物、维生素类、壬二酸类、曲酸及其衍生物、熊果苷等，同时，不断有安全、高效的新型美白剂被开发出来，如烟酰胺、内皮素拮抗剂等。

一、间苯二酚类化合物

1. 光甘草定

光甘草定是光果甘草中的主要黄酮类成分之一，其结构式为：

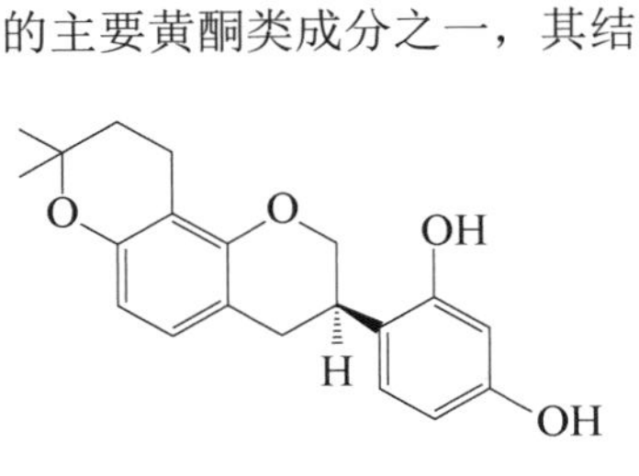

它在细胞色素 P450/NADPH 氧化系统中显示出很强的抗自由基氧化作用，能明显抑制体内新陈代谢过程中所产生的自由基，以免受对氧化敏感的生物大分子（低密度脂蛋白 LDL、DNA）和细胞壁等被自由基氧化损伤。从而可以防治与自由基氧化

有关的某些病理变化，如动脉粥样硬化、细胞衰老等。此外，光甘草定尚有一定的降血脂和降血压的作用。

光甘草定是甘草黄酮类生物活性物质中的重要成分，属于异黄烷类，纯净的光甘草定为无色或淡黄色粉末，不溶于水，而易溶于有机溶剂，如甲醇、乙醇、乙醚、丙二醇等。

光甘草定被称为化妆品中的美白黄金，能深入皮肤内部并保持高活性，美白并高效抗氧化。有效抑制黑色素生成过程中多种酶的活性，特别是抑制酪氨酸酵素活性。同时还具有防止皮肤粗糙和抗炎、抗菌的功效。光甘草定是目前疗效好、功能全面的美白成分。

2. 白藜芦醇

白藜芦醇是无色针状晶体，化学名称为 (*E*)-5-[2-(4-羟苯基)-乙烯基]-1,3-苯二酚，其结构式为：

难溶于水，易溶于乙醇、乙酸乙酯、丙酮等极性溶剂。白藜芦醇有较强的光不稳定性和热不稳定性，该品在紫外线照射下能产生荧光，pH>10 时，稳定性较差，遇三氯化铁-铁氰化钾溶液呈蓝色，遇氨水等碱性溶液显红色。

白藜芦醇是含有芪类结构的非黄酮类多酚化合物，1940 年首次从毛叶藜芦的根部分离获得。它是葡萄属植物在外来病原体侵害或紫外线照射等恶劣环境影响下自身分泌的一种可抵御感染的植物抗毒素，对植物起保护作用。白藜芦醇主要来源于花生、葡萄（红葡萄酒）、虎杖、桑葚等植物。白藜芦醇是一种生物性很强的天然多酚类物质，又称为芪三酚，是肿瘤的化学预防剂，也是降低血小板聚集，预防和治疗动脉粥样硬化、心脑血管疾病的化学预防剂。美国农业部的研究结果表明，花生红衣与仁中也含有相当多的白藜芦醇。

白藜芦醇在自然条件下以自由态和糖苷两种形式存在，白藜芦醇及其糖苷的化学结构还分别存在顺式和反式两种异构体，即顺式白藜芦醇（*cis*-Res）、反式白藜芦醇（*trans*-Res）以及顺式白藜芦醇糖苷（*cis*-PD）、反式白藜芦醇糖苷（*trans*-PD）。后两种形式在肠道中糖苷酶作用下释放出白藜芦醇，植物中白藜芦醇主要以反式形式存在，研究表明反式异构体的生理活性强于顺式异构体。

最新研究表明，白藜芦醇能够通过抑制黑色素母细胞中酪氨酸酶的 mRNA 的表达，以及抑制 TRP-1 等来实现祛斑的功效。此外，白藜芦醇也能够对 B16 黑色素细胞的增殖有一定的抑制作用。白藜芦醇在相对较低的浓度下就可以达到熊果苷高浓度的祛斑效果；白藜芦醇对 B16 黑色素瘤细胞内黑色素的形成具有较好的抑制作用，

0.5μg/mL 的白藜芦醇对黑色素形成的抑制效果与 20μg/mL 的乙基维生素 C 的抑制效果相同；白藜芦醇对酪氨酸酶的活性具有显著的抑制作用，5μg/mL 的白藜芦醇对酪氨酸酶的抑制作用要强于 50μg/mL 的熊果苷和乙基维生素 C。临床研究的结果也证明白藜芦醇具有美白效果，可以改善皮肤色泽，并具有较好的安全性。

3. 苯乙基间苯二酚（377）

苯乙基间苯二酚，INCI 名称为 phenylethyl resorcinol，化学名称为 4-(1-苯乙基)-1,3-苯二酚，英文名称为 4-(1-phenylethy)-1,3-benzenediol，分子量为 214.27。白色结晶固体、气味清淡，熔点为 78～82℃。在水中溶解度为 0.5%，溶于乙醇、甘油、1,3-丁二醇等多元醇。

苯乙基间苯二酚结构式为：

近年来，它作为一种新型美白祛斑原料，引起化妆品行业广泛关注。研究表明，苯乙基间苯二酚是目前有报道的最有效的酪氨酸酶抑制剂之一；苯乙基间苯二酚能有效抑制 B16V 细胞合成黑色素的活性。在护肤品中的建议用量为 0.1%～0.5%。在 2012 年 12 月初，国家食品药品监督管理局（CFDA）已正式批准苯乙基间苯二酚作为化妆品原料使用。目前众多护肤品公司已经推出了一系列添加苯乙基间苯二酚的产品。苯乙基间苯二酚在配方中的应用也有其局限的地方，它具有光不稳定性的缺点，容易与金属离子螯合，光照条件下会从白色渐变为浅黄色，最终变为粉红色。同时还存在生物利用度较低等技术问题。如何提高苯乙基间苯二酚的稳定性，提高该成分的生物利用度还是亟待解决的问题。

二、果酸及其衍生物

果酸是 α-羟基酸，简记为 AHAs，包括柠檬酸、苹果酸、丙酮酸、乳酸、甘醇酸、酒石酸、葡萄糖酸等，因存在于多种水果的提取物中，故统称为果酸。

果酸护肤品的使用极为久远，古代常使用含乳酸的制品洗浴，有助于皮肤白嫩、细腻。果酸主要是通过渗透至皮肤角质层，加快细胞更新速度和促进死亡细胞脱离两个方面来改善皮肤状态，有使皮肤表面光滑、细嫩、柔软的效果，并有减退皮肤色素沉着、色斑、老年斑、粉刺等功效，对皮肤具有美白、保湿、防皱、抗衰老的作用。实验表明，作为酸性添加剂，浓度 6%以下的果酸化妆品对皮肤是安全、无副作用的。

在护肤化妆品中使用的 AHAs 多数是从一些水果植物得到的天然提取物，它们是 α-羟基酸的混合物，也有化学合成得到的 AHAs 及其复配物。天然与合成的 AHAs，两者功能相近，但有些天然提取物刺激性较低。

在配制果酸化妆品时，重要的是注意 AHAs 的使用浓度和 pH 值的调节，由于果酸是酸性的，因此浓度越高，pH 值越小，酸性越大；酸性越大对皮肤刺激性就越大，刺激皮肤可使皮肤发红、有灼烧感，更严重的可以发生皮炎、皮肤潮红等。为了使消费者对果酸有一个适应的过程，果酸化妆品可配制成果酸浓度从低到高的系列产品。含有 AHAs 的化妆品，其最终产品的 pH 值宜调至 4～6。

三、维生素 C 及其衍生物

维生素 C 又称为抗坏血酸，是最具有代表性的黑色素生成抑制剂，在生物体内担负着氧化和还原的作用，其作用过程有两个：一是在酪氨酸酶催化反应时，可还原黑色素的中间体多巴醌而抑制了黑色素的生成；另一作用是使深色的氧化型黑色素还原成淡色的还原型黑色素。维生素 C 是最早被皮肤病专家认为安全且可使色斑淡化的口服药品，为著名的抗氧化剂，对除去后天性黑色素沉积有明显效果，并且具有抗氧化和清除自由基作用，维生素 C 的美白祛斑效果十分明显。

黑色素的颜色是由黑色素分子中的醌式结构决定的。而维生素 C 具有还原剂的性质，能使醌式结构还原成酚式结构，结构式有以下几种：

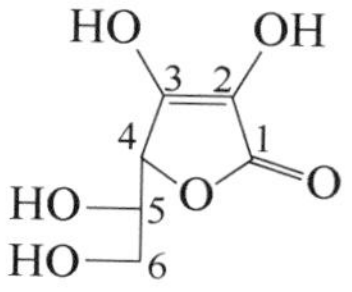

HO OH 3 2 4 1 HO 5 O O HO 6

维生素C

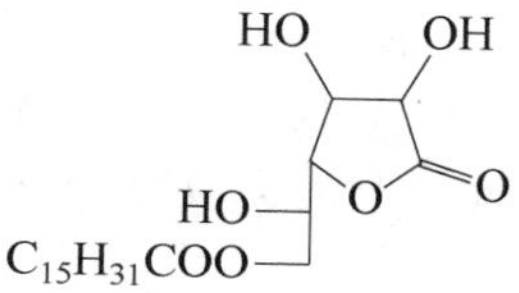

HO OH HO O O $C_{15}H_{31}COO$

维生素C棕榈酸酯

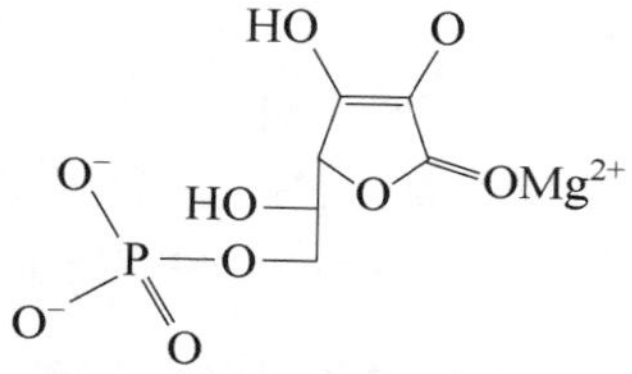

HO O O^- HO O OMg^{2+} P O O^- O

维生素C磷酸酯镁

抗坏血酸能美白皮肤，治疗、改善黑皮症、肝斑等。但是维生素 C 易变色，对热极不稳定，直接应用有困难。维生素 C 的衍生物则很稳定，为使其能在化妆品配方中稳定，将其制成高级脂肪酸和磷酸的酯类体，如抗坏血酸磷酸酯镁，它经皮肤吸收后，在皮肤内由于水解而使抗坏血酸游离；或者添加抗氧化剂或还原剂，也能和黑色素反应而使其还原。维生素 C 衍生物与维生素 C 协同使用，可取得良好的减少色素、美白、抗皱的效果。

维生素 C 不仅能还原黑色素，而且还能参与体内酪氨酸的代谢，从而减少酪氨酸转化成黑色素。维生素 C 参与体内酪氨酸代谢，减少黑色素生成以及与黑色素作用，淡化、减少黑色素沉积，达到美白功效。

维生素 C 溶于水，皮肤吸收性差，在空气中极不稳定，易氧化变色。因此，近年来其衍生物应运而生，维生素 C 酯一般是 2，6 位衍生物，其稳定性和皮肤吸收性好。常用的有维生素 C 磷酸酯镁、维生素 C 棕榈酸酯等。

维生素 C 的磷酸酯盐主要有维生素 C 磷酸酯镁和维生素 C 磷酸酯钠。维生素 C 磷酸酯镁的美白效果较维生素 C 磷酸酯钠好，价格也较后者低，在维生素 C 的美白剂市场中占有主导地位。

维生素 C 磷酸酯镁比维生素 C 要稳定得多。3% 维生素 C 磷酸酯镁的水溶液在 40℃下、6 个月仍保持 90%的活性，并且易用于美白祛斑产品中，对雀斑、黄褐斑及老年斑均有减轻效果。除美白功效外，它还具有促进胶原形成和消除自由基的作用。因此，美白及抗衰老功能使维生素 C 磷酸酯镁成为配方师关注与研究的重点之一。维生素 C 磷酸酯镁的水溶液长时间放置会析出沉淀，为改善这一点，科研人员开发新的维生素 C 磷酸酯盐——丙氨基维生素 C 磷酸酯，它的美白效果与维生素 C 磷酸酯镁相当，但它在水中稳定性相当好。

维生素 C 棕榈酸酯是应用广泛的维生素 C 的脂肪酸酯，它是油溶性的，用于化妆品中常与其他美白剂复配，从而获得稳定、高效的美白效果。

四、壬二酸

壬二酸具有较强的祛斑效果，但由于对乳化体系的不良影响和溶解性等方面的问题，限制了壬二酸在化妆品中的应用。用尿素将壬二酸络合后，即形成壬二酸尿素络合物，其水溶性显著增加，即使配入水质乳化体系也不会使其黏度下降；pH 降低时，也不存在析出的问题。

壬二酸是一种天然存在的二羟酸，它能选择性地作用于异常活跃的黑色素细胞，阻滞酪氨酸酶蛋白的合成，但对功能正常的黑色素细胞作用较小。20%壬二酸的皮肤脱色作用优于 2%氢醌，且皮肤刺激性和光毒性少见。近来发现，壬二酸对体外培养的鼠或人黑色素瘤细胞有抗增殖作用。推测这种抗增殖作用与壬二酸抑制了线粒体电子传递链以及 DNA 合成中的限速酶（核糖核苷酸还原酶）有关。

五、熊果苷及其衍生物

熊果苷化学名称为氢醌-β-吡喃葡糖苷或 4-羟苯基-β-D-吡喃葡糖苷，是从植物中分离得到的天然活性物质，也可化学合成得到。熊果苷为白色粉末，易溶于水和极性溶剂，不溶于非极性溶剂。从其分子结构看，它实际上是对苯二酚的衍生物，结构式为：

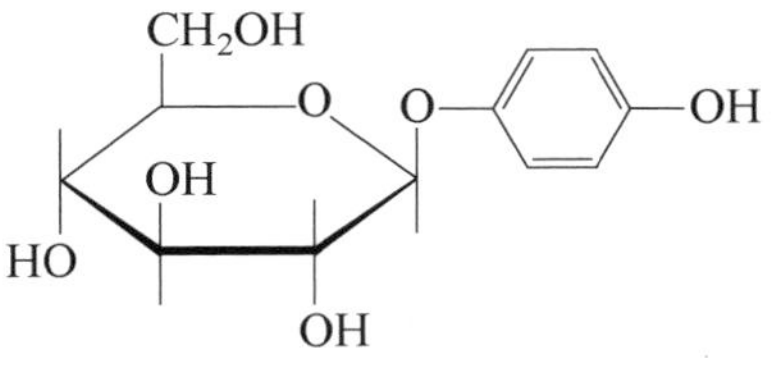

其水解产物为对苯二酚和葡萄糖。早在 1930 年就有报道，厚叶岩白菜的叶中含有熊果苷，以后相继在乌饭树、越橘、熊果和梨树的叶中发现熊果苷。

熊果苷的来源包括植物提取、植物组织培养、酶法及有机合成。其中合成品由于纯度高、色泽浅、活性高，而在市场上占主导地位。无论何种来源或途径获得熊果苷，其质量评价的关键是纯度。没有质量这个前提，强调来源是无意义的。生产中采用什么途径，关键是其工艺成本。目前来看，有机合成乃是首选途径。植物组织培养及酶法所用原料更简单，生产无污染，虽然还不是很成熟，但似乎很有发展前景。

熊果苷是酪氨酸酶抑制剂，能够在不具备黑素细胞毒性的浓度范围内抑制酪氨酸酶的活性，阻断多巴及多巴醌的合成，从而扼制黑色素的生成。它在体外的非细胞系中可以抑制黑色素生成的关键酶，即酪氨酸酶的活性，可显著减少皮肤的色素沉着、减褪色斑，是一种优良的祛斑增白剂，其使用浓度一般为3%。熊果苷配用维生素C衍生物能保持肌肤生气；配用生物透明质酸能保护肌肤滋润，不干燥，防止皱纹；配用甘草酸能抑制日晒后的灼热。熊果苷对黑色素生成的抑制作用已经由实验予以证实，对紫外线引起的色素沉着，其有效抑制率可达90%。

六、曲酸及其衍生物

曲酸又称为曲菌酸，是生物制剂，化学名称为5-羟基-2-羟甲基-1,4-吡喃酮，分子量为142.11。外观为白色针状晶体，熔点152℃，溶于水、乙醇和乙酸乙酯，略溶于乙醚、氯仿和吡啶，微溶于其他溶剂。与氯化铁作用呈特殊的红色，可还原费林试剂和硝酸银氨（NH_3AgNO_3）。属于吡喃酮系化合物之一，可用生物发酵法制得，无毒、无刺激、弱致敏，其结构式为：

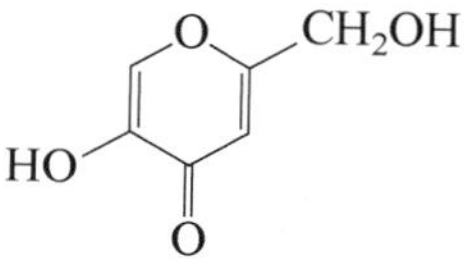

曲酸

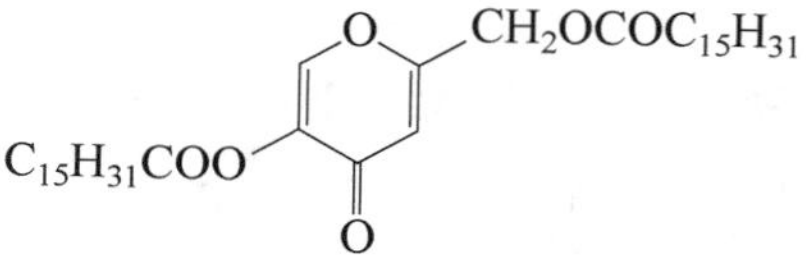

曲酸双棕榈酸酯（$CH_2OCOC_{15}H_{31}$，$C_{15}H_{31}COO$）

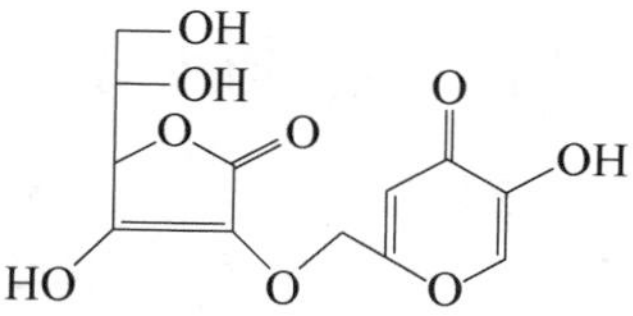

维生素C曲酸酯

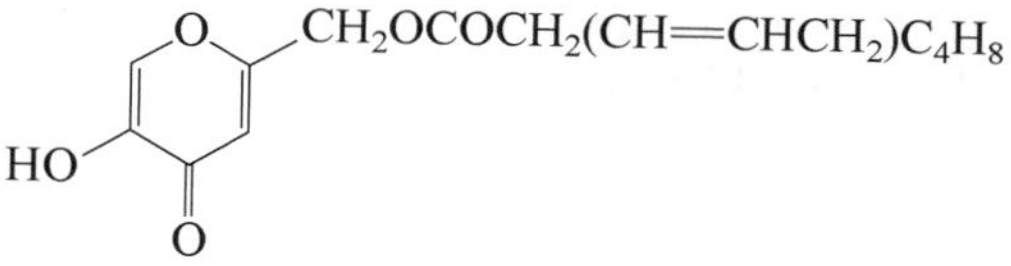

曲酸亚麻酸酯（$CH_2OCOCH_2(CH{=}CHCH_2)C_4H_8$）

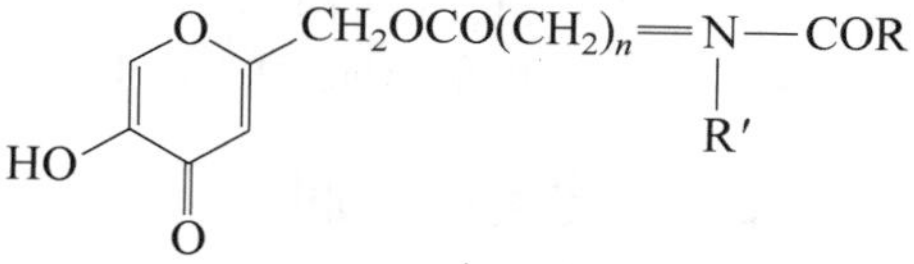

酰胺基脂肪酸曲酸酯（$CH_2OCO(CH_2)_n{=}N—COR$，R′）

曲酸由葡萄糖或蔗糖在曲酶作用下发酵、提纯而成。除美白作用外，人们发现曲酸还具有抗菌和保鲜作用。曲酸是环状的吡喃酮化合物，可以进入细胞间质中组成胞间胶质，起到保湿和增加皮肤弹性的作用。曲酸是环状结构的化合物，分子中含有两个双键，能够吸收紫外线。经研究测定，在紫外线波段280～320nm有一吸收峰，因此曲酸也具有良好的防晒功效。

曲酸对黑色素的生成有三个抑制作用：其一是使酪氨酸氧化成为多巴和多巴醌时所需的酪氨酸的氢化催化剂失去活性；另一是由多巴色素生成5,6-二羟基-吲哚-羧酸的抑制作用。该两个反应都必须有二价铜离子的存在才能进行，而曲酸对铜离子的螯合作用使铜离子浓度降低，使铜离子失去作用，进而使缺少铜离子的酪氨酸酶失去催化活性，最终达到抑制黑色素生成、皮肤美白的效果。曲酸是一种能同时抑制多种酶的单一美白剂，因此非常值得研究。由于曲酸对光、热的稳定性较差，容易氧化、变色，易与金属离子，如Fe^{3+}螯合，而且皮肤吸收性较差。因此人们开发了大量的曲酸衍生物来改进它的使用性能。

目前开发的曲酸衍生物克服了曲酸的以上缺点，有不少品种显示出较强的美白效果。曲酸衍生物的美白机理与曲酸相同。曲酸衍生物通常是通过酯化和烷基化曲酸上的两个羟基得到。酯化可以形成曲酸的单酯和双酯。

目前商品化产品中的双酯——曲酸双棕榈酯（KAD-15）是最流行的曲酸美白剂。Nagai 和 Iaumi 通过研究认为，无论从抑制效果还是从稳定性来看，曲酸双棕榈酸酯均明显优于曲酸，而且更易被皮肤吸收。人们还发现 KAD-15 与氨基葡萄糖衍生物复配后，其美白效果会成倍增长。曲酸的异棕榈酸酯，由于是液体而容易添加于配方中，因此也有一定市场。曲酸单酯中，曲酸单亚麻酸酯结合了曲酸与亚麻酸的双重美白作用，美白效果很好，而且能有效吸收紫外线，但稳定性不如 KAD-15；它还具有有广谱抗菌效果，早期用于酱油、酒类的酿造。曲酸具有抑制酪氨酸酶活性的作用，从而可减少和阻止黑色素的形成，对紫外线照射所引起的色素沉着的有效抑制率可达 90%，具有消除色素沉着、祛斑、增白的功效，还有防晒的作用，在化妆品中使用量为 1%～2.5%，1%的添加量即可取得较佳的效果，美白时间较长。

七、泛酸衍生物

在化妆品中添加少量双泛酸硫乙胺及其酰化衍生物，能抑制酪氨酸酶的活性，黑色素脱除作用显著，有良好的美白作用。

双泛酸硫乙胺是生物体内泛酸的反应产物，与泛酸硫氢乙胺共存于体内。还原的泛酸硫氢乙胺是乙酰辅酶、乙酰载体蛋白的构成成分，在碳水化合物代谢、脂肪酸分解与合成等方面有广泛的生理作用。最近发现双泛酸硫乙胺对脂肪代谢有影响，它对预防或修复动脉硬化有明显的作用，在化妆品中用量为 0.01%～1%。

八、生物美白制剂

具有减少皮肤黑色素的生成、使皮肤美白的生化活性的物质有多种，它们具有抑制酪氨酸酶、减缓黑色素生成及缓和的脱色作用。一般这种美白剂应该和防晒剂一起使用，这样不仅能防止皮肤晒黑，而且可以减轻皮肤因使用美白剂而受到的损伤。

九、天然动植物提取物

动物提取物，如胎盘萃取液、珍珠水解液等，经实践证明均具有良好的美白作用；其他如超氧化物歧化酶（SOD）也可抑制色素沉着。许多提取物还需进行严谨的科学分析和证实，以提高有效成分的安全性、有效性和科学性。牛胎盘及羊胎盘的提取物在美白化妆品应用中极为广泛，尽管其美白机理还不确定。近年来，由于疯牛病肆虐，尽管没有任何证据证明化妆品中的这些动物提取物对使用者健康有不良影响，但心理上的影响是巨大的。同时，由于动物保护组织抗议，一些公司使用动物组织提取物更加谨慎，从而影响到它的发展。

植物提取物的应用迎合了人们回归自然的意识，有很强的市场号召力，天然美白剂的用量在未来的市场将有所增加。同时也看到许多植物提取物有其独特效果，其酪氨酸酶的抑制率优于传统的美白剂。

许多中草药或其他天然植物提取物都有特定的有效成分，它们能抑制酪氨酸的活化，而阻断黑色素的生成。我国传统的中药，许多具有良好的美白祛斑作用，有许多治疗面斑的药方流传至今，主要有：①当归，活血生机、抗菌消炎、祛斑增白，含有多种维生素和活性组分，对皮肤有增白功效；②川芎，行气活血、祛风止痛、消淤血，其化学成分为内酯、生物碱、挥发性油和维生素，具有皮肤抗衰老和增白作用；③丹参，治各种面部皮肤病，有祛淤生新、活血除烦功效，其化学成分主要有酮类、醇类、多种氨基酸、维生素和微量元素等，它可清除自由基，改善血循环，即有抗皮肤衰老、美容和增白的功效。还有白附子、白芷茯苓、鲜皮、白芍、白术、菟丝子等均有一定的皮肤增白作用。

新开发的具有祛斑作用的天然植物提取物还有黄芩及甘草提取物。黄芩具有显著的美白、祛斑和除痘的疗肤功效，黄芩苷的作用比较专一，只对黑色素细胞有极高的抑制活性，对其他人体细胞如基底层细胞、淋巴细胞和巨噬细胞等并无任何的毒副作用，还能促进巨噬细胞的吞噬功能。黄芩苷的配伍性能良好，可与多种祛斑添加剂搭配使用以增强疗效。甘草提取物是市场应用最广的植物祛斑剂，近年来研究表明，甘草提取物中甘草黄酮能有效抑制酪氨酸酶及多巴色素互变酶（TRP-2）的活性，同时对5,6-二羟基吲哚聚合有抑制作用，因此是非常高效的祛斑剂。但它的价格非常高，只能在高档祛斑化妆品中应用。内皮素拮抗剂是20世纪90年代发现的重要皮肤祛斑剂。它可以在洋甘菊中提取，也可以用生物发酵法制备。它能抑制内皮素激活酪氨酸酶及抑制内皮素促进黑色素细胞分化的作用，并且减少不均匀的色素分布，因此受到相当大的重视。木瓜提取物中除含有果酸外，还含有一种天然蛋白质，它可置换黑色素形成过程的铜离子酶，而中断黑色素的生成，故具有良好的祛斑作用；被开发的植物提取物祛斑剂还有芒果提取物、桑树提取物、楮树提取物、花红提取物等。

此外，对紫外线具有吸收或屏蔽作用的物质也可通过吸收或散射阳光中的紫外线，抑制黑色素的生成，预防色素斑的形成。

第三节　祛斑产品配方设计

根据黑色素形成的机理，可以从以下的不同角度来思考并设计相应的祛斑产品配方。

1. 阻隔产生黑色素的主要外因——紫外线

通过有防晒效果的制剂，用物理方法阻挡紫外线，防止由紫外线形成过多的黑色素。

2. 切断黑色素的形成过程

抑制黑色素生成的“链式反应”。通过抑制酪氨酸酶的生成和酪氨酸酶的活性，干扰黑色素生成的中间体等，从而防止产生色素斑的黑色素的生成。

3. 淡化已经产生的黑色素

黑色素的还原、光氧化的防止。通过角质细胞刺激黑色素的消减，使已生成的黑色素淡化。

4. 排出已经产生的黑色素

促进黑色素的代谢。通过提高肌肤的新陈代谢，使黑色素加速排出。

在设计配方时，可以灵活地将以上的路径合理地结合在同一配方中。也可以通过不同的配方形式组合使用。祛斑活性物的选择，可以参考第二节中的各类祛斑剂，在此不一一展开讨论。

根据现代护肤品发展的趋势，祛斑产品也同样出现产品形式细分化的需求。在此，将分别从膏霜类、乳液类、精华类、爽肤水类给出一些简单的配方示例。

一、祛斑美白霜

含植物提取物美白制剂的祛斑美白霜配方见表 16-1（1）和表 16-1（2）。

表 16-1（1） 祛斑美白霜配方（1）

组相	组　分	质量分数/%	组相	组　分	质量分数/%
A 相	聚氧乙烯十六醇醚	2.0	A 相	维生素 E 醋酸酯	1.0
	单甘酯	1.5	B 相	1,3-丁二醇	4.0
	十六/十八醇	1.5		尿囊素	0.2
	二甲基硅油	1.5		吡咯烷酮羧酸钠	4.0
	牛油树脂	4.0		甘草根提取物	10.0
	神经酰胺 EC	0.5		EDTA-2Na	0.1
	异十六烷	8.0		水	加至 100
	辛酸/癸酸三甘油酯	5.0	C 相	防腐剂	适量
	辅酶 Q10	0.2		香精	适量
	油溶维生素 C 酯	3.0			

表 16-1（2） 祛斑美白霜配方（2）

组相	组　分	质量分数/%	组相	组　分	质量分数/%
A 相	鲸蜡硬脂醇聚醚-6	1.5	B 相	吡咯烷酮羧酸钠	3.0
	鲸蜡硬脂醇聚醚-25	2.0		甘油	5.0
	十六/十八醇	2.0		对羟基苯甲酸甲酯	0.2
	二甲基硅油	2.0		EDTA-2Na	0.1
	牛油树脂	3.0		水	加至 100
	异十六烷	5.0	C 相	防腐剂	适量
	辛酸/癸酸三甘油酯	3.0		香精	适量
	维生素 E 醋酸酯	0.5			

制备工艺：

① A 相和 B 相分别加热至 80℃；

② 把 B 相加入 A 相中，均质乳化 3min；

③ 搅拌降温到 50℃时，加入 C 相，继续搅拌降温至 36～38℃时出料。

二、祛斑美白乳液

祛斑美白乳液配方见表 16-2（1）和表 16-2（2）。

表 16-2（1） 祛斑美白乳液配方（1）

组相	组　分	质量分数/%	组相	组　分	质量分数/%
A 相	聚氧乙烯甘油单硬脂酸酯	2.0	B 相	汉生胶	0.1
	单硬脂酸甘油酯	4.0		维生素 C 衍生物（维生素 C 磷酸酯镁）	1.5
	十六/十八醇	4.5		EDTA-2Na	0.1
	二甲基硅油	0.5		水	加至 100
	角鲨烷	5.0	C 相	柠檬酸	适量
	植物精油	1.0		防腐剂	适量
	辛酸/癸酸三甘油酯	4.0		香精	适量
B 相	1,3-丁二醇	6.0			

表 16-2（2） 祛斑美白乳液配方（2）

组相	组　分	质量分数/%	组相	组　分	质量分数/%
A 相	聚氧乙烯甘油单硬脂酸酯	2.00	B 相	透明质酸	0.03
	单硬脂酸甘油酯	4.00		熊果苷	5.00
	十六/十八醇	3.50		EDTA-2Na	0.10
	二甲基硅油	1.00		水	加至 100
	角鲨烷	3.00	C 相	柠檬酸	适量
	植物精油	2.00		防腐剂	适量
	辛酸/癸酸三甘油酯	5.00		香精	适量

制备工艺：

① 将 A 相和 B 相分别加热至 80℃，搅拌至全部熔化并均一；

② 把 B 相缓慢加入 A 相中，均质乳化 10min；

③ 搅拌降温到 50℃时，加入 C 相，继续搅拌降温至 36～38℃时出料。

三、祛斑美白膏

祛斑美白膏配方见表 16-3。

表 16-3 祛斑美白膏配方

组相	组　分	质量分数/%	组相	组　分	质量分数/%
A 相	1,3-丁二醇	6.0	A 相	透明质酸	0.2
	甘油	5.0		丙烯酸类聚合物	1.0

续表

组相	组　分	质量分数/%	组相	组　分	质量分数/%
A 相	维生素 C 衍生物	1.5	B 相	二甲基硅油	3.0
	曲酸	1.0		角鲨烷	4.0
	EDTA-2Na	0.1		植物复方精华油	2.0
	当归提取物	1.0		乳木果油	1.0
	绿茶提取物	1.0		霍霍巴油	3.0
	白附子提取物	1.0		聚醚乳化剂	1.0
	水	加至 100	C 相	防腐剂	适量
B 相	神经酰胺	0.5		pH 调节剂	适量
	单硬脂酸甘油酯	4.0		香精	适量
	十六/十八醇	4.5			

制备工艺：

① A 相和 B 相分别加热至 80℃，搅拌至全部熔化并均一；

② 把 B 相缓慢加入 A 相中，均质乳化 10min；

③ 缓慢搅拌降温到 50℃时，加入 C 相，继续搅拌；

④ 降温至 36～38℃时出料即可。

四、祛斑美白精华液

祛斑美白精华液配方见表 16-4。

表 16-4　祛斑美白精华液配方

组相	组　分	质量分数/%	组相	组　分	质量分数/%
A 相	水	加至 100	B 相	鲜皮提取物	2.0
	汉生胶	0.1		维生素 E 衍生物	0.1
	透明质酸	0.1		丙胺基维生素 C 磷酸酯	1.0
	丙烯酸类聚合物	0.1	C 相	乳化硅油	4.0
B 相	甘油	6.0	D 相	精油	适量
	熊果苷	3.0		增溶剂	适量
	1,3-丁二醇	2.0		防腐剂	适量
	EDTA-2Na	0.2		pH 调节剂	适量
	白及提取物	2.0			

制备工艺：

① 室温条件下，将 A 相搅拌至全部溶解并均一；

② 把 B 相中各组分逐一加入 A 相中，搅拌至全部溶解并均一；

③ 加入 C 相中各组分，继续搅拌至全部分散均匀；

④ 加入 D 中各组分，继续搅拌至全部分散均匀，出料即可。

五、祛斑美白柔肤水

祛斑美白柔肤水配方见表 16-5（1）和表 16-5（2）。

表 16-5（1） 祛斑美白柔肤水配方（1）

组相	组 分	质量分数/%	组相	组 分	质量分数/%
A 相	水	加至 100	B 相	白术提取物	1.5
	甘油	5.0		丙胺基维生素 C 磷酸酯	1.5
	透明质酸	0.1	C 相	香精	适量
	1,3-丁二醇	5.0		防腐剂	适量
B 相	熊果苷	1.0		增溶剂	适量
	甘草提取物	5.0		pH 调节剂	适量
	EDTA-2Na	0.1			

表 16-5（2） 祛斑美白柔肤水配方（2）

组相	组 分	质量分数/%	组相	组 分	质量分数/%
A 相	水	加至 100	B 相	白术提取物	2.5
	甘油	2.0	C 相	香精	适量
	1,3-丁二醇	8.0		防腐剂	适量
B 相	甘草提取物	5.0		增溶剂	适量
	EDTA-2Na	0.1		pH 调节剂	适量

制备工艺：

① 室温条件下，准确称取水至容器中，将 A 相中其他组分逐一在搅拌条件下加入，至完全溶解、体系均一；

② 把 B 相中各组分加入 A 相中，搅拌至全部溶解、体系均一；

③ 加入 C 相中各组分，继续搅拌至全部分散均匀，出料即可。

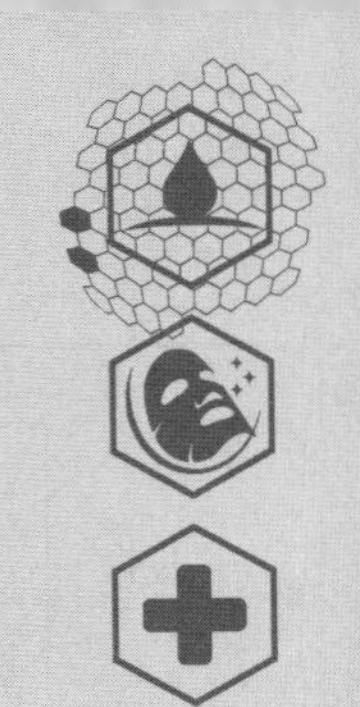

第十七章　染发化妆品

17 Chapter

毛发对头皮不仅有保护作用，同时其色泽、形态都增加了人的美感，染发制品可以增加或保持头发天然青春的色彩。随着消费者对美的追求，使用染发化妆品希望毛发的颜色能够和自己整体的搭配相衬，提升自己的个人魅力。比如年轻人通过鲜亮的发色展现了时尚与年轻活力。多数的消费者改变毛发的颜色是要覆盖灰发、保持天然色泽，使灰发或白发更有生气。

根据历史记载，古代的波斯人、希伯来人、希腊人、罗马人、中国人和印度人早已开始利用染发剂。古代人主要利用天然植物或矿物原料染发，比如用指甲花和乙酸铅制成的染发剂。古埃及人利用指甲花的热水提取物使头发染成橙红的色调；罗马人用乙酸铅掩盖灰发，利用浸酸、酒或醋的铅梳子梳头。乙酸铅染发剂是沿用时间较长的染发剂，能产生棕色至棕黑色的色调。18 世纪中期，有机化学的发展提供了可在短时间染色和较安全、更可靠的染料。一直到现在，永久性氧化染料依然沿用当初合成的染发剂。

现今，市售染发剂主要包括同时利用漂白、染色作用的氧化性永久性染发剂，即利用染料使头发着色的直接染发剂和除去头发天然色泽的漂白剂。目前的染发剂化妆品市场中，以永久性染发剂为主，约占 80%份额。随着我国人口的老龄化，年轻人向往时尚和潮流的需求日益增长，染发剂市场稳定地增长。

随着对染发的化学过程以及对染发剂的染料、染料中间体和偶合剂等毒理学性质研究的不断深入以及消费者对染发剂安全性的日益关注，一些国家化妆品法规已将染发剂允许使用的原料列成清单。日本 2001 年药事法对化妆品的制度进行较大的修改，其中日本染发剂有效成分（医药部外品）表中列出 75 种染发剂有效成分和使用质量分数上限。欧盟化妆品法规（EC NO 1223/2009）将 42 种染发剂用有效成分列入化妆品组分中限用物清单，并规定使用产品类型和化妆品中最大允许使用质量分数。在我国 2015 版《化妆品安全技术规范》中列出了准用的 75 种染发剂。这些法规对染发剂的发展和市场产生较大的影响，使生产染发剂的企业面临更大的挑战。

第一节　染发机理

通过对毛发染发机理的大量研究，证明了当染发剂与头发最外层（即毛表皮）接触时，开始起作用。在染发剂和头发的液-固界面上可以观察到润湿作用和吸附作用的界面现象。染发剂利用渗透作用和扩散作用可能通过细胞膜复合体，并通过表皮进入皮质，也可能发生聚合作用。染发剂一般有两剂，在染发过程中，将Ⅰ剂与Ⅱ剂混合，Ⅱ剂中的过氧化氢使Ⅰ剂的中间体产生活性，发挥染色功能，同时过氧化氢对头发所含的黑色素进行氧化分解褪色，并使中间体渗透毛髓形成大分子色素“卡”在头发内部显色。

毛发所含黑色素可分为两类：一是真黑色素，不含硫原子，使头发呈黑色或棕色，这是最普通的一种；二是脱黑色素，含硫原子，使头发呈黄色/金黄色、橘黄色、红色色调。如果头发中没有黑色素则呈白色或灰色。而针对毛发不同部位其染色机理也有不同。

1. 毛表皮表面

当染发时，颜料或染料定位在毛表皮的表面。可利用一些不同的方法完成该功能，包括利用油和油脂的黏着性（如着色棒）、水溶性聚合物黏着性（如着色凝胶）和聚合物树脂胶黏作用（如着色喷雾和着色摩丝）。暂时性染发剂在头发上着色就是以这些机理为基础的。

2. 部分表皮和皮质内

酸性染料渗透至部分表皮和皮质内，通过离子键结合，头发吸收着色剂。利用如苄醇等溶剂的载体效应可使着色剂的渗透变得容易。染发可持续约 1 个月的半暂时性染发剂染发是以这种机理为基础的。

3. 皮质内

单体的氧化染料（胺类和酚类）渗透进入头发，同时在氧化剂（通常为过氧化氢）的作用下发生氧化聚合，形成聚合物着色剂沉着在皮质内。由于着色剂的聚合物特性，在皮质形成的聚合物着色剂被永久固定在头发内。永久性染发剂染发是以这种机理为基础的。

如果将毛发染为白色，则是对毛发的脱色过程，其脱色机理：过氧化氢与氢氧化铵混合活化，将毛发内部的黑色素氧化分解，黑色素减少使头发呈白色或灰色。脱色是染发过程中使毛发的蛋白质损伤的重要原因。

第二节　常用染发剂原料

根据染发后头发颜色可能经受洗发的次数（即耐久性），目前市场上的染发剂可分为三类：暂时性染发剂、半永久染发剂和永久性染发剂。染发化妆品按照剂型可分为：乳膏型、凝胶型、粉剂、喷雾剂、染发香波等。随着化妆品市场的发展，市售染发化妆品多种多样，以满足各种消费者的需求。表 17-1 为按照耐久性分类的三种染发剂及其主要成分。

表 17-1　染发化妆品剂型分类

分　类			主要成分
染发剂（国产特殊用途化妆品行政许可批件）	永久性染发剂	氧化型染发剂	中间体、偶合剂 过氧化物 碱剂
		非氧化型染发剂	多元酚 金属离子（主要是铁离子） 天然植物
	脱色剂、脱染剂（浅色染发剂等）	漂白剂	过氧化物 碱剂
染发化妆品（普通非特殊化妆品备案）	半永久性染发剂		分子量较大的可渗透的染料 促渗透剂 pH 调节剂
	暂时性染发剂		有机颜料 无机颜料

在 2015 版《化妆品安全技术规范》中准用 75 种染发剂和 157 种化妆品用着色剂，其中有部分原料为常用原料。

一、暂时性染发剂常用的染料

暂时性染发剂是一种经洗发香波洗涤一次就可除去的产品。这类产品一般使用酸性染料，这些染料分子量较大，不能透过毛表皮进入发干的皮质内，对头发亲和力低，仅仅是沉积在头发的表面上形成着色覆盖层，被吸附的染料络合物与头发的相互作用不强，较容易被香波洗去。而在染发剂基质中，通过表面活性剂的增溶作用均匀分散。暂时性染发化妆品的开发需要考虑染料、聚合物和表面活性剂的附着作用与可清洗性之间的平衡，而且染发产品不能在梳理或擦干过程中剥落，需要有一定牢固度，在遇水时，不易渗开，以避免沾污衣服和枕头，同时在光照下有一定的稳定性。表 17-2 为暂时性染发剂常用的染料。

表 17-2　暂时性染发剂常用的染料

名称 CI 号	分子结构	摩尔质量/(g/mol) CAS 登录号
酸性黑 1 CI 20470	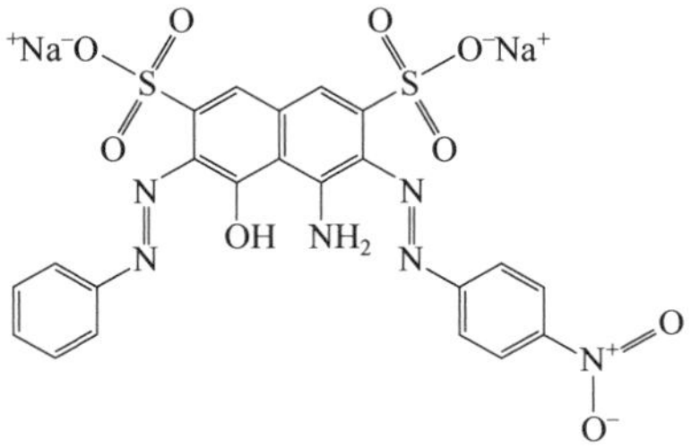	616.50 1064-48-8

续表

名称 CI 号	分子结构	摩尔质量/(g/mol) CAS 登录号
酸性红 33 CI 17200	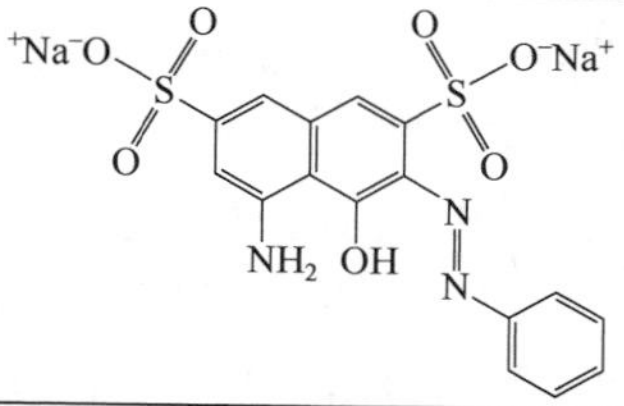	467.38 3567-66-6
酸性紫 43 号 CI 60730	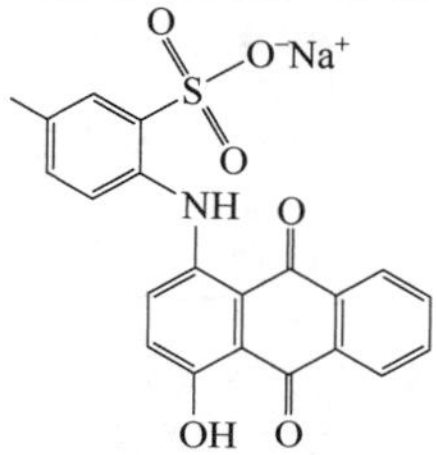	431.39 4430-18-6
酸性红 92 CI 45410	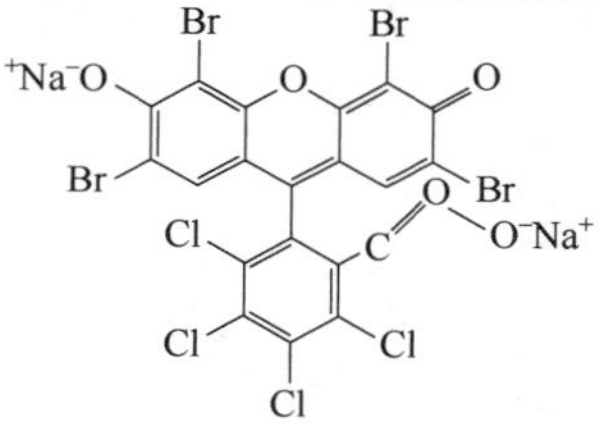	829.64 18472-87-2/4618-23-9
酸性黄 1 CI 10316	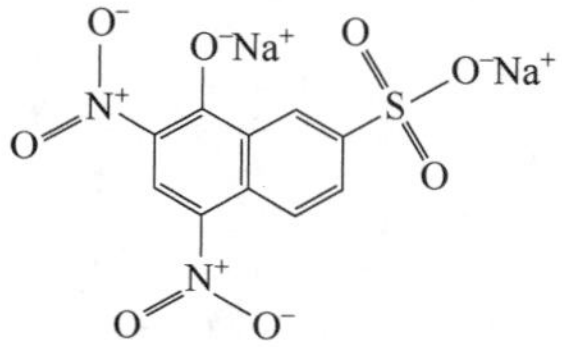	358.19 846-70-8
酸性橙 7 CI 15510	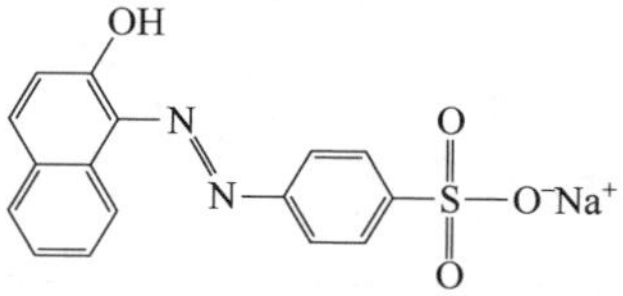	350.32 633-96-5

二、半永久性染发剂常用的染料

较理想的半永久性染发剂应具有如下的基本特性。

① 安全性：在选择半永久性染发剂的染料组分时应首先考虑安全性。在我国，半永久性染发剂允许使用的组分包括在 2015 版《化妆品安全技术规范》中《化妆品组分中暂时允许使用的染发剂》列表和《化妆品组分中限用着色剂》列表内。

② 色调协调性和均匀性：由于一种色调往往需要数种染料复配，这些染料必须有相似结构，或有互补性。不同化学结构的染料化合物在毛发上的吸附性能不同，应

尽可能避免清洗过程中造成色泽不均匀。

③ 染料稳固性：吸附于毛发上的染料要有一定的稳固性，以避免因阳光、大气、氧、摩擦和洗发等因素引起褪色。而且各种染料的光稳定性是不同的，半永久性染发剂是会逐步褪色的，在褪色过程中要保持色调均匀，逐步变淡。

④ 染料必须在碱性溶液中长期稳定。

⑤ 在染发条件下（25～40℃），染料对头发有较好的亲和作用。

半永久性染发剂主要包括硝基苯二胺，硝基氨苯酚，氨基蒽醌，萘醌，偶氮、碱性、活性和金属染料等，这些染料分子量较低、可渗透入外皮和部分渗透进皮质的染料。染发剂的选用必须符合各国化妆品的法规，不会对人体有任何毒害，可安全使用。表 17-3 列出了半永久性染发剂常用的染料。

表 17-3　半永久性染发剂常用的染料

名称	分子结构	摩尔质量/(g/mol) CAS 登录号
HC 黄 2 号	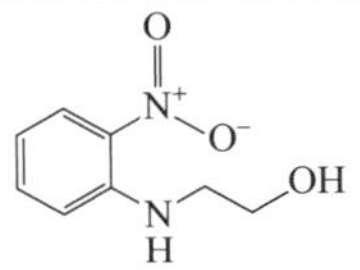	182 4926-55-0
碱性红 51 号	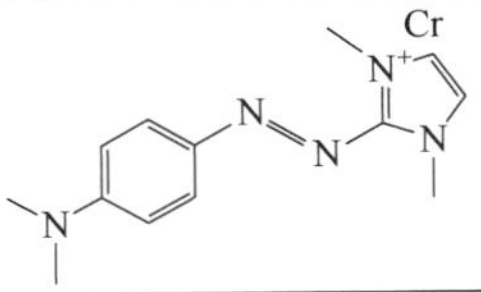	279 77061-58-6
4-羟丙氨基-3-硝基苯酚	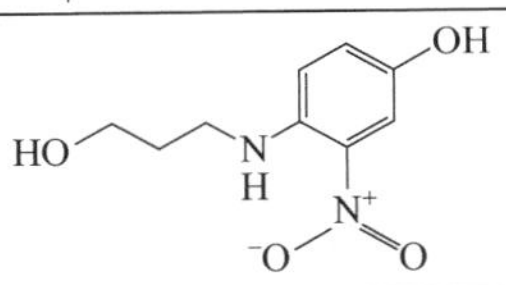	212 92952-81-3
HC 红 3 号	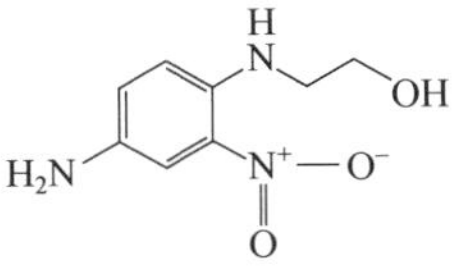	197 2871-01-4

三、永久性染发剂

永久性染发剂是指在洗涤过程中，形成的染料大分子不容易通过毛发纤维的孔径被冲洗出去，使头发的色调有较长的持久性。从作用机理而言，永久性染发剂是一种氧化型染发剂。永久性染发剂包括染料中间体和偶合剂（或称改性剂），两者总称为染料前体。这些中间体和偶合剂渗透进入头发的毛表皮后，发生氧化反应、偶合和缩合反应（一般在氧化剂，如过氧化氢作用下进行），形成较大的染料分子，被封闭在头发纤维内。由于染料中间体和偶合剂的种类不同、含量比例的差别，产生色调不同的反应产物，各种色调产物组合成不同的色调，使头发染上不同的颜色。这类染料大分子是在头发纤维内通过中间体和偶合剂小分子反应生成的，不容易因外界条件（包括洗涤、光照、温度）的影响而发生颜色的变化，具有相对的持久性。表 17-4 为永久性染发剂的主要配方组成。

表 17-4　永久性染发剂的主要配方组成

剂型	成分	主要功能	代表性原料
Ⅰ剂	还原剂	包括中间体和偶合剂，两者合为染料前体，在氧化剂的作用下进行一系列氧化、偶合、缩合反应。	中间体：*p*-苯二胺、甲苯-3,4-二胺、2-氯-*p*-苯二胺等 偶合剂：间苯二酚、2-甲基间苯二酚，*m*-氨基苯酚等
	抗氧化剂	抗氧化作用，增加产品的稳定性。减慢中间体在头发中的氧化作用	亚硫酸钠、亚硫酸氢钠、抗坏血酸钠苯基甲基吡唑啉酮
	调理剂	调理头发作用	羊毛脂衍生物、蛋白质、聚乙烯吡咯烷酮、聚二甲基硅氧烷等
	乳化剂	乳化、分散、增渗、均染、起泡和清洁作用	月桂醇聚醚硫酸酯钠、月桂醇硫酸酯钠、椰油酰胺丙基甜菜碱、脂肪醇聚醚油酸、油酸铵
	氧化减缓剂	减慢中间体在头发中的氧化作用	
	增稠剂	调节黏度的作用	脂肪醇、烷基醇酰胺、乙氧基化脂肪胺、镁蒙脱土等
	脂肪酸及其盐	溶剂、染料中间体分散剂作用	油酸、油酸铵
	溶剂	增加还原剂溶解度、增强扩散作用	乙醇、异丙醇、甘油、丙二醇、乙二醇
	碱化剂	调节 pH	氢氧化铵、TEA、氨甲基丙醇
	螯合剂	螯合重金属离子，增加产品的稳定性	EDTA-2Na、羟乙二磷酸、喷替酸五钠
	香精	赋香	耐碱香精
	水	溶剂	去离子水
Ⅱ剂	氧化剂	显色剂	过氧化氢、尿素过氧化物、过碳酸盐
	赋形剂	基质	鲸蜡醇、硬脂醇、鲸蜡硬脂醇
	乳化剂	乳化作用	鲸蜡硬脂醇聚醚-6、鲸蜡硬脂醇聚醚-25
	酸度调节剂	调节 pH	磷酸
	螯合剂	螯合重金属离子，稳定产品	EDTA-2Na、羟乙二磷酸、喷替酸五钠
	稳定剂	稳定作用	非那西汀、8-羟基喹啉硫酸钠
	水	溶剂	去离子水

1. 染料中间体

显色的染料中间体主要有对氨基苯酚、对苯二胺等；偶合剂主要有间氨基苯酚、间苯二酚等。表 17-5 列举了常用的染发中间体和偶合剂。

2. 碱化剂

在碱性条件下，头发易膨胀，有利于打开毛鳞片使染料渗透进入头发的皮质层，提高氧化剂的氧化能力使中间体更易氧化显色，所以染发Ⅰ剂 pH 一般调至 9～11，而染发时Ⅰ剂与Ⅱ剂混合后的最终 pH 控制在 9～9.5，以利于染发。常用的碱化剂有氢氧化铵（氨水）和单乙醇胺，单乙醇胺无挥发性、气味较小，但它无法使头发所含的黑色素褪色，因此黑色、较深色或者所染的颜色和头发本身的色调一致的染发剂一般单独使用单乙醇胺，添加量为 1%～3%，也可以氢氧化铵和单乙醇胺复配使用。浅色染发剂的碱化剂则以氢氧化铵为主。

表 17-5　常用的染发中间体和偶合剂

名称	分子结构	摩尔质量/（g/mol） CAS
4-氯间苯二酚	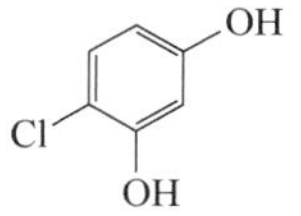	144 95-88-5
2,4-二氨基苯氧基乙醇盐酸盐	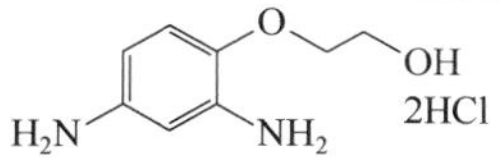	241 66422-95-5
4-氨基-2-羟基甲苯	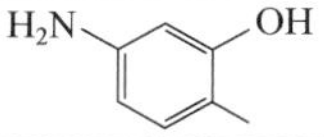	123 2835-95-2
间氨基苯酚	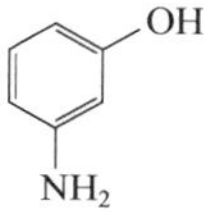	109 209-711-2
间苯二酚	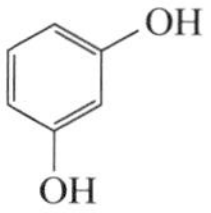	110 108-46-3
对苯二胺	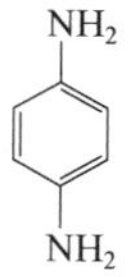	108 106-50-3

3. 氧化减缓剂

在配方中加入氧化减缓剂以延缓氧化还原反应的发生，防止中间体在渗透进皮质层内部前就被氧化成分子量大的色素，造成染色不均匀或者降低染色效果，并防止储存期间在包装管中引发的氧化反应。最常用的氧化减缓剂是焦亚硫酸钠和苯基甲基吡唑啉酮。抗氧化剂也可以延缓氧化反应的发生。

4. 抗氧化剂

Ⅰ剂中添加的中间体在接触空气时易发生氧化反应，所以需防止染料在生产过程、灌装过程、储存期间以及使用前被氧化。由于碱化剂和氧化减缓剂发生反应会促使氧化反应的发生，通常在配方中添加水溶性抗氧化剂，常用的抗氧化剂有亚硫酸钠、（异）抗坏血酸（维生素 C）及其盐等。同时在膏体配方中复配油溶性的抗氧化剂 BHT、BHA 等。

5. 氧化剂

Ⅱ剂中加入过氧化物作为氧化剂以使Ⅰ剂的中间体显色，常用的过氧化物是过氧化氢（即双氧水），它在一定的浓度才有以下功能：氧化黑色素以减少天然颜料的含量（漂白）、将颗粒状的颜料转化为弥散状的颜料、氧化不完全影响染发效果。但浓度也不宜过高，浓度过高会导致头发中硫元素的流失（导致头发变得硬、轻、细）。

6. 螯合剂

Ⅱ剂中通常会加入过氧化氢，由于原料和生产过程中不可避免地引入金属离子（主要是铁的二价和三价离子）而促使过氧化氢加速分解，导致Ⅱ剂涨管、染发时氧化剂的量不够等严重后果。通常加入螯合剂来减缓控制上述影响。常用的螯合剂有EDTA-4Na、喷替酸五钠等。

7. 助渗透剂

助渗透剂是促进染料等成分渗透进入皮质层、毛髓的物质，常用的助渗剂是异丙醇、氮酮、一些非离子表面活性剂如AEO3等。

第三节　染发产品配方设计

一、暂时非氧化型染发剂

暂时性染发剂一般使用摩尔质量较大的酸性染料、碱性染料或者分散性无机颜料，比如酸性橙7、酸性黄1、酸性红92、酸性紫43号、酸性黑1、云母等，这些染料一般亲水，或者显阴离子性，可以分散或者溶解在产品的基质中，通过蜡基或高分子成膜剂附着在头发的表面，不会渗透进头发内部，比较安全，这种染发剂维持时间短，可以使用洗发产品一次性清洗干净。暂时性染发剂颜色和头发色调一致或略深时效果比较自然，可以容易地调整到所需要的颜色，如果要达到比较好的遮盖效果需要添加2～5种不同的染料或颜料，添加量比较高（一般质量分数为0.1%～2%），不需要与氧化剂配合使用，配方中不含氨，产品应有较好的耐热性、耐光性、耐摩擦性，避免染色剂转移至枕头、衣物上等。

暂时性染发剂的剂型有多种：染发香波、染发喷雾、染发乳、染发凝胶、染发发蜡等，除染发发蜡外其他剂型一般只能掩盖少于30%的白发，可供选择的色彩也较少。染发发蜡一般使用云母等包裹在头发上遮盖头发颜色，这种遮盖效果较好，可供选择的色彩较多。近年来染发发蜡的产量在暂时性染发剂中所占比重较大。暂时性染发剂经常被用于临时修饰，比如演员化妆、舞会等。不同剂型产品的配方示例见表17-6～表17-10（2）。

表 17-6　染发香波

组相	组　　分	质量分数/%	组相	组　　分	质量分数/%
A 相	去离子水	加至 100	C 相	乳化硅油（60%）	3.0
	阳离子瓜尔胶	0.2		氨基硅油微乳	0.5
	柠檬酸	适量	D 相	乙醇	5.0
	羟乙基纤维素	1.5		CI 60730	0.1
B 相	月桂醇聚醚硫酸酯钠（2EO）（70%）	10.0		CI 17200	0.1
				DMDM 乙内酰脲	0.2
C 相	珠光浆	4.0		香精	适量

制备工艺：

① 把 A 相原料和适量去离子水加入搅拌釜中，搅拌至完全均匀；

② 用部分去离子水分散好 B 相原料加入搅拌釜中，搅拌分散均匀；

③ 加入 C 相原料搅拌分散均匀；

④ 将 D 相原料及剩余去离子水加入搅拌釜分散均匀。

这种洗去型暂时染发产品上色效果较弱。

表 17-7　染发喷雾

组相	组　　分	质量分数/%	组相	组　　分	质量分数/%
A 相	去离子水	加至 100	B 相	壬基酚聚醚-10	适量
	VP/丙烯酸（酯）类/月桂醇甲基丙烯酸酯共聚物	8.0		甲基异噻唑啉酮	0.1
B 相	甘油	0.5		乙醇	5.0
	山梨（糖）醇	0.5		CI 60730	0.1
	香精	适量		CI 17200	0.1

制备工艺：

① 把 A 相原料和适量去离子水加入搅拌釜中，搅拌至完全均匀；

② 将 B 相原料及剩余去离子水加入搅拌釜分散均匀。

表 17-8　染发乳液

组相	组　　分	质量分数/%	组相	组　　分	质量分数/%
A 相	鲸蜡醇聚醚-2	0.5	B 相	聚乙烯醇	2.0
	鲸蜡醇聚醚-30	1.0		去离子水	加至 100
	矿油	5.0		甘油	2.0
	聚二甲基硅氧烷	1.0	C 相	CI 60730	0.1
	羟苯甲酯	0.2		CI 17200	0.1
	羟苯丙酯	0.1		氢氧化钠	适量
B 相	卡波姆	0.3		香精	适量
	汉生胶	0.1		苯氧乙醇	0.3

制备工艺：

① 把A相原料加热至80～85℃完全溶解，搅拌分散5min，至完全均匀；

② B相原料均匀混合溶解后加热至80～85℃，缓慢加入到A相混合物中，加完后搅拌10min，然后均质乳化8min；

③ 将膏体降温至35℃，逐一加入C相原料，搅拌均匀出料。

表17-9 染发凝胶

组相	组分	质量分数/%	组相	组分	质量分数/%
A相	去离子水	加至100	C相	PEG-40氢化蓖麻油	0.3
	丙烯酸（酯）类/C_{10}~C_{30}烷醇丙烯酸酯交联聚合物	0.6		香精	适量
	PVP	3.0		乙醇	5.0
	羟苯甲酯	0.1		CI 60730	0.1
B相	氨甲基丙醇	0.6		CI 17200	0.1
C相	PEG-12 聚二甲基硅氧烷	1.0		甲基异噻唑啉酮	0.1

制备工艺：

① 把A相原料加热至60～65℃完全溶解，搅拌分散5min，至完全均匀；

② B相原料用适量去离子水稀释后缓慢加入到A相混合物中，加完后搅拌10min至透明；

③ 将膏体降温至35℃，加入C相原料，搅拌均匀出料。

表17-10（1） 染发发蜡（1）

组相	组分	质量分数/%	组相	组分	质量分数/%
A相	硬脂醇醚（21）	2.0	A相	BHT	0.03
	硬脂醇醚（2）	3.0	B相	泛醇	0.1
	矿油	4.0		乙烯基吡咯烷酮/醋酸乙烯共聚物	10.0
	硬脂酸	6.0		丙二醇	1.0
	凡士林	3.0		去离子水	加至100
	C_{12}～C_{15}烷基苯甲酸酯	7.0	C相	香精	适量
	十六/十八醇	3.0		云母	10.0
	氢化蓖麻油	3.0		CI 20470	1.0
	巴西棕榈蜡	0.5		CI 17200	0.1
	矿蜡	6.0		防腐剂	适量
	羟苯甲酯	0.1			
	羟苯丙酯	0.2			

制备工艺：

① 把A相原料加热至80～85℃完全溶解；

② B相原料搅拌加热至80～85℃完全溶解，加入A相中，加完后搅拌10min，然后均质乳化5min；

③ 将膏体降温至55℃，加入C相原料，搅拌均匀出料并保温灌装。

表 17-10（2） 染发发蜡（2）

组相	组 分	质量分数/%	组相	组 分	质量分数/%
A 相	硬脂醇醚（2）	5.0	B 相	去离子水	加至 100
	三压硬脂酸	15.0	C 相	香精	适量
	蜂蜡	20.0		三乙醇胺	8.0
	羟苯丙酯	0.2		云母	10.0
B 相	丙二醇	10.0		CI 20470	0.5
	卡拉胶	3.0		防腐剂	适量
	羟苯甲酯	0.1			

制备工艺：

① 把 A 相原料加热至 80～85℃完全溶解；

② B 相原料搅拌加热至 80～85℃完全溶解，加入 A 相中，加完后搅拌 10min；

③ 将膏体降温至 55℃，加入 C 相原料，搅拌均匀出料并保温灌装。

二、半永久性非氧化型染发剂

半永久性染发剂含有摩尔质量相对较小的染料或者阳离子性质的染料，摩尔质量较小的染料可以渗透进毛鳞片与皮质层之间，而阳离子性质的染料和毛发角蛋白有很好的亲和力，可以长时间地吸附在头发上，因此这类染发剂所染颜色在头发上的停留时间比暂时性染发剂长，可以耐受 5～8 次的洗涤，每次洗发后颜色会逐渐褪去。染发过程中不会发生氧化反应，具有安全、应用简单等特点，上色时间 10～40min，然后冲洗干净。

这类染发剂市场上可供选择的剂型有：乳液、香波、摩丝、霜等。如果选择碱性染料的产品，pH 一般较高；而选择偶氮类染料的产品，则控制较低 pH，这样可以促进毛鳞片打开，更容易使染料穿透进头发内部，且同时要求染料在产品体系内能够长期稳定。配方中比较少添加氨，常用的碱为：乙醇胺、三乙醇胺、氨甲基丙醇、柠檬酸等。这类产品克服了传统染发产品的一些缺点，如损伤发质、颜色不均等，易为消费者接受。一般可以覆盖 50%以内的白发。染料的添加量一般为 0.1%～3.0%，由 2 种以上不同分子量组分复配的染料可以得到较自然、均匀、稳定的颜色。配方中一般会添加促渗透的成分，如乙醇、异丙醇、苄醇、苯甲醇、月桂醇聚醚-3 等。乳液、凝胶型半永久性染发剂的配方示例见表 17-11 和表 17-12。

表 17-11 半永久性染发乳液

组相	组 分	质量分数/%	组相	组 分	质量分数/%
A 相	月桂酸	2.0	B 相	羟苯甲酯	0.1
	椰油酰胺 DEA	3.0		去离子水	加至 100
	油酸	1.0	C 相	香精	适量
	羟苯丙酯	0.2		三乙醇胺	适量
	月桂醇聚醚-3	3.0		染料	2.0
B 相	丙二醇	10.0		防腐剂	适量
	羟乙基纤维素	2.0			

制备工艺：

① 把A相原料加热至80～85℃完全溶解；

② B相原料搅拌加热至80～85℃完全溶解，加入A相中，加完后搅拌10min；

③ 将膏体降温至45℃，逐一加入C相原料，搅拌均匀出料灌装。

表17-12　半永久性染发凝胶

组相	组　分	质量分数/%	组相	组　分	质量分数/%
A相	油酸	3.5	B相	癸基葡糖苷	1.0
	乙基己基甘油	3.0		EDTA-2Na	0.1
	乙醇胺	5.0		抗坏血酸钠	0.1
	水	加至100	C组分	卡波姆	0.7
B相	染料	4.0		水	40.0
	乙酰胺MEA	1.0		防腐剂	适量
	PEG-2椰油胺	1.0			

制备工艺：

① 把A相原料加热至60～65℃完全反应皂化；

② B相原料搅拌加入A相中，搅拌至体系均匀；

③ 将C相原料溶解分散均匀，边搅拌边加入至A、B混合液中即可。

三、永久性氧化型染发剂

这类染发剂在染发产品市场中占主导地位，约占市售染发剂的80%，它可以持久有效地改变头发的颜色，可以100%遮盖头发的原有色彩。它的染料中间体和偶合剂由于分子量比较小，可以很容易渗透进皮质层内，经过氧化还原反应生成稳定的分子量较大的染料卡在内部，因此，染发后对洗发水洗涤、摩擦、光照等有很好的耐受性。

其中不同颜色的染料中间体配比见表17-13。

表17-13　不同颜色的染料中间体配比

颜　色	自然黑	咖啡色	棕　色
染料中间体配比	对苯二胺 1.8% 间氨基苯酚 0.27% 2,4-二氨基苯氧基乙醇盐酸盐 0.44% 间苯二酚 1.03%	间苯二酚 0.2% 间氨基苯酚 0.08% *N,N*-双（2-羟乙基）-对苯二胺硫酸盐 0.2% 甲苯-2,5-二胺硫酸盐 0.33%	间苯二酚 0.22 % 间氨基苯酚 0.25% 对氨基苯酚 0.15% 甲苯-2,5-二胺硫酸盐 0.4 % 4,5-二氨基-1-（2-羟乙基）吡唑硫酸盐 0.02%

永久性染发产品一般分为Ⅰ剂、Ⅱ剂，相应的配方示例见表17-14～表17-18。

表 17-14　染发膏Ⅰ剂配方

组相	组　　分	质量分数/%	组相	组　　分	质量分数/%
A相	鲸蜡硬脂醇聚醚-2	3.5	B相	亚硫酸钠	0.5
	鲸蜡硬脂醇聚醚-21	2.0		染料中间体	适量
	硬脂酸	5.5		异抗坏血酸钠	0.2
	鲸蜡硬脂醇	7.0		EDTA-4Na	0.4
	甘油硬脂酸酯	1.2		丙二醇	5.0
	矿油	3.0	C相	氢氧化铵（25%）	4.0
	羊毛脂	1.0		聚季铵盐-6	3.0
	辛酸/癸酸甘油三酯	0.5		单乙醇胺	1.2
B相	水	加至100	D相	香精	0.6

制备工艺：

① A相、B相加热至80℃溶解，恒温80℃；

② 边搅拌边均质B相，将A相缓慢抽入B相乳化；

③ 降温至45℃，加入C相，搅拌均匀，后再加入D相搅拌均匀即可。

表 17-15　染发膏Ⅱ剂配方

组相	组　　分	质量分数/%	组相	组　　分	质量分数/%
A相	鲸蜡硬脂醇聚醚-2	0.2	C相	磷酸	4.0
	硬脂基三甲基氯化铵	0.5		聚季铵盐-6	3.0
	鲸蜡硬脂醇	5.0		羟乙二磷酸	0.3
	矿油	1.0		水	5.0
	辛酸/癸酸甘油三酯	0.5	D相	双氧水（30%）	20.0
B相	水	加至100			

制备工艺：

① A相、B相加热至80℃溶解，恒温80℃；

② 边搅拌边均质B相，将A相缓慢抽入B相乳化；

③ 降温至40℃，加入C相，搅拌均匀，后再加入D相搅拌均匀即可。

表 17-16　染发剂Ⅱ剂配方

组相	组　　分	质量分数/%	组相	组　　分	质量分数/%
A相	油醇聚醚-5	4.0	C相	羟乙二磷酸	0.3
	油醇聚醚-10	4.0		非那西汀	0.1
	矿油	15.0		双氧水（30%）	20.0
B相	水	加至100			

制备工艺：

① A相、B相加热至50℃，混合均匀，边均质A相边抽入B相。

② 边搅拌边均质上述相，将C相缓慢抽入搅拌均匀即可。

表17-17　染发香波Ⅰ剂配方

组相	组　分	质量分数/%	组相	组　分	质量分数/%
A相	月桂醇聚醚硫酸酯钠（70%）	8.0	C相	丙二醇	4.0
	椰油酰胺 DEA	2.0		汉生胶	0.6
	PEG-120 甲基葡糖二油酸酯	0.5		瓜尔胶羟丙基三甲基氯化铵	0.3
	水	加至100	D相	乳化硅油	3.0
	亚硫酸钠	0.3		单乙醇胺	1.0
	染料中间体	适量		椰油酰胺丙基甜菜碱（35%）	4.0
	异抗坏血酸钠	0.2		香精	0.6
	EDTA-4Na	0.4			

制备工艺：

① A相加热至80℃，溶解完全；

② 边搅拌边加入B相，溶解均匀；

③ 降温至50℃，加入C相，搅拌均匀，继续降温至45℃以下再加入D相搅拌均匀即可。

表17-18　染发凝胶Ⅰ剂配方

组相	组　分	质量分数/%	组相	组　分	质量分数/%
A相	丙烯酸(酯)类/硬脂醇聚醚-20甲基丙烯酸酯共聚物	4.5	B相	丙二醇	5.0
	水	加至100		异丙醇	5.0
B相	亚硫酸钠	0.3	C相	氢氧化铵（25%）	5.0
	染料中间体	适量		单乙醇胺	3.6
	异抗坏血酸钠	0.2		PEG-12 聚二甲基硅氧烷	0.5
	EDTA-4Na	0.4		月桂醇聚醚-4	1.0
				香精	0.6

制备工艺：

① 边搅拌边将B相加入至A相，溶解均匀；

② 将C相边搅拌边加入至上述混合相，搅拌均匀即可。

第十八章　烫发化妆品

18 Chapter

烫发制品是将天然直发或卷曲的头发改变为所期发型的化妆品。烫发是美化头发的一种重要的化妆艺术。烫发的历史可以追溯到古代埃及，约公元前 3000 年，埃及妇女将湿泥土涂于头发上，经太阳晒干后作人工卷曲。

目前市场上的烫发产品主要以不同种类的含巯基化合物为主，总体来看，其基本组成差别不大，各国家根据民族特点、习惯和法规不同而有所选择。烫发制品在发类制品中占有一定的份额，主要以发廊专用产品为主，家庭用产品所占份额为 15%～20%。

第一节　烫发机理

头发大部分是由不溶性角蛋白组成的，角蛋白占 85%以上。此外还含有一部分可溶性的物质，如戊糖、酚类、尿酸、糖原、谷氨酸、缬氨酸和亮氨酸。角蛋白由氨基酸组成。它通过一个氨基酸的酸基与另一氨基酸的氨基之间形成氨基连接，形成分子量很大的缩聚聚合结构——多肽。

在烫发过程中伴随着二硫键的破坏和转移，主要包括与碱和还原剂的反应。

1. 二硫键与碱反应

二硫键破坏一般都是在碱性介质中进行的。反应包括碱的—OH 作用于二硫键 β 位置碳原子上的氢原子，导致脱氢丙氨酸中间产物的生成。脱氢丙氨酸中间产物进一步与胱氨酸、硫醇、赖氨酸和氨反应生成一系列产物。

2. 二硫键与还原剂的反应

用于烫发剂可还原二硫键的还原剂包括巯基乙酸及其衍生物、亚硫酸盐。亚硫酸盐由于功效低，现已经很少使用。

在烫发过程中一般分两步进行，当施加形变时，首先使头发结构塑化。然后在形变松开前，必须除去塑化的因素。水或加热可用作塑化剂，使头发暂时弯曲变形。当头发被润湿，或由卷发烙铁加热时，可将头发卷在卷发夹上。热或水使蛋白质结构移动，在新的构型内形成盐键和氢键，这些键的形成使移除水或加热后，形变稳定。这种作用称为黏聚定型。

当黏聚定型时，能量储存在皮质内蛋白质二硫键的网格内。当头发由卷发夹松开时，这种能量使定型头发伸展开，并重新回复到头发原有的构型。在高湿度时黏聚定型失效，如果头发直接接触水，失效会十分快。

为了获得永久定型，必须破坏二硫键（S—S），并重新形成新的构型，使形变稳定。在永久烫发时，首先用还原剂将 S—S 键破坏，使结构位移，然后通过温和氧化作用使二硫键在新的位置形成。

3. 中和过程的再氧化反应

二硫键破坏的过程是使头发软化、化学张力松弛的过程，在卷曲处理后，用水将过剩的还原剂冲洗，然后涂上氧化剂（或中和剂），使半胱氨酸基团重新结合，在新的位置上形成二硫键，这样就使卷曲后的发型固定下来，这种过程称为定型过程。其基本化学过程较简单，角蛋白半胱氨酸重新被氧化成角蛋白胱氨酸，交换的纤维形成，回复头发的弹性。

第二节 常用烫发剂原料

烫发化妆品分为直发产品和卷发产品，各种产品对应的主要原料见表 18-1。其中主要的原料是切断二硫键的化学物质，常用原料性质见表 18-2。

表 18-1 常见烫发化妆品概念分类及其主要原料

<table>
<tr><th>产品主分类</th><th colspan="2">细分</th><th>特点</th><th>主要原料</th></tr>
<tr><td rowspan="3">直发产品</td><td colspan="2">强力直发膏</td><td>pH=12.5 左右，多为非洲等天然卷曲的头发使用</td><td>氢氧化钠、氢氧化钙、碳酸胍等</td></tr>
<tr><td colspan="2">离子烫</td><td>软化剂，加热</td><td>巯基乙酸铵、巯基乙酸单乙醇胺</td></tr>
<tr><td colspan="2">矫形烫</td><td>高黏性，高黏度</td><td>巯基乙酸铵、玉米淀粉</td></tr>
<tr><td rowspan="7">卷发产品</td><td rowspan="3">冷烫</td><td>传统冷烫</td><td></td><td>巯基乙酸铵、巯基乙酸单乙醇胺</td></tr>
<tr><td>半胱氨酸冷烫</td><td></td><td>半胱氨酸、半胱氨酸盐酸盐</td></tr>
<tr><td>酸性冷烫</td><td></td><td>巯基乙酸甘油酯</td></tr>
<tr><td colspan="2" rowspan="2">数码热烫</td><td>软化加热</td><td>半胱氨酸、半胱氨酸盐酸盐</td></tr>
<tr><td>先软化，洗掉后再加热</td><td>巯基乙酸铵、巯基乙酸单乙醇胺</td></tr>
<tr><td colspan="2" rowspan="2">酸性热烫</td><td>软化加热</td><td rowspan="2">巯基乙酸甘油酯</td></tr>
<tr><td>先软化，洗掉后再加热</td></tr>
</table>

表 18-2　常用还原剂原料性质

原　料	性　质
巯基乙酸铵	不愉快的气味较大，易渗透，卷发效果好，对头发损伤较小
巯基乙酸单乙醇胺	操作简单，气味较小，烫后残留时间长
巯基乙酸甘油酯	pH=6 左右，对头发几乎无损伤，对于健康的头发渗透效果弱，保持时间较短；对损伤的头发烫后效果较好。
半胱氨酸盐酸盐	对头发损伤较小，pH=8～8.5，渗透过强，气味残留时间久

第三节　烫发产品配方设计

市售的烫发产品一般分为卷发剂与中和剂，其中卷发剂主要是包含还原二硫键的还原剂，如巯基乙酸及其衍生物，但巯基乙酸及其衍生物属于离子型化合物，在形成剂型时，需要考虑其离子特性。

一、卷发剂配方组成及示例

卷发剂有乳化体系，也有水剂型体系，其中乳化体系的卷发剂配方组成见表 18-3。

表 18-3　卷发剂主要配方组成

结构成分	主要功能	代表性原料
还原剂	破坏头发中胱氨酸的二硫键	巯基乙酸盐、亚硫酸盐、巯基乙酸单甘油酯、巯基甘油、半胱氨酸
碱化剂	调节和保存 pH	氢氧化钠、三乙醇胺、单乙醇胺、碳酸铵（或其钠盐、钾盐）
螯合剂	螯合重金属粒子，增加稳定性	EDTA-2Na、羟乙二磷酸、喷替酸五钠
乳化剂	改善头发的润湿作用，起着均染剂、乳化剂和加溶剂的作用	非离子型表面活性剂
调理剂	护理作用	矿物油、天然油脂、合成油脂、羊毛脂、阳离子调理剂、蛋白等
香精	赋香，掩盖巯基化合物和氨的气味	耐碱性的香精
精制水	溶剂	去离子水

1. 强力直发膏

强力直发膏运用强碱性对毛发进行定型，此类产品必须选择在强碱里能够长期耐受的原料。这类产品只有一剂型，不需要第二剂产品配合使用，其配方示例见表 18-4。

表 18-4　强力直发膏配方

组相	组　分	质量分数/%	组相	组　分	质量分数/%
A 相	鲸蜡硬脂醇聚醚-2	2.0	B 相	甘油	5.0
	鲸蜡硬脂醇聚醚-21	2.0		水	加至 100
	矿油	8.0		氢氧化钠	pH 调至 12.5
	鲸蜡硬脂醇	7.0	C 相	聚季铵盐-6	3.0
	羊毛脂	3.0		香精	适量

制备工艺：

① A、B 相分别加热至 80℃，恒温 80℃；

② 边搅拌边均质 B 相，将 A 相缓慢抽入 B 相乳化；

③ 乳化结束后，搅拌冷却降温，待温度降至 45℃，加入 C 相，搅拌均匀即可。

2. 烫发膏

常用的烫发膏需与中和剂配合使用，包含还原性的烫发剂，配方一般设计成液晶结构体系，巯基乙酸及氢氧化铵等不愉快的味道可以比较好地被包裹，配方示例见表 18-5。

表 18-5 烫发膏 1 剂配方

组相	组 分	质量分数/%	组相	组 分	质量分数/%
A 相	油醇聚醚-5	2.0	B 相	水	加至 100
	油醇聚醚-10	2.0	C 相	乙醇胺	9.2
	硬脂醇	4.5		羟乙二磷酸	0.1
	羊毛脂	0.8		香精	0.5
	甘油硬脂酸酯	0.9		碳酸氢铵	1.0
B 相	十六烷基三甲基氯化铵	0.3		巯基乙酸	9.6
	硬脂基三甲基氯化铵（70%）	0.5			

制备工艺：

① A 相、B 相分别加热至 80℃，恒温；

② 边搅拌边均质 B 相，将 A 相缓慢抽入 B 相乳化；

③ 乳化结束后，搅拌冷却降温，待温度降至 45℃，加入 C 相，搅拌均匀即可。

3. 冷烫液

冷烫液一般为水剂产品，这类产品结构及生产工艺简单，但是产品本身不愉快的味道较大，配方示例见表 18-6。

表 18-6 冷烫液 1 剂配方

组相	组 分	质量分数/%	组相	组 分	质量分数/%
A 相	巯基乙酸胺	9.0	A 相	碳酸氢铵	0.3
	EDTA-2Na	0.2		水	加至 100
	巯基乙酸单乙醇胺	2.0	B 相	香精	0.3
	PEG-75 羊毛脂	3.0		油醇聚醚-20	0.6
	羟乙二磷酸	0.1			

制备工艺：

① 将水准确加入到容器中，将 A 相中各成分逐一加入；

② 待 A 相溶解均匀之后，将 B 相原料混合，并加热至 40℃搅拌成透明均一液体，然后边搅拌边加入 A 相体系。

二、中和剂配方组成及示例

中和剂主要包含了氧化剂，一般有乳化体系与水剂两种类型，其中乳化体系配方组成见表 18-7。

表 18-7 乳化体系中和剂配方组成

成分	主要功能	代表性原料
氧化剂	氧化功能，使被破坏的二硫键重新形成	过氧化氢
酸/缓冲剂	调节 pH	柠檬酸、乙酸、乳酸、酒石酸、磷酸
稳定剂	防止过氧化氢分解	六偏磷酸钠、锡酸钠、非那西汀
乳化剂	改善头发的润湿作用，起着匀染剂、乳化剂和加溶剂的作用	非离子型表面活性剂
调理剂	护理作用	矿物油、天然油脂、合成油脂、羊毛脂、阳离子调理剂、蛋白等
增稠剂	增稠作用	脂肪醇、卡波姆、羟乙基纤维素
香精/着色剂	赋香/着色	在 H_2O_2 中稳定的香精和着色剂
溶剂	溶解组分	去离子水

1. 中和膏

中和膏在烫发过程中，与表 18-5 的烫发膏同时使用，其配方示例见表 18-8。

表 18-8 中和膏 2 剂配方

组相	组　　分	质量分数/%	组相	组　　分	质量分数/%
A 相	油醇聚醚-5	2.0	B 相	硬脂基三甲基氯化铵（70%）	0.5
	油醇聚醚-10	2.0		水	加至 100
	硬脂醇	5.5	C 相	柠檬酸	0.1
	羊毛脂	0.8		香精	0.5
	甘油硬脂酸酯	1.1		溴酸钠	8.0
B 相	十六烷基三甲基氯化铵	0.3			

制备工艺：

① A 相、B 相加热至 80℃溶解，恒温；

② 边搅拌边均质 B 相，将 A 相缓慢抽入 B 相乳化；

③ 降温至 40℃，加入 C 相，搅拌均匀即可。

2. 中和液

中和液在烫发过程中，与表 18-6 的烫发液同时使用，其配方示例见表 18-9。

表 18-9 中和液 2 剂配方

组相	组　　分	质量分数/%	组相	组　　分	质量分数/%
A 相	水	加至 100	A 相	PEG-12 聚二甲基硅氧烷	2.0
	EDTA-2Na	0.1	B 相	油醇聚醚-20	0.3
	柠檬酸	0.02		香精	0.1
	溴酸钠	8.0			

制备工艺：

① A 相搅拌混合均匀；

② 将 B 相加热至 40℃并搅拌成透明均一液体，后边搅拌边加入 A 相。

参 考 文 献

[1] 张婉萍. 香料香精化妆品, 2012, 12(6): 45-48.
[2] 张婉萍. 日用化学品科学, 2012, 35(10): 16-19.
[3] 裘炳毅. 化妆品化学与工艺技术大全. 北京: 中国轻工业出版社, 1997.
[4] 裘炳毅. 现代化妆品科学与技术. 北京: 中国轻工业出版社, 2015.
[5] Haake A，Scott G A，Holbrook K A. The Biology of the Skin，Freinkel R K，Woodley D T eds. New York：The Parthenon Publishing Group Inc.，2001.
[6] Billek D E. Cosmetics and Toiletries, 1996, 111(7): 31-37.
[7] Cheng A G, Cunningham L L, Rubel E W. Current Opinion in Otolaryngology and Head and Neck Surgery, 2005, 13(6): 343.
[8] 沈钟, 赵振国, 康万利. 胶体与表面化学. 北京: 化学工业出版社, 2011.
[9] 赵国玺, 朱玻瑶. 表面活性剂作用原理. 北京: 中国轻工业出版社, 2003.
[10] 王培义, 徐宝财, 王军. 表面活性剂——合成·性能·应用. 北京: 化学工业出版社, 2007.
[11] 崔正刚, 蒋建中. 表面活性剂和界面现象. 北京: 化学工业出版社, 2014.
[12] 王军, 杨许召, 李刚森. 功能性表面活性剂制备与应用. 北京: 化学工业出版社, 2009.
[13] 李芳芳, 陈明华, 张婉萍. 日用化学工业, 2015, 45(12): 661-669.
[14] 田永红, 郭奕光, 翟晓梅, 等. 日用化学工业, 2015, 45(3): 137-142.
[15] Mollet H, Grubenmann A. Formulation Technology: Emulsions, Suspensions. Translated by Payne H R. New York: WILEY-VCH Verlag GmbH, 2001:1-57.
[16] Rosen M J. Surfactants and Interfacial Phenomena. New York: Wiley-Interscience, 1989.
[17] Myers D. Surfactants in Cosmetics. 2nd ed., revised and expanded, Rieger M M and Rhein L D eds. New York: Marcel Dekker, Inc., 1997.
[18] Myers D. Surfactant Science and Technology, 2nd ed. New York: VCH Publishers, 1992.
[19] Malmsten M. Surfactants and Polymers in Drug Deliverly. New York: Marcel Dekker, 1992.
[20] Li Fangfang, Chenminghua, Zhang Wanping. Journal of Surfactants and Detergents, 2017, 20: 425-434.
[21] 董万田, 张燕山, 薛博仁,等. 绿色表面活性剂烷基糖苷(APG)的产业化. 2011 北京洗涤剂技术与市场研讨会. 北京: 2011.
[22] 陈士杰. 安徽化工, 2010, 36(2): 4-5.
[23] D. J.伯格曼, 赵伟. 日用化学品科学, 2005, 28(10): 34-36.
[24] Magdassi H, Touitou E. Novel Cosmetic Delivery Systems. New York: Marcel Dekker Inc, 1999.
[25] Zhang Chen, Luo Shaoqiang, Zhang Zhiwei, et al. Journal of the Taiwan Institute of Chemical Engineers, 2017, 71, 338-343.
[26] Tian Yonghong, Chen Lianghong, Zhang Wanping. Journal of Dispersion Science and Technology, 2016, 37: 1511-1517.
[27] 光井武夫著. 新化妆品学. 张宝旭译. 北京: 中国轻工业出版社, 1995.
[28] Jia Hongjiao, Jia Fangya, Zhu Bijun, et al. European Journal of Lipid Science and Technology, 2017, 119: 1600010.
[29] Luo Shaoqiang, Zhang Chen, Hu Liuyun, et al. Journal of Dispersion Science and Technology, 2016，38(11): 1530-1535.
[30] Wen Jing, Zhang Qianjie, Zhu Dan, et al. Journal of Dispersion Science and Technology, 2016, 38(6): 801-806.
[31] 梁文平. 乳状液科学与技术基础. 北京: 科学出版社, 2001.
[32] 贾兵, 张婉萍, 陈明华. 日用化学品科学, 2015, 38(12): 21-26.
[33] Jia Bing, Zhang Qianjie, Zhang Zheng, et al. Journal of Dispersion Science and Technology, 2017：1-6.
[34] Miao Yulian, Jia Bing, Chenminghua, et al. Molecular crystals and liquid crystals, 2016, 633: 110-122.
[35] Jia Fangya, Gao Hongjian, Jia Hongjiao, et al. Molecular crystals and liquid crystals, 2016, 633: 1-13.
[36] Bing Jia, Zheng Zhang,ming-Hua Chen, et al. Journal of Dispersion Science and Technology, 2016, 38(6): 876-882.
[37] 童坤. 微乳液、纳米乳液的制备及应用性能研究[D]. 山东: 山东大学, 2016.
[38] Becher P, eds. Encyclopedia of Emulsion Technology Vol.4. New York: Marcel Dekker, Inc., 1996.
[39] Myers D. Surface, Interface and Colloids-Principles and Applications, 2nd edn. New York: Wiley-VCH, 1999.
[40] Bernard P Binks eds. Modern Aspects of Emulsion Science. UK: The Royal Society of Chemistry. Cambridge, 1998: 56-99.
[41] Brosel S，Schubert H. Chemical Engineering and Processing：Process Intensification, 1999, 38: 533.
[42] Williams R A, Peng S J, Wheeler D A, et al. Chemical Engineering Research and Design, 1998, 76A: 902.
[43] Joscelyne S M, Tragardh G. Journal of Membrane Science, 2000, 169: 107.
[44] S Van der Graaf, C G EH, Schroen, et al. Journal of Membrane Science，2005，251:7.
[45] Kawakatsu T, Komori H, Nakajima M, et al. Journal of Chemical Engineering of Japan, 1999, 32: 241.

[46] Sugiura S, Nakajima M, Yamamoto K, et al. Journal of Colloid and Interface Science, 2004, 270:221.
[47] Sugiura S, Nakajima M, Seki M. Langmuir, 2002, 18: 5708.
[48] Sugiura S, Nakajima M, Seki M. Langmuir, 2002, 18: 3854.
[49] Tan Y, Cristini V, Lee A P. Sensors and Actuactors B: Chemical, 2006, 144: 350.
[50] Tice J D, Lyon A D, Ismagilov R E. Analytica Chimica Acta, 2004, 507:73.
[51] Okushima S, Nisisako T, Torri T, et al. Langmuir, 2004, 20: 9905.
[52] Tadros T F, Vincent B. Encyclopedia of Emulsion Technology Vol.1, Basic Theory，Becher P eds. New York: Marcel Dekker, Inc, 1983: 129-285.
[53] Jia Hongjiao, Chen Lianghong, Zhang Wanping. Journal of Dispersion Science and Technology, 2016, 37(5): 687-692.
[54] Zhang Wanping, Chen Lianghong, Fang Xiang. Journal of Dispersion Science and Technology, 2015, 36, (7): 983-990.
[55] 李芳芳, 贾红娇, 田永红, 等. 日用化学工业, 2014, 44(4): 222-225, 238.
[56] Tian Yonghong, Guo Yiguang, Yang Xuefang, et al. Journal of Surfactants and Detergents, 2016, 19: 653-661.
[57] Tian Yonghong, Guo Yiguang, Zhang Wanping. Journal of Dispersion Science and Technology, 2016, 37: 1115–1122.
[58] 田永红, 郭奕光, 翟晓梅, 等. 香料香精化妆品, 2015 (1): 58-61.
[59] 陈良红, 李琼, 刘晓慧, 等. 日用化学工业, 2013, 43(5): 377-381.
[60] 张婉萍, 陈雪清. 日用化学工业, 2012, 42(6): 436-440.
[61] 张婉萍, 朱亮亮. 日用化学工业, 2009, 39(1): 35-38.
[62] Zhang Wanping, Li Fangfang. Colloids and Surfaces A: Physicochemical and Engineering Aspects, 2013, 423: 98-103.
[63] Li Fangfang, Zhang Wanping. Colloids and Surfaces A: Physicochemical and Engineering Aspects, 2015, 470, 290-296.
[64] Zhang Chen, Luo Shaoqiang, Zhang Zhiwei, et al. Journal of the Taiwan Institute of Chemical Engineers, 2017, 71: 338-343.
[65] Liu Xiaohui, Liang Xiaozhi, Fang Xiang, et al. International Journal of Cosmetic Science, 2015, 37(4): 446-453.
[66] Barns H A, Huton J F, Waiters K. An Introduction to Rheology. Amsterdam: Elisevier, 1989.
[67] Laba D. Rheological Properties of Cosmetics and Toiletries. New York: Marcell Dekker, Inc, 1993.
[68] Nielsen A E. Polymer Rheology. New York: Marcell Dekker, Inc, 1977.
[69] Patton T C. Paint Flow and Pigment Dispersion. New York: Wiley Interseience, 1979.
[70] Rounds R S. Cosmetics and Toiletries, 1995, 110(4): 52-57.
[71] Tadros T, Nestor J, ClairepTaelman M, et al. Cosmetics and Toiletries, 2004, 119(2): 67-75.
[72] 韩长日, 刘红. 精细化工工艺学. 北京: 中国石化出版社, 2015.
[73] 张文清, 柴平海, 金鑫荣, 等. 高分子通报, 1999(2): 73-76.
[74] Mitarotonda A, Benetti A, Paganelli F, et al. C & T, 2007.
[75] Thiele J, Elsner P. Current Problem in Dermatology. Volume 29. Basel: Karger, 2001.
[76] Charurin P, Ames J M, del Castillo M D. Journal of Agricultural and Food Chemistry, 2002, 50: 3751.
[77] 郑雨. 日用化学品科学, 2010, 33(12): 52-54.
[78] 喻敏. 中国化妆品, 2003, (2): 72-75.
[79] 钱志荣. 中国化妆品, 1995, (3): 22-23.
[80] 钱志荣. 中国化妆品, 1995, (4): 27.
[81] 林建广. 天然杭氧剂改性及应用研究[D]. 无锡: 江南大学, 2008.
[82] Simic M G, Jovanovic S V. Journal of the American Chemical Society, 1989, 111(15): 5778-5782.
[83] Nachbar F, Korting HC. Journal of Molecular Medicine, 1995, 73(2): 7-17.
[84] Darr D, Combs S, Dunston S, et al. British Journal of Dermatology, 1992, 127(3): 247-253.
[85] Andre Barel, Marc Paye, Howard I Maibach. Handbook of Cosmetic Science and Technology (1st ed.). New York: Marcel Dekker, Inc., 2001.
[86] Marc Paye, Andre Barel, Howard I Maibach. Handbook of Cosmetic Science and Technology (4th. ed.). New York: CRC Press, 2014.
[87] Hitoshi Masaki. Journal of Dermatological Science, 2010, 58: 85-90.
[88] Kenneth S A, Gabriella B. Introduction to Cosmetic Formulation and Technology. Hoboken: Wiley & Sons, Inc., 2015.
[89] Robert Baran, Howard I Maibach. Textbook of Cosmetic Dermatology. New York: Informa Healthcare, 2010.
[90] Darr D, Dunston S, Faust H, et al. Acta Dermato Venereologica, 1996, 76(4): 264-268.
[91] Ralph G H, Martin R. Harry's Cosmeticology (8th ed.). New York: Chemical Publishing Company, 2000.
[92] Meyer R, Rosen R. Harry's Cosmeticology (9th ed. Volume 2). New York: Chemical Publishing Company, 2015.
[93] Mitsui T. New Cosmetic Science. Amsterdam: Elsevier Science B V, 1997.
[94] Steinberg D. Preservatives for Cosmetics. IL, USA: Allured Publishing Corporation, 2006.

[95] 化妆品安全技术规范. 国家食品药品监督管理总局. 2015.
[96] 陈仪本, 欧阳友生, 陈娇娣, 等. 日用化学工业, 2001, 31(4): 42-46.
[97] Muscatiello M J. Cosmetics and Toiletries, 1993, 108: 53-59.
[98] Anon. Cosmetics and Toiletries, 1990, 105(3): 79-82.
[99] Anon. United States Pharmacopeia XXII, 1990, 1478-1479.
[100] Orth D S. Journal of The Society of Cosmetic Chemists, 1979, 30: 321-332.
[101] Mulberry G K. Cosmetics and Toiletries. 1987, 102(12): 47-54.
[102] Lucchini J J, Bonnaveiro N, Cremieux A. Current Microbiology, 1993, 27: 295-300.
[103] 秦钰慧. 化妆品管理及安全性和功效性评价. 北京: 化学工业出版社, 2007.
[104] Steinberg D C. Cosmetics and Toiletries, 2010, 125(11): 46-51.
[105] Orth D S. Handbook of Cosmetic Microbiology. New York: Marcel Dekker, Inc., 1993.
[106] Hodges N A, Denyer S P, Hanlon G W, et al. Journal of Pharmacy and Pharmacology, 1996, 48(12): 1237-1242.
[107] CTFA Survey, Eck K S. Journal of Cosmetic Science, 2005, 56: 167-174.
[108] Brannan D K. Cosmetic Microbiology: a Practical Handbook. New York: CRC Press, 1997: 227-302.
[109] 陈仪本, 欧阳友生, 陈娇娣, 等. 日用化学工业, 2001, 31(4): 42-46.
[110] 邓志方, 杜达安. 华南预防医学, 2000(2): 90-92.
[111] Wilkinson J B, Moore R J. Harry's Cosmeticology. New York: Chemical Publishing Company, Inc., 1984: 74-81.
[112] 福原信和, 等编著. 实用化妆品手册. 陆光崇等译. 上海: 上海翻译出版公司, 1998.
[113] Schrader K. Cosmetology-Theory and Practice, Vol.Ⅱ. Schrader K and Domsch A ed. Zioikowsky GmbH Augsburg: Verlag fur chemische Industrie H, 2005: 224-227.
[114] Formulary. C&T, 1993, 108(12): 125.
[115] Ertel K. Dermatol Clin, 2000, 18(4): 561-575.
[116] 裘炳毅. 日用化学工业, 1995(5): 84-38; 1995(6): 39-46.
[117] Fang Bijuan, Yu Min, Zhang Wanping, et al. International Journal of Cosmetic Science. 2016, 38, 496-503.
[118] Wilkinson J B, Moore R J. Harry's Cosmeticology, New York: Chemical Publishing Company, Inc., 1982: 51-73.
[119] Loden M. C&T, 1997, 112(10): 101-106.
[120] Ertel K. Dermatol Clin, 2000, 18(4): 561-575.
[121] Mehling A, Pellon G, Hensen H. C&T, 1008, 13(6): 53-58.
[122] Feng Huanhuan, Zhao Xiangsheng, Zhang Wanping, et al. RSC Advances, 2015, 5(49): 38910-38917.
[123] 裘炳毅. 化妆品和洗涤用品的流变特性. 北京: 化学工业出版社, 2004: 157-241.
[124] Jellinek J S. Cosmetics and Toiletries, 2003, 118(6): 47-62.
[125] Schueller R, Romanowski P. Cosmetics and Toiletries, 2000, 115(10): 57-73.
[126] Ziolkowsky B. Global Ingredient & Formulation Guide 2004. Ziolkowsky GmbH, Augsbur: Verlag fur chemische Industrie, 2004:106-169.
[127] Idson B. Polymers as Conditioning agent for Hair and Skin //Conditioning Agents for Hair and Skin, Schueller R and Romanowski P eds. New York: Marcel Dekker Inc., 1999: 251-279.
[128] Ridley B, Rocafort C M, et al. Cosmetics and Toiletries, 2005, 120(11): 65-78.
[129] Shaath N A. The Encyclopedia of Ultraviolet Filters. IL, USA: Allured Publishing Corporation, 2007:17-18.
[130] Debbasch C. Food and Chemical Toxicology, 2005, 43(1): 155-165.
[131] Michael Wong. Multifunctional Cosmetics. New York: Marcel Dekker, Inc., 2003: 63-81.
[132] Zviak C. The science of Hair Care. New York: Marcel Dekker, Inc., 1986: 49-86.
[133] Klein K. Cosmetics and Toiletries, 2001, 116(7): 43-46.
[134] Howe A, Flower A E. Cosmetics and Toiletries, 2000,115(12): 63-69.
[135] Korosi V M. The Chemistry and Manufacture of Cosmetics Volume Ⅱ-Formulating 3rdedn. IL, USA: Allured Publishing Corporation, 2000: 117-134.
[136] Wolfram L J. Handbook of Cosmetic Science and Technology, Paye M, Barel A O and Mailbach H I ed. New York: Taylor & Francis Group, 2006.
[137] Robbins C R. Chemical and Physical Behaviour of Human Hair, 4th edn. New York: Springer Verlag, 1994:1-62.
[138] Herrwerth S, Leidreiter H I, Kortemeier U, et al. Cosmetics and Toiletries, 2008, 123(5): 101-110.
[139] Oshimura E. Cosmetics and Toiletries, 2008, 123(3): 61-68.
[140] Hessefort Y Z, Carlson W M, Wei M. Cosmetics and Toiletries, 2004, 119(9): 69-76.
[141] Maillan P, Gripp A, Sit F, et al. Cosmetics and Toiletries, 2005, 120(3): 65-71.
[142] McMullen, R A, Jachowicz J. Journal of Cosmetic Science, 1998, 49: 223-244.
[143] McMullen, R A, Jachowicz J. Journal of Cosmetic Science, 1998, 49: 249-256.
[144] Bustard, H K, Smith R W. International Journal of Cosmetic Science, 2010, 12(3): 121-133.
[145] 田永红, 张婉萍. 日用化学工业, 2013, 43(1): 55-58, 77.
[146] 张婉萍, 顾理浩, 方向. 日用化学工业, 2013, 43(6): 445-449.
[147] 陈淑映, 罗德祥, 黄健, 等. 今日药学, 2005, 15(2): 7-9.

[148] 李红双，肖琼，刘巧辉，等. 北方园艺, 2008(5): 49-51.
[149] 宁永成. 有机波谱学谱图解析. 北京：科学出版社, 2010.
[150] Wang Ke, Zhang Qianjie, Miao Yulian, et al. Journal of Microencapsulation, 2017, 34(1): 104-110.
[151] Li Xiang, Wanping Zhang. International Journal of Cosmetic Science, 2016, 38(1): 52-59.
[152] 黄君礼，鲍治宇. 紫外吸收光谱法及其应用. 北京：中国科学出版社, 1992.
[153] 赵同刚主编. 化妆品卫生规范防晒化妆品防晒效果人体试验（2007 年版）. 北京：军事医学科学出版社, 2007: 287-296.
[154] Caswell M. The Chemistry and Manufacture of Cosmetics Volume Ⅱ-Formulating Third edition Schlossman, M L eds. IL, USA: Allured Publishing Corporation，1993.
[155] Lowe N J, Shaath N A, Pathak M A eds. Sunscreens: Development, Evaluation, and Regulatory Aspects, 2ndEdn., revised and expanded. New York: Marcel Dekker, Inc., 1997.
[156] Shaath N. The Encyclopedia of Ultraviolet Fitters. IL, USA: Allured Publishing Corporation, 2007.
[157] Shaath N A. Cosmetics and Toiletries, 2006, 121(6): 57-66.
[158] Rieger M. Cosmetics and Toiletries, 2006, 121(7): 41-50.
[159] Klein K. Cosmetics and Toiletries, 2000, 115(1): 53-58.
[160] Klein K. Cosmetics and Toiletries, 2005, (12): 34-36.
[161] Steinberg D. Cosmetics and Toiletries, 2003, 118(10): 81-84.
[162] Sayre R M. Cosmetics and Toiletries, 1992, 107(10): 105-109.
[163] Klein K. Cosmetics and Toiletries, 2000, 115(1): 53-58.
[164] Fairhurst D. Cosmetics and Toiletries, 1997, 112(10): 81-88.
[165] Christ R. Cosmetics and Toiletries, 2003, 118(10): 73-80.
[166] 胡君姣，李琼，李想，等. 香料香精化妆品, 2013, (6): 59-62
[167] 徐良，步平. 日用化学工业, 2001, 31(2): 42-45.
[168] 程艳，王超，王星，等. 日用化学工业, 2006, 36(6): 384-387.
[169] 吴晓慧，周洁，王峥，等. 香料香精化妆品, 2007, (3): 33-36.
[170] Chen Yuan, Li qiong, Zhang Wanping. Advanced Materials Research, 2013，821-822：111-118.
[171] Robbins C R. Chemical and Physical Behavior of Human Hair, -4th edu. New York: Springer-Verlag, 2002.
[172] Takeo Mitsui eds. New Cosmetic Science, Amsterdam: Elsevier Science B V, 1997: 430-438.
[173] Corbett J F. C&T, 1991, 106(7): 53-57.
[174] 赵西龙. 化妆品管理及安全性和功效性评价. 北京：化学工业出版社, 2007: 424-450.
[175] Casperson S. Cosmetics and Toiletries T, 1994, 109(2): 83-87.
[176] Robert Y. Cosmetics and Toiletries, 2005, 120(7): 51-58.
[177] Beck H, Brache M, Failer C, et al. Cosmetics and Toiletries, 1993, 108(6): 76-83.
[178] Engasser P G, Maibach H I. Hair Dye Toxicology. Berlin Heidelberg: Springer, 1990: 927-953.
[179] Sabbionl G, Richter E. Toxicology. Marquardl H et al eds. California, USA: Academic Press, 1999: 729-754.
[180] Matkar N M. Cosmetics and Toiletries, 2000, 115(4): 77-86.
[181] Zviak C. The Science of Hair Care, New York: Marcell Dekker, Inc., 1986: 183-212.
[182] Wickett R R. Cosmetics and Toiletries, 1985, 100(4): 23-29.
[183] Syed A N. Cosmetics and Toiletries, 1993, 108(9): 99-107.
[184] Syed A N. Cosmetics and Toiletries, 1993, 108(9): 99-107.
[185] Obukowho P, Birman M. Cosmetics and Toiletries, 1995, 110(10): 65-69.
[186] Syed A, Ayoub H, Kuhajda A. Cosmetics and Toiletries, 1998, 113(9): 47-56.
[187] Yasuhiro A, Emiko K, Sanae K. European Patent 712623. 1996.
[188] Edman, W W. Cosmetics and Toiletries, 1985, 100(4): 23-29.
[189] Wilkinson J B eds. Harry's Cosmeticology, 7th edn. New York: Chemical Publishing Company, Inc., 1982: 555-586.
[190] Lamba H, Sathish K, Sabikhi L. Food and Bioprocess Technology, 2015, 8(4): 709-728.
[191] Degim I T, Celebi N. Current Pharmaceutical Design, 2007, 13(1): 99.
[192] Lobato-Calleros C, Recillas-Mota M T, Espinosa-Solares T, et al. Journal of Texture Studies,2009, 40(6):657-675.
[193] Pays K, Giermanskakahn J, Pouligny B, et al. Langmuir, 2001, 17(25): 7758-7769.
[194] Herzi S, Essafi W, Bellagha S, et al. Langmuir, 2012, 28: 17597-17608.
[195] Jager-Lezer N, Terrisse I, Bruneau F, et al. Journal of Controlled Release, 1997, 45(1):1-13.
[196] Schmidts T, Dobler D, Nissing C, et al. Journal of Colloid and Interface Science, 2009, 338(1):184.
[197] Pays K, Giermanska-Kahn J, Pouligny B, et al. Journal of the Controlled Release Society, 2002, 79(1-3):193.
[198] Hernándezmarín NY, Lobatocalleros C, Vernoncarter E J. Journal of Food Engineering, 2013: 119: 181-187.
[199] Schmolka I R. Journal of the American Oil Chemists' Society, 1977, 54: 110-116.
[200] Navarre M D, Mill R J. Journal of the American Medical Association, 2010, 118(9): 766-767.